城市燃气基础教程

主　编　钱文斌

参　编　沈　蓓　梁　立　何承明

　　　　高慧娜　龚小辉　李丹华

　　　　陈长军

机械工业出版社

本书是一本学习城市燃气相关知识的基础培训教材，内容包括燃气基础知识、燃气输配、燃气应用、LNG/CNG/LPG 供应系统、燃气工程设计、燃气管道工程施工、燃气运行及安全管理七部分，比较系统、全面、准确、简洁地介绍了燃气行业最新的理论知识、管理经验以及行业要求，是一本理论全面、实时性和操作性较强的燃气专业基础教材。

本书适合作为燃气相关行业管理人员和燃气相关企业员工的培训学习专业资料，还可以作为高等院校燃气专业的参考资料，也可以作为职业教育燃气相关专业的学习教材。

为方便教学，本书配有电子课件，凡选用本书作为授课教材的教师均可登录 www.cmpedu.com 免费注册下载。编辑咨询电话：010-88379865。

图书在版编目（CIP）数据

城市燃气基础教程/钱文斌主编. —北京：机械工业出版社，2012.5
（2023.11 重印）
ISBN 978-7-111-38355-0

Ⅰ.①城… Ⅱ.①钱… Ⅲ.①城市燃气—教材 Ⅳ.①TU996

中国版本图书馆 CIP 数据核字（2012）第 096634 号

机械工业出版社（北京市百万庄大街 22 号 邮政编码 100037）
策划编辑：王莹莹 责任编辑：曹新宇 王莹莹
版式设计：霍永明 责任校对：陈延翔
封面设计：鞠 杨 责任印制：邰 敏
北京富资园科技发展有限公司印刷
2023 年 11 月第 1 版·第 6 次印刷
184mm×260mm·22.75 印张·562 千字
标准书号：ISBN 978-7-111-38355-0
定价：68.00 元

前　言

　　随着西气东输、川气东送和海气上岸等国内各大天然气项目的陆续建设和完成，揭开了中国燃气行业如火如荼的发展序幕，在今后相当长的时间里，燃气行业会经历一个由快速发展到全面普及的过程。国内燃气企业普遍存在着技术力量薄弱、专业人员稀缺的现象，这不但制约了燃气企业的快速发展，也给燃气企业的安全运行留下了隐患。为了尽快提高燃气企业的技术水平，行之有效的办法是展开行之有效的专业技术培训，使燃气行业管理人员和燃气企业员工达到相应岗位要求的技术素质。

　　为此，我们有针对性地编写了这本《城市燃气基础教程》，内容包括燃气基础知识、燃气输配、燃气应用、LNG/CNG/LPG 供应系统、燃气工程设计、燃气管道工程施工、燃气运行及安全管理七部分，比较系统、全面、准确、简洁地介绍了燃气行业最新的理论知识、管理经验以及行业要求，是一本理论全面、实时性和操作性较强的燃气专业基础教材。

　　本书由钱文斌任主编，参与编写的还有沈蓓、梁立、何承明、高慧娜、龚小辉、李丹华和陈长军。

　　由于编者水平有限，本书难免存在不妥之处，欢迎广大读者提出批评和建议，以便我们修订再版时完善。

编　者

目　　录

第一部分
燃气基础知识

第一章　燃气的分类

燃气的种类有很多，可分为天然气、人工燃气、液化石油气、生物气四种。可以作为城市燃气气源供应的主要是天然气和液化石油气，人工燃气将逐步被以上两种燃气所取代，生物气可以在农村或乡镇作为以村或户为单位的能源。

一、天然气

天然气有多种分类方式，按照勘探、开采技术可分为常规天然气和非常规天然气两大类。

（一）常规天然气

常规天然气按照矿藏特点可分为气田气、石油伴生气和凝析气田气等。

（1）气田气是指产自天然气气藏的纯天然气。气田气的组分以甲烷为主。

（2）石油伴生气是指与石油共生的、伴随石油一起开采出来的天然气。石油伴生气的主要成分是甲烷、乙烷、丙烷和丁烷。

（3）凝析气田气是指从深层气田开采的含石油轻质馏分的天然气。凝析气田气除含有大量甲烷外，还含有质量分数 2%~5% 的戊烷及戊烷以上的碳氢化合物。

（二）非常规天然气

非常规天然气是指由于目前技术经济条件的限制尚未投入工业开采及制取的天然气资源，包括天然气水合物、煤层气、页岩气、煤制天然气等。

（1）天然气水合物俗称"可燃冰"，是天然气与水在一定条件下形成的类冰固态化合物。形成天然气水合物的主要气体为甲烷。

（2）煤层气又称煤层甲烷气，是煤层形成过程中经过生物化学和变质作用以吸附或游离状态存在于煤层及固岩中的自储式天然气。

（3）页岩气是以吸附或游离状态存在于暗色泥页岩或高碳泥页岩中的天然气。

（4）煤制天然气是指煤经过气化产生合成气，再经过甲烷化处理，生产出的代用天然气（SNG）。煤制天然气的能源转化效率较高，技术已基本成熟，是生产石油替代产品的有效途径。生产煤制天然气的耗水量在煤化工行业中相对较少，而转化效率又相对较高，因此，与耗水量较大的煤制油相比具有明显的优势。此外，生产煤制天然气过程中利用的水中不存在污染物质，对环境的影响也较小。

二、人工燃气

人工燃气是以煤或石油系产品为原料转化制得的可燃气体。按照生产方法和工艺的不同，一般可分为固体燃料干馏煤气、固体燃料气化煤气、油制气、高炉煤气。

（1）固体燃料干馏煤气是利用焦炉、连续式直立炭化炉和立箱炉等对煤进行干馏所获得的煤气。

（2）固体燃料气化煤气是以煤作为原料采用纯氧和水蒸气为汽化剂，获得高压蒸汽氧鼓风煤气，也叫高压气化煤气。压力氧化煤气、水煤气、发生炉煤气等均属于此类煤气。

（3）油制气是利用重油（炼油厂提取汽油、煤油和柴油之后所剩的油品）制取的燃气。

（4）高炉煤气是冶金工厂炼铁时的副产气，主要组分是一氧化碳和氮气。

目前，作为城市气源的人工燃气主要有：焦炉炼焦副产的高温干馏煤气、以纯氧和水蒸气作汽化剂的高压气化煤气和以石脑油为原料的油制气。

三、液化石油气

液化石油气是在天然气及石油开采或炼制石油过程中，作为副产品而获得的一部分碳氢化合物，分为天然石油气和炼厂石油气。

四、生物气

各种有机物质，如蛋白质、纤维素、脂肪、淀粉等，在隔绝空气的条件下发酵，并在微生物的作用下产生可燃性气体，叫做生物气，也称作沼气。生物气的低发热值约为 20 900 kJ/Nm³（4 993 kcal/Nm³）。目前，沼气在一些乡镇中得到了广泛的应用。

第二章 燃气的基本性质

燃气组成中常见的低级烃和某些气体的基本性质分别列于表 1-2-1 和表 1-2-2。

表 1-2-1　某些低级烃的基本性质（273.15 K、101.325 kPa）

气体 基本性质	甲烷	乙烷	乙烯	丙烷	丙烯	正丁烷	异丁烷	正戊烷
分子式	CH_4	C_2H_6	C_2H_4	C_3H_8	C_3H_6	C_4H_{10}	C_4H_{10}	C_5H_{12}
分子量 M/(kg/kmol)	16.043 0	30.070 0	28.054 0	44.097 0	42.081 0	58.124 0	58.124 0	72.151 0
摩尔体积 $V_{0,M}$/(Nm³/kmol)	22.362 1	22.187 2	22.256 7	21.936 0	21.990 0	21.503 6	21.597 7	20.891 0
密度 ρ_0/(kg/Nm³)	0.717 4	1.355 3	1.260 5	2.010 2	1.913 6	2.703 0	2.691 2	3.453 7
气体常数 R/[kJ/(kg·K)]	517.1	273.7	294.3	184.5	193.8	137.2	137.8	107.3
临界参数								
临界温度 T_c/K	191.05	305.45	282.95	368.85	364.75	425.95	407.15	470.35
临界压力 p_c/MPa	4.640 7	4.883 9	5.339 8	4.397 5	4.762 3	3.617 3	3.657 8	3.343 7
临界密度 ρ_c/(kg/Nm³)	162	210	220	226	232	225	221	232
发热值								
高发热值 H_h/(MJ/Nm³)	39.842	70.351	63.438	101.266	93.667	133.886	133.048	169.377
低发热值 H_l/(MJ/Nm³)	35.902	64.397	59.477	93.240	87.667	123.649	122.853	156.733
爆炸极限[①]								
爆炸下限 L_l/(体积%)	5.0	2.9	2.7	2.1	2.0	1.5	1.8	1.4
爆炸上限 L_h/(体积%)	15.0	13.0	34.0	9.5	11.7	8.5	8.5	8.3
黏度								
动力黏度 $\mu \times 10^6$/Pa·s	10.395	8.600	9.316	7.502	7.649	6.835		6.355
运动黏度 $\nu \times 10^6$/(m²/s)	14.50	6.41	7.46	3.81	3.99	2.53		1.85
无因次系数 C	164	252	225	278	321	377	368	383

① 在常压和 293 K 条件下，可燃气体在空气中的体积百分数。

表 1-2-2　某些气体的基本性质（273.15 K、101.325 kPa）

气体 基本性质	一氧化碳	氢气	氮气	氧气	二氧化碳	硫化氢	空气	水蒸气
分子式	CO	H_2	N_2	O_2	CO_2	H_2S		H_2O
分子量 M/(kg/kmol)	28.010 4	2.016 0	28.013 4	31.998 8	44.009 8	34.076 0	28.966 0	18.015 4
摩尔体积 $V_{0,M}$/(Nm³/kmol)	22.398 4	22.427 0	22.403 0	22.392 3	22.260 1	22.180 2	22.400 3	21.629 0
密度 ρ_0/(kg/Nm³)	1.250 6	0.089 9	1.250 4	1.429 1	1.977 1	1.536 3	1.293 1	0.833 0
气体常数 R/[kJ/(kg·K)]	296.63	412.664	296.66	259.585	188.74	241.45	286.867	445.357
临界参数								

（续）

基本性质　＼　气体	一氧化碳	氢气	氮气	氧气	二氧化碳	硫化氢	空气	水蒸气
临界温度 T_c/K	133.0	33.3	126.2	154.8	304.2		132.5	647.3
临界压力 p_c/MPa	3.495 7	1.297 0	3.394 4	5.076 4	7.386 6		3.766 3	22.119 3
临界密度 ρ_c/(kg/Nm³)	200.86	31.015	310.910	430.090	468.190		320.070	321.700
发热值								
高发热值 H_h/(MJ/Nm³)	12.636	12.745				25.348		
低发热值 H_l/(MJ/Nm³)	12.636	10.786				23.368		
爆炸极限[①]								
爆炸下限 L_1/(体积%)	12.5	4.0				4.3		
爆炸上限 L_h/(体积%)	74.2	75.9				45.5		
黏度								
动力黏度 $\mu \times 10^6$/Pa·s	16.573	8.355	16.671	19.417	14.023	11.670	17.162	8.434
运动黏度 $\nu \times 10^6$/(m²/s)	13.30	93.0	13.30	13.60	7.09	7.63	13.40	10.12
无因次系数 C	104	81.7	112	131	266		122	

① 在常压和 293 K 条件下，可燃气体在空气中的体积百分数。

一、混合气体及混合液体的平均分子量、平均密度和相对密度

（一）平均分子量（平均摩尔质量）

混合气体的平均分子量可按式（1-2-1）计算：

$$M = \sum y_i M_i = y_1 M_1 + y_2 M_2 + \cdots + y_n M_n \tag{1-2-1}$$

式中　　　　　　M——混合气体平均分子量（kg/kmol）；

y_1、y_2、…、y_n——混合气体中各组分的摩尔分数（气体的摩尔分数与体积分数数值相等）；

M_1、M_2、…、M_n——混合气体中各组分的分子量（kg/kmol）。

混合液体的平均分子量可按式（1-2-2）计算：

$$M = \sum x_i M_i = x_1 M_1 + x_2 M_2 + \cdots + x_n M_n \tag{1-2-2}$$

式中　　　　　　M——混合液体平均分子量（kg/kmol）；

x_1、x_2、…、x_n——混合液体中各组分的摩尔分数；

M_1、M_2、…、M_n——混合液体中各组分的分子量（kg/kmol）。

（二）平均密度和相对密度

混合气体平均密度和相对密度按式（1-2-3）式（1-2-4）计算：

$$\rho = m/v = M/V_M \tag{1-2-3}$$

$$S = \rho_0/1.293 = M/1.293 V_{0,M} \tag{1-2-4}$$

式中　ρ——混合气体的平均密度（kg/m³）；

m——混合气体的质量（kg）；

v——混合气体的体积（m³）；

V_M——混合气体的平均摩尔体积（m^3/kmol）；

S——混合气体的相对密度；

ρ_0——标准状态下混合气体的平均密度（kg/Nm^3）；

1.293——标准状态下空气的密度（kg/Nm^3）；

$V_{0,M}$——标准状态下混合气体的平均摩尔体积（Nm^3/kmol）。

对于由双原子气体和甲烷组成的混合气体，$V_{0,M}$可取 22.4 Nm^3/kmol，而对于由其他碳氢化合物组成的混合气体，$V_{0,M}$则取 22.0 Nm^3/kmol。采用式（1-2-5）可精确计算：

$$V_{0,M} = \sum y_i V_{0,M_i} = y_1 V_{0,M_1} + y_2 V_{0,M_2} + \cdots + y_n V_{0,M_n} \qquad (1\text{-}2\text{-}5)$$

式中　V_{0,M_1}、V_{0,M_2}、$\cdots$、V_{0,M_n}——标准状态下混合气体中各组分的摩尔体积（Nm^3/kmol）。

混合气体平均密度还可根据混合气体中各组分的密度及体积分数按式（1-2-6）进行计算：

$$\rho_0 = \sum y_i \rho_{0,i} = y_1 \rho_{0,1} + y_2 \rho_{0,2} + \cdots + y_n \rho_{0,n} \qquad (1\text{-}2\text{-}6)$$

式中　$\rho_{0,1}$、$\rho_{0,2}$、$\cdots$、$\rho_{0,n}$——标准状态下混合气体中各组分的密度（kg/Nm^3）。

含有水蒸气的燃气称为湿燃气，其密度可按式（1-2-7）计算：

$$\rho_0^w = (\rho_0^g + d)\frac{0.833}{0.833 + d} \qquad (1\text{-}2\text{-}7)$$

式中　ρ_0^w——标准状态下湿燃气的密度（kg/Nm^3）；

ρ_0^g——标准状态下干燃气的密度（kg/Nm^3）；

d——燃气含湿量（kg 水蒸气/Nm^3 干燃气）；

0.833——标准状态下水蒸气的密度（kg/Nm^3）。

干、湿燃气体积分数按式（1-2-8）换算：

$$y_i^w = k y_i \qquad (1\text{-}2\text{-}8)$$

式中　y_i^w——湿燃气体积分数；

y_i——干燃气体积分数；

k——换算系数，$k = \dfrac{0.833}{0.833 + d}$。

几种燃气的密度（标准状态下）和相对密度（即平均密度和平均相对密度）列于表1-2-3。

表 1-2-3　几种燃气的密度和相对密度

燃气种类	密度/（kg/Nm^3）	相对密度
天然气	0.75 ~ 0.8	0.58 ~ 0.62
焦炉煤气	0.4 ~ 0.5	0.3 ~ 0.4
气态液化石油气	1.9 ~ 2.5	1.5 ~ 2.0

由表 1-2-3 可知，天然气、焦炉煤气都比空气轻，而气态液化石油气约比空气重一倍。

混合液体平均密度与相同状态下水的密度之比称为混合液体的相对密度。在常温下，液态液化石油气的密度是 500 kg/m^3 左右，约为水的一半。

（三）计算例题

【例 1-2-1】 已知混合气体各组分的摩尔分数分别为 $y_{C_2H_6} = 0.04$，$y_{C_3H_8} = 0.75$，

$y_{nC_4H_{10}} = 0.20$，$y_{nC_5H_{12}} = 0.01$，求混合气体的平均分子量、平均密度和相对密度。

【解】 由表 1-2-1 查得各组分分子量分别为 $M_{C_2H_6} = 30.070$，$M_{C_3H_8} = 44.097$，$M_{nC_4H_{10}} = 58.124$，$M_{nC_5H_{12}} = 72.151$，按式（1-2-1）求混合气体的平均分子量：

$$M = \sum y_i M_i$$
$$= 0.04 \times 30.070 + 0.75 \times 44.097 + 0.20 \times 58.124 + 0.01 \times 72.151$$
$$= 46.622 \ \text{kg/kmol}$$

由表 1-2-1 查得标准状态下各组分的密度为 $\rho_{0,C_2H_6} = 1.355 \ \text{kg/Nm}^3$，$\rho_{0,C_3H_8} = 2.010 \ \text{kg/Nm}^3$，$\rho_{0,nC_4H_{10}} = 2.703 \ \text{kg/Nm}^3$，$\rho_{0,nC_5H_{12}} = 3.454 \ \text{kg/Nm}^3$，按式（1-2-6）求标准状态下混合气体的平均密度：

$$\rho_0 = \sum y_i \rho_{0,i}$$
$$= 0.04 \times 1.355 + 0.75 \times 2.010 + 0.20 \times 2.703 + 0.01 \times 3.454$$
$$= 2.137 \ (\text{kg/Nm}^3)$$

按式（1-2-4）求混合气体的相对密度：

$$S = \frac{\rho_0}{1.293} = \frac{2.137}{1.293} = 1.653$$

【例 1-2-2】 已知干燃气的体积分数分别为 $y_{CO_2} = 0.019$，$y_{C_mH_n} = 0.039$（按 C_3H_6 计算），$y_{O_2} = 0.004$，$y_{CO} = 0.063$，$y_{H_2} = 0.544$，$y_{CH_4} = 0.315$，$y_{N_2} = 0.016$，假定燃气含湿量为 $d = 0.002 \ \text{kg}$ 水蒸气/Nm^3 干燃气，水蒸气的相对密度为 $0.833 \ \text{kg/Nm}^3$，求湿燃气的体积分数及其平均密度。

【解】

（1）湿燃气的体积分数

首先确定换算系数

$$k = \frac{0.833}{0.833 + d} = \frac{0.833}{0.833 + 0.002} = 0.9976$$

按式（1-2-8）求湿燃气的体积分数：

$$y_{CO_2}^w = k y_{CO_2} = 0.9976 \times 0.019 = 0.01895$$

依次可得：$y_{C_mH_n}^w = 0.03891$，$y_{O_2}^w = 0.00399$，$y_{CO}^w = 0.06285$，$y_{H_2}^w = 0.54270$，$y_{CH_4}^w = 0.31424$，$y_{N_2}^w = 0.01596$

而

$$y_{H_2O}^w = \frac{\frac{d}{0.833}}{1 + \frac{d}{0.833}} = \frac{d}{0.833 + d} = \frac{0.002}{0.833 + 0.002} = 0.00240$$

$$\sum y_i^w = 0.01895 + 0.03891 + 0.00399 + 0.06285 + 0.54270 + 0.31424 + 0.01596 + 0.00240 = 1.0$$

（2）湿燃气的平均密度

根据式（1-2-6），标准状态下干燃气的平均密度：

$$\rho_0^g = \sum y_i \rho_{0,i}$$

$$= y_{CO_2}\rho_{0,CO_2} + y_{C_mH_n}\rho_{0,C_mH_n} + \cdots + y_{N_2}\rho_{0,N_2}$$

$$= 0.019 \times 1.9771 + 0.039 \times 1.9136 + 0.004 \times 1.4291 + 0.063 \times 1.2506 +$$

$$\quad 0.544 \times 0.0899 + 0.315 \times 0.7174 + 0.016 \times 1.2504$$

$$= 0.492 \ (kg/Nm^3)$$

按式（1-2-7）求湿燃气密度：

$$\rho_0^w = (\rho_0^g + d)\frac{0.833}{0.833 + d}$$

$$= (0.492 + 0.002)\frac{0.833}{0.833 + 0.002}$$

$$= 0.493 \ (kg/Nm^3)$$

二、临界参数及实际气体状态方程

（一）临界参数

温度不超过某一数值，对气体进行加压，可以使气体液化，而在该温度以上，无论加多大压力都不能使气体液化，这个温度就叫该气体的临界温度。在临界温度下，使气体液化所必需的压力叫做临界压力。

图 1-2-1 所示为在不同温度下对气体压缩时，其压力和体积的变化情况。

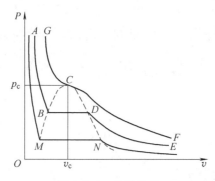

图 1-2-1　临界状态

从 E 点开始压缩至 D 点时气体开始液化，到 B 点液化完成；而从 F 点开始压缩至 C 点时气体开始液化，但此时没有相当于 BD 的直线部分，其液化的状态与前者不同。C 点为临界点，气体在 C 点所处的状态称为临界状态，它既不属于气相，也不属于液相。这时的温度 T_c、压力 p_c、比容 v_c、密度 ρ_c 分别叫做临界温度、临界压力、临界比容和临界密度。在图1-2-1中，$NDCG$ 线的右边是气体状态，$MBCG$ 线的左边是液体状态，而在 MCN 线以下为气液共存状态，CM 和 CN 为边界线。

气体的临界温度越高，越易于液化。天然气主要成分甲烷的临界温度低，故较难液化；而组成液化石油气的碳氢化合物的临界温度较高，故较容易液化。

几种气体的液态—气态平衡曲线如图 1-2-2 所示。

图 1-2-2 中的曲线是液体及其蒸气的平衡曲线，曲线左侧为液态，右侧为气态。由图可知，气体温度比临界温度越低，则气化所需压力越小。例如 20℃时使丙烷（C_3H_8）液化的绝对压力为 0.846 MPa，而当温度为 -20℃时，在 0.248 MPa 绝对压力下即可液化。

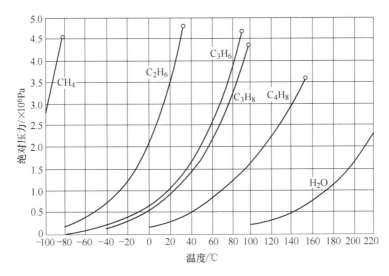

图 1-2-2　几种气体的液态—气态平衡曲线

混合气体的平均临界压力和平均临界温度按式（1-2-9）和式（1-2-10）计算：

$$p_{m,c} = y_1 p_{c_1} + y_2 p_{c_2} + \cdots + y_n p_{c_n} \tag{1-2-9}$$

$$T_{m,c} = y_1 T_{c_1} + y_2 T_{c_2} + \cdots + y_n T_{c_n} \tag{1-2-10}$$

式中　　　　$p_{m,c}$、$T_{m,c}$——混合气体的平均临界压力、平均临界温度；

p_{c_1}、p_{c_2}、$\cdots$、p_{c_n}——混合气体中各组分的临界压力；

T_{c_1}、T_{c_2}、$\cdots$、T_{c_n}——混合气体中各组分的临界温度；

y_1、y_2、$\cdots$、y_n——混合气体中各组分的体积分数。

（二）实际气体状态方程

当燃气压力低于 1 MPa 和温度在 $10 \sim 20℃$ 时，在工程上可视其为理想气体。但当压力很高（如在天然气的长输管线中）、温度很低时，用理想气体状态方程进行计算所引起的误差会很大。实际工程中，在理想气体状态方程中引入考虑气体压缩性的压缩因子 Z，可以得到实际气体状态方程：

$$pv = ZRT \tag{1-2-11}$$

式中　p——气体的绝对压力（Pa）；

v——气体的比容（m^3/kg）；

Z——压缩因子；

R——气体常数 $[J/(kg \cdot K)]$；

T——气体的热力学温度（K）。

压缩因子 Z 随温度和压力而变化，压缩因子 Z 值可由图 1-2-3 和图 1-2-4 确定。

图1-2-3和图 1-2-4 都是按对比温度和对比压力制作的。所谓对比温度 T_r 就是工作温度 T 与临界温度 T_c 的比值，而对比压力 p_r 就是工作压力 p 与临界压力 p_c 的比值。此处温度为热力学温度，压力为绝对压力。

$$T_r = \frac{T}{T_c}, \quad p_r = \frac{p}{p_c} \tag{1-2-12}$$

对于混合气体，在确定 Z 值之前，首先要按式（1-2-9）、式（1-2-10）确定平均临界

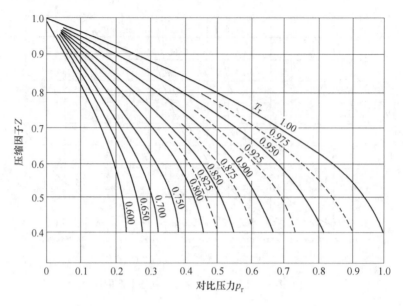

图 1-2-3　气体的压缩因子 Z 与对比温度 T_r、对比压力 p_r 的关系（当 $p_r < 1$，$T_r = 0.6 \sim 1.0$ 时）

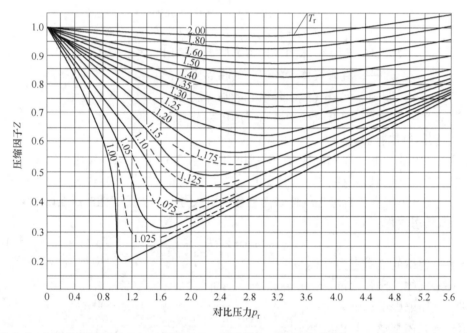

图 1-2-4　气体的压缩因子 Z 与对比温度 T_r、对比压力 p_r 的关系（当 $p_r < 5.6$，$T_r = 1.0 \sim 2.0$ 时）

压力和平均临界温度，然后再按图 1-2-3、图 1-2-4 求得压缩因子 Z。

（三）计算例题

【例 1-2-3】　有一内径 $d = 700$ mm、长 $l = 125$ km 的天然气管道。当天然气的平均压力为 3.04 MPa（绝）、温度为 278 K，求管道中的天然气在标准状态下（101.325 kPa，273.15 K）的体积。已知天然气中各组分的体积分数为 $y_{CH_4} = 0.975$，$y_{C_2H_6} = 0.002$，$y_{C_3H_8} = 0.002$，$y_{N_2} = 0.016$，$y_{CO_2} = 0.005$。

【解】

（1）天然气中各组分的临界温度 T_c 及临界压力 p_c 查表 1-2-1 和表 1-2-2，查得的数据及天然气的平均临界温度和平均临界压力的计算结果列于表 1-2-4 中。

表　1-2-4

气体名称	体积分数 y_i	临界温度 T_c/K	临界压力 p_c/MPa	平均临界温度 $T_{m,c}/K$	平均临界压力 $p_{m,c}/MPa$
CH_4	0.975	191.05	4.64		
C_2H_6	0.002	305.45	4.88		
C_3H_8	0.002	368.85	4.40	$\sum y_i T_{ci}$	$\sum y_i p_{ci}$
N_2	0.016	126.2	3.39		
CO_2	0.005	304.2	7.39		
	1.000			191.16	4.64

（2）对比温度和对比压力

$$T_r = \frac{T}{T_{m,c}} = \frac{278}{191.16} = 1.45$$

$$p_r = \frac{p}{p_{m,c}} = \frac{3.04}{4.64} = 0.66$$

（3）压缩因子 Z

由图 1-2-4 查得 $Z = 0.94$。

（4）标准状态下管道中天然气体积

在 3.04 MPa、278 K 下管道中天然气的体积为

$$V = \frac{\pi}{4} d^2 h = 0.785 \times 0.700^2 \times 125\,000 = 48\,081 \quad (\text{m}^3)$$

标准状态下管道中天然气体积为

$$V_0 = V \frac{p}{p_0} \frac{T_0}{T} \frac{1}{Z} = 48\,081 \times \frac{3.04}{0.101\,325} \times \frac{273.15}{278} \times \frac{1}{0.94} = 1\,507\,853 \quad (\text{Nm}^3)$$

如果不考虑压缩因子，而按理想气体状态方程计算得出的管道中气体体积为 1 417 382 Nm^3，比实际少 6%。

【例 1-2-4】　已知混合气体各组分的体积分数为 $y_{C_3H_8} = 0.5$、$y_{nC_4H_{10}} = 0.5$，求在工作压力 $p = 1$ MPa、$t = 100℃$ 时的密度和比容。

【解】

（1）标准状态下混合气体平均密度

按式（1-2-6）和表 1-2-1，可以得到

$$\rho_0 = \sum y_i \rho_{0,i}$$

$$= 0.5 \times 2.010\,2 + 0.5 \times 2.703 = 2.36 \quad (\text{kg/Nm}^3)$$

（2）混合气体的平均临界温度和平均临界压力

由表 2-1 查得丙烷（C_3H_8）的临界温度和临界压力为

$$T_c = 368.85 \text{ K}, \quad p_c = 4.397\,5 \text{ MPa}$$

正丁烷（C_4H_{10}）的临界温度和临界压力为

$$T_c = 425.95 \text{ K}, \quad p_c = 3.617\,3 \text{ MPa}$$

由式（1-2-9）和式（1-2-10），得出混合气体的平均临界温度和平均临界压力为

$$T_{m,c} = \sum y_i T_{ci}$$
$$= 0.5 \times 368.85 + 0.5 \times 425.95 = 397.4 \text{ K}$$

$$p_{m,c} = \sum y_i p_{ci}$$
$$= 0.5 \times 4.397\,5 + 0.5 \times 3.617\,3 = 4.007\,4 \text{ MPa}$$

（3）对比压力和对比温度

$$p_r = \frac{p}{p_{m,c}} = \frac{1 + 0.101\,325}{4.007\,4} = 0.28$$

$$T_r = \frac{T}{T_{m,c}} = \frac{100 + 273.15}{397.4} = 0.94$$

（4）压缩因子 Z

由图 1-2-3 查得 $Z = 0.87$。

（5）混合气体密度

$p = 1$ MPa、$t = 100℃$ 时混合气体的密度为

$$\rho = \rho_0 \frac{p}{p_0} \frac{T_0}{T} \frac{1}{Z} = 2.36 \times \frac{1 + 0.101\,325}{0.101\,325} \times \frac{273.15}{100 + 273.15} \times \frac{1}{0.87} = 21.6 \text{ (kg/m}^3)$$

（6）混合气体比容

$p = 1$ MPa、$t = 100℃$ 时混合气体的比容为

$$v = \frac{1}{\rho} = \frac{1}{21.6} = 0.046\,3 \text{ (m}^3/\text{kg)}$$

若按理想气体状态方程计算，$\rho = 18.78$ kg/m³，$v = 0.053\,3$，偏差达 13%。

三、黏度

混合气体的动力黏度可以近似地按式（1-2-13）计算：

$$\mu = \frac{\sum g_i}{\sum \frac{g_i}{\mu_i}} = \frac{1}{\frac{g_1}{\mu_1} + \frac{g_2}{\mu_2} + \cdots + \frac{g_n}{\mu_n}} \tag{1-2-13}$$

式中　　　　μ——混合气体在 0℃时的动力黏度（Pa·s）；

g_1、g_2、$\cdots$、g_n——混合气体中各组分的质量分数；

μ_1、μ_2、$\cdots$、μ_n——混合气体中各组分在 0℃时的动力黏度（Pa·s）。

混合气体的动力黏度和单质气体一样，也是随压力的升高而增大的，在绝对压力小于 1 MPa 的情况下，压力的变化对黏度的影响较小，可不考虑。至于温度的影响，却不容许忽略。$t℃$时混合气体的动力黏度按式（1-2-14）计算：

$$\mu_t = \mu \frac{273 + C}{T + C} \left(\frac{T}{273}\right)^{\frac{3}{2}} \tag{1-2-14}$$

式中　μ_t——$t℃$时混合气体的动力黏度（Pa·s）；

T——混合气体的热力学温度（K）；

C——混合气体的无因次实验系数，可用混合法则求得。各组分的 C 值可由表1-2-1、
表1-2-2 查得。

不同温度下液态碳氢化合物的动力黏度如图1-2-5 所示。

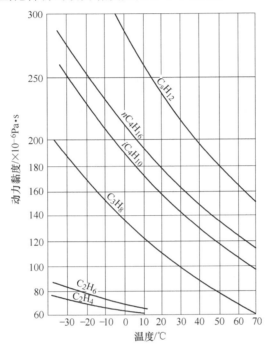

图 1-2-5　不同温度下液态碳氢化合物的动力黏度

液态碳氢化合物的动力黏度随分子量的增加而增大，随温度的上升而急剧减小。气态碳
氢化合物的动力黏度则正相反，分子量越大，动力黏度越小，温度越上升，动力黏度越增
大，这对于一般气体都适用。

混合液体的动力黏度可以近似地按式（1-2-15）计算：

$$\frac{1}{\mu} = \frac{x_1}{\mu_1} + \frac{x_2}{\mu_2} + \cdots + \frac{x_n}{\mu_n} \tag{1-2-15}$$

式中　　　　　　μ——混合液体的动力黏度（Pa·s）；

x_1、x_2、$\cdots$、x_n——混合液体中各组分的摩尔分数；

μ_1、μ_2、$\cdots$、μ_n——混合液体中各组分的动力黏度（Pa·s）。

混合气体或混合液体的运动黏度为

$$\nu = \frac{\mu}{\rho} \tag{1-2-16}$$

式中　ν——混合气体或混合液体的运动黏度（m²/s）；

μ——相应的混合气体或混合液体的动力黏度（Pa·s）；

ρ——混合气体或混合液体的密度（kg/m³）。

【例1-2-5】 已知混合气体各组分的摩尔分数为 $y_{CO_2} = 0.019$，$y_{nC_mH_n} = 0.039$（按 C_3H_6
计算），$y_{O_2} = 0.004$，$y_{CO} = 0.063$，$y_{H_2} = 0.544$，$y_{CH_4} = 0.315$，$y_{N_2} = 0.016$。求该混合气体的

动力黏度。

【解】

（1）将摩尔分数换算为质量分数

以 g_i 表示混合气体中 i 组分的质量分数，则换算公式为

$$g_i = \frac{y_i M_i}{\sum y_i M_i}$$

由表 1-2-1、表 1-2-2 查得各组分的分子量，计算得到

$$\sum y_i M_i = 0.019 \times 44.010 + 0.039 \times 42.081 + 0.004 \times 31.999 + 0.063 \times 28.010 +$$
$$0.544 \times 2.016 + 0.315 \times 16.043 + 0.016 \times 28.013 = 10.969 \text{ (kg/kmol)}$$

各组分的质量分数为

$$g_{CO_2} = \frac{y_{CO_2} M_{CO_2}}{\sum y_i M_i} = \frac{0.019 \times 44.010}{10.969} = 0.076\,2$$

依次可得 $g_{C_mH_n} = 0.149\,6$，$g_{O_2} = 0.011\,7$，$g_{CO} = 0.160\,9$，$g_{H_2} = 0.100\,0$，$g_{CH_4} = 0.460\,7$，$g_{N_2} = 0.040\,9$。

$$\sum g_i = 0.076\,2 + 0.149\,6 + 0.011\,7 + 0.160\,9 + 0.100\,0 + 0.460\,7 + 0.040\,9 = 1.0$$

（2）混合气体的动力黏度

由表 1-2-1、表 1-2-2 查得各组分的动力黏度，代入式（1-2-13）中，得混合气体的动力黏度为

$$\mu = \frac{\sum g_i}{\sum \dfrac{g_i}{\mu_i}}$$

$$= \frac{1.0 \times 10^{-6}}{\dfrac{0.076\,2}{14.023} + \dfrac{0.149\,6}{7.649} + \dfrac{0.011\,7}{19.417} + \dfrac{0.160\,9}{16.573} + \dfrac{0.100\,0}{8.355} + \dfrac{0.460\,7}{10.395} + \dfrac{0.040\,9}{16.671}}$$

$$= 10.63 \times 10^{-6} \text{ (Pa·s)}$$

四、爆炸极限

可燃气体和空气的混合物遇明火而引起爆炸时的可燃气体浓度范围称为爆炸极限。在这种混合物中当可燃气体的含量减少到不能形成爆炸混合物时的含量，称为可燃气体的爆炸下限。而当可燃气体含量增加到不能形成爆炸混合物时的含量，称为爆炸上限。某些可燃气体的爆炸极限列于表 1-2-1、表 1-2-2 中。

（一）只含有可燃组分的混合气体的爆炸极限

只含有可燃组分的混合气体爆炸极限可按式（1-2-17）（Le Chatelier 法则）计算

$$L = \frac{1}{\dfrac{y_1}{L_1} + \dfrac{y_2}{L_2} + \cdots + \dfrac{y_n}{L_n}} \tag{1-2-17}$$

式中　　　　　L——混合气体的爆炸下（上）限（体积%）；

L_1、L_2、$\cdots$、L_n——混合气体中各可燃组分的爆炸下（上）限（体积%）；

y_1、y_2、…、y_n——混合气体中各可燃组分的体积分数。

（二）含有惰性组分的混合气体爆炸极限

当混合气体中含有惰性组分时，可将某一惰性组分与某一可燃组分组合起来视为混合气体中的一种组分，其体积分数为二者之和，爆炸极限可由图1-2-6、图1-2-7查得。

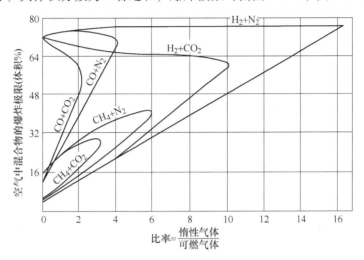

图1-2-6　用氮或二氧化碳和氢、一氧化碳、甲烷混合时的爆炸极限

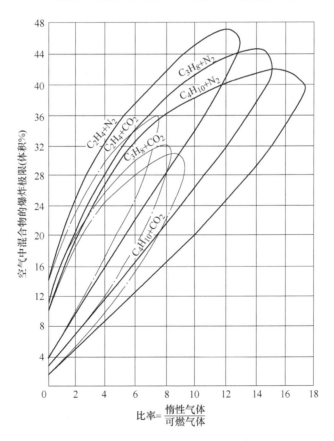

图1-2-7　用氮或二氧化碳和乙烯、丙烷、丁烷混合时的爆炸极限

可按式（1-2-18）计算这种燃气的爆炸极限：

$$L = \cfrac{1}{\cfrac{y'_1}{L'_1} + \cfrac{y'_2}{L'_2} + \cdots + \cfrac{y'_n}{L'_n} + \cfrac{y_1}{L_1} + \cfrac{y_2}{L_2} + \cdots + \cfrac{y_n}{L_n}} \tag{1-2-18}$$

式中 L——含有惰性组分的燃气爆炸极限（体积%）；

       y'_1、y'_2、$\cdots$、y'_n——由某一可燃组分与某一惰性组分组成的混合组分在混合气体中的体积分数；

       L'_1、L'_2、$\cdots$、L'_n——由某一可燃组分与某一惰性组分组成的混合组分在该混合比时的爆炸极限（体积%）；

       y_1、y_2、$\cdots$、y_n——未与惰性组分组合的可燃组分在混合气体中的体积分数；

       L_1、L_2、$\cdots$、L_n——未与惰性组分组合的可燃组分的爆炸极限（体积%）。

随着惰性组分含量的增加，混合气体的爆炸极限范围将缩小。

对于含有惰性组分的混合气体，可以不采用上述组合法计算爆炸极限，而采用公式修正法，如式（1-2-19）。

$$L = L^c \cfrac{100\left(1 + \cfrac{y_N}{1 - y_N}\right)}{100 + L^c \cfrac{y_N}{1 - y_N}} \tag{1-2-19}$$

式中 L——含有惰性组分的燃气爆炸极限（体积%）；

       L^c——该燃气的可燃基（扣除了惰性组分含量后，重新调整计算出的各可燃组分体积分数）爆炸极限（体积%）；

       y_N——含有惰性组分的燃气中，惰性组分的体积分数。

（三）含有氧气的混合气体爆炸极限

当混合气体中含有氧时，可以认为混入了空气。因此，应先扣除氧含量以及按空气的氧氮比例求得的氮含量，并重新调整混合气体中各组分的体积分数，得到该混合气体的无空气基组成，再按式（1-2-18）计算该混合气体的无空气基爆炸极限。

对于这种含有氧气（可折算出相应的空气）的混合气体，也可以将它视为一个整体，则相应有其在空气中的爆炸上（下）限数值。我们将其称为该混合气体的整体爆炸极限，其表达式为式（1-2-20）。

$$L^T = \cfrac{L^{na}}{1 - y_{air}} \tag{1-2-20}$$

式中 L^T——包含有空气的混合气体的整体爆炸极限（体积%）；

       L^{na}——该混合气体的无空气基爆炸极限（体积%）；

       y_{air}——空气在该混合气体中的体积分数。

（四）计算例题

【例1-2-6】 试求发生炉煤气的爆炸极限，各组分的体积分数为：$y_{H_2} = 0.124$，$y_{CO_2} = 0.062$，$y_{CH_4} = 0.007$，$y_{CO} = 0.273$，$y_{N_2} = 0.534$。

【解】 将组分中的惰性组分按照图1-2-6与可燃气体进行组合：

$$y_{H_2} + y_{CO_2} = 0.124 + 0.062 = 0.186, \quad 比率 = \frac{惰性气体}{可燃气体} = \frac{0.062}{0.124} = 0.5$$

$$y_{CO} + y_{N_2} = 0.273 + 0.534 = 0.807, \quad 比率 = \frac{惰性气体}{可燃气体} = \frac{0.534}{0.273} = 1.96$$

由图 1-2-6 查得各混合组分在上述混合比时的爆炸极限相应为 6.0% ~ 70.0% 和 40.0% ~ 73.5%。

由表 1-2-1 查得未与惰性组分组合的甲烷的爆炸极限为 5.0% ~ 15%。

按式（1-2-18），发生炉煤气的爆炸极限为

$$L_l = \frac{1}{\dfrac{0.186}{0.060} + \dfrac{0.807}{0.400} + \dfrac{0.007}{0.050}} \approx 19\%$$

$$L_h = \frac{1}{\dfrac{0.186}{0.700} + \dfrac{0.807}{0.735} + \dfrac{0.007}{0.150}} \approx 71\%$$

【例 1-2-7】 已知燃气各组分的体积分数为：$y_{CO_2} = 0.057\,0$，$y_{C_mH_n} = 0.053\,0$（可按 C_3H_6 计算），$y_{O_2} = 0.017\,0$，$y_{CO} = 0.084\,0$，$y_{H_2} = 0.209\,3$，$y_{CH_4} = 0.182\,7$，$y_{N_2} = 0.397\,0$。求该燃气的爆炸极限。

【解】 根据空气中 O_2/N_2 气体的比例，扣除相当于 $0.017\,0$ O_2 所需的 N_2 含量后，则燃气中所余 N_2 的有效成分为

$$0.397\,0 - 0.017\,0 \times \frac{79}{21} = 0.333\,0$$

不包括空气的其余组分所占的体积分数为

$$1 - 0.017\,0 \times \frac{79}{21} - 0.017\,0 = 0.919\,0$$

重新调整混合气体的体积分数，得到其余各组分无空气基的体积分数为

$$y_{CO_2}^{na} = \frac{0.057\,0}{0.919\,0} = 0.062\,0$$

依次可得：$y_{C_mH_n}^{na} = 0.057\,7$，$y_{CO}^{na} = 0.091\,4$，$y_{H_2}^{na} = 0.227\,7$，$y_{CH_4}^{na} = 0.198\,8$，$y_{N_2}^{na} = 0.362\,4$。

然后按上例的方法进行计算：

$$y_{CO}^{na} + y_{CO_2}^{na} = 0.091\,4 + 0.062\,0 = 0.153\,4, \quad 比率 = \frac{惰性气体}{可燃气体} = \frac{0.062\,0}{0.091\,4} = 0.678$$

$$y_{H_2}^{na} + y_{N_2}^{na} = 0.227\,7 + 0.362\,4 = 0.590\,1, \quad 比率 = \frac{惰性气体}{可燃气体} = \frac{0.362\,4}{0.227\,7} = 1.591$$

由图 1-2-6 查得各混合组分在上述混合比时的爆炸极限相应为 11.0% ~ 75.0% 和 22.0% ~ 68.0%。

由表 1-2-1 查得未组合的甲烷爆炸极限为 5.0% ~ 15%，未组合的丙烯爆炸极限为 2.0% ~ 11.7%。

按式（1-2-18），原燃气的无空气基爆炸极限为

$$L_l^{na} = \frac{1}{\dfrac{0.153\,4}{0.220} + \dfrac{0.590\,1}{0.110} + \dfrac{0.198\,8}{0.050} + \dfrac{0.057\,7}{0.020}} \approx 7.74\%$$

$$L_h^{na} = \frac{1}{\dfrac{0.153\,4}{0.680} + \dfrac{0.590\,1}{0.750} + \dfrac{0.198\,8}{0.150} + \dfrac{0.057\,7}{0.117}} \approx 35.32\%$$

该混合燃气中折算空气的体积分数为 $y_{air} = 1 - 0.919\,0 = 0.081\,0$，按式（1-2-20），其整体爆炸极限相应为

$$L_l^T = \frac{0.774}{1 - 0.081\,0} = 8.42\%$$

$$L_h^T = \frac{0.353\,2}{1 - 0.081\,0} = 38.43\%$$

五、水合物

（一）水合物及其生成条件

如果烃类气体中的水分超过一定含量，在一定温度压力条件下，水能与液态或气态的 C_1、C_2、C_3 和 C_4 生成结晶水合物 $C_mH_n \cdot xH_2O$（对于甲烷，$x = 6 \sim 7$；对于乙烷，$x = 6$；对于丙烷及异丁烷，$x = 17$）。水合物在聚集状态下是白色或带铁锈色的疏松结晶体，一般水合物类似于冰或致密的雪，若在输气管道中生成，会缩小管路的流通截面积，造成管路、阀件和设备的堵塞。另一方面，在地球的深海和永久冻土层下存在着大量的甲烷水合物，而水合物是不稳定的结合物，在低压或高温的条件下易分解为烃类气体和水。因此，自然界中存在的甲烷水合物具有潜在的开发价值，应该列入能源资源。

在含湿烃类气体中形成水合物的主要条件是压力和温度。

图 1-2-8 为某些烃类气体水合物的压力-温度平衡相图。图中折线是形成水合物的界限线，折线左边是水合物存在的区域，右边是水合物不存在的区域。C 点是水合物的临界分解点，只有含湿烃类气体的温度小于 C 点的温度才有可能形成水合物。超临界气体甲烷的水合物没有临界分解温度，有研究曾表明其临界温度为 21.5℃，但经研究表明当压力在 33 ~ 76 MPa 条件下，温度为 28.8℃时甲烷水合物仍然存在，而在 390 MPa 高压下甲烷水合物形成温度可提升至 47℃。其他烃类气体的临界分解温度如下，乙烷 14.5℃、丙烷 5.5℃、异丁烷 2.5℃、正丁烷 1℃。

现举例说明，若丙烷液体在 0℃、0.48 MPa 下汽化，由图可知，此条件有可能生成水合物。

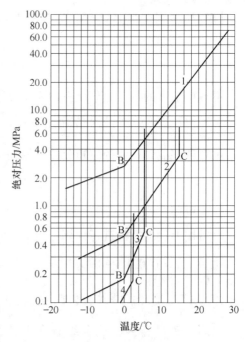

图 1-2-8 某些烃类气体水合物的
压力-温度平衡相图
1—甲烷 2—乙烷 3—丙烷 4—异丁烷

如果把丙烷气体经过调压器使其压力降低到 0.13 MPa 时，即使含有较多水分，生成水合物的可能性也不大。

由图 1-2-8 可知，在同样温度下较重的烃类形成水合物所需的压力也较低。

在含湿烃类气体中形成水合物的次要条件是：含有杂质、高速、紊流、脉动（例如由活塞式压缩机引起的）和急剧转弯等因素。

如果烃类气体被水蒸气饱和，输气管道的工作温度等于含湿烃类气体的露点，则水合物就可以形成，因为气体混合物中水蒸气分压远超过水合物的蒸汽压。但如果降低气体混合物中的水分含量使得水蒸气分压低于水合物的蒸汽压，则水合物也就不会形成了。

用高压管道输送的天然气含有足够水分时，会遇到生成水合物的问题，此外，丙烷在容器内急速蒸发时也会形成水合物。

（二）水合物的防止

为防止形成水合物或分解已形成的水合物有如下两种方法：

（1）降低压力、升高温度或加入可以使水合物分解的反应剂（防冻剂）。最常用作分解水合物结晶的反应剂是甲醇（木精），其分子式为 CH_3OH。此外，还用甘醇（乙二醇）CH_3CH_2OH、二甘醇、三甘醇、四甘醇作为反应剂。醇类之所以能用来分解或预防水合物的产生，是因为它与水蒸气可以形成溶液，醇类吸收了气体中的水蒸气，使水蒸气变为凝析水，因而使气体的露点降低很多，而醇类水溶液的冰点比水的冰点低得多，也就降低了形成水合物的临界点。在使用醇类的工艺中，一般设有排水装置，将输气管道中的醇类水溶液排出。

（2）对含湿烃类气体脱水，使其中水分含量降低到不致形成水合物的程度。为此要使露点降低到大约低于输气管道工作温度 5~7℃，这样就使得在输气管道的最低温度下，气体的相对湿度接近于 60%。

第三章 燃气的互换性

一、燃气互换性和燃具适应性

（一）燃气的互换性

某一燃具以 A 燃气为基准进行设计和正常工作，若以 B 燃气置换 A 燃气，如果燃烧器此时不加任何调整而能保证燃具正常工作，表示 B 燃气可以置换 A 燃气，或称 B 燃气对 A 燃气而言具有互换性。A 燃气称为基准气，B 燃气称为置换气。反之，如果燃具不能正常工作，则称 B 燃气对 A 燃气而言没有互换性。

互换性并不总是可逆的，即 B 燃气能置换 A 燃气，并不代表 A 燃气一定能置换 B 燃气。一般所指的燃气的互换性主要是指燃气在配有引射式大气燃烧器的民用燃具中的互换性。

（二）燃具适应性

燃具适应性是指燃具对于燃气性质变化的适应能力。如果燃具能在燃气性质变化范围较大的情况下正常工作，就称为适应性大，反之，就称为适应性小。

二、华白数

当以一种燃气置换另一种燃气时，首先应保证燃具热负荷在互换前后不发生大的改变。

当燃烧器喷嘴前的压力不变时，燃具热负荷 Q 与燃气热值 H 成正比，与燃气相对密度的平方根成反比，而燃气热值与燃气相对密度的平方根之比称为华白数 W，即

$$W = \frac{H}{\sqrt{S}} \tag{1-3-1}$$

式中　W——华白数，或称热负荷指数；

　　　H——燃气热值（kJ/Nm^3）；

　　　S——燃气相对密度（设空气的 $S = 1$）。

燃具热负荷与华白数成正比：

$$Q = KW \tag{1-3-2}$$

式中　K——比例常数。

如果一种燃气的华白数大，则热负荷也较大，因此华白数又称热负荷指数。在两种燃气互换时，热负荷除了与华白数有关外，还与燃气黏度等次要因素有关，但工程上这种影响往往忽略不计。如果在燃气互换时有可能改变管网压力工况，从而改变燃烧器喷嘴前的压力 H_g，则压力 H_g 也可成为影响燃烧器热负荷的变数。根据喷嘴射流公式，燃烧器热负荷与喷嘴前压力的平方根成正比。将 $H\sqrt{\dfrac{H_g}{S}}$ 称为广义的华白数，即

$$W_1 = H\sqrt{\frac{H_g}{S}} \tag{1-3-3}$$

式中　W_1——广义华白数；

H_g——喷嘴前压力（Pa）。

三、一次空气系数

当燃气性质改变时，除了引起燃烧器本身热负荷改变外，还会引起燃烧器一次空气系数的改变。

$$\alpha' = K_2 \frac{1}{W} \qquad\qquad (1\text{-}3\text{-}4)$$

式中　α'——一次空气系数；

　　　W——华白数（Pa）；

　　　K——比例系数。

从式（1-3-3）与式（1-3-4）可以看出，两种燃气若具有相同的华白数，则在互换时能使燃具保持相同的热负荷和一次空气系数。华白数是在互换性问题产生初期所使用的一个互换性判定指数。各国一般规定在两种燃气互换时华白数 W 的变化不大于 ±（5% ~ 10%）。

随着气源种类的不断增多，出现了燃烧特性差别较大的两种燃气的互换问题，这时单靠华白数就不足以判断两种燃气是否可以互换。在这种情况下，除了华白数以外，还必须引入火焰特性这个较为复杂的因素。

四、火焰特性对燃气互换性的影响

火焰特性是指产生离焰、黄焰、回火和不完全燃烧的倾向性，它与燃气的化学、物理性质直接有关。

之前已经提到，燃气互换性主要是指燃气在配有引射式大气燃烧器的民用燃具中的互换性。引射式大气燃烧器的具体形式虽然很多，但是它们都具有部分预混火焰（本生火焰）的共同特点，因而具有本质相同的火焰特性。

部分预混火焰是由内焰和外焰两部分组成，内焰焰面是一明亮的界面，呈蓝绿色；外焰的明亮度较内焰弱，但在暗处也能明显看出火焰。当燃气性质和燃烧器火孔构造已定时，一次空气系数的大小决定了火焰的形状和高度。一次空气系数大，火焰短，内焰焰面轮廓明显，火焰颤动厉害，有回火倾向性，点火及熄火声大，这种火焰称为"硬火焰"；一次空气系数小时，火焰拉长，内焰焰面厚度变薄，亮度减弱，火焰摇晃，回火倾向性小，点火及熄火声小，这种火焰称为"软火焰"。当一次空气系数再进一步降低时，内焰顶部变得模糊，直至明亮的内焰焰面（反应区）逐步消失。

对于民用燃具的燃烧器来说，过硬的火焰和过软的火焰都是不合适的。正常的部分预混火焰应该具有稳定的、燃烧完全的火焰结构，而不正常的部分预混火焰就会产生离焰、回火、黄焰和不完全燃烧等现象。产生这些现象的倾向性和燃气的燃烧特性有密切关系。

表示燃气燃烧特性最形象的方法是以燃烧器火孔热强度 q_p 为纵坐标，以一次空气系数 α' 为横坐标作出离焰、回火、黄焰和燃烧产物中 CO 极限含量的曲线。这四条曲线总称为燃气燃烧特性曲线（见图1-3-1），不同的燃气在同一只燃具上通过实验所作出的燃烧特性曲线不同，同一种燃气在不同的燃具上作出的特性曲线也是不同的。

在燃气温度不变的情况下，某一燃具的运行工况取决于燃气的燃烧特性、火孔热强度和一次空气系数。只有当运行点落在特性曲线范围之内时，燃具的运行工况才认为是满意的。从互换性角度来讲，当以一种燃气置换另一种燃气时，应保证置换后燃具的新工作点落在置换后新的特性曲线范围内。

五、燃气互换性的判定

由于影响燃气互换性的因素十分复杂，因此迄今为止尚不能从理论上推导出一个计算燃气互换指数的公式。各国所用的控制燃烧器形式虽然各有不同，但都是产生本生火焰的大气式燃烧器。各国对燃气互换条件的要求不同，进行实验的对象、深度、广度也不同，因此，每个公式都具有局限性。

下面简单介绍美国燃气协会（A.G.A.）互换性判定法和法国燃气公司德尔布（P. Delbourge）互换性判定法的基本原理。

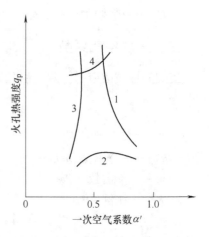

图 1-3-1　燃烧特性曲线
1—离焰极限　2—回火极限
3—黄焰极限　4—CO 极限

（一）A.G.A. 互换性判定法

美国燃气协会（A.G.A.）对热值大于 32 000 kJ/Nm³ 燃气的互换性进行了系统研究，得出离焰、回火、黄焰三个互换指数表达式。以后的实验表明，这些互换指数对热值低于 32 000 kJ/Nm³ 的燃气也有一定的适用性。

（二）德尔布（Delbourge）互换性判定法

法国燃气公司从 1950 年开始进行互换性研究，到 1965 年得到较完善的成果。该项研究的主持人是 P. Delbourge，因此所获得的互换性判定法称为德尔布法。

经过大量实验，德尔布选择校正华白数 W' 和燃烧势 C_P 作为从离焰、回火和完全燃烧角度来判定燃气互换性的两个指数，并以 $W'—C_P$ 坐标系上的互换图来表示燃气允许互换范围。

第四章　城市燃气的质量要求及加臭

一、天然气的质量指标

城镇用天然气的发热量、总硫和硫化氢含量、水露点指标应符合现行国家标准 GB 17820—1999《天然气》的一类气或二类气的规定，三类气体主要用于工业原料或燃料。详见表 1-4-1。

表 1-4-1　天然气的技术指标

项　　目	一　　类	二　　类	三　　类
高位发热量/（MJ/m³）	| ＞31.4		
总硫（以硫计）/（mg/m³）	≤100	≤200	≤460
硫化氢（mg/m³）	≤6	≤20	≤460
二氧化碳（%）（V/V）	| ≤3.0		
水露点/℃	| 在天然气交接点的压力和温度条件下，天然气的水露点应比最低环境温度低5℃		

注：1. 本标准中气体体积标准参比条件是 101.325 kPa，20℃。

　　2. 本标准实施之前建立的天然气输送管道，在天然气交接点的压力和温度条件下，天然气中应无游离水，无游离水是指天然气经机械分离设备分不出游离水。

二、车用压缩天然气质量指标

车用压缩天然气的质量指标应符合现行国家标准 GB18047—2000《车用压缩天然气》的规定，详见表 1-4-2。

表 1-4-2　压缩天然气的技术指标

项　　目	质量指标
高位发热量/（MJ/m³）	＞31.4
总硫（以硫计）/（mg/m³）	≤200
硫化氢/（mg/m³）	≤15
二氧化碳 y_{CO_2}/%	≤3.0
氧气 y_{O_2}/（%）	≤0.5
水露点/℃	在汽车驾驶的特定地理区域内，在最高操作压力下，水露点不应高于 -13℃；当最低气温低于 -8℃，水露点应比最低气温低5℃

注：本标准中气体体积的标准参比条件是 101.325 kPa，20℃。

三、人工煤气质量指标

人工煤气质量指标应符合现行国家标准 GB/T 13612—2006《人工煤气》的规定，详见表 1-4-3。

表1-4-3 人工煤气技术指标

项 目	质 量 指 标
低热值[1]/(MJ/m³)	
一类气[2]	>14
二类气[2]	>10
燃烧特性指数[3]低波动范围应符合	GB/T 13611
杂质	
焦油和灰尘/(mg/m³)	<10
硫化氢/(mg/m³)	<20
氨/(mg/m³)	<50
萘[4]/(mg/m³)	$<50 \times 10^2/P$（每天）
含氧量[5]（%）（体积分数）	$<100 \times 10^2/P$（每天）
一类气	<2
二类气	<1
含一氧化碳量[6]（%）（体积分数）	<10
水露点/℃	在汽车驾驶的特定地理区域内，在最高操作压力下，水露点不应高于 -13℃；当最低气温低于 -8℃，水露点应比最低气温低5℃

① 本标准煤气体积（m³）是指在101.325 kPa，15℃条件下；

② 一类气为煤干馏气，二类气为煤气化气、油气化气（包括液化石油气及天然气改制）；

③ 燃烧特性指数：华白数（W）、燃烧势（CP）；

④ 萘系是指萘和他的同系数 α—甲级萘和 β—甲级萘。在确保煤气中萘不析出的前提下，各地区可以根据当地城市燃气管道埋设处的土壤温度规定本地区煤气中含萘指标，并报标准审批部门批准实施。当管道输气点绝对压力（P）小于 202.65 kPa 时，压力（P）因素可不参加计算；

⑤ 含氧量是指制气厂生产过程中所要求的指标；

⑥ 对二类气或掺有二类气的一类气，其一氧化碳含量应小于20%（体积分数）。

四、对液化石油气的质量要求

液化石油气的质量指标应符合现行国家标准 GB 9052.1—1998《油田气液化石油气》或 GB11174—1997《液化石油气》的规定，详见表1-4-4。

表1-4-4 液化石油气质量指标

项 目	质 量 指 标
密度（15℃）/(kg/m²)	报告
蒸气压（37.8℃）/kPa	≤1 380
C_5 及 C_5 以上组分含量（%）（V/V）	≤3.0
残留物	
蒸发残留物/(mL/100mL)	≤0.05
油渍观察	通过
铜片腐蚀/级	≤1
总硫含量/(mg/m²)	≤343
游离水	无

注：1. 密度也可用 GB/T 12576—1997 方法计算，但仲裁按液化石油气密度测定器 SH/T 0221 测定；

2. 蒸气压也可用 GB/T 12576—1997 方法计算，但仲裁按液化石油气蒸气压测定器 GB/T 6602 测定；

3. 按 SY/T 7500 方法所述，每次以 0.1 mL 的增量将 0.3 mL 溶剂残留物混合物滴到滤纸上，2 min 后在日光下观察，无持久不退的油环为通过；

4. 在测定密度的同时用目测法测定试样是否存在游离水。

五、燃气的加臭

常用的加臭剂为四氢噻吩（THT）、乙硫醇（C_2H_5SH）。

（一）加臭剂的规定和要求

城市燃气应具有可以察觉的臭味，燃气中加臭剂的最小量应符合下列规定：

（1）无毒燃气泄漏到空气中，达到爆炸下限的20%时，应能察觉；

（2）有毒燃气泄漏到空气中，达到对人体允许的有害浓度时，应能察觉；

（3）对于以一氧化碳为有毒成分的燃气，空气中一氧化碳含量达到0.02%（体积分数）时，应能察觉。

城市燃气加臭剂应符合下列要求：

（1）加臭剂和燃气混合在一起后应具有特殊的臭味；

（2）加臭剂不应对人体、管道或与其接触的材料有害；

（3）加臭剂的燃烧产物不应对人体呼吸有害，并不应腐蚀或伤害与此燃烧产物经常接触的材料；

（4）加臭剂溶解于水的程度不应大于2.5%（质量分数）；

（5）加臭剂应有在空气中应能察觉的含量指标。

（二）加臭剂装置

燃气的加臭通常采用滴入式和吸收式装置进行。为适应燃气流量的变化，对燃气进行精确加臭，可以采用注入式加臭装置。当燃气流量较大时，也会采用吸收式加臭装置，其主要形式有三种：绒芯式、喷淋式、鼓泡式。

图1-4-1为滴入式加臭装置的简图。从观察管观察每分钟流入的加臭剂滴数，液滴数的调节由针形阀进行，这种装置在燃气流量不大于（200～20 000m³/h）时使用，主要优点是构造简单，缺点是加臭剂的流量难以控制，特别是在燃气流量发生变化时。因而，采用计算机控制的加臭装置更能满足加臭的要求。

图1-4-2是单片机控制注入式加臭装置的简图。加臭剂通过储罐由计量加臭泵导入加臭管线，再由加臭阀将加臭剂注入燃气管道中与燃气混合进行加臭。加臭剂的流量由计量加臭泵调节，调节依据来源于控制器，控制器根据从被加臭管道输送介质中获取的加臭浓度采样数据或者流量计的数据来决定计量加臭泵的输出。在控制室能直接掌握现场的设备运行工况，直观显示设备工作状态及输出量；能自动补偿加臭，根据燃气中加臭剂浓度信号的变化自动增减加臭信号输出量，调整加臭设备的加臭量，使燃气内加臭剂浓度基本保持恒定；能自动记录、输出打印运行记录，能自动绘制运行工况分析图表。同时利用计算机的联网功能，能实现远程数据传输和监控。

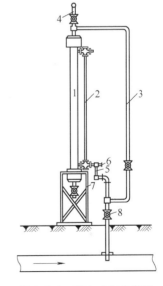

图1-4-1 滴入式加臭装置

1—加臭剂储槽 2—液位计 3—压力平衡管
4—加臭剂充填管 5—观察管 6—针形阀
7—泄出管 8—阀门

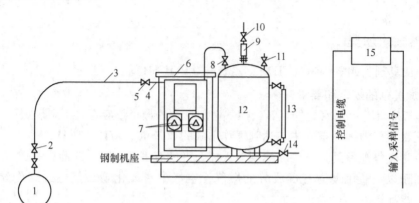

图 1-4-2 单片机控制注入式加臭装置简图

1—燃气管道 2—注射器阀 3—加臭剂管线 4—加臭剂输送管道阀门组 5—加臭阀 6—加臭机柜 7—计量加臭泵 8—回流阀 9—呼吸阻火阀 10—放空阀 11—进料阀 12—加臭剂储存筒 13—液位计 14—排污阀 15—控制器

第五章 热量单位换算及常用燃气热值

一、单位换算关系

重要的单位换算关系如下：

1 千卡（kcal）= 4.187 千焦（kJ）= 3.968 英热单位（Btu）

1 千焦（kJ）= 0.239 千卡（kcal）= 0.948 英热单位（Btu）

1 千瓦·时（kW·h）= 3.6 × 10^3 千焦（kJ）= 859.8 千卡（kcal）

1 英热单位（Btu）= 0.252 千卡（kcal）= 1.055 千焦（kJ）

具体的单位换算见表1-5-1。

表1-5-1 单位换算表

千焦/kJ	千瓦·时/kW·h	千卡/kcal	英热单位/Btu
1	2.778 × 10^{-4}	0.238 9	0.947 8
3.6 × 10^3	1	859.8	3412
4.187	1.163 × 10^{-3}	1	3.968
1.055	2.93 × 10^{-4}	0.252	1

二、常用燃气热值

常用燃气的热值及当量换算详见表1-5-2。

表1-5-2 常用燃气热值及热当量换算

		标准煤	液化石油气(气态)	液化石油气(液态)	天然气	压缩天然气	液化天然气	人工煤气	汽油	柴油
单位		MJ/kg	MJ/Nm³	MJ/kg	MJ/Nm³	MJ/Nm³	MJ/Nm³	MJ/Nm³	MJ/kg	MJ/kg
热值		29.30	108	46.0	34.6	34.6	34.6	16.7	46.0	42.6
当量换算		kg	Nm³	kg	Nm³	Nm³	Nm³	Nm³	kg	kg
		1	0.27	0.64	0.85	0.85	0.85	1.75	0.64	0.69
		3.69	1	2.35	3.12	3.12	3.12	6.47	2.35	2.54
		1.57	0.43	1	1.33	1.33	1.33	2.75	1.00	1.08
		1.18	0.32	0.75	1.00	1.00	1.00	2.07	0.75	0.81
		1.18	0.32	0.75	1.00	1.00	1.00	2.07	0.75	0.81
		1.18	0.32	0.75	1.00	1.00	1.00	2.07	0.75	0.81
		0.57	0.15	0.36	0.48	0.48	0.48	1	0.36	0.39
		1.57	0.43	1.00	1.33	1.33	1.33	2.75	1	1.08
		1.45	0.39	0.93	1.23	1.23	1.23	2.55	0.93	1

第二部分
燃 气 输 配

第一章 燃气的长距离输气系统

第一节 长距离输气系统的构成

长距离输气系统一般由采气厂集输管网、净化处理厂、输气首站、输气管道、输气支线、压气站、管理维修站、通信与遥控设施、阴极保护站、气体分输站、输气末站等组成。

1. 采气厂集输管网

采气厂集输管网一般有直线型、环形放射状、组合式采气厂输气系统。

2. 净化处理厂

当天然气中的硫化氢、二氧化碳、凝析油的含量和含水量超过管道输气规定的标准时，需设置天然气净化处理厂进行处理。

3. 输气首站

来自集输管网或天然气净化厂的天然气进入起点站，在这里进行除尘、调压、计量后进入长距离输气管道。

目前采用的天然气输气管道起点站的流程如图2-1-1所示。

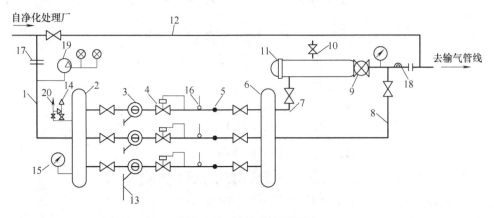

图 2-1-1 输气首站流程图

1—进气管 2、6—汇气管 3—分离器 4—调压器 5—流量计孔板 7—清管旁通管 8—燃气输出管 9—球阀 10—放空管 11—清管球发送装置 12—越站旁通 13—分离器排污管 14—安全阀 15—压力表 16—温度计 17—绝缘法兰 18—清管球通过指示器 19—带声光信号的电接点式压力表 20—放空阀

输气首站的主要任务是保持输气压力平稳，对燃气压力进行自动调节、计量以及除去燃气中的液滴和机械杂质。

当输气管线采用清管工艺时，为便于集中管理，应在站内设置清管球发射装置。当清扫管线时，利用清管球发送装置11完成发球作业。

4. 输气管道设施

在长输管线上，根据需要设中间压气站、清管球收发装置、阴极保护站、阀室等管道设施。为了远距离输气，通常每隔一段距离设置中间压气站，使燃气压力满足城市门站的压力要求。

5. 分输站

在输气管道沿线，为分输气体至用户而设置的站，一般具有分离、调压、计量、清管等功能。如图 2-1-2 所示。

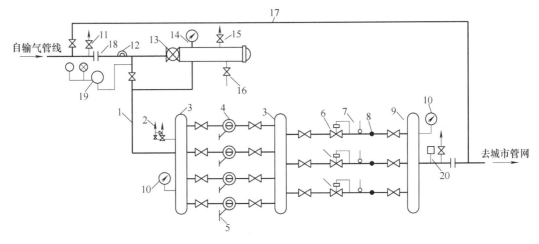

图 2-1-2 气体分输站流程图

1—进气管 2—安全阀 3、9—汇气管 4—除尘器 5—除尘器排污管 6—调压器 7—温度计 8—流量孔板
10—压力表 11—管道放空管 12—清管球通过指示器 13—球阀 14—清管球接收装置 15—放空管
16—排污管 17—越站旁通管 18—绝缘法兰 19—电接点式压力表 20—加臭装置

6. 输气末站

输气末站是输气管道的终点站，一般具有分离、调压、计量、清管、配气等功能。

第二节 输气管道

一、管材的确定

输气管道所用的钢材、管道附件的选择，应根据使用压力、温度、介质特性、使用地区等因素，经技术经济比较后确定。采用的钢材，应具有良好的韧性和焊接性能。输气管道如选用国产钢管，其规格与材料性能应符合现行国家标准 GB/T 9711《石油天然气工业输送钢管交货技术条件》、GB/T 8163—1999《输送流体用无缝钢管》、GB5310—1995《高压锅炉用无缝钢管》、GB6497—2000《高压化肥设备用无缝钢管》的有关的规定。

二、壁厚的确定

钢管壁厚的计算采用第三强度理论

$$\delta = \frac{pD}{2\sigma_s F \varphi K_t} \tag{2-1-1}$$

式中 δ——管道的计算壁厚（mm）；

p——管道的设计压力（MPa）；

σ_s——管材的最低屈服强度（MPa）；

D——管道的外径（mm）；

φ——管道的焊缝系数；

K_t——管道强度的温度减弱系数，当气体温度在120℃以下时，取值1.0；

F——强度设计系数，视管道的工作条件按表2-1-1、表2-1-2取值。

表2-1-1 强度设计系数 F 值

地区等级	强度设计系数 F	地区等级	强度设计系数 F
一	0.72	三	0.50
二	0.60	四	0.40

穿越铁路、公路和人员聚集场所的管道以及输气站内管道的强度设计系数，应符合表2-1-2的规定。

表2-1-2 穿越铁路、公路和人员聚集场所的管道以及输气站内管道的强度设计系数

管道及管段	地区等级			
	一	二	三	四
有套管穿越Ⅲ、Ⅳ级公路的管道	0.72	0.6	0.5	0.4
无套管穿越Ⅲ、Ⅳ级公路的管道	0.6	0.5		
有套管穿越Ⅰ、Ⅱ级公路、高速公路、铁路的管道	0.6	0.6		
输气站内管道及其上、下游各200 m管道，截断阀室管道及其上、下游各50 m管道（其距离从输气站和阀室边界线起算）	0.5	0.5		
人员聚集场所的管道	0.5	0.5		

地区等级划分应符合下列规定：

（1）沿管道中心线两侧各200 m范围内，任意划分为长度为2 km并能包括最大聚居户数的若干地段，按划定地段内的户数划分为四个等级。在农村人口聚集的村庄、大院、住宅楼，应以每一个独立户作为一个供人居住的建筑物计算。

1）一级地区：户数在15户或以下的区段；

2）二级地区：户数在15户以上、100户以下的区段；

3）三级地区：户数在100户或以上的区段，包括市郊居住区、商业区、工业区、发展区以及不够四级地区条件的人口稠密区；

4）四级地区：指四层或四层以上楼房（不计地下室层数）普遍集中、交通频繁、地下设施多的区段。

（2）当划分地区等级边界线时，边界线距最近一幢建筑物外边缘应大于或等于200 m。

（3）在一、二级地区内的学校、医院以及其他公共场所等人群聚集的地方，应按三级地区选取设计系数。

（4）当一个地区的发展规划，足以改变该地区的现有等级时，应按发展规划划分地区等级。

输气管道的最小管壁厚应符合表2-1-3的规定。

表 2-1-3 最小管壁厚度 （单位：mm）

钢管公称直径	最小壁厚
100、150	2.5
200	3.5
250	4.0
300	4.5
350、400、450	5.0
500、550	6.0
600、650、700	6.5
750、800、850、900	6.5
950、1 000	8.0
1 050、1 100、1 150、1 200	9.0
1 300、1 400	11.5
1 500、1 600	13.0

三、管径的确定

当输气管道沿线的相对高差 $\Delta h \leqslant 200$ m，且不考虑高差影响时，采用下式计算：

$$q_v = 11\ 522Ed^{2.53}\left[\frac{P_1^2 - P_2^2}{ZTL\Delta^{0.961}}\right]^{0.51} \qquad (2\text{-}1\text{-}2)$$

式中　q_v——气体（$p_0 = 101\ 325$ Pa，$T = 293$ K）的流量（m^3/d）；

　　　d——输气管内直径（mm）；

　P_1、P_2——输气管道计算管段起点和终点压力（绝对压力）（MPa）；

　　　Z——气体压缩因子；

　　　T——气体的平均温度（T）；

　　　L——输气管道计算管段的长度（km）；

　　　Δ——气体的相对密度；

　　　E——输气管道的效率系数（当管道公称直径在 $DN300 \sim DN800$ 之间时，E 为 $0.8 \sim 0.9$，当管道公称直径大于 $DN800$ 时，E 为 $0.91 \sim 0.94$）。

当考虑高差影响时，采用下式计算：

$$q_v = 11\ 522Ed^{2.53}\left\{\frac{P_1^2 - P_2^2(1 + a\Delta h)}{ZTL\Delta^{0.961}\left[1 + \frac{a}{2L}\sum_{i=1}^{n}(h_i + h_{i+1})L_i\right]}\right\}^{0.51} \qquad (2\text{-}1\text{-}3)$$

式中　a——系数（m^{-1}），$a = \frac{2g\Delta}{R_aZT}$；

　　　R_a——空气的气体常数，在标准状况下，$R_a = 28.71$ $m^2/(s^2 \cdot K)$；

　　　Δh——输气管道计算段的终点对计算段的起点的标高差（m）；

　　　n——输气管段沿线计算管段数，计算管道是沿输气走向从起点开始，当其相对高差 $\leqslant 200$ m 时划作一个计算管段；

h_i、h_{i+1}——各计算管段终点和对该管段起点的标高差（m）；

L_i——输气管道计算管段的长度（km）。

四、线路选择原则

线路的选择应符合下列要求：

（1）线路的走向根据地形，工程地质，沿线主要进气、供气点的地理位置以及交通运输，动力等条件，经多方案对比后确定。

（2）线路宜避开多年生经济作物区和重要的农田基本建设设施。

（3）大中型河流穿、跨越工程和压气站位置的选择，应符合线路走向。局部走向应根据大、中型穿跨越工程和压气站的位置进行调整。

（4）线路必须避开重要的军事设施、易燃易爆仓库、国家重点文物保护区。

（5）线路应避开城镇规划区、飞机场、铁路车站、海（河）港码头、国家级自然保护区等区域。当受条件限制管道需要在上述区域内通过时，必须征得主管部门的同意，并采取安全保护措施。

（6）除管道专用公路的隧道、桥梁外，线路严禁通过铁路或公路的隧道、桥梁、铁路编组站、大型客运站和变电所。

（7）线路的选择在满足需求的基础上，做到经济可行，选择最优的线路，为合理控制今后的成本和投资打下良好的基础。

五、输气管道防腐

（一）阴极保护

长输管道和油田气外输管道及油田气内埋地集输干线管道应采用阴极保护，其他管道宜采用阴极保护。阴极保护适用于埋地或水下管道，其保护方式分为强制电流和牺牲阳极。选用时应综合考虑以下主要因素：

（1）工程规模大小；

（2）有无经济方便的电源；

（3）被保护管道所需保护电流密度的大小；

（4）被保护管道与周围地下金属构筑物的相互影响；

（5）土壤或其他介质电阻率的大小。

埋地管道外壁应有良好的防腐层，应根据环境、安全等因素及防腐层的性能确定防腐层种类。在杂散电流区，经确认需采取措施后，应及时采用适当的防护措施。被保护管道应和其他金属构筑物电绝缘，除非阴极保护系统将它们纳入一体，有充分的保护电流流到其他金属构筑物体上。被保护管道与其他埋地管道交叉时，二者间的净垂直距离不应小于0.3 m。当小于0.3 m时。两者间应设有坚固的绝缘隔离物确保交叉管道之间的电绝缘。同时两管道在交叉点两侧各延伸10 m以上的管段上，应确保后施工管道防腐层无缺陷。

（二）电绝缘

电绝缘装置包括绝缘法兰、绝缘接头、绝缘固定支墩、绝缘衬垫和绝缘支撑块等。在管道的下列部位，根据工程的具体情况设置绝缘法兰、绝缘接头或其他绝缘措施。

应设的部位有：

（1）管道与其他设施所有权的分界处；

（2）有阴极保护和无阴极保护的分界处；

（3）有防腐层的管道与裸管道的连接处；

（4）有接地的阀门；

（5）大型穿、跨越管道有接地时，穿、跨越管段的两侧。

第二章 城市燃气管网系统

城市燃气管网系统包括低压、中压以及高压等不同压力的燃气管网、城市燃气门站、调压站、各种类型的调压站或调压器设施、储配站、监控与调度中心和维护管理中心。

第一节 城市燃气管网系统的分类及选择

一、城市燃气管道的分类

燃气管道可以根据用途、敷设方式和输气压力分类。

1. 根据用途分类

燃气管道根据用途不同可分为市政管道、庭院管道、户内燃气管道。

2. 根据敷设方式分类

燃气管道根据敷设方式的不同可分为地下燃气管道和架空燃气管道。

3. 根据输气压力分类

低压燃气管道：压力为 $P < 0.01$ MPa

中压 B 燃气管道：压力为 0.01 MPa $\leqslant P \leqslant 0.2$ MPa

中压 A 燃气管道：压力为 0.2 MPa $< P \leqslant 0.4$ MPa

次高压 B 燃气管道：压力为 0.4 MPa $< P \leqslant 0.8$ MPa

次高压 A 燃气管道：压力为 0.8 MPa $< P \leqslant 1.6$ MPa

高压 B 燃气管道：压力为 1.6 MPa $< P \leqslant 2.5$ MPa

高压 A 燃气管道：压力为 2.5 MPa $< P \leqslant 4.0$ MPa

二、城市燃气管网系统及选择

1. 城市燃气管网系统的压力级制

城市管网系统的主要部分是燃气管网，根据所采用的管网压力级制不同可分为一级系统、二级系统、三级系统、多级系统。

2. 采用不同压力级制的原因

1）管网采用不同的压力级制比较经济；

2）各类用户所需要的燃气压力不同；

3）消防安全要求。

3. 燃气管网系统的选择

无论是老城区，还是新建的城区，在选择燃气管网系统时，应考虑到许多因素，其中最主要的有：

（1）气源情况：燃气的种类和性质、供气量和供气压力、气源的发展或更换气源的规划。

（2）城市规模、远景规划情况、街区和道路的现状和规划、建筑特点、人口密度、居民用户的分布情况。

（3）原有的城市燃气供应设施情况。

（4）用户情况及用户对燃气压力的要求。

（5）储气设备类型。

（6）城市地理地形条件，敷设燃气管道时遇到天然和人工障碍物的情况。

（7）城市地下管线和地下建筑物、构筑物的现状和改建、扩建规划。

设计城市燃气管网系统时，应全面考虑上述诸因素进行综合，从而提出数个方案进行技术经济计算，选用经济合理的最佳方案。方案的比较必须在技术指标和工作可靠性相同的基础上进行。

第二节　市政燃气管道的布线

一、市政燃气管道的布线依据及原则

（1）管道中燃气的压力。

（2）街道其他地下管道的密集程度与布置情况。

（3）街道交通量和路面结构情况，以及运输干线的分布情况。

（4）所输送燃气的含湿量，必要的管道坡度，街道地形变化情况。

（5）与该管道相连接的用户量及用气量情况，该管道是主要管道还是次要管道。

（6）线路上所遇到的障碍物情况。

（7）土壤性质、腐蚀性能和冰冻线深度。

（8）该管道在施工、运行和意外发生故障时，对城市交通和人民生活的影响。

（9）高压管网宜布置在城市边缘或市内有足够安全距离的地带。

（10）中压管道宜布置成环网，以提高输气和配气的安全可靠性。

（11）高、中压管道应考虑调压站的布点位置和对大型用户直接供气的可能性。

（12）由高、中压管道直接供气的大型用户，末端必须考虑设置专用调压站的位置。

（13）高、中压管道应尽量避免穿越铁路等大型障碍物，以减少工程量和投资。

（14）高、中压管道必须综合考虑近期建设与长期规划的关系。

（15）低压管网以环状管网为主体，也允许存在枝状管道。

（16）有条件时，应尽可能布置在街坊内兼作庭院管道。

（17）低压管道应按规划道路布线，并与道路轴线或建筑物的前沿相平行，尽可能避免在高级路面的街道下敷设。

（18）要满足地下管道与建筑物、构筑物或相邻管道之间的水平净距。

二、管道的埋深布置

（1）地下燃气管道宜在冰冻线以下。管顶覆土厚度还应满足下列要求：

1）埋设在车行道下时，不得小于 0.9 m；

2）埋设在非机动车车道（含人行道）下时，不得小于 0.6 m；

3）埋设在机动车不可能到达的地方时，不得小于 0.3 m；

4）埋设在水田下时，不得小于 0.8 m。

注：当不能满足上述规定时，应采取行之有效的安全防护措施。

（2）燃气管道不得在地下穿过房屋或其他建筑物，不得平行敷设在有轨电车轨道之下，

也不得与其他地下设施上下并置。

（3）一般情况下不得穿过其他管道本身，如特殊情况需要穿过其他大断面管道，需征得有关方面同意，且燃气管道必须安装在钢套管内。

（4）燃气管道与其他各种构筑物以及管道相交应满足最小垂直净距。

第三节 室内燃气供应系统

一、多层居民建筑室内燃气供应系统

多层室内燃气供应系统的构成，一般由用户引入管、干管、立管、用户支管、燃气表、用户连接管和燃气用具所组成。如图2-2-1所示。

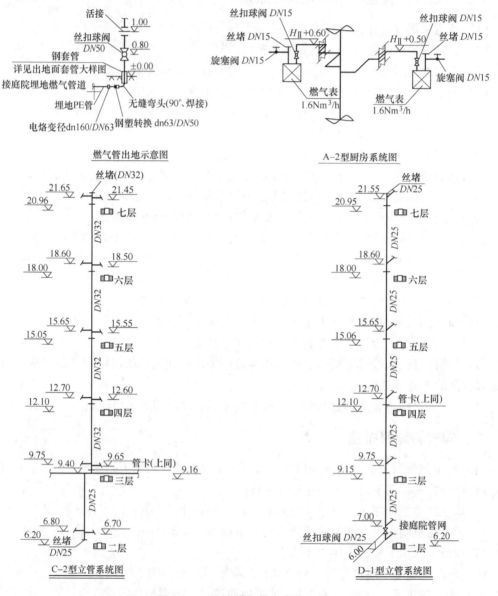

图 2-2-1 室内燃气供应系统组成

室内燃气管道应为明管敷设。为了满足安全、防腐和便于检修的需要，室内燃气管道不得敷设在卧室、浴室、地下室、易燃易爆品仓库、配电间、通风机室和有腐蚀性介质的房间内。室内燃气管道的安装应保证横平竖直，并不得妨碍门窗的开启。

二、高层居民建筑室内燃气供应系统

对于高层建筑的室内燃气管道系统还应考虑三个特殊问题。

（一）高层建筑的沉降

可在引入管处安装伸缩补偿接头（如图 2-2-2 所示），补偿高层建筑的沉降。伸缩补偿接头有波纹管接头、套筒接头和软管接头等形式。

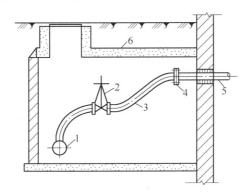

图 2-2-2　引入管的不锈钢波纹管接头

1—庭院管道　2—阀门　3—不锈钢波纹管　4—法兰　5—穿墙管　6—阀门井

（二）克服高层差引起的附加压头的影响

由于燃气与空气的密度不同，当管段始末端存在标高差值时，在燃气管道中将产生附加压头，其值由下式确定：

$$\Delta p_{附} = g（\rho_a - \rho_g）\Delta H \qquad (2\text{-}2\text{-}1)$$

式中　$\Delta p_{附}$——附加压头（Pa）；

$\quad\quad g$——重力加速度（m/s^2）；

$\quad\quad \rho_a$——空气的密度（kg/Nm^3）；

$\quad\quad \rho_g$——燃气的密度（kg/Nm^3）；

$\quad\quad \Delta H$——管段终端和始端的标高差值（m）。

可采取下列措施以克服附加压头的影响：

1）分开设高层供气系统和低层供气系统；

2）设用户调压器；

3）采用低-低压调压器，分段消除楼层的附加压头。

（三）补偿温差产生的变形

高层燃气立管的管道长、自重大，为了补偿由于温差产生的胀缩变形，需将管道两端固定，并在中间安装吸收变形的挠性管或波纹装置（如图 2-2-3 所示），补偿温差产生的变形。

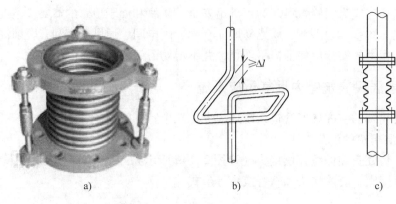

图 2-2-3　燃气立管的补偿装置
a）外形　b）挠性管　c）波纹管

三、工商业建筑室内燃气供应系统

工商业燃气供应系统一般由引入管、干管、立管、用户支管、燃气表、用户连接管和燃气用具所组成，与居民室内燃气供应系统不同之处多数在于所选用的流量计的型号不同。

第三章　燃气的调压

调压器是燃气输配系统中的重要设备，燃气输配系统各级管网压力工况的控制都是通过调压器来实现的。根据各类用户用气的需要，将燃气调至不同的压力。调压器的作用是降压和稳压，即将较高的燃气压力降为较低的燃气压力，并保持出口压力稳定，使之达到预先设定的压力值。

当用气量及入口压力在一定的范围内变化时，调压器可以自动保持稳定的出口压力。因此，调压器和与其连接的管网是一个自调系统。

第一节　燃气调压器

按作用原理，调压器通常可分为直接作用式和间接作用式两种。按用途或使用对象可以分为区域调压器、专用调压器及用户调压器；按进出口压力分为高高压、高中压、高低压调压器，中中压、中低压调压器及低低压调压器；按结构可以分为截止式和轴流式调压器；按被调参数，则有后压调压器和前压调压器。

若以调压器后的燃气压力为被调参数，则这种调压器为后压调压器。若以调压器前的压力为被调参数，则这种调压器为前压调压器。城市燃气输配系统通常多用后压调压器调节燃气压力。

一、直接作用式调压器

直接作用式调压器是利用出口压力变化，直接控制传动装置（阀杆）带动调节元件（阀芯）运动的调压器，即只依靠敏感元件（薄膜）所感受出口压力的变化移动阀芯进行调节，使调节阀芯移动的动力是被调参数的变化，因此直接作用式调压器具有反应速度快的特点。

常用的直接作用式调压器有液化石油气减压器、用户调压器、中低压调压器、低低压调压器等。在城市燃气输配系统中，直接作用式调压器可用于流量适中的区域调压站，直接和中压管道或高压管道相连，将燃气降压后送入中低压管网系统中，也可直接进行工商用户及锅炉用户的调压，具有调压性能可靠、响应时间短等优点。

（一）液化石油气减压器

目前常用的 YJ-0.6 型液化石油气减压器，属于高低压调压器，是国产的一种小型家用调压设备。它直接联结在液化石油气钢瓶的角阀上，流量在 $0 \sim 0.6 \text{ m}^3/\text{h}$ 范围内变化，能保证有稳定的出口压力，工作安全可靠。减压器构造如图 2-3-1 所示。

减压器的进口接头随手轮旋入角阀压紧于气瓶出口上。减压器出口用耐油橡胶软管与燃烧器相连。

当用户用气量增加时，出口压力降低，作用在薄膜上的压力也就相应地降低，横轴借助于弹簧和薄膜的作用开大了阀口，使进气量增加，因而使减压器出口压力增加，经过一段过渡过程后，被调参数重新稳定在接近原给定值附近。当用气量减少时，减压器的薄膜及调节阀动作和上述相反。减压器上部的调节螺钉是确定给定值的。当需要改变被调参数时，旋动

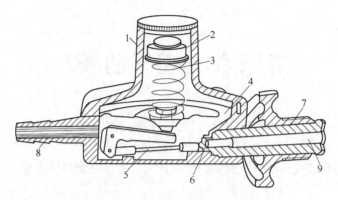

图 2-3-1 YJ-0.6型液化石油气减压器
1—壳体 2—调节螺钉 3—调节弹簧 4—薄膜 5—横轴 6—阀口 7—手轮 8—出口 9—入口

调节螺钉即可。

（二）用户调压器

用户调压器具有体积小、质量轻、性能可靠、安装方便等优点。可以直接和中压管道或高压管道相连，将燃气降至低压送入用户，适用于居民用户、集体食堂、餐饮服务行业及小型燃气锅炉。用户调压器的工作原理如图2-3-2所示。

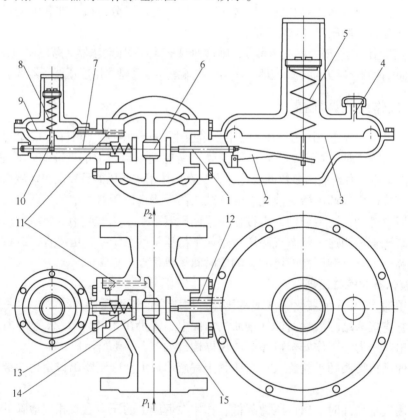

图 2-3-2 用户调压器结构图
1—调压器阀杆 2—传动杆 3—调压器薄膜 4—呼吸孔 5—调压器弹簧 6—阀座 7—断阀阀杆 8—切断阀弹簧 9—切断阀薄膜 10—止动杆 11—切断阀内信号管 12—调压器内信号管 13—切断阀制动弹簧 14—切断阀阀芯 15—调压器阀芯

当下游用气量增加时，出口压力 p_2 下降，调压器出口与调压器薄膜 3 下腔通过调压器内信号管 12 相连通，调压器薄膜 3 下腔的压力随之下降，使薄膜 3 在弹簧 5 的作用力下向下移动，传动杆 2 带动调压器阀杆 1 向右移动，使阀口开大，燃气流量增大，出口压力 p_2 逐渐回升至设定值。反之，当用气量减少时，出口压力 p_2 升高，调压器薄膜 3 向上移动，传动杆 2 带动阀杆 1 向左移动，阀口关小，使出口压力稳定在设定值。调压器正常工作时，切断阀薄膜 9 处于平衡状态，止动杆 10 卡在切断阀阀杆 7 的凹槽内，切断阀阀口完全打开，切断阀制动弹簧 13 处于压缩状态。超压事故情况下，出口压力 p_2 不断升高，调压器出口与切断阀薄膜 9 下腔通过切断阀内信号管 11 相连通，切断阀薄膜 9 下腔的压力随之升高，切断阀薄膜 9 带动止动杆 10 上移，止动杆 10 从切断阀阀杆 7 的凹槽内脱开，切断阀阀杆 7 在弹簧 13 的作用力下迅速右移，将阀口关闭，切断气源。切断阀切断后必须由人工手动复位。

二、间接作用式调压器

在城市燃气输配系统中，间接作用式调压器多用于流量比较大的区域调压站中。间接作用式调压器的结构和工作原理如图 2-3-3 所示。它由主调压器和指挥器组成。当下游用气量增加，出口压力 p_2 低于给定值时，指挥器薄膜及阀芯 4 向下移动，阀口打开，进口压力 p_1 经指挥器阀口节流降压成为负载压力 p_3，p_3 燃气补充到主调压器的薄膜下腔空间并作用在主调压器薄膜上，经阀杆 8 传递给阀芯 9 使主调压器阀口打开，下游流量增加，使 p_2 逐步恢复到给定值。反之，当下游用气量减少，出口压力 p_2 超过给定值时，指挥器阀口关小，使主调压器薄膜下腔的压力降低，主调压器的阀口关小，p_2 也逐渐恢复到给定值。

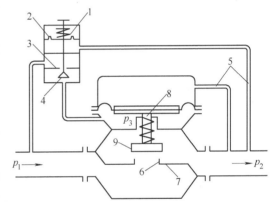

图 2-3-3　间接作用式调压器工作原理图

1—指挥器弹簧　2—指挥器薄膜　3—指挥器阀座　4—指挥器阀芯　5—导压管　6—主调压器阀垫　7—主调压器阀座　8—主调压器阀杆　9—主调压器阀芯

间接作用式调压器具有调节范围大、调压性能稳定、通过流量大等特点。相同的指挥器和不同结构的主调压器或者是相同的主调压器和不同的指挥器组合均可以形成不同系列的产品。由于间接作用式调压器品种很多，在此仅介绍三种有代表性的调压器的工作原理。

（一）金属阀口轴流式调压器

该调压器结构如图 2-3-4 所示。进口压力为 p_1，出口压力为 p_2，进出口流线是直线，故称为轴流式。轴流式的优点为燃气通过阀口阻力损失小，所以可以使调压器在进出口压力差较低的情况下通过较大的流量。调压器的出口压力 p_2 是由指挥器的调节螺钉 8 给定。稳压器 13 的作用是消除进口压力变化对调压的影响，使 p_4 始终保持在一个变化较小的范围。p_4 的大小取决于弹簧 7 和出口压力 p_2，通常比 p_2 大 0.05 MPa，稳压器内的过滤器主要防止指挥器流孔阻塞，避免操作故障。

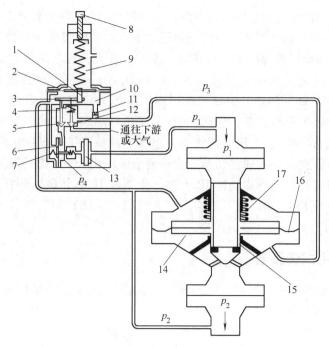

图 2-3-4　金属阀口轴流式间接作用调压器

1—阀柱　2—指挥器薄膜　3—杠杆　4、5—指挥器阀　6—皮膜　7—弹簧　8—调节螺钉
9—指挥器弹簧　10—指挥器阀室　11—校准孔　12—排气阀　13—带过滤器的稳压器
14—主调压器阀室　15—主调压器阀　16—主调压器薄膜　17—主调压器弹簧

（二）橡胶套阀口轴流式调压器

该轴流式调压器具有运转无声、关闭严密、调节范围广、结构紧凑等优点。可供城市燃气输配系统、配气站（门站）、区域调压及用户调压使用。结构及作用原理如图 2-3-5 所示。

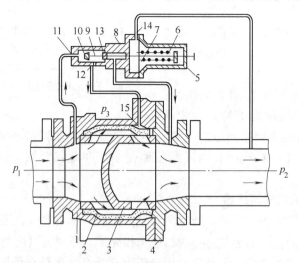

图 2-3-5　橡胶套阀口轴流式调压器结构及工作原理

1—外壳　2—橡胶套　3—内芯　4—阀盖　5—指挥器上壳体　6—弹簧　7—橡胶薄片
8—指挥器下壳体　9—阀杆　10—阀芯　11—阀口　12—孔口　13—阀口　14—导压管
入口　15—环状腔室

主调压器主要由外壳 1、橡胶套 2、内芯 3 及阀盖 4 组成。调压器外壳可铸造。内芯可用表面镀镍的可锻铸铁制作。在内芯的周围加工成若干个长条形缝隙作为通气孔道。调压器内腔用椭圆形金属板分成两部分，一侧为进口，另一侧为出口。橡胶套用腈基橡胶制作，呈筒状，是轴流调压器的关键部件，具有耐摩擦、耐腐蚀、不易变形等性能，同时还要有很好的弹性。

根据调压器的调节参数和用途的不同，调压器配置的指挥器构造也不相同。图 2-3-5 中所示的指挥器由壳体、弹簧、橡胶膜片、阀杆、阀芯等零件组成。

指挥器有两个阀芯，在同一传动杆上，阀口 11 为进气口，孔口 12 排出压力为 p_3（指挥压力）的气体至环状腔室 15，余气经阀口 13 排至调压器出口侧。指挥器固定在调压器上，成为整体。

燃气从调压器的进口侧通过通气孔道流向橡胶套和内芯之间的空腔，然后穿进内芯通气孔道，从出口侧流出。

（三）截止式调压器

截止式调压器调节阀的运动方向与气流方向相垂直，流体经过阀口时改变方向，故进出口流线虽然最终同向，但不在一条轴线上。这种节流形式与截止阀类似。图 2-3-6 是截止式调压器结构图。

当出口压力 p_2 低于指挥器设定值，指挥器薄膜 2 下方压力降低，将指挥器阀口 3 打开，给主调压器薄膜 6 提供一个加载压力 p_3，这个加载压力迫使阀杆 7 向上移动，打开主调压器阀口 1。阀口开大使气体流入下游系统。当下游的需求量满足后，出口压力上升并作用于指挥器和主调压器薄膜 2、6 上，这个压力达到指挥器弹簧 5 设

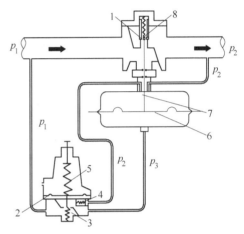

图 2-3-6 截止式调压器结构图
1—主调压器阀口 2—指挥器薄膜 3—指挥器阀口
4—泄压阀 5—指挥器弹簧 6—主调压器薄膜
7—阀杆 8—主调压器弹簧

定值后，使指挥器阀口关闭，主调压器薄膜下腔多余的加载压力通过泄压阀 4 向下游侧释放。

三、调压器串并联装置

（一）监视器装置
监视器装置是由两个调压器串联而成的装置，如图 2-3-7 所示。

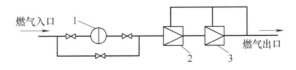

图 2-3-7 监视器装置
1—过滤器 2—备用调压器 3—正常工作调压器

备用调压器 2 的给定出口压力略高于正常工作调压器 3 的出口压力，因此，正常工作时

备用调压器的调节阀是全开的。当调压器 3 失灵，出口压力上升到调压器 2 的给定出口压力时，备用调压器 2 投入运行。备用调压器也可以放在正常工作调压器之后，备用调压器的出力不得小于正常工作调压器。

（二）调压器的并联配置

调压器的并联装置如图 2-3-8 所示。

此种系统运行时，一个调压器正常工作，另一台备用。当正常工作调压器出故障时，备用调压器自动启动，开始工作。其原理如下：正常工作调压器的给定出口压力略高于备用调压器的给定出口压力，所以正常工作时，备用调压器呈关闭状态。当正常工作的调压器发生故障，使出口压力增加到超过允许范围时，其线路上的安全切断阀关闭，致使出口压力降低，当下降到备用调压器的给定出口压力时，备用调压器自行启动

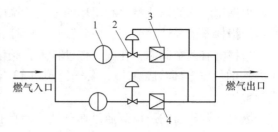

图 2-3-8 调压器的并联装置
1—过滤器 2—安全切断阀
3—正常工作的调压器 4—备用调压器

正常工作。备用线路上安全切断阀的动作压力应略高于正常工作线路上安全切断阀的动作压力。

第二节 燃气调压设施

一、调压设施的分类

调压设施按使用性质、调压作用和建筑形式的不同，可以分为各种不同的类型，见表 2-3-1。

表 2-3-1 调压设施的分类

分类方法	类 型		
	一	二	三
按使用性质分	区域调压站（柜）	箱式调压装置	专用调压站
按调节压力分	高中压调压设施	高低压调压设施	中低压调压设施
按建筑形式分	地上调压设施	地下调压设施	

二、调压站（柜）

调压站（柜）的主要设施由阀门、调压器、过滤器、安全放散阀、切断阀及监控仪表等组成，有的调压站（柜）还装有计量和加臭设备。

调压站的结构如图 2-3-9 所示，调压柜的外观如图 2-3-10 所示。

图 2-3-9　调压站结构图

图 2-3-10　调压柜外观图

1. 过滤器

过滤器是除去气体中杂质的设备。滤芯式过滤器的结构和工作原理如图 2-3-11 所示。

过滤器的性能指标主要是过滤的精度和效率。过滤精度以微米（μm）评价，一般情况下，计量装置要求燃气中尘粒的粒径不大于 5 μm，效率一般要求大于 98%。

过滤器前后应设置压差计，根据测得的压力降可以判断过滤器的堵塞情况。在正常工作情况下，燃气通过过滤器的压力损失不得超过允许范围，压力损失过大时应对滤芯进行清洗，以保证过滤质量。

2. 调压器

调压器是压力调节装置，在第一节已经做了详细的介绍，在此不再展开介绍。

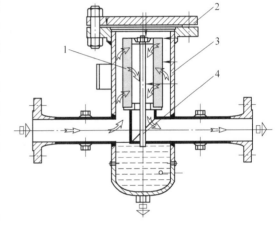

图 2-3-11　滤芯式过滤器
1—滤芯　2—顶盖　3—筒体　4—排污阀

3. 安全装置

当负荷为零而调压器阀口关闭不严，以及调压器中薄膜破裂或调节系统失灵时，出口压力会突然增高，它会危及设备的正常工作，甚至会对公共安全造成危害。

防止出口压力过高的安全装置主要是安全阀。安全阀可以分为安全切断阀和安全放散阀。安全切断阀的作用是当出口压力超过允许值时自动切断燃气通路的阀门。安全切断阀通常安装在箱式调压装置、专用调压站和采用调压器并联装置的区域调压站中。安全放散阀是当出口压力出现异常但尚没有超过允许范围前即开始工作，把足够数量的燃气放散到大气中，使出口压力恢复到规定的允许范围内。安全放散阀分为水封式、重块式、弹簧式等形式。

三、箱式调压装置

箱式调压装置一般指燃气调压箱。燃气调压箱是将较高的入口压力进行降压，调节到较低的出口压力供用户使用。而且随着入口压力和流量的变化，出口压力可稳定在允许的范围内。可应用于商业用气、工业用气、燃气锅炉供气、居民小区楼栋或单元调压、用气等。适合于天然气、液化石油气、城市煤气等无腐蚀气体，其结构如图2-3-12所示。

图2-3-12　调压箱结构图

四、调压设施的安全间距

调压设施与周围建筑物之间的安全距离应符合表2-3-2的规定。

表2-3-2　调压站（含调压柜）与周围建筑物之间的水平安全距离　　　（单位：m）

设置形式	调压装置入口燃气压力级制	建筑物外墙面	重要公共建筑物	铁路（中心线）	城镇铁路	公共电力变配电柜
地上单独建筑	高压（A）	18.0	30.0	25.0	5.0	6.0
	高压（B）	13.0	25.0	20.0	4.0	6.0
	次高压（A）	9.0	18.0	15.0	3.0	4.0
	次高压（B）	6.0	12.0	10.0	3.0	4.0
	中压（A）	6.0	12.0	10.0	2.0	4.0
	中压（B）	6.0	12.0	10.0	2.0	4.0
地下单独建筑	中压（A）	3.0	6.0	6.0	—	3.0
	中压（B）	3.0	6.0	6.0	—	3.0
调压柜	次高压（A）	7.0	14.0	12.0	2.0	4.0
	次高压（B）	4.0	8.0	8.0	1.0	4.0
	中压（A）	4.0	8.0	8.0	1.0	4.0
	中压（B）	4.0	8.0	8.0	—	4.0
地下调压箱	中压（A）	3.0	6.0	6.0	—	3.0
	中压（B）	3.0	6.0	6.0	—	3.0

注：1. 当调压装置露天设置时，则指距离装置的边缘；
　　2. 当建筑物（含重要公共建筑）的某外墙为无门、窗洞口的实体墙，且建筑物耐火等级不低于二级时，燃气进口压力级别为中压A或中压B的箱式调压装置一侧或两侧（非平行），可贴靠上述外墙设置；
　　3. 当达不到表2-3-2净距要求时，采取有效措施，可适当缩小净距。

第四章 燃气计量及远程抄表

第一节 燃气的计量

根据流量计的工作原理，计量气体的流量仪表主要有容积式流量计、速度式流量计、差压式流量计、质量流量计及量程组合式流量计等几大类。

一、容积式流量计

容积式流量计是依据流过流量计的液体或气体的体积来测定其流量的。传统的容积式流量计量仪表有膜式燃气表、湿式流量计和腰轮流量计等。

（一）膜式燃气表

膜式燃气表的工作原理如图 2-4-1 所示。

被测量的燃气从表的入口进入，充满表内空间，经过开放的滑阀座孔进入计量室 2 及 4，依靠薄膜两面的气体压力推动计量室的薄膜运动，迫使计量室 1 及 3 内的气体通过滑阀及分配室从出口流出。当薄膜运动到尽头时，依靠传动机构的惯性作用使滑阀盖相反运动。计量室 1、3 和入口相通，计量室 2、4 和出口相通，薄膜往返运动一次，完成一个回转，这时表的读数值就应为表的一个回转体积（即计量室的有效体积），膜式表的累积流量值即为一回转体积和回转数的乘积。

膜式燃气表一般用于低压燃气计量，可以计量天然气、液化石油气和人工煤气。膜式燃气表的典型流量特性曲线如图 2-4-2 所示。

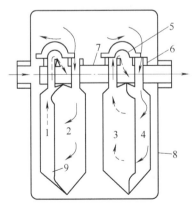

图 2-4-1 膜式燃气表的工作原理图

1、2、3、4—计量室 5—滑阀盖 6—滑阀座

7—分配室 8—外壳 9—薄膜

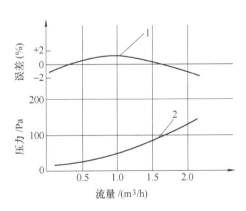

图 2-4-2 膜式燃气表的性能曲线

1—计量误差曲线 2—压力损失曲线

膜式燃气表除可用于家庭用户计量外，也适用于低压供气的商业用户和工业用户。为了便于收费及管理，配有智能 IC 卡的燃气表正得到广泛的应用。

（二）湿式流量计

湿式流量计结构简单、准确度高、使用压力低、流量较小。通常在实验室中用来校准家用燃气表，其结构如图 2-4-3 所示。

在圆柱形外壳内装有计量筒。水或其他液体装在圆柱形筒内作为液封，液面高度由液面计控制，被测气体只能存在于液面上部计量筒的小室内，当有气体通过时，由于气体进口与出口的压力差，驱使计量筒转动。计量筒内一般有 4 个室，也有的湿式流量计只有 3 个小室，小室的容积恒定，故每转一周就有一定量的气体通过。随着计量筒及轴转动，带动齿轮减速器及表针转动，记录下气体的累积流量。

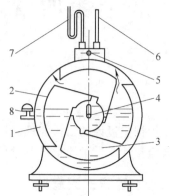

图 2-4-3　湿式流量计的构造
1—外壳　2—计量筒　3—计量筒小室
4—燃气入口　5—燃气出口　6—温度计
7—压力计　8—液面计

（三）腰轮（罗茨）流量计

腰轮流量计（Gas Roots Meter）也称罗茨流量计，其结构特征为在流量计的壳体内有一个计量室，计量室内有一对可以相切旋转的腰轮（由此得名为腰轮流量计），在计量室壳体的外面与两个腰轮同轴各安装了一个传动齿轮，它们相互啮合联动。如图 2-4-4 所示。

腰轮流量计的每个计量室有两个 8 字形转子，带减速器的计数机构通过联轴与一个转子相连接，转子转动圈数由联轴器传到减速器及计数机构上。流体由进口管进入外壳内部的上部空腔，由于流体本身的压力使转子旋转，使流体经过计量室（转子和外壳之间的密闭空间）之后从出口管排出。每次旋转，计量腔被周期性地填充和清空。8 字形转子回转一周，就相当于流动了 4 倍计量室的体积。转子的转数与通过的气体体积成一定的比例关系。通过设计减速机构适当的转数比，计数机构就可以显示流量。腰轮流量计计量的是气体的工作状态体积流量，如果需要将工作状态下体积流量修正到标准参比条件下（101 325 Pa，20℃）的体积流量，需要配置电子体积修正仪。

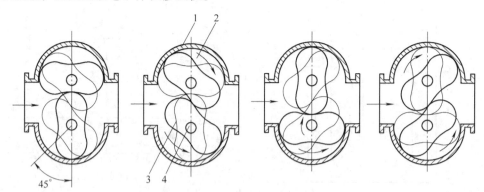

图 2-4-4　腰轮流量计结构原理图
1—壳体　2—计量室　3—腰轮　4—腰轮轴

由于加工精度较高，转子和外壳之间只有很小的间隙，当流量较大时，由于间隙产生的误差被控制在计量精度的允许范围之内。

腰轮流量计具有体积小、结构紧凑、流量大并能在较高的压力下计量等特点。基于其测量原理，腰轮流量计不需要任何进口和出口直管段。

二、速度式流量计

速度式流量计量仪表有涡轮流量计、涡街流量计、旋进旋涡流量计以及近年来快速发展的超声流量计。

（一）涡轮流量计

涡轮流量计的工作原理是：当被测流体通过涡轮流量计时，流体通过整流装置冲击涡轮叶片，由于涡轮叶片与流体流向间有一定夹角，流体的冲击力对涡轮产生转动力矩，使涡轮克服机械摩擦阻力矩和流动阻力矩而转动。在一定的流量范围内，涡轮的转速与通过涡轮的流量成正比。

涡轮流量计目前已在燃气的计量中得到了广泛应用。

（二）涡街流量计

涡街式流量计是速度式流量计，属于流体震荡型仪表，是旋涡流量计中的一种。涡街式流量计的原理如图 2-4-5 所示。

在一个二度流体场中，当流体绕流于一个断面为非流线型的物体时，在此物体的两侧就将交替地产生旋涡，旋涡体长大到一定程度就被流体推动，离开物体向下游运动，这样就在尾流中产生两列错排的随流体运动的旋涡阵列，称为涡街。

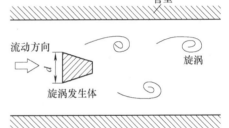

图 2-4-5 涡街式流量计原理图

实验和理论分析表明，只有当涡街中的旋涡是错排时，涡街才是稳定的。根据卡门涡街原理，旋涡剥离频率与流体的流速或流量成正比。根据此关系测出流量的大小。涡街式流量计具有无可动部件、稳定性好、精度高、仪表常数与介质物性参数无关、适应性强以及信号便于远传等优点，缺点是小流量时抗干扰（震动）性差。

（三）超声流量计

超声流量计是一种非接触式流量仪表，20 世纪 70 年代随着集成电路技术迅速发展才开始得到实际应用。它利用超声波在流动的流体中传播时，可以载上流体流速信息的特性，通过接收和处理穿过流体的超声波信息就可以检测出流体的流速，从而换算成流量。在结构上主要由超声换能器、电子处理线路以及流量显示、计算系统三部分组成。

超声流量计的工作原理分为传播速度法和多普勒法两大类。传播速度法的基本原理为测量超声波在流动的流体中，顺流传播时与逆流传播时的速度之差得到被测流体的流速。按所测物理量的不同，传播速度法可分为时差法（测量顺流、逆流传播时由于超声波传播速度不同而引起的时间差）、相差法（测量顺流、逆流传播时由于时差而引起的相位差）和频差法（测量超声波顺流、逆流传播时的声环频率差）。其中，原理为时差法的超声流量计准确度较高，因此计量天然气时通常选用时间差法超声流量计，并且为了进一步提高计量准确度，多采用多声道超声流量计。

相对于传统的流量计而言，多声道超声流量计具有下列主要特点：

1）解决了大管径、大流量测量困难的问题；

2）对介质几乎无要求。由于利用超声测量原理可制成非接触式的测量仪表，所以不破坏流体的流场，没有压力损失，并且可解决其他类型流量计难以测量的强腐蚀性、非导电性、放射性流体的流量测量问题；

3）测量准确度几乎不受被测流体温度、压力、密度、黏度等参数的影响；

4）测量范围宽，一般可达 20∶1～100∶1。

超声波流量计价格较贵，只有在流量很大的情况下，由于贸易结算需要才被选用。

三、差压式流量计

差压式流量计又称为节流流量计，是目前工业上用得较广得一种流量测量仪表。其作用原理是基于流体通过突然缩小的管道断面时，使流体的动能发生变化而产生一定的压力降，压力降的变化和流速有关，此压力降可借助于压差计测出。因此，差压式流量计包括两部分：一部分是与管道连接的节流件，此节流件可以是孔板、喷嘴或文丘里管三种，但在燃气流量的测量中，主要是用孔板。另一部分是差压计，它被用来测量孔板前后的压力差。差压计与孔板上的测压点借助于两根带压管连接，差压计可以制成指示式或自动记录式。

四、质量流量计

由于流体的容积受温度、压力等参数的影响，用容积流量表示流量大小时需要给出介质的参数。在介质参数不断变化的情况下，往往难以达到这一要求，而造成登记表显示值失真。因此，质量流量计就得到了广泛的应用和重视。质量流量计分直接式和间接式两种。直接式质量流量计利用与质量流量直接有关的原理进行测量，目前常用的有量热式、角动量式、振动陀螺式、马格努斯效应式和科里奥利式质量流量计；间接式质量流量计是用密度计与容积流量直接相乘求得质量流量的。

质量流量计在 CNG 加气机中应用广泛，其工作原理为：CNG 加气机的入口处与加气站主管阀相连接，介质进入加气机后经过滤器、气液分离器进入质量流量计进行精确计量，计量后的气体经过安全阀、加气手柄至燃气汽车中。加气量的多少由质量流量计送至 CPU，经过计算分别在显示屏上显示出加气量及加气金额。质量流量计的流量信号也被采用来控制高、中、低压电磁阀。

五、量程组合式流量计

随着作为能源主体的天然气的广泛使用，及人们对计量准确性的重视，对计量精度高、工作范围宽的流量计需求就越来越多。我国自主研发的量程组合式流量计较好地满足了这种需求，这种流量计由热式质量流量计和涡街流量计组合而成。复合采用了热式和涡街两种测量原理，将两者有机地结合在一起，避免了单一技术局限性，扩宽了流量计的量程范围，降低了测量下限，在小流量段采用热式原理计量，在大流量段采用涡街原理计量，避开了涡街流量计在小流量计量时抗震性差的缺点，自动实现两种计量方式的无缝切换，将量程比提高到远大于100∶1，故又称为全量程组合式流量计。在流量计中还加入了温度、压力测量，用以对涡街流量传感器的体积流量值进行温度和压力修正，最后仪表输出为标准参比条件下的体积流量。

由于全量程流量计没有活动部件，而且进入管道的测量器件体积小，具有压损小、维护量低、计量精度高和抗冲击能力强等优点，尤其适合于用气峰谷值差较大的情况。

由于受到涡街原理的影响，全量程流量计不适合口径小的管道，一般要求管道直径大于等于 40 cm。适用于工业用户，不适于家庭煤气计量。

六、燃气温压补偿

因流体的体积会随着温度、压力的改变而改变，在通常状况下所说的流量（体积）是指流体在标准状况下流过管道截面积的体积。在非标准状况下，此数据受温度、压力影响较大，为了能实现流量计量的统一，流量计量应采用标准状况体积数据，为了能满足流量计在不同使用环境中的标况计量使用要求，流量计需采用温压补偿装置。温压补偿装置具有对不同条件下对温度、压力进行补偿，将计量数据转换成标况下所需数据的功能。温压补偿流量计如图 2-4-6 所示。

图 2-4-6　温压补偿流量计

第二节　远程抄表

一、概述

当今燃气表根据数据传输方式的不同，可分为机械式燃气表及智能燃气表两大类。机械式燃气表无数据传输功能；智能燃气表具有数据传输功能。

智能燃气表又可分为 IC 卡智能燃气表与远传智能燃气表两大类。其中 IC 卡智能燃气表可分为普通 IC 卡预付费表及射频 IC 卡燃气表两大类。

普通的接触式的 IC 卡燃气表简称为 IC 卡燃气表。射频 IC 卡燃气表使用了射频卡，射频卡就是非接触 IC 卡，由 IC 芯片、感应天线组成，封装在一个标准的 PVC 卡片内，芯片及天线无任何外露部分。射频卡除去了 IC 卡的卡口，彻底地杜绝了油污进入表体的现象，与普通 IC 卡相比具有灵活、方便、可靠、使用寿命长、保密性高、全密封、抗攻击性强、分辨率高的特点，提高了燃气表的计量精度。

远传智能燃气表根据其传输方式又可分为有线远传智能表和无线远传智能表两大类。其中无线远传智能表又可分为点抄式无线远传表、自组网式无线远传表及预付费无线远传表。

现在，智能燃气表的推广已经成为一个趋势，因其具有抄表容易、计量及数据传输准确率高、实时监控、能够解决费用拖欠等多方面的优点，已经越来越受到燃气公司及用户的欢迎。图 2-4-7 为无线联网型远程传抄表系统结构图。

二、无线预付费智能抄表系统

目前，国内单一的 IC 卡控制技术虽能实现预收费，但与用户的结算方式是体积单位，

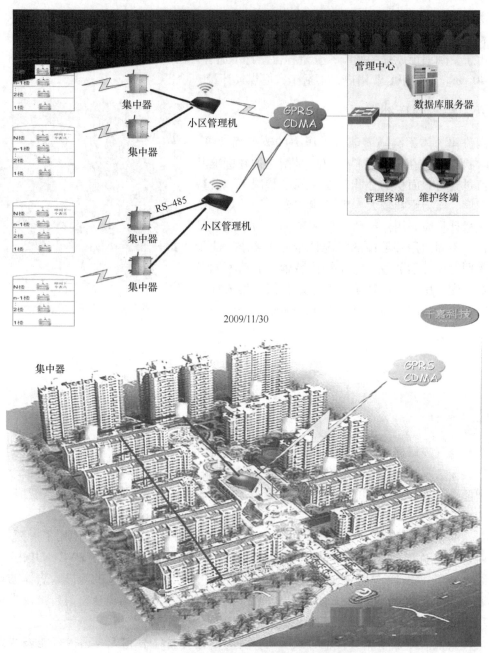

图 2-4-7　无线联网型远程传抄表系统结构
（小区管理机和集中器之间采用有线连接）

当气价上升时，无法避免用户囤气给燃气公司造成的损失，气价下降时，也不可避免地会同用户产生矛盾；同时，燃气售出后，燃气公司无法实时统计具体用气情况，无法实现准确的输差评估，只能根据抽样，按财务年度笼统地计算，不便于实现精确的财务管理。IC 卡预付费技术与远传技术结合后，上述问题将迎刃而解。

　　远传预付费智能燃气表采用新型的单片机，并安装远传装置，当气价发生变化时，可以通过远传控制，调整气价。用户到燃气公司充值，输入表里的不是体积数量，而是货币数量，用户用多少体积的燃气，燃气表自动计算，扣减相应金额，避免了用户囤气及其他矛盾。

远传装置可以实时读取燃气表读数，并发回燃气公司，便于燃气公司精确、动态地统计用户用气情况，实现科学的财务管理。

根据市场的需要，将 IC 卡燃气表技术与远传技术结合，开发新型远程控制智能燃气表，其作用主要体现在以下几方面：

1）可远程对表充值；

2）可远程抄录表内数据；

3）可远程实时监控表的使用状况；

4）可远程控制阀的开关；

5）可远程调整表里气价。

远程控制预付费智能燃气表技术的研发成功，将解决困扰国内外众多燃气公司抄表难、收费难、用户管理难、不能实时调整气价等诸多问题，将引领燃气表计量的发展方向。

三、无线集中抄表系统

无线集中抄表系统是采用无线的方式，通过计算机收费系统，实现计费、报警、控制等功能，通过该系统可以解决运营公司入户抄表的困难，并通过定时抄表了解用户表具的运行状态，对用户用气情况和运行情况等作出科学的统计和分析，还可以依据用户缴费情况对表具进行控制。

该系统不仅解决运营公司收费难的问题，并且还为终端用户提供了灵活多样的缴费方式，用户可以采用现金、电话、银行代收等多种缴费方式。

（一）无线集中抄表系统的组成

该系统主要由数据管理系统、集中器、无线智能表终端等几部分组成。

1. 数据管理系统

数据管理系统是无线集中抄表系统的管理控制中心，可以实现对住户信息的管理、收费，可以对手持机进行程序更新、下载、上传抄表任务等，是系统的监控中心。如图 2-4-8 所示。

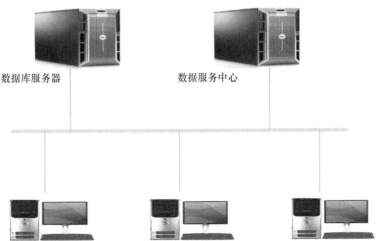

图 2-4-8　数据管理中心

2. 集中器

集中器具有数据传递、收集等功能，是连接无线智能表终端和数据中心的桥梁，是数据传输的中间站，是实现运营公司（收费系统）和用户（无线智能表终端）之间联系的纽带。如图 2-4-9 所示。

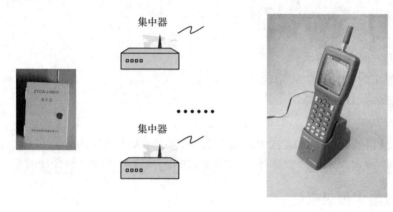

图 2-4-9　集中器

3. 无线智能表终端

无线智能表终端由基表、阀门（可选）、智能控制模块几部分组成，集计量、控制、通信等功能为一体，是智能化的无线传输控制单元。如图 2-4-10 所示。

（二）无线集中抄表系统的特点

1）使用无线的通信方式，既可实现快速的集抄，也支持点对点通信；

2）可以定时抄表（每月），也可以实时监控抄收；

3）系统组成方便，后期维护量小，终端安装方便，易于施工；

4）抄收时间短，传输距离远，抄表效率高；

5）系统耗能低，环保节能；

6）控制电路部分完全密封，非常适应工作在恶劣的高温高湿的厨房环境下；

7）无线集中抄表系统的组网技术具有集中和中继的

图 2-4-10　无线智能表终端

功能，每个终端表具既可作为控制器，又可作为中继集中器将网内数据进行集中，并可靠传递给手持机或集中器；

8）数据管理中心综合运用了 RAD 开发技术、模式编程技术、多态技术、MD5 加密技术和基于 Internet 的 C/S 三层架构技术，实现软件的可重用性和对终端表具的应用管理；

9）用户终端在诸如燃气泄漏等非正常状态时自动关闭阀门，确保用气安全，运营公司也可在需要时（如用户恶意欠费）进行阀门的远端控制，降低运营公司的损失。

第五章　燃气的压送

在燃气输配系统中，压缩机是用来压缩燃气，提高燃气压力或输送燃气的机器。

压缩机的种类很多，按其工作原理可区分为容积型压缩机及速度型压缩机。

在容积型压缩机中，气体压力的提高是由于压缩机中气体体积被缩小，使单位体积内气体分子的密度增加而形成；而在速度型压缩机中，气压的提高是气体分子的运动速度转化的结果，即先使气体的分子得到一个很高的速度，然后又使速度降下来，使动能转化为压力能。

在以天然气为气源的城市燃气输配系统中，经常遇到的容积型压缩机主要是活塞式压缩机，多用在生产压缩天然气（CNG）的加气母站和汽车加气站中。速度型压缩机主要是离心式压缩机，多用在长输管线压气站上，由燃气轮机带动。

第一节　活塞式压缩机

一、工作原理

在活塞式压缩机中，气体是依靠在气缸内作往复运动的活塞进行加压的。图 2-5-1 是单级单作用活塞式气体压缩机的示意图。

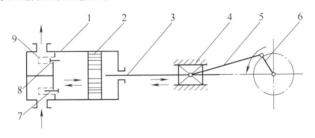

图 2-5-1　单级单作用活塞式气体压缩机示意图

1—气缸　2—活塞　3—活塞杆　4—十字头　5—连杆　6—曲柄　7—吸气阀　8—排气阀　9—弹簧

当活塞 2 向右移动时，气缸 1 中活塞左端的压力略低于低压燃气管道内的压力时，吸气阀 7 被打开，燃气在燃气管道内作用下进入气缸 1 内，这个过程称为吸气过程；当活塞返行时，吸入的燃气在气缸内被活塞挤压，这个过程称为压缩过程；当气缸内燃气压力被压缩到略高于高压燃气管道内压力 p_2 后，排气阀 8 即被打开，被压缩的燃气排入高压燃气管道内，这个过程称为排气过程。至此，已完成了一个工作循环。活塞再继续运动，则上述工作循环将周而复始地进行，以不断地压缩燃气。

二、压缩级数的确定

多级压缩是将气体依次在若干级中进行压缩，并在各级之间将气体引入中间冷却器进行冷却。多级压缩除了能降低排气温度，提高容积系数之外，还能节省功率的消耗和降低活塞上的气体作用力。

多级压缩时，级数越多，越接近等温过程，越节省功率的消耗，但是结构也越复杂，造价也越高，发生故障的可能性也就越大。多级压缩节省的功，随着中间压力的不同而改变。显然，最有利的中间压力应是使各级所消耗的功的总和为最小时的压力，即满足式（2-5-1）。

$$\frac{p_2}{p_x} = \frac{p_x}{p_1}$$ (2-5-1)

对于多级压缩机，各级压力比相等时，所消耗的总功最少。对于 z 级压缩机来说，压缩比 ε 应满足：

$$\varepsilon = \sqrt[z]{\frac{p_2}{p_1}}$$ (2-5-2)

实际上，为了保证较高的容积系数和防止最终压力过高，通常第一级和最末一级压缩比 ε_1 和 ε_z 取得稍小些。

一般情况下，

$$\varepsilon_1 = \varepsilon_z = (0.9 \sim 0.95)\sqrt[z]{\frac{p_2}{p_1}}$$ (2-5-3)

$$\varepsilon_2 = \varepsilon_3 = \cdots = \varepsilon_{z-1} = \sqrt[z-2]{\frac{p_2}{p_1}\frac{1}{\varepsilon_1\varepsilon_z}}$$ (2-5-4)

三、活塞式压缩机的分类

活塞式压缩机可按排气压力的高低、排气量的大小及消耗功率的多少进行分类，但通常是按照结构形式进行分类。

1. 立式压缩机

立式压缩机的气缸中心线和地面垂直。由于活塞环的工作表面不承受活塞的重量，因此气缸和活塞的磨损较小，能延长机器的使用年限。机身形状简单、重量轻、基础小，占地面积少，但要求厂房高，且其稳定性差，安装、维修和操作都比较困难。

2. 卧式压缩机

卧式压缩机的气缸中心线和地面平行，分为单列卧式和双列卧式两种。由于整个机器都处于操作者的视线范围内，因此，管理维护方便，安装、拆卸较容易。卧式压缩机的主要缺点是惯性力不能平衡，转速受到限制，导致压缩机、原动机和基础的尺寸及重量较大，占地面积大。

3. 角度式压缩机

角度式压缩机的各气缸中心线彼此成一定的角度，结构比较紧凑，动力平衡性较好。按气缸中心线相互位置的不同，角度式压缩机又分为 L 形、V 形、W 形和扇形等，如图 2-5-2 所示。

4. 对置型压缩机

对置型压缩机是在卧式压缩机的基础上发展起来的，其气缸分布在曲轴的两侧。对置型压缩机的各种结构形式如图 2-5-3 所示。

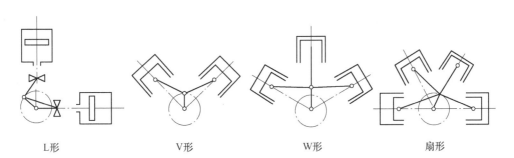

L形　　　　　V形　　　　　W形　　　　　扇形

图 2-5-2　角度式压缩机的结构

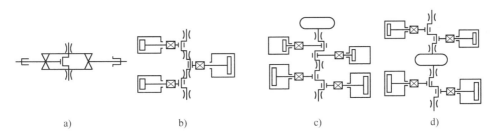

a)　　　　　b)　　　　　c)　　　　　d)

图 2-5-3　对置型压缩机的结构

a）非平衡式　b）非对称平衡式　c）、d）对称平衡式

对置型压缩机除具有卧式压缩机的优点外，还有本身独特的优点，特别是图 2-5-3 中的 c、d 两种。这两种压缩机的曲柄错角为 180°，活塞作对称运动，即曲柄两侧相对两列的活塞对称地同时伸长、同时收缩，因而称为对称平衡式。这种压缩机惯性力可以完全平衡，机器的转速可以大大提高，因此压缩机和电机的外形尺寸和重量，可减少 50% ~ 60%。

四、活塞式压缩机的部件

1. 气缸

气缸是活塞式压缩机中的主要部分，气缸因工作压力不同而选用不同的材料：工作压力低于 6 MPa 的气缸用铸铁制造；工作压力低于 20 MPa 的气缸用铸钢或稀土球墨铸铁制造；工作压力更高的气缸则用碳钢和合金钢制造。

为了减少活塞环和气缸表面的摩擦功及磨损带走摩擦面上的部分热量和改善活塞环的密封能力，通常气缸都要润滑。

2. 气阀

现代活塞式压缩机使用的气阀，都是随着气缸内气体压力的变化而自行开闭的自动阀，如图 2-5-4 所示，它由阀座、运动密封件（阀片或阀芯）、弹簧、升程限制器等零件组成。

3. 活塞

活塞式压缩机中常用的活塞基本结构形式为圆筒形和盘形。

4. 活塞杆与气缸的密封

活塞杆有贯穿和不贯穿两种。活塞杆与气缸的

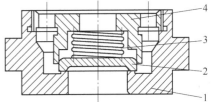

图 2-5-4　活塞式压缩机自动阀的组成

1—阀座　2—阀片　3—弹簧　4—升程限制器

贯通处最易漏气。密封填料是阻止气缸内气体自活塞杆与气缸贯穿处泄漏的组件。对填料的基本要求是密封性能良好并耐用。

目前，自紧式金属填料函是活塞杆密封的主要形式。这种填料函主要有平面和锥形两类密封圈，前者多用于低、中压，后者多用于高压。密封圈材料为灰铸铁、合金铸铁、青铜等。

在少油和无油润滑的压缩机中，广泛采用塑料（聚四氟乙烯、尼龙）密封圈。当压缩有爆炸危险或有害的气体时，不允许气体泄漏到机器间里，往往用软填料或油膜密封。

第二节　回转式压缩机

一、罗茨式回转压缩机

罗茨式回转压缩机一般习惯称为罗茨式鼓风机，它是利用一对相反旋转的转子来输送气体的设备，其工作原理如图 2-5-5 所示。

罗茨式回转压缩机的转速一般是随着尺寸的加大而减小的。小型压缩机的转速可达 1450 r/min，大型压缩机的转速通常不大于 960 r/min。

罗茨式回转压缩机的优点是当转速一定而进口压力稍有波动时，排气量不变，转速和排气量之间保持恒正比的关系，转速高、没有气阀及曲轴等装置、重量较轻，应用方便。

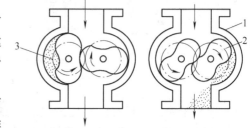

图 2-5-5　罗茨式回转压缩机
1—机壳　2—转子　3—压缩室

罗茨式回转压缩机的缺点是当压缩机有磨损时，影响效率颇大；当排出的气体受到阻碍，则压力逐渐升高。为了保护机器不被损坏，在出气管上必须安装安全阀。

二、螺杆式气体压缩机

螺杆式气体压缩机的气缸成 8 字形，内装两个转子——阳转子（或称阳螺杆）和阴转子（或称阴螺杆）。

目前转子采用对称型线和非对称型线两种，国内多用钝齿双边对称圆弧型线为转子的端面型线，如图 2-5-6 所示。阳转子有 4 个凸而宽的齿，为左旋向；阴转子有 6 个凹而窄的齿，为右旋向。阳转子和阴转子的转数比为 1.5∶1。

螺杆式压缩机的特点是排气连续，没有脉动和喘振现象；排气量容易调节；可以压缩湿气体和有液滴的气体。在构造上由于没有金属的接触摩擦和易损件，因此，螺杆式压缩机转速高、寿命长、维修简单、运行可靠，一般不设备机，但其构造较复杂、制造较困难、噪声较大（达 90 dB 以上，噪声属于中高频，对人体危害较大）。

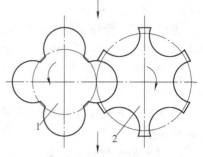

图 2-5-6　转子端面型线
1—阳转子　2—阴转子

第三节　变工况工作与流量的调节

每台压缩机都是根据一定条件设计的，运转过程中某些参数或者是气体组成的变化都会对压缩机的性能产生影响。此外，在燃气输配系统中，要求压缩机的负荷经常变化，因此对流量要进行调节。

一、活塞式压缩机的变工况对压缩机性能的影响

（一）吸气压力改变

随着吸气压力的降低，活塞完成一个循环后所吸入的气体体积（折算为标准状况下）就减少。此外当吸气压力降低、排气压力不变时，压缩比升高，使容积系数 λ_V 下降，排气量降低。对于单级压缩机，这种影响要大一些。由于吸气量降低所引起的压缩机功率的变化与压缩机的设计压缩比有关，对于多级压缩机，由于压缩比升高由各级分摊，第一级压缩比升高不多，因而对容积系数 λ_V 影响不大。

（二）排气压力改变

如果吸气压力不变，而排气压力增加，则压缩比上升，容积系数 λ_V 减小。对单级压缩机，这种影响明显，对多级压缩机则影响较小。排气压力增加后，功率一般都是增加的。

（三）压缩介质改变

压缩不同绝热指数的气体时，压缩机所需要的功率随着绝热指数的增加而增大。另外，在相同的相对余隙容积下，压缩机的容积系数 λ_V 随着绝热指数增加而增大，因此排气量也将有所增加。

气体容重的改变对容积型压缩机的压缩比没有很大影响，对于低分子量的气体压缩来说，这是它的一个重要优点。另一方面，密度大的气体，在经过管道和气阀时，压降较大，使气缸吸气终了压力下降，排气量略有降低，轴功率有所增加。

（四）转速改变

在一定的条件下，提高转速是提高压缩机生产能力的一种手段，转速提高，排气量会相应增加。但在不改变气阀、气道、中间冷却器及其他中间管道的情况下把转速增加过多，则功率的增加速度要大大超过排气量增加速度，是很不经济的。这是因为转速增加，气体流动速度增加，而压降和流速的平方成正比，因此气缸的实际压缩比将因压缩机的转速增加而明显上升，这将导致容积系数 λ_V 下降；气体阻力增加会使气缸温度上升，导致温度系数 λ_t 下降，因此增加转速后排气量不会成比例地增加。而且当转速增加过多时，应对压缩机有关气体流通部件进行改造。

二、活塞式压缩机排气量的调节

（一）停转调节

根据用气工况来决定压缩机的停转和启动的时间和台数。这种方法只能用于功率较小的电动机带动的压缩机上。对于中等功率压缩机，可以采用离合器使原动机和压缩机脱开，避免频繁地启动原动机。

（二）改变转速的调节

通过改变转速来改变单位时间的排气量。这种方法用于由蒸汽机、内燃机驱动的压缩机。以直流电机作为原动机时，改变转速也比较方便。这种调节方法的优点是：转速降低时，气体在气阀及管路上的速度相应减小，气体在气缸中停留时间增长，因而获得较好的冷却效果，使功率消耗降低。

（三）停止吸入的调节

所谓停止吸入，即压缩机后的高压管道压力超过允许值时，自动关闭吸入通道。停止吸入在中型压缩机上采用较多。当停止吸入时，压缩机处于空转，因而实际上是间断调节。停止吸入的调节对于无十字头的单作用压缩机是不适用的，因为气缸内形成真空，润滑油会从曲轴箱吸入气缸。

（四）旁路调节

采用旁路调节方法调节排气量，从装置的结构上来说是简便易行的，但功率的消耗是巨大的。

旁路调节，亦可作为压缩机卸荷之用，因此，压缩机启动时经常采用此种方式。所采用的旁通管线有两种形式，如图 2-5-7 所示。图 2-5-7a 型为末级与第一级节流旁通，它能在保证各级的工况（压力、温度）均不改变的情况下工作，而且可以连续地调节气量。此种调节一般在短期运转下以及作为辅助微量调节之用。但是采用这种调节方法，在高压时旁通阀在高速气流的冲击下有可能损坏，会影响正常工作时管线的严密性。此外，在旁通阀处节流可能产生冻结现象。

在大型多级压缩机中，经常配置图 2-5-7b 型旁通管路，可作为压缩机启动时卸荷之用，也可用来调节各级压缩比。用作气量调节时，当第一级导出部分气量至吸入管以后，第一级压缩比降低，中间各级压缩比保持原状，而末级压缩比会随着排气量的降低程度成比例上升，所以当排气量降低得太大时，末级中的温度会上升到不允许的范围。

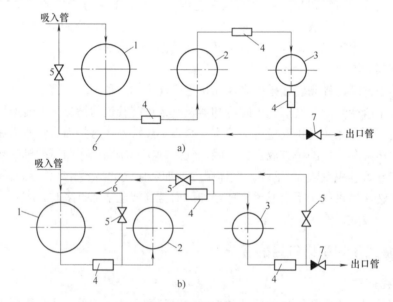

图 2-5-7　旁通管线的连接形式

a）末级与第一级旁通　b）各级均与第一级旁通

1—Ⅰ级缸　2—Ⅱ级缸　3—Ⅲ级缸　4—冷却器　5—旁通阀　6—旁通管　7—单向阀

（五）打开吸气阀的调节

打开吸气阀的调节方法目前采用得较普遍，主要用在中型和大型压缩机上，除调节流量外也可作为卸荷空载启动之用。

打开吸气阀的调节作用是：气体被吸入气缸后，在压缩行程时，又将部分或全部已吸入缸内的气体通过吸气阀推出气缸。这样可以通过改变推出气体量实现压缩机排气量的调节。

（六）连接补助容积的调节

连接补助容积的调节方法是借助于加大余隙，使余隙内存有的已被压缩了的气体在膨胀时压力降低，体积增加，从而使气缸中吸入的气体减少，排气量降低。图 2-5-8 中的虚线表示全排气量时的示功图，V_c 为气缸原有的余隙容积，此时吸入容积为 V_s，连通补助容积 V_a 后的示功图如实线所示，吸入容积由 V_s 减少到 V_s'，压缩机吸入的气量减少了 ΔV。

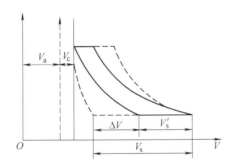

图 2-5-8　增加补助容积后的示功图

利用这种补助容积以降低排气量的装置，有固定余隙腔和可变余隙腔两种，都称为余隙调节。前者的排气量只能调到一个固定的值，后者可以分级调节。补助容积的大小是由需要调节的排气量来决定，近年来采用部分行程中连通补助容积的调节装置，更进一步改善了调节工况。

在实际应用中，将根据对压缩机的使用要求、驱动方式及操纵条件的不同，来选择各种调节方法。确定调节方法时应尽可能满足所要求的调节特性（间歇调节、分级调节或是无级调节）、经济性及操作的可靠性。

第六章　燃气的储存

燃气的储存是保证城市燃气供需平衡的重要手段，燃气种类不同，储存手段也不尽相同。以人工煤气为气源时，多采用低压储存；以天然气为气源时，多采用高压储存；至于压缩天然气、液化天然气、液化石油气供应系统，除了地下储存、液化储存外，还各自有不同的储存手段。

燃气的储存设施有很多种，其中包括低压湿式罐、低压干式罐、高压储气罐、燃气储配站、长输管线末端储气、LNG 储罐等。

对于低压干式罐，目前实际采用的有阿曼阿恩型干式罐、可隆型干式罐、威金斯型干式罐三种罐类型，在下面的章节中不再详述。

第一节　低压湿式罐

湿式罐是在水槽内放置钟罩和塔节，钟罩和塔节随燃气的进出而升降，并利用水封隔断内外气体来储存燃气的容器。储罐的储存容积随燃气量的变化而变化。

一、直立罐

如图 2-6-1 所示，直立罐是由水槽、钟罩、塔节、水封、导轨立柱、导轮、增加压力的加重装置及防止造成真空的装置等组成。

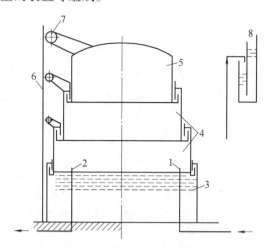

图 2-6-1　直立罐简图

1—燃气进口　2—燃气出口　3—水槽　4—塔节　5—钟罩　6—导轨立柱　7—导轮　8—水封

二、螺旋罐

螺旋罐在我国有广泛的应用。螺旋罐没有导轨立柱，罐体靠安装在侧板上的导轨与安装在平台上的导轮相对滑动产生缓慢旋转而上升或下降。图 2-6-2 为三节螺旋罐的示意图。

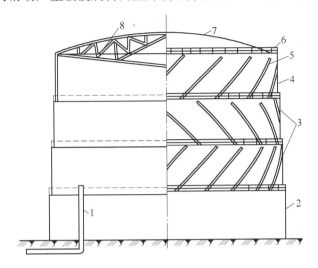

图 2-6-2 三节螺旋罐示意图

1—进气管 2—水槽 3—塔节 4—钟罩 5—导轨 6—平台 7—顶板 8—顶架

相比直立罐，螺旋罐能够节省金属 15% ～30%，且外形较为美观。但其不能承受强烈的风压，故在风速太大的地区不宜设置螺旋罐。此外其施工允许误差较小，基础的允许倾斜或沉陷值也较小；导轮与轮轴往往产生剧烈磨损。

三、低压湿式罐存在的主要问题

（1）在北方采暖地区冬季要采取防冻措施，因此管理较复杂，维护费用较高。

（2）由于塔节经常浸入、升出水槽水面，因此必须定期进行涂漆防腐。

（3）直立罐耗用金属较多，尤其是在大容量时更为显著。螺旋罐和干式罐金属用量比较相近。容积越大，干式罐越经济。

第二节 高压储气罐

高压储气罐几何容积固定不变，它是靠改变其中燃气的压力来储存燃气的，故称定容储罐。由于定容储罐没有活动部分，因此结构比较简单。

当燃气以较高的压力送入城市时，使用低压罐显然是不合适的，这时一般采用高压罐。当气源以低压燃气供应城市时，是否要用高压罐则必须进行技术经济比较后确定。高压罐按其形状可分为圆筒形和球形两种。

一、高压储气罐的构造

（一）圆筒形罐的构造

圆筒形罐是由钢板制成的圆筒体和两端封头构成的容器，其构造如图 2-6-3 所示。圆筒形罐根据安装的方法可以分为立式和卧式两种。前者占地面积小，但对防止罐体倾倒的支柱及基础要求较高；后者占地面积大，但支柱和基础做法较为简单。如果罐体直接安装在混凝土基础上时，其接触面之间由于容易积水而加速罐的腐蚀，故卧式储罐罐体都设钢制鞍式支座。支座与基础之间要能滑动，以防止罐体热胀冷缩时产生局部应力。

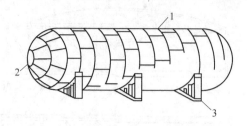

图 2-6-3　圆筒形罐
1—筒体　2—封头　3—鞍式支座

（二）球形罐的构造

球形罐通常由分瓣压制的钢板拼焊组装而成。罐的瓣片分布颇似地球仪，一般分为极板、南北极带、南北温带、赤道带等。罐的瓣片也有类似足球外形的。这两种球形罐如图 2-6-4 所示。

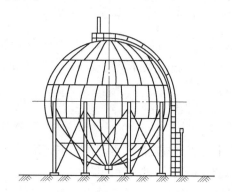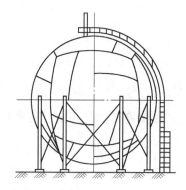

图 2-6-4　球形罐

为了防止罐内冷凝水及尘土进入进气管、出气管内，进气管、出气管应高于罐底。为了排除积存于罐内的冷凝水，在储罐的最下部，应安装排污管。

在罐的顶部必须设置安全阀。储罐除安装就地指示压力表外，还要安装远传指示控制仪表。此外根据需要可设置温度计。储罐必须设防雷防静电接地装置。

容量较大的圆筒形罐与球形罐相比较，圆筒形罐的单位金属耗量大，但是球形罐制造较为复杂，制造安装费用较高，所以一般小容量的储罐多选用圆筒形罐，而大容量的储罐则多选用球形罐。

二、储气量的计算

高压储气罐的有效储气容积可按式（2-6-1）计算：

$$V = V_C \frac{p - p_C}{p_0} \tag{2-6-1}$$

式中　V——储气罐的有效储气容积（m^3）；

　　　V_C——储气罐的几何容积（m^3）；

p——最高工作压力（MPa）；

p_C——储气罐最低允许压力（MPa），其值取决于罐出口处连接的调压器最低允许进口压力；

p_0——大气压（MPa）。

储罐的容积利用系数，可用式（2-6-2）表示：

$$\varphi = \frac{V}{V_C p / p_0} = \frac{V_C(p - p_C)/p_0}{V_C p / p_0} = \frac{p - p_C}{p} \tag{2-6-2}$$

通常储气罐的工作压力已定，欲使容积利用系数提高，只有降低储气罐的剩余压力，而后者又受到管网中燃气压力的限制。为了使储罐的利用系数提高，可以在高压储气罐站内安装引射器，当储气罐内燃气压力接近管网压力时，就开动引射器，利用进入储气罐站的高压燃气的能量把燃气从压力较低的罐中引射出来，这样可以提高整个罐站的容积利用系数。但是利用引射器时，要安设自动开闭装置，否则管理不妥，会破坏正常工作。

第三节 燃气储配站

一、高压储配站

图2-6-5所示是以天然气为气源的门站，它比一般的燃气高压储配站多一个接球装置。在低峰时，由燃气高压干线来的燃气一部分经过一级调压进入高压球罐，另一部分经过二级

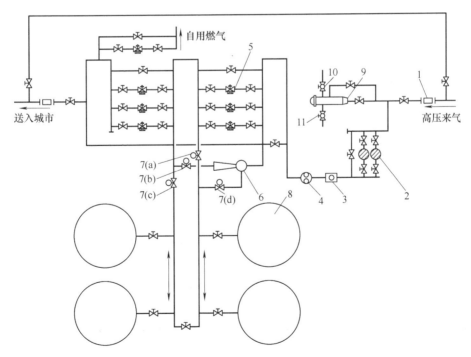

图2-6-5 天然气高压储配站工艺流程图

1—绝缘法兰 2—除尘装置 3—加臭装置 4—流量计 5—调压器 6—引射器 7—电动球阀

8—储罐 9—接球装置 10—放散阀 11—排污阀

调压进入城市；在高峰时，高压球罐和经过一级调压后的高压干管来气汇合经过二级调压送入城市。为了提高储罐的利用系数，可在站内安装引射器，当储气罐内的燃气压力接近管网压力时，可以利用高压干管的高压燃气把燃气从压力较低的罐中引射出来，以提高整个罐站的容积利用系数。为了保证引射器的正常工作，球阀 7（a）、（b）、（c）、（d）必须能迅速开启和关闭，因此应设电动阀门。引射器工作时，7（b）、7（d）开启，7（a）、7（c）关闭。引射器除了能提高高压储罐的利用系数之外，当需要开罐检查时，它可以把准备检查的罐内压力降到最低，减少开罐时所必须放散到大气中的燃气量，以提高经济效益，减少大气污染。

为了保证储配站正常运行，高压干管来气在进入调压器前还需除尘、加臭和计量。

二、低压储配站

当城市采用低压气源，而且供气规模又不特别大时，燃气供应系统通常采用低压储气，与其相适应，需建设低压储配站。低压储配站的作用是在低峰时将多余的燃气储存起来，在高峰时，通过储配站的压缩机将燃气从低压储罐中抽出压送到中压管网中，保证正常供气。

低压储气，中压输送工艺流程如图 2-6-6 所示。低峰时，操作阀门 6 开启，高峰时压缩机启动，阀门 6 关闭。低压储气，中、低压分路输送工艺流程如图 2-6-7 所示。低峰时，操作阀门 7、9 开启，阀门 8 关闭；高峰时，压缩机启动，阀门 7、9 关闭，阀门 8 开启，阀门 10 是常开阀门。

中、低压分路输送的优点是一部分气体不经过加压，直接由储罐经稳压器稳压后送到用户，因此节省了电能。

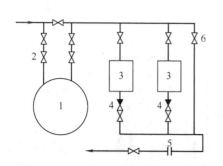

图 2-6-6 中压输送工艺流程图
1—低压储气罐 2、6—水封阀 3—压缩机
4—单向阀 5—流量计

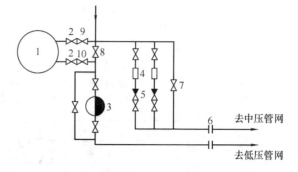

图 2-6-7 中、低压分路输送工艺流程
1—低压储气罐 2—水封阀 3—稳压器 4—压缩机
5—单向阀 6—流量计 7、8、9、10—阀门

第四节　LNG 储气

建设液化天然气（LNG）项目是实现储气调峰、应急供应目标的有效措施。可承担起部分储气调峰、应急供应任务，保证供气平衡、安全。

由于液化天然气的体积仅为气态天然气在标准状态下的体积的 1/600 左右，因而在储存方面比气态天然气具有明显的优势。所谓调峰型液化天然气厂是指同时具有天然气液化装置、液化天然气储罐和液化天然气气化装置的工艺站场，主要用于供气系统的季节性调峰或在主气源不能正常供气条件下作为应急气源。

利用调峰型液化天然气厂实现季节性调峰的基本原理是：在天然气需求量小于气源供应量的季节（一般为夏季）将多余的天然气液化并将其储存起来，而在需求量大于气源供应量的季节（一般为冬季）将储存的液化天然气气化并将得到的气态天然气补充到供气系统中去。在某些供气系统中，其主气源（例如气田）全年的总供气量小于其全年的总用气量，此时可以将从其他地方运来的液化天然气作为用气高峰季节（一般为冬季）的辅助气源。

利用 LNG 调峰通常有三种方式。第一种方式是在干线输气管道末端附近建一个与该管线相连的调峰型 LNG 厂，它同时具有天然气液化和再气化装置，还具有足够容量的 LNG 储罐。当管道输气流量大于用气流量且靠管道本身不能容纳多余的气体时，这些多余的气体可以在 LNG 厂液化并储存起来；当管道输气流量小于用气流量且其本身不能弥补这个差异时，可以将 LNG 厂储存的液化天然气再气化，然后将其补充到供气管网中去。第二种方式是从供气管网以外将 LNG 运到靠近干线输气管道末端的 LNG 储库，当干线输气管道的输气流量不能满足用户需求时，将作为辅助气源的 LNG 再气化并输入到供气管网中去。第三种方式是采用较小的 LNG 储存容积来满足日调峰需求，适用于直接以 LNG 气化供气或长输管道供气但气量不能满足调峰的城市燃气供应系统。

LNG 的主要储气设施为 LNG 储罐，储罐按容积分类详见表 2-6-1。城市燃气调峰一般使用小型 LNG 储罐。LNG 储罐的储气量（标况下）为 LNG 储罐的有效储存几何容积的 600 倍。图 2-6-8 为 LNG 储罐的外观图。

表 2-6-1　低温 LNG 储罐按容积划分的类别

储罐规格/m³	类　　别
< 200	小型
200 ~ 5 000	中型
5 000 ~ 10 000	大型
10 000 ~ 50 000	较大型
> 50 000	特大型

图 2-6-8　LNG 储罐

第五节　长输管线末段储气

输气管道末段中所储存的气量称末段的气体充装量。一条输气管道的末段是指从该管道的最后一个压气站到干线终点的管段。如果一条干线输气管道在中间没有压气站，则将整条管道看成末段。它随管道中气体温度与压力的变化而变化，输气管道末段在一定程度上类似于储气罐。管道末段储气能力是指其最大与最小气体充装值之差。若管道的温度条件不变，末段的平均压力最高值对应气体最大充装量；平均压力最低值，对应最小气体充装量。

输气管道末段的储气能力与管道的横截面积成正比，因此，增大管径是提高末段储气能力的有效方法。末段储气能力随末段长度变化，在一定范围内，储气能力随末段长度增加而增大。

确定长输管线末段的储气能力，国内外均有成熟的软件，可以按照不稳定流动计算方法通过计算机进行精确的计算。在此仅介绍近似计算方法。

确定管道的储气容积的近似方法是用排气量等于用气量那一瞬间的稳定工况代替燃气流动不稳定工况进行计算。燃气管道的储气量用式（2-6-3）计算：

$$Q'_0 = V \frac{p_{m.\,max} - p_{m.\,min}}{p_0} \tag{2-6-3}$$

式中　Q'_0——燃气管道的储气量（Nm^3）；

$p_{m.\,max}$——管道中燃气量最大时的平均绝对压力（MPa）；

$p_{m.\,min}$——管道中燃气量最小时的平均绝对压力（MPa）；

p_0——大气压力（MPa）。

第六节　燃气的地下储存

利用地下储气方式可以大量储存天然气、液化石油气和人工煤气。燃气的地下储存通常有下列几种方式：利用枯竭的油气田储气、利用含水多孔地层储气、利用盐矿层建造储气库储气及利用岩穴储气。其中利用枯竭的油气田储气最为经济，利用岩穴储气造价较高，其他两种在有适宜地质构造的地方可以采用。

1. 利用枯竭油气田储气

已枯竭的油田和气田是最好的和最可靠的地下储气库。

2. 含水多孔地层中的地下储气库

这种储气库的结构图如图 2-6-9 所示，天然气储气库由含水砂层及一个不透气的背斜覆盖层组成。其性能和储气能力依据不同地质条件而有很大差别。

储气岩层的渗透性对于用天然气置换水的速度

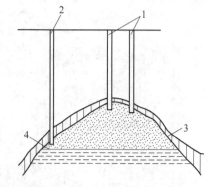

图 2-6-9　多孔地层中地下储气库结构图
1—生产井　2—检查（控制）井
3—不透气覆盖层　4—水

起决定作用。同时，它对于储气库的最大供气能力也具有一定意义。

储气岩层的渗透性对于工作气和垫层气的比例也有很大影响。工作气是指在储存周期内储进和重新排出的气体，而垫层气是指在储气库内持续保留或作为工作气和水之间的缓冲垫层的气体。如岩层的渗透性越小，工作气与垫层气的比例就越小，因而越不利。

3. 利用盐矿层建造储气库

将井钻到盐层后，把各种管道安装至井下。由工作泵将淡水通过内管 1 压到岩盐层。饱和盐水从管腔排出。当通过几个测点测出的盐水饱和度达到一定值时，排除盐水的工作即可停止。

为了防止储气库顶部被盐水冲溶，要加入一种遮盖液，它不溶于盐水，而浮于盐水表面。

第七节　不同储气方式的特点

一、高压球罐储气的特点

由于为球体结构，在储存相同容量燃气时，与其他形状相比，结构合理、消耗材料最少，但是，需考虑安全距离，因此高压球罐需要征用大量的土地，需要长期有人值守，一次性投资较大，高压压力容器需要定期检验，后期维护费用高。

二、高压管道储气的特点

高压管道储气是利用本身需要建设的各种输气管线，在满足输气能力的同时，适当增加管径，使其具有一定的管道储气能力。

高压管道储气包括长输管线末段储气和城市高压管道储气。长输管线末段储气是利用从最后一座压气站到终点配气站之间的长输管线进行储气；城市高压管道储气是利用敷设在城市的高压城市管道进行储气。

长输管线末段储气只限于管道末段，因此更多的管道储气方式为城市外围高压管道储气。高压管道储气充分利用了长输管线末端压力较高的特点，并且具有管径小、承压高的特点。高压管道储气节约了地下建设空间，同时由于利用了原有输送管道已有的基础，兼有输气和储气功能，使用于储气的耗钢量相应减少，具有较好的经济性。但高压管道储气要视城市高压输气管网的敷设长度、最高允许运行压力等决定其储气能力。当城市高压管线的长度有限，压力不高时，一般只能作为储气设施的补充。

三、LNG 储气

天然气在通常的温度、压力条件下为气态，占有的体积大，不利于储存，而液化后体积只有气态的 1/600 左右。故在某些特定情况下，以 LNG 形式进行天然气储运可能比气态天然气更经济。一般来说，在没有条件建地下储气库的情况下，液化储存是一种值得考虑的储气和调峰方式。但由于 LNG 气源供应的保障程度、建设造价、维护成本以及和气价因素限制，目前国内采用这种方式调峰的城市燃气系统并不多。

四、燃气的地下储存

与地上储气设施相比，地下储气库具有容量大、适应性强、经济性好、安全度高、占地面积少、环境影响小等一系列优点。

第七章　地下管网地理信息系统

地理信息系统（GIS，Geographical Information System）可简单定义为用于采集、模拟、处理、检查、分析和表达地理空间数据的计算机信息系统，是一种决策支持系统，它具有信息系统的各种功能。燃气管网地理信息系统是地理信息系统的一个分支，是在地理信息系统的基础上将燃气管网与地理位置结合起来的专业性管理系统。根据地理位置可准确查询该位置的燃气管网情况，包括管线位置、走向、管材以及管道的生产厂家均可一目了然。这样不但使管网的管理更加简便易行，也将燃气服务质量提高到了一个更高的层次。对于加强在紧急情况下的应变能力，减少处理管网资料的工作量，提高事故处理效率都有积极的作用。

一、地下燃气管网地理信息系统的构成

一个完整的地理信息系统由四个部分组成：

（1）计算机硬件环境。包括计算机主机、数据输入设备、数据存储、输出数据通信传输设备。

（2）软件平台。包括计算机操作系统、地理信息系统、其他支持（包括数据库管理系统、计算机图形软件包、CAD 图像处理系统等，用于支持对空间数据输入、存储、转换、输出和与用户接口）软件及应用分析程序。

（3）数据。系统中的数据包括空间数据和非空间数据。空间数据用来确定图形和制图特征的位置；非空间数据用来反映与几何位置无关的属性，如名称、类型、面积、长度、压力等。

（4）系统的管理、维护和使用人员。

二、系统功能

（一）燃气管网运行管理

1. 管网的动态监控

系统通过网络关系模型，对各种燃气管线设施如管道、阀门、调压器、煤气表的材质、型号资料及其相关属性及时更新，在动态更新的同时，实现系统动态监控。

2. 输配调度管理

通过监测设备对供气设备（包括节点、阀门、气站）进行实时监控，显示运行状态。通过管网的即时压力分析、水力分析，进而对各类管线数据及属性数据进行统计和分析，根据压力、气量等实际情况，及时进行输配调度。

3. 设备日常抢修

当户外某一管段、阀门需要更换或某一点发生泄漏时，能快速地找到应该关闭的上游阀门，同时将可能影响的范围、用户数显示出来，有助于企业迅速制定解决方案。

4. 图表输出

企业日常运作少不了大量图纸、报表，根据实际需要，可随时输出打印各种不同比例的

管网图、管线图、纵横断面图和各种类型的数据报表。

（二）用户管理

1. 便民服务

当某一新用户需要咨询或办理开户等业务时，输入用户地点名称即可在地图上准确定位并马上在任务单上显示出来，服务人员能迅速上门，通过客户端设备，当场完成所需业务。用户足不出户，即可享受便利的服务。

2. 用户统计

在地图上，通过鼠标点击几点所围面积，某一用气地段的现有用户数量、预留发展用户等资料立即显示出来，与报表呆板的统计数字相比，为企业管理人员提供更直观的决策数据。

第八章　SCADA 系统

SCADA（Supervisory Control And Data Acquisition）系统，即数据采集与监视控制系统，又称为计算机四遥（遥测、遥控、遥信、遥调）技术。它是以计算机为基础的生产过程控制与调度自动化系统。可以对现场运行的设备进行监视和控制，以实现数据采集、设备控制、测量、参数调节以及各类信号报警等各项功能。

随着国内天然气开发、应用的快速发展，城市燃气用户数量逐年大幅增加，供气设备和管网也越来越复杂，越来越分散，这都给燃气企业的管理带来了新的问题：一方面要保证原有的供气系统正常运行，保证用户用气和管网输配气的安全；另一方面要科学分析、预测已有用户的用气负荷和潜在用户的数量与用气负荷，合理规划设计管网系统。为加强对管网的管理及控制，提高燃气输配管网的安全性、可靠性，应用技术成熟、售后完善的 SCADA 系统作为燃气管网监控、调度自动化的解决方案是一个不可或缺的要求。图 2-8-1 及图 2-8-2 分别为 SCADA 系统图及监控界面图。

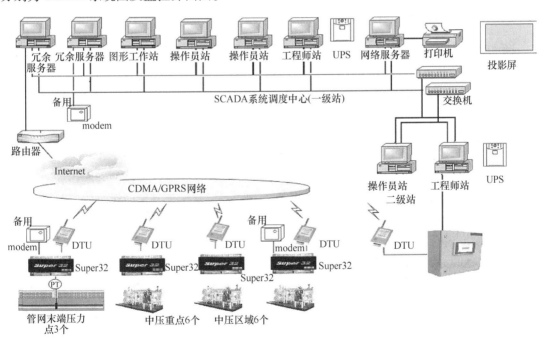

图 2-8-1　SCADA 系统图

一、SCADA 系统的主要功能

系统应当具备以下功能：数据采集与管网监测功能、短期用气量预测和生产调度功能、事故处理、追忆及事故重演功能、电子值班功能、视频监控功能、抢修预案管理及其他必要功能。

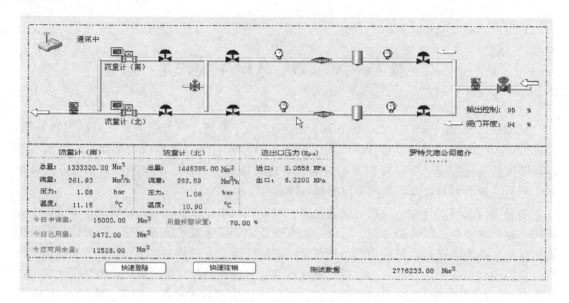

图 2-8-2 SCADA 系统监控界面图

二、SCADA 系统的建设内容

城市燃气 SCADA 系统是统一协调的完整系统，可一体化、模块化 RTU 实现对各种类型的城市燃气管网及站场的监控。

(一) 调度监控中心

调度监控中心实时采集本地监测站的运行参数，实现对管网和工艺设备的运行情况进行自动、连续地监视管理和数据统计，为管网平衡、安全运行提供必要的辅助决策信息。

调度监控中心的主要任务是通过各站点的 RTU 对管网和场站的工艺参数进行数据采集和监控。调度监控中心操作人员通过计算机系统的操作员工作站所提供的管网和场站工艺过程的压力、温度、流量、设备运行状态等信息，完成对燃气输配管网的运行监控和管理。操作人员还可以通过调度管理计算机完成数据的发布、传输等调度管理工作。

其主要功能包括：对各站数据的实时采集、处理和存储；显示实时和历史数据趋势图、棒状图和其他画面；对现场工艺变量、全线工艺设备运行状态进行监视；紧急停车 (ESD)；下达调度和操作命令；报警和事件管理；各种报表生成和打印；网络监视和网络设备管理；SQL/ODBC 关系数据库链接；参数设定画面；系统自诊断；对 DMS 系统支持；支持主调度监控中心与备用调度监控中心的数据同步和无缝切换等。

(二) 大型站控系统

门站及各类储配站等重要场站的站控系统，除完成对所处站场的监控任务外，同时负责将有关信息传送给调度控制中心并接受和执行其下达的命令。

站控系统的主要功能包括：对现场的工艺变量进行数据采集和处理；经通信接口与第三方的监控系统或智能设备交换信息；监控各种工艺设备的运行状态；对供电设备及其相关变量的监控；站场可燃气体的监视和报警；消防系统的监控；周界报警系统的监控；显示动态工艺流程；提供人机对话的窗口；显示各种工艺参数和其他有关参数；显示报警一览表；数

据存储及处理；显示实时趋势曲线和历史曲线；数据计算；逻辑控制；联锁保护；紧急停车（ESD）；打印报警和事件报告；打印生产报表；数据通信管理；与主控及紧急备份中心通信，为调度控制中心提供有关数据；接受并执行调度控制中心下达的命令等。

（三）无人值守 RTU 站

系统在小型调压站、阀室等无人值守站点处配置一体化 RTU，其主要功能如下：对现场的工艺参数进行数据采集和处理；监控管网安全切断阀门和电动阀门；供电系统的监控；可燃气体的监测和报警；数据存储及处理；逻辑控制；与主控中心通信，为调度控制中心提供有关数据；接受并执行调度控制中心下达的命令等。

第三部分
燃 气 应 用

第一章 燃气燃烧基本常识

第一节 燃气燃烧方法

一、扩散式燃烧

燃料燃烧所需的全部时间通常由两部分合成，即氧化剂和燃料之间发生物理性接触所需的混合时间和进行化学反应所需要的时间。

如果混合时间和进行化学反应的时间相比非常小，这时，称燃烧过程在动力区进行。将燃气和燃烧所需的空气预先完全混合均匀送入炉膛燃烧，可认为是在动力区内进行燃烧的一个例子。

如果混合时间和进行化学反应的时间相比非常大，这时，称燃烧过程在扩散区进行。例如，将气体燃料和空气分别引入炉膛燃烧，由于炉膛内温度较高，化学反应能在瞬间完成，这里燃烧所需的时间完全取决于混合所需的时间，燃烧就在扩散区进行。图 3-1-1 为扩散式燃烧图片。

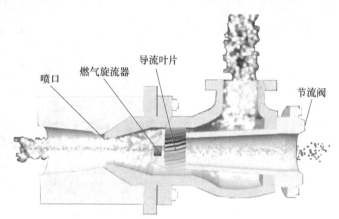

图 3-1-1 扩散式燃烧

二、部分预混式燃烧

1855 年本生创造出一种燃烧器，它能从周围大气中吸入一些空气与燃气预混，在燃烧时形成不发光的蓝色火焰，这就是实验室常用的本生灯。预混式燃烧的出现使燃烧技术得到很大的发展。

扩散式燃烧容易产生煤烟，燃烧温度也相当低。当预先混入一部分燃烧所需的空气后，火焰就变得清洁，燃烧得以强化，火焰温度也提高了。因此部分预混式燃烧得到了广泛的应用。习惯上又称为大气式燃烧。

如果燃烧强度不断加大，由于火焰传播速度与气流速度相等的点更加靠近管口，点火环就会逐渐变窄。最后点火环消失，火焰脱离燃烧器出口，在一定距离以外的燃烧，称为离焰。

若气流速度再增大，火焰就被吹熄，称为脱火。

如果进入燃烧器的燃气流量不断减少，即气流速度不断减少，蓝色锥体越来越低，最后由于气流速度小于火焰传播速度，火焰将缩进燃烧器，称为回火。

脱火和回火是不允许的，因它们会引起不完全燃烧，产生一氧化碳等有毒气体。对于炉膛来说，它们能引起熄火后形成爆炸性气体，容易发生事故。因此燃烧的过程不允许此现象发生。

燃烧的正常火焰呈浅蓝色，内和外的锥形轮廓清晰，温度较高，不会把锅底熏黑。如果火焰表现为黄色，即所谓的黄焰，这是燃气没有燃烧充分的表现。黄焰外表软弱无力，发热效率低，不仅浪费燃气，而且燃烧过程中产生的烟气中会产生对人体有毒的一氧化碳气体，对人体的身体健康很不利，并且在比较严重时会熏黑锅底。黄焰实质上是燃烧不充分时未燃烧尽的碳粒在燃烧器高温下所呈现的颜色。

在燃烧器中，预先和燃气混合的空气称为一次空气，二次和燃气混合的空气称为二次空气。

在燃烧器中预先和燃气混合的空气量与理论空气之比叫做一次空气系数。

产生黄焰的主要原因是一次空气量太少。我们知道，燃气燃烧需要供给足够的一次空气，即保证一定大小的一次空气系数，才能保证正常完全燃烧。发现黄焰现象，应停止使用，找出产生黄焰的原因，排除故障后再继续使用。

对于某一组分的燃气-空气混合物，在燃烧时存在一火焰稳定的上限，气流速度达到此上限值便产生脱火现象，该上限称为脱火极限。另外，燃气-空气混合物在燃烧时存在一火焰稳定的下限，气流速度低于此下限值便产生回火现象，该上限称为回火极限。只有当燃气-空气混合物的速度在脱火极限和回火极限之间，火焰才能稳定。

三、完全预混式燃烧

在部分预混式燃烧的基础上，发展起来了完全预混式燃烧，虽出现较晚，但在技术上比较合理，很快便得到了广泛应用。

进行完全预混燃烧的条件有：

1）燃气和空气在着火前预先按化学当量比混合均匀；

2）设置专门的火道，使燃烧区内保持稳定的高温。

在以上条件下，燃气-空气混合物到达燃烧区后能在瞬间燃烧完毕。火焰很短甚至看不见，所以又称为无焰燃烧。完全预混式燃烧温度很高，燃烧速度很快，但火焰稳定性较差。

完全预混式燃烧和火道有很大的关系，正确设计火道不仅提高了燃烧稳定性，增加了燃烧强度，而且高温火道对迅速燃尽也起了很大作用。

第二节 燃 烧 器

一、燃烧器的分类

（一）按一次空气系数分类

（1）扩散式燃烧器。燃气和空气不预混，一次空气系数为 0。

（2）大气式燃烧器。燃气和一部分空气预先混合，一次空气系数为 0.2 ~ 0.8。

（3）完全预混式燃烧器。燃气和空气完全预混，一次空气系数为 1.0。

（二）按空气的供给方式分类

（1）引射式燃烧器。空气被燃气射流吸入或者燃气被空气射流吸入。

（2）鼓风式燃烧器。用鼓风机设备将空气送入燃烧系统。

（3）自然引风式燃烧器。靠炉膛内的负压将空气吸入燃烧系统。

（三）按燃气压力分类

（1）低压燃烧器。燃气压力在 5 000 Pa 以下。

（2）高（中）压燃烧器。燃气压力在 5 000 Pa 至 3×10^5 Pa 之间。更高压力的燃烧器目前尚未使用。

图 3-1-2 为燃气燃烧器的外观图。

图 3-1-2　燃气燃烧器

二、扩散式燃烧器

按照扩散式燃烧方法设计的燃烧器称为扩散式燃烧器。根据空气供气方式的不同，扩散式燃烧器又可分为自然引风式和强制鼓风式两种。前者依靠自然抽力或者扩散供给空气，燃烧前燃气与空气不进行预混，常简称为扩散式燃烧器，多为民用。后者依靠鼓风机供给空气，燃烧前燃气与空气未完成预混，简称为鼓风式燃烧器。

三、大气式燃烧器

燃气在一定的压力下，以一定流速从喷嘴流出，进入吸气收缩管，燃气靠本身的能量吸入一次空气。在引射器内燃气和一次空气混合，然后，经头部火孔流出，进行燃烧，形成本生火焰的燃烧器称为大气式燃烧器。

大气式燃烧器通常是利用燃气引射一次空气，故又属于引射式燃烧器。根据燃气压力的不同，它又可分为低压引射式与高（中）压引射式两种。前者多用于民用燃具，后者多用于工业装置。

四、完全预混式燃烧器

按照完全预混燃烧方法设计的燃烧器称为完全预混式燃烧器。在燃烧之前，燃气与空气实现全部预混。完全预混式燃烧器由混合装置及头部两部分组成。根据燃烧器使用的压力、混合装置及头部结构的不同，完全预混式燃烧器可分为很多种。

（1）按压力分有低压及高（中）压两种。

（2）按燃气和空气混合方式有两种：

1）燃气和空气均被加压，然后在混合装置内混合，即加压混合。

2）采用引射器作为混合装置。其中又可分为以空气引射燃气和以燃气引射空气两种，前者需要鼓风机，后者不需要鼓风机。

（3）按头部结构分，有以下三种：

1）无火道头部结构。

2）有火道头部结构。

3）用金属或陶瓷稳焰器做成的头部结构。

第三节　燃气燃烧的安全控制

一、安全装置的作用及组成

燃气应用设备中的安全装置是指燃气燃烧装置和用具由于故障、使用条件变化或错误操作时，能防止发生事故的装置。

安全装置与其控制系统一般由传感器（检测器）部分、控制器部分及执行器部分组成。有时也可简化为传感器与执行器两大部分。

二、安全装置的分类

目前市场上户内安全装置大致可分为以下几类：报警器类（含控制器），人工智能关闭装置，熄火保护装置，过热保护装置，缺氧保护装置，停气自动关闭阀类，超流量自动关闭阀类，停气、超压、超流量自动关闭阀类，检漏阀类。

（一）报警器类

该装置一般由半导体传感器、控制电路、定时器、报警器和电磁阀组成。该装置灵敏度高，当燃气泄漏并达到一定浓度时即能报警；带控制器的产品，在报警的同时可以关闭气源，但控制器必须永久通电，才能保持工作状态，一旦停电即失灵；探头防护罩易受厨房烟气污染而堵塞，必须定期清洗；探头长期工作会发生报警点漂移而误报或不报警故障，需定期更换；报警器的价格在户内安全装置中相对较贵，用户难以接受，给推广带来一定困难。如图3-1-3所示为家用燃气报警器。

（二）人工智能关闭装置

该类装置一般为机电一体化装置，包括电源、电源调整电路、传感器检测电路、比较振荡电路、比较延时电路、声光驱动部分、执行机构等。其特点为利用超小型智能化机械手直接关闭管道阀门。该装置安装时，完全不改动原有燃气管道，而是将机械手安装在燃气进气管道阀门扳手上，代替了原有手工扳手的作用。当机械手接收到燃气泄漏信号后，立即自动关闭阀门，灵敏度高，但其价格在户内安全装置中相对较贵，用户难以接受，给推广带来一定困难。

（三）熄火保护装置

当燃烧设备内的火焰熄灭时，它能自动切断燃气，防止未燃气体继续进入燃烧设备，以避免发生爆炸事故，从而保证燃气燃烧设备的安全工作。一般包括热电式熄火保护装置、光

图 3-1-3　家用燃气报警器

电式熄火保护装置、火焰棒式熄火保护装置三种。

（四）过热保护装置

过热保护装置实际上是一种易熔金属合金。为防止燃具在使用中，因意外原因造成自身温度过高引起周围环境温度升高而发生事故，常在燃具机壳附近装设过热保护装置（亦称热熔丝）。当其监视点温度过高而熔化，熄火保护装置回路断开，电磁阀闭阀，切断燃气通路。具有成本低廉，安装使用方便等优点，但它为一次性元件。

（五）缺氧保护装置

目前缺氧保护装置主要有热电偶负反馈式和引射管式两种。缺氧保护装置主要功能是在热水器工作时，若周围空气中缺氧，能自动切断燃气通路，以保证安全。

（六）停气自动关闭阀类

该装置利用燃气在阀内的压力大于大气压的原理，在阀体内安装一个活塞，并在一端装有弹簧，当燃气源正常供气，其压力推开活塞、阀内畅通。一旦燃气中断，弹簧推动活塞封闭燃气进口，同时定位装置卡住活塞，除非人为打开外，可自动永久关闭。其为自力式产品，整个自动工作过程不用电，体积小；遇意外停气可自动关闭；价格低廉，寿命长久，免维护；但其功能单一。

（七）超流量自动关闭阀类

该装置由阀座及阀芯等组成，其特征为当与火嘴连接的燃气胶管长时间使用时，胶管出现老化、破裂、脱落现象，引起燃气泄漏而使通过阀门的流量超过设定值时，阀门自动关闭，阻止燃气泄漏。该装置为自力式产品，整个自动工作过程不用电，体积小；遇胶管脱落、超流量可自动关闭；价格低廉，寿命长久，免维护；但其功能单一，且遇微泄漏时不够灵敏。

（八）停气、超压、超流量自动关闭阀类

该装置一般在燃气停气自闭阀的进气嘴里连接有传感器。传感器是气体压差传感器，遇停气、超压、超流量、脱管、胶管断裂均可自动关闭；直接当做灶前阀使用，功能齐全，一阀多用；价格低廉，寿命长久，免维护；但其遇微泄漏时不够灵敏。

（九）检漏阀类

该装置由阀座及阀芯等组成，其特征为球形阀芯上进气通道的一侧开有一个阀芯检漏气道，阀芯气道与一个导气管相通，导气管外罩有一个透视杯，透视杯内装有液体，靠观察其液体可以检测出阀后部分的泄漏，其体积小、价格低、纯物理反应，但其若不进行人工操作即便发生漏气也无法发现，使用较麻烦；必须保持水平安装，安装条件苛刻且其功能单一，只可用于检测。

三、安全装置安装建议

比较各住宅特性及各燃气户内安全装置的特性。建议选择的安装方式如表3-1-1所示。

表3-1-1　燃气户内安全装置的选用

建筑类型	适宜安装的安全装置
多层砖混住宅	停气、超压、超流量自动关闭阀或超流量自动关闭类
市内框架小高层及高层	楼宇报警器与停气自动关闭阀联合安装
市郊的花园洋房	燃气报警器或人工智能关闭装置
乡村休闲型别墅	独立燃气报警器或人工智能关闭装置
增建燃气管道的既有住宅	人工智能关闭装置或超流量自动关闭类

根据用户的需求，可以采取灵活多样的安装方案。在此需要强调的是，安装安全装置必须要求其产品有较高的质量及售后服务体系，以使广大居民能更早地发现燃气安全隐患，杜绝事故的发生。

第二章 燃气的具体应用

燃气应用领域非常广泛，下面将从以下几方面介绍燃气的具体应用领域：民用燃气器具、燃气锅炉、燃气辐射供暖、燃气空调、燃气汽车、燃气冷热电联产（CCHP）、燃气工业窑炉、燃气在其他领域的应用。

一、民用燃气器具

（一）家用燃气炊事灶具

家用燃气炊事灶具按功能和结构划分为：家用燃气灶、烤箱、烤箱灶、烘烤器、饭锅等产品。

1. 家用燃气灶

现在市场的主导产品为台式单眼灶、双眼灶、嵌入式单眼灶、双眼灶和多眼灶。

2. 家用燃气烤箱灶

烤箱和烤箱灶在结构上非常相似，烤箱灶是在烤箱的基础上增加了灶的功能。

3. 家用燃气饭锅

燃气饭锅整体结构可分为两部分，饭锅部分及燃气灶部分。工作原理为当温度上升达到铁氧磁体的居里温度时，铁氧磁体失去磁性，磁石与铁氧磁体的吸引力消失，磁石下落，带动连杆下推，使燃气阀门关闭。

（二）商用燃气炊事灶具

商用燃气炊事灶具主要包括有中餐燃气炒菜灶、燃气大锅灶、燃气蒸箱、燃气沸水器、燃气烘炉、燃气烧猪炉、燃气烤鸭炉等。

1. 中餐炒菜灶

一般由主炒菜灶、副炒菜灶和煮汤灶（汤锅）组成主体。

2. 燃气大锅灶

燃气大锅灶也称大灶，除炒菜功能外，还有加热水产生蒸汽等功能。目前的大锅灶一般还有蒸、煮、炸等更多功能，其热功率更大。

3. 蒸箱

燃气蒸箱是以燃气为能源产生饱和蒸汽蒸制食品的燃具，和中餐燃气炒菜灶、燃气大锅灶一样属大型的厨房燃气设备，其热负荷一般在 30 kW 以上。一般分为间接排烟式和烟道排烟式两类。

（三）家用燃气取暖器

家用燃气取暖器是主要以热辐射方式向采暖空间提供热能的一种燃气加热设备，根据使用的环境分为室内燃气辐射式取暖器和室外燃气辐射取暖器两种。

家用燃气辐射式取暖器具有节能、舒适感较好、安装方便等特点。室外燃气辐射取暖器放置于户外，是欧美常见的室外取暖燃气设备，近年来在国内迅速发展。室外燃气辐射取暖器（一般也称为取暖灯），其工作原理主要是燃气燃烧加热燃烧围护四周的金属

网，通过炽热的金属网，向外辐射热量，其形状呈类似于伞状结构，高度超过 2 m，热负荷一般在 15 ~ 25 kW。

（四）燃气热水器

燃气热水器是利用燃气燃烧出来的热量加热水的一种热力设备，包括有快速热水器、容积热水器、供暖型热水炉、燃气沸水器等。

（五）燃气壁挂炉

燃气壁挂式采暖炉的标准名称为燃气壁挂式快速采暖热水器，具有强大的家庭供暖功能，能满足多居室的采暖需求，各个房间能够根据需求随意设定舒适温度，也可根据需要决定某个房间单独关闭供暖，并且能够提供大流量恒温卫生热水，供家庭沐浴、厨房等场所使用。燃气壁挂炉外观及结构如图 3-2-1 所示。

二、燃气锅炉

近年来，我国大力开发节能产品和推广节能技术，其中改造耗能和环境污染大户——工业锅炉即为途径之一。集中供热的热源仍以燃煤为主，不能从根本上解决粉尘、废水、废渣、有害气体的排放。因此，以燃用天然气、人工燃气、液化石油气等清洁燃料为主的环保型供热系统在城市小区供热系统中获得了广泛的应用。

燃气锅炉具有以下几方面显著的优点：

1）锅炉的效率高。

2）炉膛的容积热强度高，燃烧室容积小；受热面基本不存在结渣、污染、磨损等情况。

3）无需燃料储存、制备等设备，系统大为简化，结构简单，节约投资。

4）不会发生高、低温受热面腐蚀，运行周期长。

5）可实现排烟水的回收，解决淡水来源和补水问题。

6）减少设备维修、保养费用。

当然燃气锅炉也存在一些需要注意的问题：

1）燃气是一种易燃、易爆的气体，所以要防止泄漏、爆炸、中毒等事故的发生，必须采取严格的起动顺序控制和安全技术。

2）燃气中 H_2 含量往往很高，烟气中水蒸气的含量比燃煤锅炉高，所以当温度达到 100℃ 以上时，排烟热损失比燃煤锅炉高2% 左右。

燃气锅炉就其本身结构而言可分为火管锅炉和水管锅炉。火管锅炉结构简单，水及蒸汽容积大，对负荷变动适应性好，对水质的要求比水管锅炉低，多用于小型企业生产工艺和生活热水及采暖上。水管锅炉的受热面布置方便，传热性能好，在结构上可用于大容量和高参数的工况，但对水质和运行机制水平要求较高。

三、燃气辐射供暖

辐射供暖是以热射线传热为主的供暖方式，一般将波长 0.7 ~ 420 μm 的电磁波称为热射线。热射线在物体上投射能形成热效应。燃气辐射供暖是利用天然气、液化石油气等燃气以特殊装置燃烧而辐射出各种波长的热射线进行采暖的。辐射供暖的形式有很多，主要有燃气红外线辐射器供暖、烟气辐射管供暖、燃气热水地板供暖等。

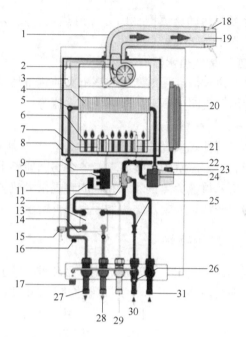

图 3-2-1　燃气壁挂炉外观及结构

1—平衡式烟道　2—风机　3—风压开关　4—主换热器　5—过热保护　6—燃气燃烧器　7—点火电极　8—采暖温度传感器　9—燃气调节阀　10—燃气安全电磁阀　11—高压点火器　12—三通阀　13—生活热水热交换器　14—生活热水温度传感器　15—压力安全阀　16—缺水保护　17—泄水阀　18—空气进口　19—烟气出口　20—闭式膨胀水箱　21—火焰检测电极　22—采暖水水流开关　23—自动排气阀　24—循环泵　25—生活热水水流开关　26—补水阀　27—采暖供水接口　28—生活热水接口　29—燃气接口　30—冷水接口　31—采暖回水接口

（一）燃气红外线辐射器供暖

燃气红外线辐射器供暖器是由燃气燃烧将辐射表面加热到 300～900℃，发出的热射线使人感觉有烧烤感，可以应用于全面辐射供暖和局部供暖。此供暖方式不但适用于建筑物内的供暖，也可应用于室外露天局部供暖，还广泛应用于各种生产工艺的加热和干燥过程。

（二）烟气辐射管供暖

烟气辐射管供暖是利用可燃的气体、液体或固体，通过特殊的燃烧装置——燃烧器进行燃烧，通过辐射管发射出各种波长的热射线进行供暖。

（三）其他供暖方式

除上述供暖方式外，还有其他多种以燃气为热源的供暖方式。例如，燃气热水供暖、燃气热风供暖等，在此不再详述。

四、燃气空调

燃气空调，即以燃气为能源的空调用冷（热）源设备及其组成的空调系统。在燃气空调的概念中，应该包括燃气能源、冷（热）源设备及空调系统三个层面。冷（热）源设备包括燃气型直燃式溴化锂吸收式冷热水机组与燃气热泵（GHP）。燃气热泵是以天然气为燃料的内燃发动机直接驱动压缩式热泵，燃气轮机直接驱动压缩式（螺杆式、活塞式或离心式）制冷机或热泵以及燃气蒸汽锅炉＋蒸汽型冷水机组等。

从燃气能源利用系统结构的角度，可以将燃气空调划分为分布式和单独式两大类。

（一）分布式燃气空调

分布式燃气空调一般包含在冷热电联产系统中，在其中配置冷（热）源设备，产出的冷热能量即主要用于空调功能。

（二）单独式燃气空调

单独式燃气空调包含燃气型直燃机组、燃气热泵、燃气型小型氨-水工质对吸收式冷水机组、燃气蒸汽锅炉+蒸汽透平直接驱动离心式冷水机组等方式。

燃气空调具有如下优势：功能全、设备利用率高、综合投资省；设备能源利用率高、运行费用省；天然气为清洁能源、燃烧后产生的有害气体很少；机械运动部件少、振动小、噪声低、磨损小、使用寿命长；制冷工质价格低廉且无公害；最为重要的是大量使用燃气空调不仅有利于改善供电紧张状况，而且对于提高电力负载率，改善电力峰谷平衡率都有十分可观的效果，这不仅能解决能源综合利用，减少资源浪费，而且对于提高电力设备运转利用率和有效控制电力设备投资盲目增长，降低电力成本和稳定供电能力都有显著的经济效益和社会效益；另外，大量使用燃气空调对于有效平衡燃气季节峰谷、提高燃气管网利用率、降低供气综合成本起到重要的作用。

五、燃气汽车

燃气汽车主要有液化石油气汽车（简称 LPG 汽车或 LPGV）和压缩天然气汽车（简称 CNG 汽车或 CNGV）。LPG 汽车是以液化石油气为燃料，CNG 汽车是以压缩天然气为燃料。燃气汽车的 CO 排放量比汽油车减少 90% 以上，碳氢化合物排放减少 70% 以上，氮氧化合物排放减少 35% 以上，是目前较为实用的低排放汽车。现在以 LNG 为燃气的汽车正在部分城市试用、推广。

六、燃气冷热电联产（CCHP）

分布式能源系统（Distributed Energy System）在许多国家、地区已经是一种成熟的能源综合利用技术，它以靠近用户、梯级利用、一次能源利用效率高、环境友好、能源供应安全可靠等特点，受到各国政府、企业界的广泛关注、青睐。分布式能源系统有多种形式，区域性或建筑群或独立的大中型建筑的冷热电三联供（Combined Cooling Heating and Power，简称 CCHP）是其中一种十分重要的方式，在我国目前或今后相当一段时期，燃气冷热电三联供都是分布能源系统的主要形式，应该得到广泛的积极推广应用。

燃气冷热电三联供，即 CCHP，是指以天然气为主要燃料带动燃气轮机或内燃机发电机等燃气发电设备运行，产生的电力满足用户的电力需求，系统排出的废热通过余热回收利用设备（余热锅炉或者余热直燃机等）向用户供热、供冷的系统。图 3-2-2 为能源分布系统图。

传统能源供应系统采用集中生产电力，再经远程输送网络将电力输送给用户。由于输送损耗，加上未能充分回收余热，能源利用率只有 30% ~ 40%，而三联供系统由于使用洁净能源，不用远离民居，当地生产电力，当地供用户使用，自供自给，减少输送损耗；同时余热可以充分回收，制造蒸汽、空调冷冻水或热水，将能源利用率从 30% 提高到 80% 以上，具有很广阔的发展前景。

但是建立三联供工程还需要具备一些必备的条件，在确定好燃气冷热电三联供工程目标

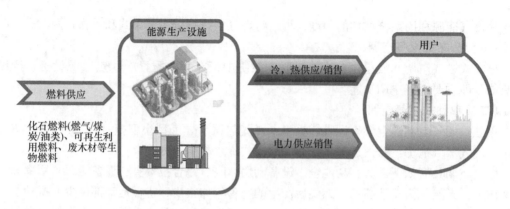

图 3-2-2　能源分布系统图

客户后，还应具备如下的实施条件。

（1）落实冷热电三联供工程的燃气气源。充足的天然气供应是冷热电三联供系统稳定运行的前提，燃气公司应能保证对冷热电联供系统的燃气供应。

（2）协调有关电力部门做好上网工作。目前分布式能源在中国发展遇到的阻力主要来自电力企业，电力部门的并网标准限制了分布式冷热电联供参与竞争，导致电力上网困难。

（3）有当地政府对燃气冷热电三联供工程的支持政策。天然气冷热电联供系统的发展需要国家政策法规的保护。国外的发展经验证明，必须对分布式能源的发展给予一定的政策和资金扶持，才能保证其健康地发展。为使分布式能源能够按照市场机制来运作，政府一是要提供支持条件和投资环境，制定相应的政策法规；其次是对它的发展作出宏观的规划和调控，实施必要的资金扶持。以各种优惠的政策鼓励投资者的信心。

符合以上条件，才能启动燃气冷热电三联供工程。

七、燃气工业炉窑

（一）分类
按用途可分为熔炼炉、锻轧加热炉、热处理炉、焙烧炉、干燥炉五种。

按炉温可分为高温炉、中温炉、低温炉三种。

按加热方式分为直接加热炉、间接加热炉两种。

按炉型结构可分为室式炉、开隙式炉、台车式炉、井式炉、步进式炉、振底式炉等。

（二）特点
燃气工业式炉窑具有以下特点：

（1）环保。气体燃料经过脱硫处理，燃烧产物中 SO_x，NO_x 含量均比煤和油少得多，具有环保、无公害的特点。

（2）易于自动控制。容易实现炉温、炉压，甚至炉气成分的自动控制。

（3）清洁、卫生、操作方便。燃烧器不存在结焦、结渣问题，即使不完全燃烧产生炭黑也容易清理。容易实现自动点火及火焰监测等。

（4）易于实现特种加热工艺。

但是，燃气工业式炉窑的管理及操作要比其他燃料严格。燃气与空气形成的混合物在爆炸范围内，若操作不按规程，管理检查不严格，就容易发生爆炸等事故。

八、天然气在其他领域的应用

（一）燃料电池

天然气为一种清洁、使用方便的能源。天然气燃料电池作为一种由化学能转化为电能的装置，以其环保性能优良、发电效率高等优势，受到全世界的高度重视。

燃料电池是一种将燃料的化学能通过电化学反应产生电能的装置，通过燃料（H_2）在电池内进行氧化还原反应产生电能。天然气燃料电池通过天然气重整制氢，其发电系统由燃料处理装置、电池单元组合装置、交流电转换装置、热回收系统组成。

燃料电池按电池中使用的电解质可分为以下几类：碱性燃料电池（AFC）、磷酸型燃料电池（PAFC）、熔融碳酸盐型燃料电池（MCFC）、固体氧化物型燃料电池（SOFC）、聚合物膜电解质型燃料电池（PEFC）和质子交换膜燃料电池（PEMFC）等。

天然气燃料电池由于具有高效、环保等优点，能够广泛应用于能源发电、家用电源、汽车工业、航空航天、建筑及移动通信等领域。

1. 大型发电装置

现在普遍认为燃料电池发电系统是未来最有吸引力的发电方法之一。燃料电池发电是直接将燃料的化学能通过电化学反应转换成电能，与常规火力发电装置比较，燃料电池具有发电效率高、污染小、占地小等突出优点。

2. 家用能源

作为家庭使用的分散电源的同时，天然气燃料电池还可以提供家庭用热水和供暖，从而将天然气的能量利用率提高到70% ~90%。下面以家用天然气燃料电池为例来说明。

家用天然气燃料电池系统是从城市天然气等矿物燃料中制得的氢气与空气中的氧气发生电化学反应而产生电的发电系统。因为发电的同时产生的废热可以制得热水，所以也可称为"能发电的热水器"，其效率可高达80%以上。它具有如下优点：

1）易得到高电流密度，易小型化、轻量化。

2）可在常温下发电，运行温度在100℃以下，开、停简便。

3）在部分负荷下也可高效发电。

4）能承受短时间的超负荷运行。

家用天然气燃料电池系统构成如图3-2-3所示。

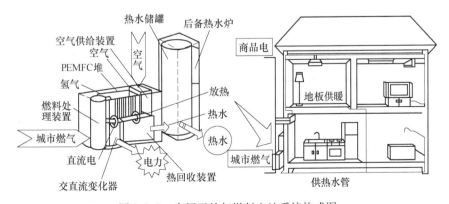

图 3-2-3 家用天然气燃料电池系统构成图

3. 汽车工业

作为 21 世纪汽车动力源的最佳选择，车用燃料电池具有效率高、环保性好、起动速度快、无电解液流失、寿命长等优点。燃料电池用作车辆动力源时，动力性能可与汽油发动机、柴油发动机相比，而且是环境友好的动力源。特别是以甲醇重整制氢为燃料时，每千米的能耗仅是柴油机的 1/2。

4. 航天工业

航天工业是燃料电池开发应用最早、最成功的领域。碱性燃料电池和质子交换膜电池都可以在常温下起动，且能量密度高，是理想的航天器工作电源。特别是采用氢作为原料时，工作时排出的水可供宇航员饮用，这样就不用携带饮用水。

5. 建筑业

燃料电池在建筑方面的应用主要包括提供电能和提供冷热源，因此称为建筑冷热电联产系统。即由位于建筑物现场或附近的燃料电池装置提供建筑物所需要的电，回收利用发电装置产生的废热并转换成蒸汽、热水、冷水等，为建筑物供热、供冷。

（二）天然气切割

天然气在空气中的爆炸极限范围小，燃烧速度较慢。因此，发生爆炸、回火的可能性比乙炔小，安全性更高。与丙烷和乙炔不同，天然气的密度小于空气（1.29 kg/m³），泄漏时不易在车间或船舱地面形成堆积，大大减少了爆炸发生的可能性。表 3-2-1 所示为天然气与乙炔、丙烷物性的比较情况。

表 3-2-1　天然气与乙炔、丙烷物性比较

气　体		天 然 气	丙 烷	乙 炔
体积质量/(kg/m³)		0.75	2.0	1.2
空气中的爆炸极限范围（%）		5~15	2.1~9.5	2.5~80
最低发热值/(kcal/m³)		8 800	22 256	12 600
气体燃烧耗氧量 /(m³/m³)	在焊炬中	1	—	1~1.4
	完全燃烧	2	5	2.5
在氧气中的燃烧速度/(m/s)		4.6	3.7	6.9
与氧混合的火焰温度/℃		1 850~2 540	2 832	3 100~3 350

另外，天然气燃烧效率高、清洁，在生产和使用过程中，不会产生电石渣等污染物。利用天然气替代耗能大、成本高的乙炔进行钢材的切割，可以产生较好的经济效益和社会效益。天然气切割气比乙炔、丙烷更清洁、环保、经济、安全，是切割气发展的方向。管道天然气、CNG、LNG 这 3 种供气方式各有优势，可根据不同规模、地区的用户而定。其中，LNG 更适合用气量较大的用户。切割气规模为 1t/d 的天然气替代项目可在两年内收回投资。天然气资源供应、相关政策法规等方面问题的解决将有助于天然气切割气的发展。

（三）天然气化工

天然气不仅是一种清洁能源，而且是一种优质的化工原料。天然气供应量的增长为发展天然气化工创造了良好条件。世界上有五十多个国家不同程度地发展了天然气化工，年耗气

量约为 1 400 亿立方米，约占世界总消费量的 5% 左右。全球天然气化工一次加工品年总产量在 11.6 亿吨以上，包括合成氨（尿素）、甲醇、乙烯（丙烯）、氢气和合成气（CO_2 + H_2）、卤代烷烃、氢氰酸、硝基烷烃、二硫化碳、炭黑及其大量衍生物。世界上 76% 的合成氨、80% 的甲醇、42% 的乙烯由天然气为原料制取，天然气化工大有可为。

第四部分

LNG／CNG／LPG 供应系统

第一章 液化天然气（LNG）供应

天然气的主要成分是甲烷，常温下以气态形式存在。其产地往往远离用户，主要靠管道输送。在常压下，将天然气深冷至 $-162℃$ 制成液化天然气（LNG），使天然气以液态形式存在，其体积缩小为气态的 1/600，适合用车船运输，由此出现了除管道输送外的另一种运输方式，使天然气的远洋运输和贸易成为可能。且 LNG 供应方式方便灵活，对天然气市场的发展起到了促进作用。

天然气液化不仅为天然气输送提供了另一种运输方式，而且也广泛应用于天然气的储存调峰。液化天然气技术的发展伴随着能源技术、低温技术、材料技术的进步而飞速发展；LNG 用于汽车、船舶等交通运输工具及 LNG 冷能利用等也是液化天然气应用的特色。

第一节 LNG 的性质

一、LNG 的物理性质

天然气的主要成分是甲烷，其临界温度为 $-82.57℃$。在常温下，不能靠加压将其液化，而是经过预处理，脱除重质烃、硫化物、二氧化碳和水等杂质后，在常压下深冷到 $-162℃$，实现液化。表 4-1-1 所示为 LNG 的主要物理性质。

表 4-1-1 LNG 的主要物理性质

沸点（常压下）	液态密度（沸点下）	低热值	气态相对密度
$-162℃$	$430 \sim 460$ g/L	$33.4 \sim 42.4$ MJ/m³①	$0.6 \sim 0.7$

① 101.325 kPa、15.6℃状态下的气体体积。

二、LNG 的特点

1. 温度低

在大气压力下，LNG 的沸点在 $-162℃$ 左右。在此低温下，LNG 蒸气密度大于环境空气。通常 LNG 以沸腾液体的形态储存在绝热储罐中，任何传入储罐的热量都将导致一定量的液体蒸发成为气体。

2. 液态与气态体积比大

液化天然气的密度大约是气态天然气的 600 倍，即 1 体积 LNG 能转化为 600 体积的气态天然气。

3. 具有可燃性

一般环境条件下，天然气爆极限为 5% ~ 15%，天然气与空气的混合云团中，天然气含量在此范围内则可能产生燃烧。游离云团中的天然气处于低速燃烧状态（大约为 0.3 m/s），云团内形成的压力低于 5 kPa，一般不会造成很大的爆炸危害，但若周围空间有限，云团内部有可能形成较高的压力波。

第二节 LNG 供应的基本情况

一、LNG 工业概况

天然气液化工作始于 20 世纪初，但直到 20 世纪 40 年代才建成世界上第一座工业规模的天然气液化装置。1964 年，世界上第一座基本负荷型 LNG 工厂在阿尔及利亚建成投产。同年，第一艘载着 1.2 万吨 LNG 的船驶向英国，标志着世界 LNG 贸易的开始。

自从 1980 年以来，LNG 出口量几乎以每年 8% 的速度增长。2000 年，全球 LNG 贸易量为 1.055 亿吨，比上一年增长 11.2%。截至 2008 年，LNG 占全球天然气市场的 5.6% 及天然气出口总量的 25.7%。各国均将 LNG 作为一种低排放的清洁燃料加以推广。亚洲 LNG 进口量已占全球进口总量的 70% 以上，亚洲的能源市场，特别是中国和印度，已成为各国竞争的焦点。

二、LNG 供应链

LNG 从生产到供给终端用户是一个完整的系统，形成 LNG 工业链，它是贯穿天然气产业全过程的资金庞大、技术密集的完整链系。包括天然气预处理、储存、液化、运输、接收、汽化等。

除上游的气田开发和下游的输气管网外，LNG 供应链主要有三个环节：液化工厂、运输和接收站。LNG 液化工厂主要分为基本负荷型和调峰型两类。LNG 供应链如图 4-1-1 所示。

三、中国 LNG 工厂现状

20 世纪 90 年代初，中国科学院及其他单位先后为四川和吉林石化企业建设了两座液化天然气装置，到 20 世纪 90 年代中期，长庆石油勘探局建立了一座示范性液化天然气工厂，目的是开发利用陕北气田的边远单井，作为代用燃料，日处理量为 3×10^4 m^3/d。

20 世纪 90 年代末，东海天然气早期开发利用，在上海建成了一座日处理量为 10^5 m^3/d 的液化天然气事故调峰站。以确保下游天然气输配系统能安全可靠地供气。该装置由法国燃气公司提供工艺设计、设备供应和技术服务。装置容量是为满足上游最大停产期 10 天的下游供气量，下游天然气的需求量每天约为 120×10^4 m^3。该站设有一座储存能力 2×10^4 m^3 的 LNG 储槽。液化工艺采用混合制冷剂液化流程。工厂已于 2000 年 2 月投产，2001 年达到设计供气量。

2001 年，中原石油勘探局为了将天然气资源用于城市燃气和汽车代用燃料，建造了国内第一座生产型的液化天然气装置。每天处理量为 15×10^4 m^3/d 天然气。液化装置采用丙烷和乙烯为制冷剂的复叠式制冷循环。有两座 600 m^3 的液化天然气储槽。用液化天然气槽车输送 LNG，满足城市燃气和工业用燃气的需要。

2002 年新疆广汇实业投资（集团）有限责任公司开始建设一座日处理天然气量为 $150 \times$

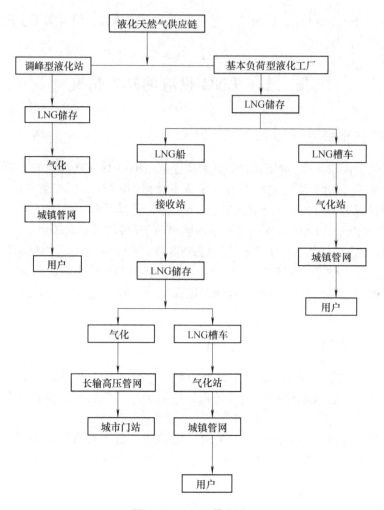

图 4-1-1　LNG 供应链

10^4 m³/d 的液化天然气工厂，储槽设计容量为 3×10^4 m³。

　　2008 年 11 月，山西易高煤层气液化项目一期工程，处理能力 30 万 m³/d 顺利投产；二期处理能力 60 万 m³/d 已于 2011 年 4 月建成。形成 90 万 m³/d 的生产能力，成为目前亚洲最大规模的煤层气液化项目。项目采用世界上最先进的液化工艺，将抽取的煤层气就地经过脱碳、脱硫、脱汞、脱水、脱重烃杂质等工艺环节及液化处理，液化后煤层气处于约 -162℃的低温常压状态，体积转换为原来的 1/593。液化后的煤层气能源密度高，便于运输，且更为清洁。

　　2010 年 7 月 1 日，四川达州汇鑫能源 100 万 m³/d 液化天然气装置终于获得中国石化天然气供应，进气，当天一次开车成功，经过稳定调试，于 2010 年 7 月 5 日达到满负荷稳定生产，运行平稳。

　　目前，我国已建成的较大规模的 LNG 液化工厂有 23 座，其生产能力为 913×10^4 m³/d。正在筹建的较大规模 LNG 液化工厂 5 座，生产能力为 255×10^4 m³/d。

　　具体情况见表 4-1-2 和表 4-1-3。

表 4-1-2 已建成中小型的 LNG 液化工厂一览表

序号	名称	地点	规模	投产时间
1	河南中原绿能高科	濮阳油田	30×10^4 m^3/d	2001 年 11 月
2	新疆广汇	鄯善吐哈油田	150×10^4 m^3/d	2004 年 9 月
3	海南海燃	海口福山油田	30×10^4 m^3/d	2005 年 4 月
4	中石油西南分公司	四川犍为县	4×10^4 m^3/d	2005 年 11 月
5	江阴天力燃气	江苏江阴	5×10^4 m^3/d	2005 年 12 月
6	新奥燃气	广西北海涠洲岛	15×10^4 m^3/d	2006 年 3 月
7	苏州华峰	苏州	9×10^4 m^3/d	2007 年 5 月
8	泰安深燃	山东泰安	15×10^4 m^3/d	2008 年 3 月
9	成都永龙	成都龙泉驿	5×10^4 m^3/d	2008 年 4 月
10	青海西宁	青海西宁	5×10^4 m^3/d	2008 年 7 月
11	星星能源天然气液化厂	内蒙古鄂尔多斯	100×10^4 m^3/d	2008 年 11 月
12	重庆民生黄水	重庆黄水	15×10^4 m^3/d	2008 年 12 月
13	中海油	珠海横琴岛	60×10^4 m^3/d	2008 年 12 月
14	新奥山西沁水一期	山西沁水	15×10^4 m^3/d	2009 年 4 月
15	宁夏清洁能源	宁夏银川	60×10^4 m^3/d	2009 年 6 月
16	港华煤层气液化厂一期	山西晋城	25×10^4 m^3/d	2009 年 7 月
17	中国联盛	山西沁水	50×10^4 m^3/d	2009 年 6 月
18	内蒙古时泰	鄂托克前旗	15×10^4 m^3/d	2009 年 8 月
19	青海西宁 LNG 一、二、三期	青海西宁	50×10^4 m^3/d	2009 年 6 月
20	达州汇鑫能源	四川达州	100×10^4 m^3/d	2010 年 7 月
21	兰州燃气化工集团	甘肃兰州西固区新城工业园区	30×10^4 m^3/d	2011 年 2 月
22	山西易高	山西沁水县	90×10^4 m^3/d	2011 年 4 月
23	昆仑能源青海格尔木 LNG 一期	青海格尔木市	35×10^4 m^3/d	2011 年 11 月
	合计		913×10^4 m^3/d	

表 4-1-3 正在建设的中小型 LNG 液化工厂一览表

序号	名称	地点	规模
1	山西 SK	山西沁水	30×10^4 m^3/d
2	新奥山西沁水二期	山西晋城沁水	25×10^4 m^3/d
3	青海格尔木 LNG 二期	青海格尔木市	100×10^4 m^3/d
4	吉林松原	吉林松原市	30×10^4 m^3/d
5	港华煤层气液化厂二期	山西晋城	65×10^4 m^3/d
	合计		250×10^4 m^3/d

四、LNG 接收站

为了满足日益增长的能源需求，中国也从国外进口天然气，LNG 接收站工艺流程如图

4-1-2所示。21 世纪初在广东深圳市大鹏湾启动建造中国第一个液化天然气接收站，从澳大利亚进口 $300 \times 10^4 t$/年 LNG，规划 70% 以上的天然气用于工业和发电，其余作为民用。其后，在福建湄洲湾已建成第二个液化天然气站，气源将来自印度尼西亚，年进口量 260×10^4 t。在上海洋山已建成第三个液化天然气站，年进口量 300×10^4 t。

2011 年 11 月 18 日，中石油首个液化天然气项目江苏如东液化天然气接收站下正式投产；同月，中石油大连 LNG 接收站也开始步入试营运状态。截至 2012 年 5 月，我国已建成投产的大型 LNG 接收站达到五座。

中国近年来，对 LNG 产业的发展越来越重视，目前正在建设和规划的 LNG 项目分布在广东、浙江、江苏、山东、辽宁等地，这些项目将最终构成一个沿海 LNG 接收站与输送管网。

表 4-1-4　已建成投产和在建的大型 LNG 接收站

序号	名称	规模
1	广东深圳	370×10^4 t/a（已建成投产）
2	福建湄州	260×10^4 t/a（已建成投产）
3	上海洋山	300×10^4 t/a（已建成投产）
4	大连大孤山	300×10^4 t/a（已建成投产）
5	江苏如东	350×10^4 t/a（已建成投产）
6	浙江宁波	300×10^4 t/a
7	广东珠海	350×10^4 t/a
8	山东青岛	300×10^4 t/a
9	唐山曹妃甸	350×10^4 t/a
10	东莞红梅沙田镇	100×10^4 t/a
11	海南洋浦经济开发区	200×10^4 t/a
	合计	$3\,180 \times 10^4$ t/a

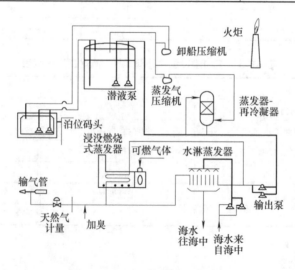

图 4-1-2　LNG 接收站工艺流程

距我国较近的 LNG 资源主要有俄罗斯萨哈林岛、印度尼西亚、马来西亚、澳大利亚及中东地区的一些国家。表 4-1-5 所示为部分国家 LNG 资源的情况。

表 4-1-5　部分国家 LNG 资源

LNG 所在国家	LNG 项目名称	主要特点及介绍
俄罗斯	萨哈林能源 LNG 项目	截至 2006 年,世界最大 LNG 生产线开始生产 LNG
印度尼西亚	邦坦 LNG 项目	该国是世界上最大的 LNG 出口国,天然气探明储量达 2.62×10^{12} m^3
	坦沽 LNG 项目	
马来西亚	马来西亚 LNG 项目	天然气探明储量达 2.12×10^{12} m^3
澳大利亚	西北大陆架 LNG 项目	天然气探明储量达 2.55×10^{12} m^3,是亚太地区目前的第三大 LNG 出口国
	达尔文 LNG 项目	
	戈根 LNG 项目	
卡塔尔	QatargasLNG 项目	该国是世界上第四大 LNG 出口国,拥有世界最大的非伴生气田
	RasgasLNG 项目	
阿曼	阿曼 LNG 项目	由两条 330×10^4 t/a 的生产线组成
阿联酋	阿联酋 LNG 项目	天然气储量居世界第五
也门	也门 LNG 项目	是一座拥有两条生产线的 LNG 工厂
伊朗	伊朗 LNG 项目	占世界总天然气探明储量的 14.8%

第三节　天然气液化

天然气靠一般制冷达不到液化的目的。天然气的液化属于深度冷冻。下面介绍三种方法。

一、阶式循环(串联循环)制冷

如图 4-1-3 所示,天然气液化需经过三段冷却,制冷剂是丙烷、乙烯(或乙烷)和甲烷。在丙烷通过蒸发器 7 冷却乙烯和甲烷的同时,天然气被冷却到 −40℃左右;乙烯通过蒸

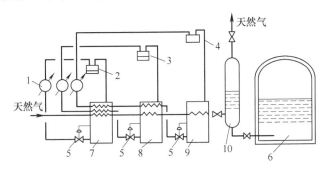

图 4-1-3　阶式循环制冷流程

1—冷凝器　2—丙烷制冷机　3—乙烯制冷机　4—甲烷制冷机
5—节流阀　6—低温储液　7—丙烷蒸发器　8—乙烯蒸发器
9—甲烷蒸发器　10—气液分离器

发器8冷却甲烷的同时，天然气被冷却到–100℃左右；甲烷通过蒸发器9把天然气冷却到–163℃使之液化，经气液分离器10分离后，液态天然气进罐储存。三个被分开的循环过程都包括蒸发、压缩和冷凝三个步骤。

阶式循环效率高、设计容易、运行可靠、应用比较普遍。

二、混合式制冷

混合式制冷的制冷剂是烃的混合物，并有一定数量的氮气。如图4-1-4所示，丙烷、乙烯和氮气的混合蒸气经制冷机6压缩和冷却后进入丙烷储罐。丙烷呈液态，压力为3 MPa，乙烯和氮气呈气态。丙烷在换热器4中蒸发，使天然气冷却到–70℃，同时也冷却了乙烯和氮气，乙烯呈液态进入乙烯储罐，氮气仍呈气态。液态乙烯在换热器中蒸发，进一步冷却天然气，同时冷却了气态氮气。气态氮气进一步液化并在换热器中蒸发，将天然气冷却到–163℃送入储罐。

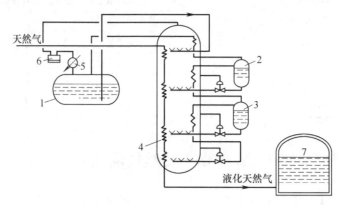

图4-1-4　混合式制冷流程

1—丙烷储罐　2—乙烯储槽　3—氮储槽　4—换热器　5—冷却器　6—制冷机　7—储罐

三、膨胀法制冷

膨胀法制冷流程是充分利用长输管道与用户之间较大的压力梯度作为液化的能源。它不需要从外部供给能量，只是利用了长输管道剩余的能量。这种方法适用于长输管道压力较高且液化容量较小的地方。如图4-1-5所示，来自长输管道的天然气，先流经换热器1，然后大部分天然气在膨胀涡轮机6中减压到输气管网的压力。没有减压的天然气在换热器2中被冷却，并经节流阀3节流膨胀，降压液化后进入储罐4，储罐上部蒸发的天然气由膨胀涡轮机6带动的压缩机吸出并压缩到输气管网的压力，并与膨胀涡轮机6出来的天然气混合作为冷媒，经换热器2及1送入管网。

对于基本负荷型液化装置：20世纪60年代最早建设的天然气液化装置，采用当时技术成熟的阶式液化流程。到20世纪70年代又转而采用流程大为简化的混合制冷剂液化流程。20世纪80年代后建设与扩建的基本负荷型天然气液化装置，则几乎无例外地采用丙烷预冷混合制冷剂液化流程。

对于调峰型液化天然装置，其液化部分通常采用带膨胀机的液化流程和混合制冷剂液化流程。

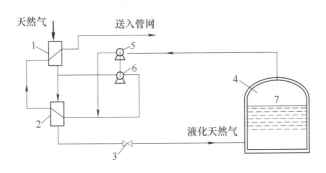

图 4-1-5 膨胀法制冷流程

1、2—换热器 3—节流阀 4—储罐 5—压缩机 6—膨胀涡轮机 7—液化天然气

第四节 液化天然气的运输

在液化天然气（LNG）供应链中，LNG 的储存和运输是两个主要环节。世界 LNG 贸易主要是通过海运，主要运输工具是 LNG 槽船。从 LNG 接收站或液化工厂将 LNG 转运也需要 LNG 槽车运输。天然气是易燃易爆的燃料，LNG 的储存温度很低，故对其储存设备和运输工具就提出高效的、安全可靠的要求。

一、液化天然气船

LNG 运输船（如图 4-1-6 所示）是为载运在大气压下沸点为 −163℃ 的大宗 LNG 货物的专用船舶，船龄一般为 25 ~ 30 年。1954 年，美国开始研究 LNG 船。真正形成工业规模的天然气液化和海上运输，则始于 1964 年。到 20 世纪 70 年代，进入大规模发展阶段，各国建造的 LNG 船也越来越大。1996 年 LNG 船主力船型为 11.5×10^4 m³，2005 年主力船型已发展为 15.5×10^4 m³。再往后发展到 21×10^4 m³、甚至达 27×10^4 m³。从今后几年来看，由于受到港口水深的限制，LNG 船的容量可能会稳定在十几万立方米的水

图 4-1-6 LNG 运输船

平上。具体数据参见表 4-1-6。

表 4-1-6　LNG 船大型化趋势

时　间	舱　容　量
1964 年	2.7×10^4 m³
1970 年	$4 \sim 5 \times 10^4$ m³
1972 年 ~ 1973 年	$7.5 \sim 8.7 \times 10^4$ m³
1975 年 ~ 1976 年	$12.5 \sim 13 \times 10^4$ m³
1983 年	13.3×10^4 m³
1987 年	13.6×10^4 m³
2007 年	21.7×10^4 m³
2008 年	27×10^4 m³

二、液化天然气槽车

LNG 接收站或液化工厂储存的 LNG，一般由 LNG 槽车（如图 4-1-7 所示）运输到各地，供各类用户使用。LNG 载运状态一般是常压，其温度为 −162℃ 的低温。由于 LNG 易燃、易爆的性质，载运中的安全至关重要。

图 4-1-7　LNG 槽车

（一）LNG 槽车的隔热方式

LNG 槽车隔热的方式有三种：真空粉末隔热、真空纤维隔热和高真空多层隔热。各方式的比较见表 4-1-7。

（二）LNG 槽车的安全设计

槽车安全设计主要包括两个方面：防止超压和消除燃烧的可能性（禁火、禁油、消除静电）。

表 4-1-7 隔热方式的比较

隔热技术	日蒸发率/（%/d）	自然升压速度/（kPa/d）
真空粉末隔热	≤0.35	≤20
真空纤维隔热	≤0.30	≤17
高真空多层隔热	≤0.28	≤14

注：日蒸发率值为环境温度20℃、压力为0.1 MPa时的标准值。

防止槽车超压的手段主要是设置安全阀、爆破片等超压卸放装置。根据低温领域的运行经验，在储罐上必须有两套安全阀在线安装的双路系统，并设一个转换。当其中一路安全阀需要更换或检修时，则转换到另一路上，维持最少一套安全阀系统在线使用。在低温系统中，安全阀由于冻结而不能及时开启造成危险的情况应引起重视。安全阀冻结大多是由于阀门内漏，低温介质不断通过阀体而造成的。一般通过目视检查安全阀是否结冰或结霜来判断。一旦发现这种情况，应及时拆下安全阀排除故障。为了运输安全，除了设置安全阀、爆破片外，有的还设有公路运输卸阀。

（三）LNG 槽车的输液方式

LNG 槽车有两种输液方式：压力输送（自增压输液）和泵送液体。

1. 压力输送

压力输送是利用在增压器中汽化的 LNG 返回槽车储罐增加，借助压差挤压出 LNG。这种输液方式较简单，只需装上简单的管路和阀门。这种输液方式的缺点如下：

1）转注时间长。主要原因是接收 LNG 的固定储罐是带压操作，使转注压差有限，导致转注流量降低。又由于槽车空间有限，增压器的换热面积有限，也使转注压差下降。

2）罐体设计压力高，槽车空载重量大，使载液量与整车重量比例下降，导致运输效率的降低。

2. 泵送液体

槽车采用泵送液体是较好的方法。采用配置在车上的离心式低温泵来输送液体。这种输液方式的优点如下：

1）转注流量大，转注时间短。

2）泵后压力高，可以适应各种压力规格的储罐。

3）泵前压力要求低，无需消耗大量液体来增压。

4）泵前压力要求低，因此槽车储罐的设计压力和最高工作压力也较低，槽车的装备重量轻，其运输效率则较高。

由于槽车采用泵送液体具有以上优点，即使存在整车造价高，结构较复杂，低温液体泵还需要合理预冷和防止气蚀等问题，但它仍是槽车输液方式的发展趋势。

（四）LNG 槽车的参数表

目前 LNG 槽车的容积有 15 m³、20 m³、30 m³、45 m³、50 m³ 等多种，以 50 m³ 槽车居多，其主要参数见表 4-1-8。

· 105 ·

表 4-1-8　50 m³ LNG 槽车的主要参数

参数 ＼ 型号		SDY9401GDY 型低温液体运输半挂车	ZSH9404GDY 型低温液体运输半挂车
制造单位		中集圣达因	张家港圣汇
车辆种类		半挂车	半挂车
整车质量/t		19.350	20.300
满载总质量/t		39.550	39.800
绝热方法		高真空多层隔热	高真空多层隔热
设计压力 /MPa	内筒	0.77	0.72
	外筒	-0.1	-0.1
设计温度（℃）	内筒	-196	-196
	外筒	50	50
罐体材料	内筒	0Cr18Ni9	0Cr18Ni9
	外筒	16MnR	USU304、16MnR
几何容积/m³		49	50
外形尺寸：长×宽×高/mm		12 985×2 496×3 995	12 985×2 500×3 995

第五节　液化天然气气化站

LNG（液化天然气）已成为目前无法使用管输天然气供气城市的主要气源或过渡气源，也是许多使用管输天然气供气城市的补充气源或调峰气源。LNG 气化站凭借其建设周期短以及能迅速满足用气市场需求的优势，已逐渐在我国众多经济发达、能源紧缺的城市建设，成为永久供气设施或管输天然气到达前的过渡供气设施。

一、站址选择

液化天然气气化站站址选择应符合下列要求：
1）站址应符合城镇总体规划的要求。
2）站址应避开地震带、地基沉陷、废弃矿井等地段。
3）气化站应布置在交通方便且远离人员密集的地方，与周围的建构筑物防火间距必须符合 GB 50028—2006《城镇燃气设计规范》的规定。
4）要考虑容易接入城镇的天然气管网，为远期发展预留足够的空间。

二、总平面布置

（1）液化天然气气化站内总平面应分区布置，即分为生产区（包括储罐区、气化及调压等装置区）和辅助区。生产区宜布置在站区全年最小频率风向的上风侧或上侧风侧。液化天然气气化站应设置高度不低于 2 m 的不燃烧体实体围墙。

（2）液化天然气气化站生产区应设置消防车道，车道宽度不应小于 3.5 m。当储罐总容积小于 500 m³ 时，可设置尽头式消防车道和面积不应小于 12 m×12 m 的回车场。

（3）液化天然气气化站的生产区和辅助区至少应各设 1 个对外出入口。当液化天然气储罐总容积超过 1 000 m³ 时，生产区应设置 2 个对外出入口，其间距不应小于 30 m。

（4）液化天然气气化站的液化天然气储罐、天然气放散总管与站内、外建（构）筑物的防火间距见表 4-1-9、表 4-1-10。

表 4-1-9 液化天然气储罐、天然气放散总管与站内建、构筑物的防火间距 （单位：m）

名称\项目	储罐总容积/m³							集中放散管置的天然气放散总管
	≤10	10～30	30～50	50～200	200～500	500～1 000	1 000～2 000	
明火、散火花地点	30	35	45	50	55	60	70	30
办公、生活建筑	18	20	25	30	35	40	50	25
变配电室、仪表间、值班室、汽车槽车库、汽车衡及其计量室、空压机室、汽车槽车装卸台柱（装卸口）、钢瓶灌装台	15		18	20	22	25	30	25
汽车库、机修间、燃气热水炉间	25			30	35		40	25
天然气气态储罐	20	24	26	28	30	31	32	20
液化石油气全压力储罐	24	28	32	34	36	38	40	25
消防泵房、消防水池（取水口）	30			40			50	20
站内道路（路边） 主要	10			15				2
站内道路（路边） 次要	5			10				—
围墙	15			20		25		2
集中放散装置的天然气放散总管	25							—

注：1. 自然蒸发气的储罐（BOG 罐）与液化天然气储罐的间距按工艺要求确定；
    2. 与本表规定以外的其他建、构筑物的防火间距应按现行国家标准 GB 50016—2006《建筑设计防火规范》执行；
    3. 间距的计算应以储罐的最外侧为准。

表 4-1-10 液化天然气气化站的液化天然气储罐、天然气放散总管与站外建、构筑物的防火间距

（单位：m）

名称\项目	储罐总容积/m³							集中放散管置的天然气放散总管
	≤10	10～30	30～50	50～200	200～500	500～1 000	1 000～2 000	
居住区、村镇和影剧院、体育馆、学校等重要公共建筑（最外侧建、构筑物外墙）	30	35	45	50	70	90	110	45
工业企业（最外侧建、构筑物外墙）	22	25	27	30	35	40	50	20
明火、散火花地点和室外变、配电站	30	35	45	50	55	60	70	30

（续）

名称 项目		储罐总容积/m³							集中放散管置的天然气放散总管
		≤10	10~30	30~50	50~200	200~500	500~1 000	1 000~2 000	
民用建筑，甲、乙类液体储罐，甲、乙类生产厂房，甲、乙类物品仓库，稻草等易燃材料堆场		27	32	40	45	50	55	65	25
丙类液体储罐，可燃气体储罐，丙、丁类生产厂房，丙、丁类物品仓库		25	27	32	35	40	45	55	20
铁路（中心线）	国家线	40	50	60	70		80		40
	企业专线	25			30		35		30
公 路、道 路（路边）	高速、Ⅰ、Ⅱ级，城市快速	20			25				15
	其他	15			20				10
架空电力线（中心线）		1.5 倍杆高				1.5 倍杆高，但35 kV 以上架空电力线不应小于 40 m				2.0 倍杆高
架 空 通 信 线（中心线）	Ⅰ、Ⅱ级	1.5 倍杆高		30		40			1.5 倍杆高
	其他	1.5 倍杆高							

注：1. 居住区、村镇系指 1 000 人或 300 户以上者，以下者按本表民用建筑执行；

2. 与本表规定以外的其他建、构筑物的防火间距应按现行国家标准 GB 50016—2006《建筑设计防火规范》执行；

3. 间距的计算应以储罐的最外侧为准。

（5）液化天然气储罐和储罐区的布置应符合下列要求：

1）储罐之间的净距不应小于相邻储罐直径之和的 1/4，且不应小于 1.5 m；储罐组内的储罐不应超过两排。

2）储罐组四周必须设置周边封闭的不燃烧体实体防护墙，防护墙的设计应保证在接触液化天然气时不应被破坏。

3）防护墙内的有效容积（V）应符合下列规定：

① 对因低温或因防护墙内一储罐泄漏着火而可能引起防护墙内其他储罐泄漏，当储罐采取了防止措施时，V 不应小于防护墙内最大储罐的容积；

② 当储罐未采取防止措施时，V 不应小于防护墙内所有储罐的总容积。

4）防护墙内不应设置其他可燃液体储罐。

5）严禁在储罐区防护墙内设置液化天然气钢瓶灌装口。

6）容积大于 0.15 m³ 的液化天然气储罐（或容器）不应设置在建筑物内。任何容积的液化天然气容器均不应永久地安装在建筑物内。

（6）常用液化天然气气化站（按储罐总容积）的总平布置所需的用地面积见表 4-1-11。

（7）液化天然气气化站的总平面布置以 2×100 m³ 的储罐总容积为例来说明，如图 4-1-8 所示。

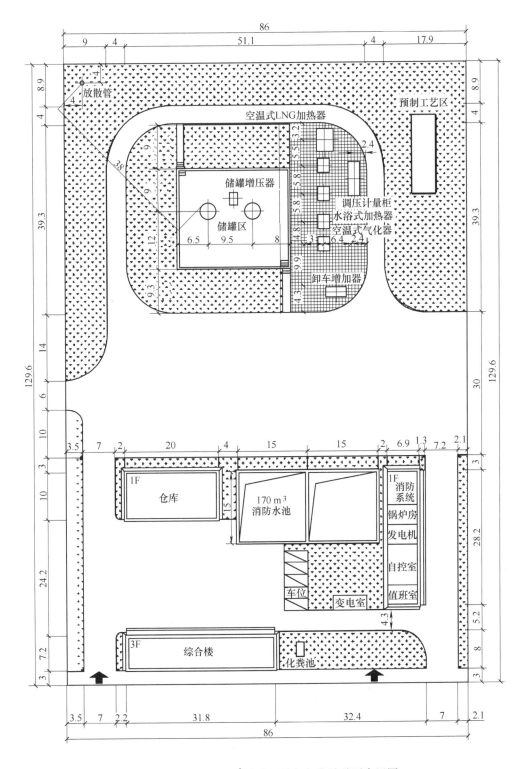

图 4-1-8　2×100 m³ 液化天然气气化站总平布置图

表 4-1-11　液化天然气气化站用地面积

名称 项目	储罐总容积		
	2×50 m³	2×100 m³	2×150 m³
用地面积/亩	13.1	16	16.7

三、工艺流程

LNG 气化站可单独建设，也可与加气站等其他厂站合建形成多功能 LNG 站，下面将分别介绍其流程。

（一）LNG 气化站工艺流程

由槽车运输来的 LNG，经卸车增压气化器增压后，经卸车柱流入 LNG 储罐，完成 LNG 的卸车过程。当需要对城市中压管网供气时，LNG 自 LNG 储罐流出，经空温式气化器（二组，一开一备）吸收周围空气的热量后，气化成气态的天然气，气态的天然气如低于 5℃时，进入水浴式 NG 加热器（热源由锅炉提供热水）进行加热，达到城市中压管道的温度要求后再经计量、调压、加臭装置进入城市中压管网，如混合后的气态天然气高于 5℃时，则天然气不经水浴式 NG 加热器而经计量、调压、加臭装置后进入城市中压管网。其流程详见图 4-1-9。

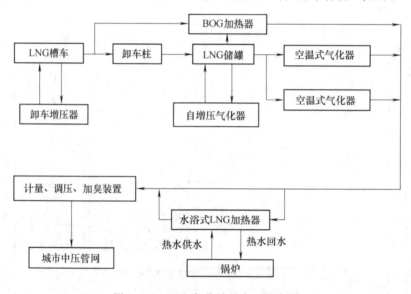

图 4-1-9　LNG 气化站基本工艺流程

LNG 气化站工艺流程中较为重要的两个流程是 LNG 卸车工艺、储罐自动增压与 LNG 气化。

1. LNG 卸车工艺

LNG 通过公路槽车或罐式集装箱车从 LNG 液化工厂运抵用气城市 LNG 气化站，利用站内设置的卸车增压气化器对罐式集装箱车进行升压，使槽车与 LNG 储罐之间形成一定的压差，利用此压差将槽车中的 LNG 卸入气化站储罐内。卸车结束时，通过卸车台气相管道回收槽车中的气相天然气。

卸车时，为防止 LNG 储罐内压力升高而影响卸车速度，当槽车中的 LNG 温度低于储罐中 LNG 的温度时，采用上进液方式。槽车中的低温 LNG 通过储罐上进液管喷嘴以喷淋状态进入储罐，将部分气体冷却为液体而降低罐内压力，使卸车得以顺利进行。若槽车中的 LNG 温度高于储罐中 LNG 的温度时，采用下进液方式，高温 LNG 由下进液口进入储罐，与罐内低温 LNG 混合而降温，避免高温 LNG 由上进液口进入罐内蒸发而升高罐内压力导致卸车困难。实际操作中，由于目前 LNG 气源地距用气城市较远，长途运输到达用气城市时，槽车内的 LNG 温度通常高于气化站储罐中 LNG 的温度，只能采用下进液方式。所以除首次充装 LNG 时采用上进液方式外，正常卸槽车时基本都采用下进液方式。

为防止卸车时急冷产生较大的温差应力损坏管道或影响卸车速度，每次卸车前都应当用储罐中的 LNG 对卸车管道进行预冷。同时应防止快速开启或关闭阀门使 LNG 的流速突然改变而产生液击损坏管道。

2. 储罐自动增压与 LNG 气化

靠压力推动，LNG 从储罐流向空温式气化器，气化为气态天然气后供应用户。随着储罐内 LNG 的流出，罐内压力不断降低，LNG 出罐速度逐渐变慢直至停止。因此，正常供气操作中必须不断向储罐补充气体，将罐内压力维持在一定范围内，才能使 LNG 气化过程持续下去。储罐的增压是利用自动增压调节阀和自增压空温式气化器实现的。当储罐内压力低于自动增压阀的设定开启值时，自动增压阀打开，储罐内 LNG 靠液位差流入自增压空温式气化器（自增压空温式气化器的安装高度应低于储罐的最低液位），在自增压空温式气化器中 LNG 经过与空气换热气化成气态天然气，然后气态天然气流入储罐内，将储罐内压力升至所需的工作压力。利用该压力将储罐内 LNG 送至空温式气化器气化，然后对气化后的天然气进行调压（通常调至 0.4 MPa）、计量、加臭后，送入城市中压输配管网为用户供气。在夏季，空温式气化器天然气出口温度可达 15℃，直接进管网使用。在冬季或雨季，气化器气化效率大大降低，尤其是在寒冷的北方，冬季时气化器出口天然气的温度（比环境温度低约10℃）远低于0℃而成为低温天然气。为防止低温天然气直接进入城市中压管网导致管道阀门等设施产生低温脆裂，也为防止低温天然气密度大而产生过大的供销差，气化后的天然气需再经水浴式天然气加热器将其温度升到10℃，然后再送入城市输配管网。

通常设置两组以上空温式气化器组，相互切换使用。当一组使用时间过长，气化器结霜严重，导致气化器气化效率降低，出口温度达不到要求时，人工（或自动或定时）切换到另一组使用，本组进行自然化霜备用。

在自增压过程中随着气态天然气的不断流入，储罐的压力不断升高，当压力升高到自动增压调节阀的关闭压力（比设定的开启压力约高10%）时自动增压阀关闭，增压过程结束。随着气化过程的持续进行，当储罐内压力又低于增压阀设定的开启压力时，自动增压阀打开，开始新一轮增压。

（二）多功能 LNG 站流程

液化天然气 LNG 气化站广泛应用在天然气利用领域。随着国内 LNG 产业的发展和城市管网安全供气的需要，各地正在积极建设大型 LNG 气化站作为事故应急气源装置，以提高气源供应的安全可靠性。如何因地制宜、最大限度地发挥 LNG 气化站的效能，是一个值得考虑的问题。

集调峰、汽车加气及储运贸易于一体的大型多功能 LNG 站，将调峰与事故应急气源站、

LNG 汽车加气站、液化-压缩天然气（L-CNG）汽车加气站、仓储贸易等融为一体，有机整合、优化配置，具有功能齐全、设备共享率高、造价省、占地少、运行费用低、经济效益好的优点，是一种很有前景的集成度高、性价比好的 LNG 气化站模式，能较好解决单一事故应急站设备闲置率过高、经济负担重的矛盾。在构筑安全可靠的天然气供应保障体系的同时，带动 LNG 产业链中的天然气储运业、现货贸易、天然气汽车产业、LNG 卫星站等实现共同发展。在造价方面，扣除土地费用外，由于增加的设备有限，多功能站与常规事故应急站相差无几。

图 4-1-10 为典型的多功能 LNG 站流程，分 LNG 储存、液相加压、LNG 气化、槽车装卸与瓶组灌装、汽车加气、调峰与事故应急供气六部分。

多功能 LNG 站功能如下：

1. 常规调峰

管网用气高峰时，气化站内储存的 LNG 气化后向管网供气，弥补上游供气量的不足。

2. 天然气汽车加气

（1）储罐内 LNG 通过液相泵加压后，对 LNG 汽车加气，加气压力为 1.6 MPa，实现 LNG 加气站功能。

（2）储罐内 LNG 通过高压液相泵加压至 25 MPa 后，进入高压气化器换热气化，通过加气机对压缩天然气（CNG）汽车加气，实现 L-CNG 加气站功能。

3. 仓储转运贸易与瓶组灌装

（1）储罐内 LNG 通过液相泵加压后，实现对 LNG 瓶组灌装。

（2）利用 LNG 储存容量大的优势，发展仓储贸易业务，作为中转基地将 LNG 辐射到周边地区的 LNG 卫星站、LNG 加气站、瓶组供应站等，带动无天然气管道地区实现天然气化。

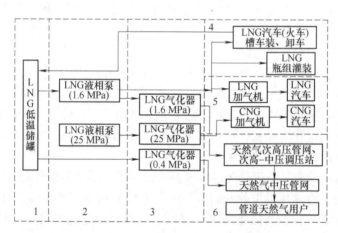

图 4-1-10　典型的多功能 LNG 站流程

1—LNG 储存　2—液相加压　3—LNG 气化　4—槽车装卸与瓶组灌装
5—汽车加气　6—调峰与事故应急供气

四、主要设备

（一）LNG 储罐

1. 储罐的分类

（1）按容量分类：

1）小型储罐。容量 $5 \sim 50\ m^3$，常用于区域气化站、LNG 汽车加气站等。

2）中型储罐。容量 $50 \sim 100\ m^3$，常用于区域气化站、工业用户气化站等。

3）大型储罐。容量 $100 \sim 1\ 000\ m^3$，常用于区域气化站、小型 LNG 生产装置等。

（2）按围护结构的隔热分类：

1）真空粉末隔热。常用于小型 LNG 储罐。

2）正压堆积隔热。广泛应用于大中型 LNG 储罐和储槽。

3）高真空多层隔热。很少采用，仅限于小型 LNG 储罐。

（3）按储罐的形状分类：

1）球形罐。一般用于中小容量的储罐，但有些工程的大型 LNG 储罐也采用球形罐。

2）圆柱形罐（槽）。广泛用于各种容量的储罐。

（4）按储罐（储槽）的放置分类：

1）地上型。

2）地下型。包括半地下型、地下型、地下坑型。

（5）按储罐（储槽）的材料分类：

1）双金属。内罐和外壳均用金属材料。一般内罐采用耐低温的不锈钢或铝合金，如 0Cr18Ni9、X5CrNi18-10 等。外壳采用黑色金属，目前多采用压力容器用钢，如 Q345R、16MnR 等。

2）预应力混凝土型。指大型储槽采用预应力混凝土外壳，而内筒采用耐低温的金属材料。

3）薄膜型。指内筒采用厚度为 $0.8 \sim 1.2\ mm$ 的 36Ni（又称殷钢）。

（6）按储罐（储槽）的防漏结构分类：

1）单容积式储罐。此类储罐在金属罐外，有一个比罐高低得多的混凝土围堰，围堰内容积与储罐容积相等。

2）双容积式储罐。此类储罐在金属罐外有一个与储罐筒体等高的无顶混凝土外罐，即使金属罐内 LNG 泄漏也不至于扩大泄漏面积，只能少量的向上蒸发，安全性比单容积式储罐好。

3）全容积式储罐。此类储罐在金属罐外有一个带顶的全封闭混凝土外罐，金属罐泄漏的 LNG 只能在混凝土外罐内而不至于外泄。在以上三种地上式储罐中，此种储罐安全性最高、造价也最高。

4）地下式储罐。与以上三种类型不同的是此类储罐完全建在地面以下，金属罐外是深达百米的混凝土连续地中壁。地下储罐主要集中在日本，抗地震性好，适宜建在海滩回填区上，占地少，多个储罐可紧密布置，对站周围环境要求较低，安全性最高。但这种储罐投资大，建设周期长。

（二）LNG 储罐结构及主要参数

1. 立式 LNG 储罐

立式 LNG 储罐结构示意图如图 4-1-11 所示，其容积为 $100\ m^3$，技术参数见表 4-1-12。隔热技术采用真空粉末隔热技术；LNG 的理论计算日蒸发率≤0.27%。

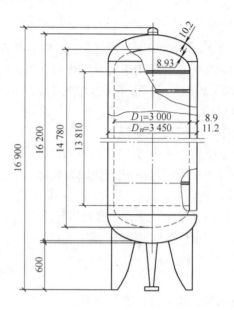

图 4-1-11 立式 LNG 储罐结构示意图

表 4-1-12 100 m³ LNG 储罐技术参数

项 目	内 筒	外 筒	备 注
容器类别	三类		
储存介质	LNG、LN2		
最高工作压力/MPa	0.5	-0.1	"-"指外压
设计压力/MPa	0.75	-0.1	
强度试验压力/MPa	0.93		
气密性试验压力/MPa	0.75	0.2*	*内筒同时持压0.1 MPa
管路气密性试验压力/MPa	0.75		
安全阀启跳压力/MPa	0.55		
最低工作温度/℃	-196	常温	
设计温度/℃	-196	常温	
几何容积/m³	105.23	42*	*指夹层容积
有效容积/m³	100		
设计厚度/mm	8.94	11.2	
封头/mm	8.93	10.2	
腐蚀余量/mm	0	1	
主体材质	0Cr18Ni9	20R	
空重/kg	39 390		
满重/kg	85 000		LNG

2. 卧式 LNG 储罐

LNG 低温地上金属储罐除可采用立式外，还可采用卧式，如图 4-1-12 所示为 100 m³ 卧式 LNG 金属储罐的结构。

卧式 LNG 储罐的技术参数与立式储罐不同，其主要区别在于：

（1）同容积的立式储罐占地面积较卧式储罐小；

（2）卧式储罐比立式储罐容易与周边环境景观协调；

（3）卧式储罐的消防系统比立式储罐的安装容易。

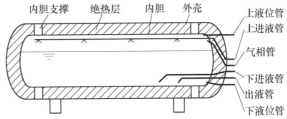

图 4-1-12 LNG 低温地上卧式金属储罐结构

3. 立式 LNG 子母型储罐

子母罐是指拥有多个（三个以上）子罐并联组成的内罐，以满足低温液体储存站大容量储液量的要求。多个子罐并列组装在一个大型外罐（母罐）之中。子罐通常为立式圆筒形，外罐为立式平底拱盖圆筒形。由于外罐形状尺寸过大等原因，不耐外压而无法抽真空，外罐为常压罐。隔热方式为粉末（珠光砂）堆积隔热。

子罐通常为压力容器制造厂制造完工后运抵现场吊装就位，外罐则加工成零部件运抵现场后，在现场组装。

单只子罐的几何容积通常在 200~250 m³ 之间。单只子罐的容积不宜过大，过大会导致运输吊装困难。子罐的数量通常为 3~10 只，可组建 600~2 500 m³ 的大型储罐。

子罐可以设计成压力容器，最大工作压力可达 1.8 MPa，通常为 0.2~1.0 MPa，根据用户使用压力要求而定。

子母罐的优势如下：

（1）依靠容器本身的压力，可采用压力挤压的办法对外排液，而不需要输液泵排液，因此操作简便、可靠性提高。

（2）子母罐的制造安装较球罐容易实现，制造安装成本较低。

子母罐的不足之处如下：

（1）由于外罐的结构尺寸原因，夹层无法抽真空。夹层厚度通常选择 800 mm 以上，导致保温性能与真空粉末隔热球罐相比较差。

（2）由于夹层厚度较厚，且子罐排列的原因，设备的外形尺寸庞大。

（3）子母罐通常适用于 300~1 000 m³，工作压力为 0.2~1.0 MPa。

立式 LNG 子母型储罐的典型结构如图 4-1-13 所示，它的容量为 600 m³。技术参数见表 4-1-13。隔热形式采用正压珠光砂，LNG 的理论计算日蒸发率≤0.25%。

4. LNG 储罐的运行的注意事项

（1）LNG 储罐的压力控制。正常运行中，必须将 LNG 储罐的操作压力控制在允许的范围内。华南地区 LNG 储罐的正常工作压力范围为 0.3~0.7 MPa，罐内压力低于设定值时，可利用自增压气化器和自增压阀对储罐进行增压。增压下限由自增压阀开启压力确定，增压上限由自增压阀的自动关闭压力确定，其值通常比设定的自增压阀开启压力约高 15%。例

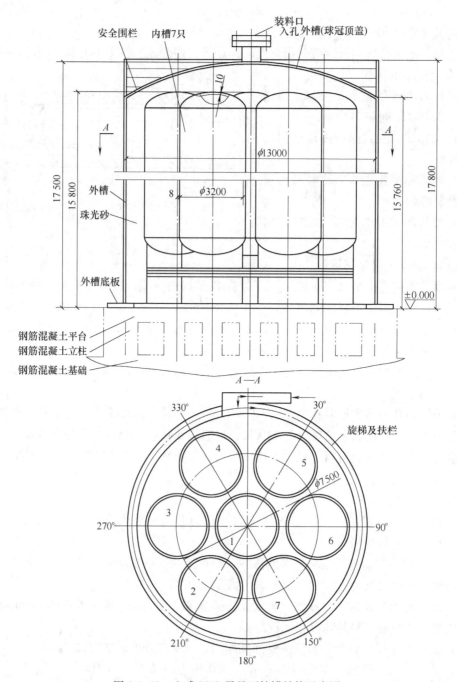

图 4-1-13 立式 LNG 子母型储罐结构示意图

如，当 LNG 用作城市燃气主气源时，若自增压阀的开启压力设定为 0.6 MPa，则自增压阀的关闭压力约为 0.69 MPa，储罐的增压值为 0.09 MPa。

储罐的最高工作压力由设置在储罐低温气相管道上的自动减压调节阀的定压值（前压）限定。当储罐最高工作压力达到减压调节阀设定开启值时，减压阀自动开启卸压，以保护储罐安全。为保证增压阀和减压阀工作时互不干扰，增压阀的关闭压力与减压阀的开启压力不能重叠，应保证 0.05 MPa 以上的压力差。考虑两阀的制造精度，合适的压力差应在设备调试中确定。

表 4-1-13 立式 LNG 子母罐的技术参数

项 目	内 罐	外 罐
容器类别	三类	
充装介质	液化天然气	氮气、珠光砂
有效容积/m³	7×88.5=620	—
几何容积/m³	7×98.4=689	夹层 1 550
最高（低）设计温度/℃	38（-196）	50
最大工作压力/MPa	0.2	0.003
腐蚀余量/mm	0	0
主体材质	0Cr18Ni9	16MnR
基本风压	4×10⁻⁴	
气压试验/MPa	0.621	—

（2）LNG 储罐的超压保护。LNG 在储存过程中会由于储罐的"环境漏热"而缓慢蒸发（日静态蒸发率体积分数≤0.3%），导致储罐的压力逐步升高，最终危及储罐安全。为保证储罐安全运行，设计上采用储罐减压调节阀、压力报警手动放散、安全阀起跳三级安全保护措施来进行储罐的超压保护。

其保护顺序为：当储罐压力上升到减压调节阀设定开启值时，减压调节阀自动打开泄放气态天然气；当减压调节阀失灵，罐内压力继续上升，达到压力报警值时，压力报警，手动放散卸压；当减压调节阀失灵且手动放散未开启时，安全阀起跳卸压，保证 LNG 储罐的运行安全。对于最大工作压力为 0.80 MPa 的 LNG 储罐，设计压力为 0.84 MPa，减压调节阀的设定开启压力为 0.76 MPa，储罐报警压力为 0.78 MPa，安全阀开启压力为 0.80 MPa，安全阀排放压力为 0.88 MPa。

（3）LNG 的翻滚与预防。LNG 在储存过程中可能出现分层而引起翻滚，致使 LNG 大量蒸发导致储罐压力迅速升高而超过设计压力，如果不能及时放散卸压，将严重危及储罐的安全。

大量研究证明，引起 LNG 出现分层而导致翻滚的原因如下：

1）储罐中先后充注的 LNG 产地不同、组分不同而导致密度不同。

2）先后充注的 LNG 温度不同而导致密度不同。

3）先充注的 LNG 由于轻组分甲烷的蒸发与后充注的 LNG 密度不同。

要防止 LNG 产生翻滚引发事故，必须防止储罐内的 LNG 出现分层，常采用如下措施：

1）将不同气源的 LNG 分开储存，避免因密度差引起 LNG 分层。

2）为防止先后注入储罐中的 LNG 产生密度差，采取以下充注方法：

①槽车中的 LNG 与储罐中的 LNG 密度相近时从储罐的下进液口充注；

②槽车中的轻质 LNG 充注到重质 LNG 储罐中时从储罐的下进液口充注；

③槽车中的重质 LNG 充注到轻质 LNG 储罐中时，从储罐的上进液口充注。

3）储罐中的进液管使用混合喷嘴和多孔管，可使新充注的 LNG 与原有 LNG 充分混合，从而避免分层。

4）对长期储存的 LNG，采取定期倒罐的方式防止其因静止而分层。

（三）LNG 气化器

1. LNG 气化器的分类

根据 LNG 气化的热媒，气化器可以分为这样几类：以海水或河水的气化器为热媒，以天然气燃烧热为热媒的气化器，以工厂废热和空气为热媒的气化器等。

迄今为止，所有曾被使用过的 LNG 气化器类型有：开架式气化器（ORV）；浸没燃烧式气化器（SCV）；管壳式气化器（STV）；中间流体式气化器（IFV）；空温式气化器；强制通风式气化器；强制空气循环式气化器；热风加温式气化器；真空蒸汽式气化器（VSV）；中间媒介空温式气化器；热水浴式气化器。

2. LNG 气化器的适用场合

中小规模 LNG 站所使用的高、中压气化器基本上选用国内产品，以空温式气化器为主，主要是出于降低运行成本的考虑，特别是南方地区，气温较高，较适合选用此类气化器。对于大型 LNG 气化站，目前使用较多的是开架式气化器（ORV 型气化器）和浸没燃烧式气化器（SMV 型气化器）。对毗邻大海的 LNG 站，ORV 型气化器是首选。其他以事故应急供气为主的大规模 LNG 站，则适合选用浸没燃烧式气化器。

3. 常用 LNG 气化器介绍

下面将详细介绍最为常见的空温式气化器。如图 4-1-14 所示。

空温式气化器利用大气环境作为热源，通过性能良好的 LF21 星型管进行热交换，使各种低温液体汽化成一定温度的气体。

低温液体气化器主要由星型翅片导热管、液气导流管、支架、底座、进出品接头等部件组成。星型翅片导热管有八翅对称，材料选用项 LF21 防锈铝合金，坚固耐用、耐腐蚀、耐风化，汽化效果好。液气导流管材料选用 T2M 紫铜管，耐高压，耐冲击。底座、支架材料选项用角型 LF21 防锈铝合金，坚固耐用、耐腐蚀。

空温式气化器是 LNG 供气站向城市用户供气的主要汽化设施。气化器的气化能力按用气城市高峰小时计算流量的 1.3～1.5 倍确定。常用的单台气化器的气化能力为 1 500～2 000 m³h，2～4 台为 1 组，设计上配置 2～3 组，相互切换使用。当一组使用时间过长，气化器结霜严重，导致气化器汽化效率降低，出口温度达不到要求时，人工（或自动或定时）切换到另一组，本组进行自然化霜备用。设计压力为 1.0 MPa，工作压力为 0.6 MPa，设计温度为 -196℃，进口温度为 -145～ -162.3℃，出口温度大于或等于环境温度 -5℃，安装方式为立式，材料为 LF21。

（四）BOG 加热器

BOG（Boil Off Gas，蒸发气体）加热器一般采用的是空温式气化器，BOG 加热器主要加热来源于 LNG 槽车的回流气体和储罐每天的自然汽化气体。

图 4-1-14 空温式气化器

（五）EAG 加热器

EAG（Exhaust Assemble Gas，紧急放空气）加热器一般也采用空温式气化器，EAG 加热器是加热设备或管道在超压时排放的天然气。放散的天然气不能直接排放的原因是：当 LNG 汽化为气态天然气时，具备天然气比常温空气轻的临界温度 −110℃，为防止 EAG 在放散时聚集，则需将 EAG 加热至高于 −110℃后放散。

（六）其他设备

1. BOG 缓冲罐

对于调峰型 LNG 气化站，为了回收非调峰期接卸槽车的余气和储罐中的 BOG，或天然气混气站中为了均匀混气，常在 BOG 加热器的出口增设 BOG 缓冲罐，其容量按回收槽车余气量设置。

2. 水浴式天然气加热器

当环境温度较低，空温式气化器出口的气态天然气温度低于5℃时，在空温式气化器后串联水浴式天然气加热器对气化后的天然气进行加热。加热器的加热能力按高峰小时用气量的 1.3 ~ 1.5 倍确定。

3. 调压、计量与加臭装置

根据 LNG 气化站的规模选择调压装置。通常设置两路调压装置，调压器选用带指挥器、超压切断的自力式调压器。

计量采用涡轮流量计；加臭剂采用四氢噻吩，加臭以隔膜式计量泵为动力，根据流量信号将加臭剂注入燃气管道中。

4. 阀门

工艺系统阀门应满足输送 LNG 的压力和流量要求，同时必须具备耐 −196℃的低温性能。常用的 LNG 阀门主要有增压调节阀、减压调节阀、紧急切断阀、低温截止阀、安全阀、止回阀等。阀门材料为 0Cr18Ni9。

第六节　LNG 瓶组站

LNG 瓶组站是小规模的 LNG 供应方式，下面将对其站址的选择、总平面布置、工艺流程等进行介绍。

一、站址的选择及总平面布置

气瓶组应在站内固定地点露天（可设置罩棚）设置。气瓶组与建、构筑物的防火间距不应小于表4-1-14 中的规定。

设置在露天（或罩棚下）的空温式气化器与气瓶组的间距应满足操作的要求，与明火、散发火花地点或其他建、构筑物的防火间距应符合表4-1-14 中气瓶总容积小于或等于 2 m³ 一档的规定。

4 m³ LNG 瓶组站的占地面积约为 437 m²，其总平面布置如图 4-1-15 所示。

表 4-1-14　气瓶组与建、构筑物的防火间距　　　　　　　　　（单位：m）

项目＼气瓶总容积/m³		≤2	2~4
明火、散发火花地点		25	30
民用建筑		12	15
重要公共建筑、一类高层民用建筑		24	30
道路（路边）	主要	10	10
	次要	5	5

注：气瓶总容积应按配置气瓶个数与单瓶几何容积的乘积计算。单个气瓶容积不应大于 410 L。

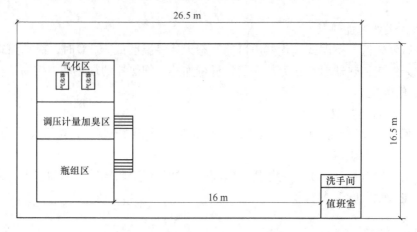

图 4-1-15　LNG 瓶组气化站总平面布置图

二、工艺流程

LNG 瓶组气化站的工艺流程如图 4-1-16 所示。

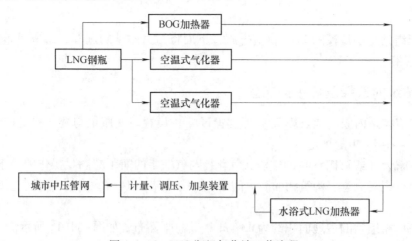

图 4-1-16　LNG 瓶组气化站工艺流程

LNG 钢瓶通过汽车运至 LNG 瓶组气化站，工作条件下，钢瓶自带增压器将钢瓶的 LNG

增压到 0.6 MPa。增压后的低温 LNG 进入空温式气化器，与空气换热后转化为气态天然气并升高温度，出口温度比环境温度低 10℃，压力为 0.45 ~ 0.60 MPa；当空温式气化器出口的天然气温度达不到 5℃ 时，通过水浴式加热器升温，最后经调压（调压器出口压力为 0.35 MPa）、计量、加臭后进入输配管网，送入各类用户。LNG 瓶组气化站如图 4-1-17 所示。

图 4-1-17　LNG 瓶组气化站

三、主要设备

（一）低温 LNG 气瓶

LNG 钢瓶采用内、外双层结构，不锈钢材料制作，内外层之间采用绝热材料，尽量降低蒸发损失，边缘采用防震橡胶，抗冲击。低温 LNG 气瓶有立式和卧式两种，目前常用的规格有 175 L、410 L。LNG 立式气瓶的结构、外形如图 4-1-18 所示，各部分的功能如下：

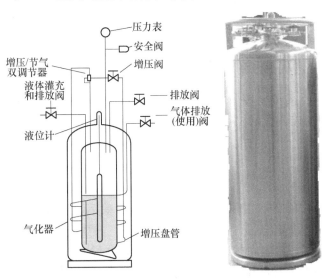

图 4-1-18　LNG 立式气瓶

1）增压。增压回路用于保证在使用液体时有足够的驱动压力。

2）节气器。节气器回路优先从容器内的液体上方的封头空间提取气体。

3）使用阀。此阀控制气态出口。

4）液体阀。通过此阀，可以控制灌充液体或从容器中排放液体，它有连接管路所需的管接头，用适当的管接头把金属软管连接到液体管路的接头上，打开阀门就可以向瓶外供应液体。

5）增压阀。此阀把容器底部的液体增压/节气调节器分隔开来，用于容器内部的增压。

6）排放阀。此阀控制一个进入容器封头空间的管路，在灌充过程中用来排出封头空间的气体。

7）压力计。压力计显示容器压力，单位是每平方英寸磅或千帕斯卡。

8）全视液位计。容器的液位计是浮子式的液面传感器，它通过磁性元件连接一黄色指示带指示容器液体容量。

9）安全阀。内胆压力超压排放，其设定为 230 Psig（16 bar）。

（二）空温式气化器

与液化天然气气化站的 LNG 气化器中的空温式气化器相同。

第七节　LNG 汽车加气站

一、站址的选择

加气站、加油加气合建站的站址选择，应符合城市规划、区域交通规划、环境保护和防火安全的要求，并应选在交通便利的地方。城市建成区内的加气站，宜靠近城市道路，不宜选在城市干道的交叉路口附近。

加气站的 LNG 储罐、放散管管口、LNG 卸车点与站外建、构筑物的防火距离，不应小于相关规范的规定。

站址的选择应结合 GB50156—2010《汽车加油加气站设计与施工规范》，如在深圳、内蒙古等地区，还应结合当地的《液化天然气汽车加气站技术规范》。

二、工艺流程

LNG 加气站的工艺流程分为卸车、加液、调压、泄压、BOG 回收五个流程，如图 4-1-19所示。

1. 卸车流程

LNG 槽车（经增压器加压）→LNG 储罐或 LNG 槽车→LNG 潜液泵→LNG 储罐。

把汽车槽车内的 LNG 转移至 LNG 加气站储罐内。采用增压器的卸车流程：LNG 槽车到站后，利用泵橇上的空温式增压气化器对槽车储罐进行升压，使槽车与 LNG 储罐之间形成一定的压差后，开启车、罐之间的卸液管道将槽车中的 LNG 卸入站内的低温储罐内。也可选择启动潜液泵，将槽车中的 LNG 卸入站内的低温储罐内进行储存。

2. 汽车加液流程

LNG 储罐→LNG 潜液泵→售气机→LNG 车载气瓶。

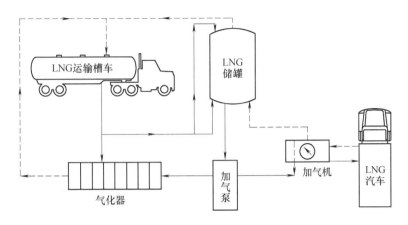

图 4-1-19 LNG 加气站工艺流程

（注：液相管路用实线表示，气相管路用虚线表示）

储罐中的饱和 LNG 通过潜液泵加压、加液机计量后通过加液枪给汽车加液，加液压力≤1.6 MPa。在给车辆加液时，先将加注、回气管路通过专用的 LNG 加液、回气接软管与汽车上的 LNG 瓶进液、回气接口相连接，通过回气口回收车载瓶中余气以降低瓶内的压力。将低温储罐内的 LNG 输送到低温潜液泵中，通过加液机来控制泵运转输送的流量，同时用 LNG 流量计计量出输送的液体，再在面板上显示出加液量及价格。

3. 调压流程

LNG 储罐→低温烃泵→LNG 增压气化器→LNG 储罐。

由于部分车载瓶本身不带增压器，因此加注到车载瓶中的液体必须是经调压后的饱和液体。为此，在给汽车加液之前首先对储罐中的 LNG 进行调压后方可给汽车加注。用 LNG 低温泵将 LNG 储罐中的部分 LNG 输送到增压气化器，使加热后液体通过液相回气管路返回 LNG 储罐，直到罐内压力达到设定的工作压力。

4. 泄压流程

LNG 储罐、低温管路→安全阀（泄压）。

在给储罐调压过程中，储罐中的液体同时在不断地蒸发和气化，这部分气化了的气体如不及时排出，储罐压力会越来越大，当储罐压力大于设定值时，相关阀门打开，释放储罐中的气体，降低压力，保证储罐安全。

LNG 加气站其他工艺系统（设备、管道、余气回收装置）所产生的 BOG 气体应能通过专用 BOG 加热减压橇升温、调压、计量后进入城市管网（进入城市燃气管网气体温度应不低于环境温度 15℃）或在城市燃气管网未完备时通过站内放散管排放。

5. BOG 回收流程

LNG 泵→LNG 低温储罐；LNG 车载气瓶→LNG 低温储罐。

LNG 潜液泵泵池预冷过程中，LNG 储罐中 LNG 进入 LNG 潜液泵泵池，部分 LNG 气化，产生的 BOG 通过回气管道返回 LNG 低温储罐，既可达到预冷潜液泵泵池的目的，又可回收 BOG 气体和对储罐进行压力调节。

给车辆加气时，将回气管路通过专用的回气接头与汽车上的 LNG 瓶回气接口相连接，通过回气管路将 LNG 瓶中的余气回收到 LNG 储罐中，同时用流量计计量出回收的气体量。

三、主要设备

LNG 加气站的主要设备有 LNG 储罐、LNG 潜液泵、空温式气化器、售气机、控制系统和安全系统等。

（一）LNG 潜液泵

20 世纪 60 年代，潜液式电动泵首次出现在液化天然气领域。国外的很多企业和公司都致力于潜液式 LNG 泵的研发和制造，美国 J. C. Carter 公司，法国 Cryostar 公司，日本的 Ebara、Nikkiso、Shinko 等公司都相继推出自己的产品，使得潜液式 LNG 泵的形式更加多样化。

1. LNG 潜液泵的结构

典型的潜液式 LNG 泵的结构如图 4-1-20 所示，一般包括电动机、主轴、轴承、叶轮、导流器等，部分产品还装有推力自平衡机构。

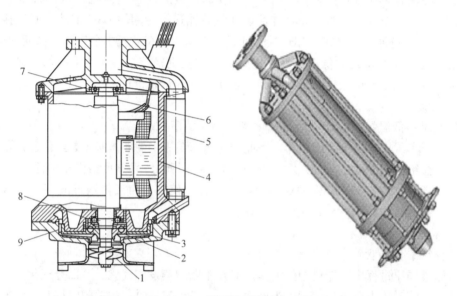

图 4-1-20　典型的潜液式电动泵

—螺旋导流器　2—推力平衡机构　3—叶轮　4—电动机　5—排出管　6—主轴　7、8—轴承　9—扩压器

2. LNG 潜液泵的特点

由于具有与传统泵不同的结构特点，潜液式 LNG 泵应用于 LNG 工业中具有许多传统泵无法相比的优势。其特点主要体现在：

1）泵体完全浸没在液体中，工作噪声非常小；

2）不含转动轴封，泵内有封闭系统使电动机和导线与液体隔绝；

3）电动机不受潮湿、腐蚀的影响，其绝缘不会因为温度变化而退化；

4）消除了可燃气体与空气接触的可能，保证了安全性；

5）将电动机与叶轮设计在同一个轴上，省去了联轴器和对中的需要；

6）平衡机构的设计使轴承的使用寿命和泵的大修周期延长；

7）叶轮和轴承通过液体自身润滑，不需要附加的润滑油系统；

8）无需使用防爆电动机。

3. LNG潜液泵的主要参数

设计温度为－196℃，流量为 2 ~ 20 m³/h，扬程为 30 ~ 300 m，电机的功率为 1 000 ~ 2 300 W。

（二）LNG加气机

1. LNG加气机结构

LNG加气机外形如图 4-1-21 所示。

LNG加气机结构组成如图 4-1-22 所示。

2. LNG加气机原理

LNG加气机是依据直接测量流体介质质量的原理，利用先进的传感和微电脑测控技术，具有高精度、多功能的新型 LNG 加液计量装置。它主要用于计量经加气机充入 LNG 储气瓶中的液量。同时，该机应用微测控技术对计量过程进行自动控制，加气机显示屏直接显示被测液体流量、单价、金额及加液累计量，并可远程通信，实现计算机中央管理。下面以单枪式加气机为例介绍 LNG 加气机的原理，如图 4-1-22 所示。

图 4-1-21　LNG加气机

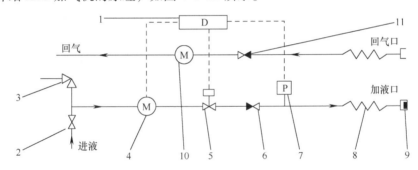

图 4-1-22　LNG加气机组成

1—电脑控制系统　2—截止阀　3—安全阀　4—加气流量计　5—主电磁阀　6—加气止回阀
7—压力传感器　8—软管　9—加气枪头　10—回气流量计　11—回气止回阀

加气前首先对 LNG 加气机进行预冷。把加气枪头 9 插在回气口上，启动站内的低温充装泵，LNG 从低温储罐经过输送管道进入 LNG 加气机。依次流经截止阀 2、加气流量计 4、主电磁阀 5、加气止回阀 6、压力传感器 7、加气枪头 9、回气止回阀 11、回气流量计 10，回到低温储罐。预冷温度达到要求后，LNG 经过输送管道进入 LNG 加气机，依次流经截止阀 2、加气流量计 4、主电磁阀 5、加气止回阀 6、压力传感器 7、软管 8、加气枪头 9，最后流入被加气汽车的储气瓶。质量流量计发出流经加气机的 LNG 的温度、质量等参数的物理信号，由信号转换器转换成电脉冲信号传送到电脑控制器，电脑经自动计算得出相应的体积、金额，并由显示屏显示给用户，从而完成一次加气计量过程。

3. LNG加气机技术参数

国内外使用比较广泛，性能良好的加气机种类较多，使用比较普遍的加气机主要技术参数见表 4-1-15。

表 4-1-15　汽车用液化天然气加气机主要技术参数

项　目	技术参数（重庆耐德能源装备集成有限公司）
计量方式	双管计量
额定工作压力/MPa	1.6
计量相对误差/%	±0.5
流量范围/（L/min）	6~180
环境温度/℃	-30~50
外形尺寸（高×长×宽）	1 300 mm×960 mm×2 100 mm
质量/kg	215
控制方式	电脑控制系统
管道温度/℃	-162~55
环境相对湿度（%）	≤95
加气方式	定量、非定量
计量单位	kg，L
操作方式	键盘式

　　另外，国内一些公司如重庆耐德能源装备集成有限公司已经研发出了成套的撬装 LNG 汽车加气站。这类加气站是将 LNG 低温储罐、加气机、低温泵、卸车增压器、储罐增压器、管道、控制阀门等设备在制造厂集中固定安装在一个撬块上，具有高度集成、安装简便、机动灵活、安全可靠、操作方便等特点，主要用于 LNG 汽车加气项目推广和小规模客户开发。

第二章　压缩天然气（CNG）供应

CNG（Compressed Natural Gas，简称CNG）压缩天然气是将天然气压缩增压至20 MPa时，天然气体积缩小200倍，并储入容器中，便于汽车运输，经济运输半径以150～200 km为妥。压缩天然气可用于民用及作为汽车清洁燃料。CNG与管道天然气的组分相同。CNG可作为车辆燃料利用。LNG可以用来制作CNG。对运输半径小（产地距离使用地100～200 km）、用量少（用量不足以铺设管道的地区）及利用边远零散的天然气资源来说，它有着得天独厚的优势。

第一节　CNG的性质

一、CNG的物理性质

天然气的主要成分是甲烷，压缩天然气降压后仍具有常压下天然气的物理性质。

1. 密度和相对密度

常温、常压下甲烷的密度为0.717 4 kg/m³，相对密度为0.554 8，天然气的密度一般为0.75～0.8 kg/m³，相对密度一般为0.58～0.62。

2. 着火温度

甲烷的着火温度为540℃。

3. 燃烧温度

甲烷的理论燃烧温度为1 970℃；天然气的理论燃烧温度可达到2 030℃。

4. 热值

热值是指一标准立方米某种气体完全燃烧放出的热量，属于物质的特性，符号是q，单位是焦耳每立方米（J/m³）。热值有高位热值和低位热值两种。

高位热值是指一标准立方米气体完全燃烧后其烟气被冷却至原始温度，而其中的水蒸气以凝结水状态排出时所放出的热量。低位热值是指一标准立方米气体完全燃烧后其烟气被冷却至原始温度，但烟气中的水蒸气仍为蒸汽状态时所放出的热量。燃气的高位热值在数值上大于其低位热值，差值为水蒸气的气化潜热。

由于天然气是混合气体，不同的组分以及组分的不同比例，都会有不同的热值，表4-2-1为几个不同产地的天然气热值。

表4-2-1　不同产地的天然气热值表

天然气种类	热值/（MJ/Nm³）	
	高热值	低热值
四川干气	40.403	36.442
大庆石油伴生气	52.833	48.383
大港石油伴生气	48.077	43.643

5. 爆炸极限

可燃气体和空气的混合物遇明火而引起爆炸时的可燃气体浓度范围称为爆炸极限。在这种混合物中，当可燃气体的含量减少到不能形成爆炸混合物时的含量，称为可燃气体的爆炸下限，而当可燃气体含量一直增加到不能形成爆炸混合物时的含量，称为爆炸上限。

由于天然气的组分不同，爆炸极限存在差异。大庆石油伴生气是 4.2% ~ 14.2%，大港石油伴生气是 4.4% ~ 14.2%。通常将甲烷的爆炸极限视为天然气爆炸极限，因此天然气的爆炸极限为 5% ~ 15%。

二、CNG 的特点

CNG 具有成本低、效益高、污染少及使用安全便捷等特点，CNG 作为城镇居民的替代气源，具有便携的特点，尤其在难觅优质民用燃料的城镇应用尤为显著。具有如下特点：

（1）膨胀性。压缩天然气在 20 MPa 时体积约为标准状态下同质量天然气的 1/200。

（2）膨胀后温度显著下降。高压气体膨胀后温度显著下降。因此，用 CNG 给中压用户供气，应有加热装置。

第二节　压缩天然气供应

利用气体可压缩的特点，将天然气加压压缩至 20 ~ 25 MPa，充装到高压气瓶中，通过 CNG 撬车运至 CNG 储配站，为离管道燃气较远的城镇供气；或通过 CNG 撬车将 CNG 运输至 CNG 加气子站，为汽车提供燃料。这种供应方式即为压缩天然气供应，如图 4-2-1 所示。

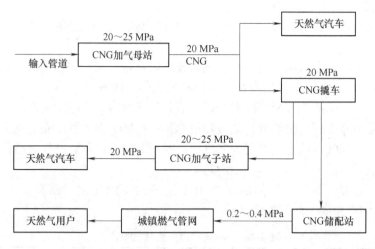

图 4-2-1　压缩天然气（CNG）供应系统示意图

第三节　压缩天然气运输

运输压缩天然气所使用的容器有两种形式：一种是将 7 ~ 15 个直径较大（有 D406、

D559、D610 几种规格）、长度为 6 ~ 12 m 的储气瓶直接组装在拖挂车上。另一种是将若干个（如 144 个）直径较小（D279）的小储气瓶集装成撬，再将撬体置于拖车上；目前压缩天然气的运输基本上都使用长管半挂车，小气瓶集装撬已基本不用。图 4-2-2 所示为 CNG 撬车。8 管 CNG 撬车的技术参数见表 4-2-2。

图 4-2-2 CNG 撬车

表 4-2-2 8 管 CNG 撬车（8 管管束式集装箱）技术参数

项 目 名 称		技 术 参 数
气瓶	工作压力	20 MPa
	工作温度	− 40 ~ 60℃
	单瓶水容积	2. 25 m³
	气瓶数量	8 个
	气瓶总水容积	18 m³
	外形尺寸 （外径×壁厚×长度）	（D559 × 16. 8 × 10 950）mm
整箱	总质量	29 150 kg
	外形尺寸 （长×宽×高）	（12 192 × 2 438 × 1 400）mm
整车	整车质量	4 510 kg
	满载最大总质量	34 990 kg

第四节　压缩天然气储配站

一、站址的选择

储配站站址选择应符合下列要求：
1）站址应符合城镇总体规划的要求；
2）站址应具有适宜的地形、工程地质、供电、给水排水和通信等条件；
3）储配站应少占农田，节约用地并注意与城镇景观等协调；

4）储配站站址应结合长输管线位置确定；

5）根据输配系统具体情况，储配站与门站、加气站等可合建；

6）储配站内的储气罐与站外的建、构筑物的防火间距应符合现行国家标准 GB 50016—2006《建筑设计防火规范》的有关规定。

站内露天燃气工艺装置与站外建、构筑物的防火间距应符合甲类生产厂房与厂外建、构筑物的防火间距的要求。

储配站的选址应征得规划部门的同意并批准。在选址时，如果对站址的工程地质以及与邻近地区景观协调等问题注意不够，往往增大了工程投资又破坏了城市的景观。

二、总平面布置

储配站总平面布置应符合下列要求：

（1）总平面应分区布置，其可分为生产区和辅助区。

（2）压缩天然气储配站内天然气储罐与站外建、构筑物的防火间距应符合现行国家标准 GB50016—2006《建筑设计防火规范》的规定。站内露天天然气工艺装置与站外建、构筑物的防火间距按甲类生产厂房与厂外建、构筑物的防火间距执行。

（3）气瓶车固定车位与站外建、构筑物的防火间距不应小于表 4-2-3 的规定。

表 4-2-3 气瓶车固定车位与站外建、构筑物的防火间距 （单位：m）

项 目		气瓶车在固定车位最大储气总容积/m³	
		4 500~10 000	10 000~30 000
明火、散发火花地点，室外变、配电站		25.0	30.0
重要公共建筑		50.0	60.0
民用建筑		25.0	30.0
甲、乙、丙类液体储罐，易燃烧材料堆场，甲类物品库房		25.0	30.0
其他建筑	一、二级	15.0	20.0
	三级	20.0	25.0
	四级	25.0	30.0
铁路（中心线）		40.0	
公路、道路（路边）	高速，I、II级，城市快速	20.0	
	其他	15.0	
架空电力线（中心线）		1.5 倍的杆高	
架空通信线（中心线）	I、II级	20.0	
	其他	1.5 倍杆高	

注：气瓶车在固定车位最大储气总容积（m³）为在固定车位储气的各气瓶车总几何容积（m³）与其最高储气压力（绝对压力102 kPa）乘积之和，并除以压缩因子。

（4）气瓶车固定车位与站内建、构筑物的防火间距不应小于表4-2-4的规定。

表4-2-4 气瓶车固定车位与站内建、构筑物的防火间距 （单位：m）

项 目	气瓶车在固定车位最大储气总容积/m³	
	4 500～10 000	10 000～30 000
明火、散发火花地点	25.0	30.0
压缩机室、调压室、计量室	10.0	12.0
变、配电室，仪表室，燃气热水炉室，值班室，门卫	15.0	20.0
办公、生活建筑	20.0	25.0
消防泵房、消防水池取水口	20.0	
站内道路（路边） 主要	10.0	
站内道路（路边） 次要	5.0	
围墙	6.0	10.0

注：1. 气瓶车在固定车位最大储气总容积（m³）为在固定车位储气的各气瓶车总几何容积（m³）与其最高储气压力（绝对压力102 kPa）乘积之和，并除以压缩因子；

2. 变、配电室，仪表室，燃气热水炉室，值班室，门卫等用房的建筑耐火等级不应低于现行国家标准GB50016—2006《建筑设计防火规范》中的"二级"规定。

3. 露天的燃气工艺装置与气瓶车固定车位的间距可按工艺要求确定。

（5）气瓶车在固定车位储气总几何容积不大于18 m³，且最大储气总容积不大于4 500 m³时，应符合现行国家标准 GB 50156—2002《汽车加油加气站设计与施工规范》的规定。

（6）储配站生产区应设置环形消防车通道，消防车通道宽度不应小于3.5 m。

（7）储配站内的储气罐与站内的建、构筑物的防火间距应符合表4-2-5的规定。

表4-2-5 储气罐与站内的建、构筑物的防火间距 （单位：m）

储气罐总容积/m³	≤1 000	1 000～10 000	10 000～50 000	50 000～200 000	>200 000
明火、散发火花地点	20	25	30	35	40
调压室、压缩机室、计量室	10	12	15	20	25
控制室、变配电室、汽车库等辅助建筑	12	15	20	25	30
机修间、燃气锅炉房	15	20	25	30	35
办公、生活建筑	18	20	25	30	35
消防泵房、消防水池取水口	20				
站内道路（路边）	10	10	10	10	10
围墙	15	15	15	15	18

注：1. 低压湿式储气罐与站内的建、构筑物的防火间距，应按本表确定；

2. 低压干式储气罐与站内的建、构筑物的防火间距，当可燃气体的密度比空气大时，应按本表增加25%；比空气小或等于时，可按本表确定；

3. 固定容积储气罐与站内的建、构筑物的防火间距应按本表的规定执行。总容积按其几何容积（m³）和设计压力（绝对压力，10² kPa）的乘积计算；

4. 低压湿式或干式储气罐的水封室、油泵房和电梯间等附属设施与该储罐的间距按工艺要求确定；

5. 露天燃气工艺装置与储气罐的间距按工艺要求确定。

三、工艺流程

CNG 储配站内主要工艺设施有：卸气柱，CNG 减压计量加臭撬，储气罐（储配站天然气总储气量大于 3×10^4 m³ 时，应建储罐），配套水、暖、电、仪表等设施。

（一）设有天然气储罐的工艺流程

如图 4-2-3 所示，CNG 撬车进入 CNG 储配站后，通过卸气柱及高压天然气管路，将天然气送入一级换热器和一级调压器进行换热和调压，将压力降至 6.0 MPa，再进入二级换热器和二级调压器进行二次换热和调压，将压力降至储罐工作压力，部分天然气进入储罐储存。当 CNG 撬车供给的流量不能满足用户要求时，储罐储存的天然气进入三级调压器，将压力降至中压，再经计量、加臭后，进入城镇中压燃气管网。

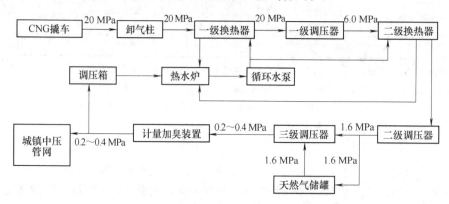

图 4-2-3　CNG 储配站（有储罐）工艺流程图

（二）无天然气储罐的工艺流程

如图 4-2-4 所示，CNG 撬车进入 CNG 储配站后，通过卸气柱及高压天然气管路，将天然气送入一级换热器和一级调压器进行换热和调压，将压力降至 2.0 ~ 4.0 MPa，进入二级换热器和二级调压器进行二次换热和调压，将压力降至中压，再经计量、加臭后，进入城镇中压燃气管网。

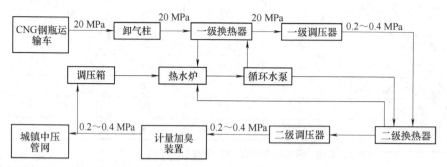

图 4-2-4　CNG 储配站（无储罐）工艺流程图

四、主要设备

在 CNG 储配站中的主要设备有高压球罐、调压计量加臭撬等。

（一）高压球罐

目前高压球罐常见的容积为 2 000 m³、5 000 m³ 等，其基本结构如图 4-2-5 所示。在球罐上的接口名称如下：a 为安全阀接口，b 为放散口接口，c 为压力计接口，d_1、d_2 为人孔，e 为温度计接口，f 为排污口，g 为气相接口、h 为气相出口，i 为热电耦口。

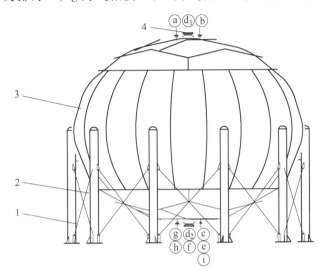

图 4-2-5　高压球罐结构图

1—支柱　2—拉杆　3—球壳　4—人孔及接管法兰

采用管网供气的城市天然气系统经常使用球罐储气，其设计、安装执行 GB 12337—1998《钢制球形储罐》。作为制造大型天然气球罐的板材，国内有 16 MnR 和 SPV-355 可供选用，经过综合比较，一般采用 16MnR 为球壳用钢板。

设计压力为 0.8 MPa、1.6 MPa、2.5 MPa 等，一般不大于 4.0 MPa。

（二）换热器

目前 CNG 换热器一般都是水浴管壳式加热器，其结构如图 4-2-6 所示。

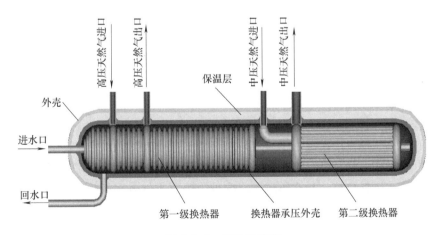

图 4-2-6　CNG 换热器

1. 一级换热器

设计压力：管程 22.0 MPa，管壳 0.5 MPa。

工作压力：管程 22.0 MPa，管壳 0.4 MPa。

工作温度：水进口 70～85℃，出口 60～75℃；天然气进口常温，出口 60℃。

2. 二级换热器

设计压力：管程 10.0 MPa，管壳 0.5 MPa。

工作压力：管程 6.0 MPa，管壳 0.4 MPa。

工作温度：水进口 70～85℃，出口 60～75℃；天然气进口 -10～15℃，出口 30℃。

第五节 CNG 瓶组站

CNG 瓶组站是小规模的 CNG 供应方式，下面将对其站址的选择、总平面布置、工艺流程等进行介绍。

一、站址的选择及总平面布置

压缩天然气瓶组供气站宜设置在供气小区边缘，供气规模不宜大于 1 000 户。气瓶组最大储气总容积不应大于 1 000 m³，气瓶组总几何容积不应大于 4 m³。气瓶组应在站内固定地点设置。气瓶组及天然气放散管管口，调压装置至明火散发火花的地点和建、构筑物的防火间距不应小于表 4-2-6 的规定。

表 4-2-6 气瓶组及天然气放散管管口，调压装置至明火散发火花的地点和建、构筑物的防火间距 （单位：m）

名 称 项 目		气瓶组	天然气放散管管口	调压装置
明火、散发火花地点		25	25	25
民用建筑、燃气热水炉间		18	18	12
重要公共建筑、一类高层民用建筑		30	30	24
道路（路边）	主要	10	10	10
	次要	5	5	5

注：本表以外的其他建、构筑物的防火间距应符合国家现行行业标准 CJJ 84—2000《汽车用燃气加气站技术规范》中天然气加气站三级站的规定。

CNG 供应城镇系统具有工艺简单、投资省、成本低、工期短、见效快的优点，适于向距气源较近的中小城镇供应燃气。通过实际应用，证明 CNG 城镇燃气供应方式具有一定的推广价值。由于影响 CNG 城镇供应方式的因素较多，应综合考虑其供气规模、用气性质、气源位置及数量、原料价格、运距等因素，合理地确定供气方案。

CNG 瓶组站的占地面积 170 m² 左右，其平面布置如图 4-2-7 所示。

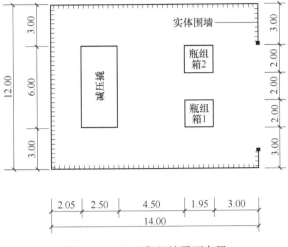

图 4-2-7　CNG 瓶组站平面布置

二、工艺流程

利用汽车或船运，将压缩天然气瓶组运送到用气点（中小城镇、用户），压缩天然气瓶内压力 20 MPa，为满足城市燃气系统的需要，需将压力减至城市燃气管网的压力级别（高、中、低压均可）。根据用户或城市燃气管网的压力级制，可选用多种工艺、设备，满足压力需要。为解决降压导致的天然气温降问题，目前常用伴热调压器或回型管束解决。减压流程还设置超压放散、紧急切断、低压切换等控制设施。CNG 瓶组气化站的工艺流程如图 4-2-8 所示。

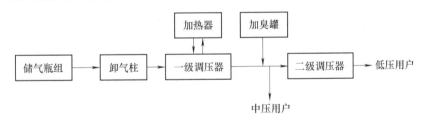

图 4-2-8　CNG 瓶组气化站的工艺流程

三、主要设备

（一）CNG 气瓶

CNG 气瓶钢种一般均选用优质铬钼钢无缝钢管，其材料牌号为 30CrMo。压缩天然气气瓶一般为钢制圆筒压力容器，但由于气瓶质量大，且易发生爆炸性事故而造成严重的后果。因此，复合式气瓶成为汽车用天然气瓶的一个重要发展方向。金属内胆外加复合材料缠绕的复合式压缩天然气瓶具有刚度大、气密性好、重量轻、成型工艺简单及生产成本低廉等优点。钢瓶瓶体结构如图 4-2-9 所示。

图 4-2-9　CNG 钢瓶瓶体结构图

·135·

钢瓶型号由以下部分组成：

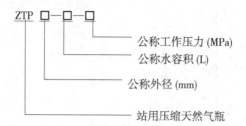

型号示例：公称工作压力 25 MPa，公称水容积为 80 L，公称外径为 279 mm 的钢瓶，其型号标记为"ZTP279-80-25"。

（二）换热器

与压缩天然气储配站内的管式换热器相同。

第六节　压缩天然气加气站

天然气作为一种绿色能源在 21 世纪已越来越引起人们的重视，作为代替汽油的汽车清洁燃料-压缩天然气（CNG），不仅能大幅度降低汽车的运行费用，而且具有环境污染小，安全可靠的特点。为此，国内各大城市纷纷努力寻求气源，相继建起了一批 CNG 加气站。目前 CNG 加气站有标准站、加气子站、加气母站、L—CNG 站等。

一、站址的选择

（1）站址的选择和分布应符合城市规划和区域道路交通规划，符合安全防火、环境保护、方便使用的要求。

（2）城市建成区内所建的加气站和合建站，应靠近城市交通干道或车辆出入方便的次要干道上；郊区所建的加气站和合建站，宜靠近公路或设在靠近建成区的交通出入口附近。

（3）天然气加气站（加气母站）和合建站，宜靠近天然气高、中压管道或储配站建设。天然气压缩机性能要求应符合所供天然气参数。新建的加气站（加气母站）和合建站不应影响现有用气户与待发展用气户的天然气使用。

（4）压缩天然气加气站和加油加气合建站的压缩天然气工艺设施与站外的建、构筑物的防火距离，不应小于表 4-2-7 中的规定。

表 4-2-7　压缩天然气储气装置与站外建、构筑物等的防火间距　　　（单位：m）

压缩天然气工艺设施 与站外建、构筑物的防火距离/m			名　称		
			储气瓶组、脱硫脱水装置	放散管管口	储气井组、加气机、压缩机
项 目	重要公共建筑物		100	100	100
	明火或散发火花地点		30	25	20
	民用建筑物 保护类别	一类保护物			
		二类保护物	20	20	14
		三类保护物	18	15	12

（续）

压缩天然气工艺设施 与站外建、构筑物的防火距离/m			名 称		
			储气瓶组、脱硫脱水装置	放散管管口	储气井组、加气机、压缩机
项目	甲、乙类物品生产厂房、库房和甲、乙类液体储罐		25	25	18
	其他类物品生产厂房、库房和丙类液体储罐以及容积不大于 50 m³ 的埋地甲、乙类液体储罐		18	18	13
	室外变配电站		25	25	18
	铁路		30	30	22
	城市道路	快速路、主干路	12	10	6
		次干路、支路	10	8	5
	架空通信线	国家一、二级	1.5 倍杆高	1.5 倍杆高	不应跨越加气站
		一般	1 倍杆高	1 倍杆高	
	架空电力线路	电压 >380 V	1.5 倍杆高	1.5 倍杆高	不应跨越加气站
		电压 ≤380 V	1.5 倍杆高	1 倍杆高	

注：1. 压缩天然气加气站的撬装设备与站外建、构筑物的防火距离，应按本表相应设备的防火距离确定；
2. 压缩天然气工艺设施与郊区公路的防火距离按城市道路确定：高速公路、Ⅰ级和Ⅱ级公路按城市快速路、主干路确定；Ⅲ级和Ⅳ级公路按照城市次干路、支路确定；
3. 储气瓶拖车固定停车位与站外建、构筑物的防火距离应按本表储气瓶组的防火距离确定；
4. 架空通信线和架空电力线路均不应跨越加气站。

二、总平面布置

1. 围墙

加气站、合建站与站外建筑物相邻的一侧，应建造高度不小于 2.2 m 的非燃烧实体围墙；面向车辆进、出口道路的一侧宜开敞，也可建造非实体围墙、栅栏。

2. 进、出口

车辆的进、出站口应分开设置。

3. 停车场及道路

加气站、合建站内的停车场和道路设计应符合下列规定：

（1）原则上加气站进出口道路宽宜为 6 m，两排加气岛之间的道路宽宜为 12 m，如现场条件不能满足上述要求，则可进行适当调整。

（2）在加气母站、子站内行驶大型装载储气瓶汽车的道路转弯半径不应小于 12.0 m，一般道路转弯半径不宜小于 9.0 m。道路坡度不应大于 6%，且应坡向站外；在汽车槽车（含子站车）卸车停车位处，宜按平坡设计。

（3）站内停车场和道路路面不应采用沥青路面。路面应分三层：基层、垫层和面层。面层规格应为：混凝土 20 厚 200 mm。具体做法应符合 JFG F10—2006《公路路基施工技术规范》、JTJ 034—2000《公路路面基层施工技术规范》及 GBJ97—1987《水泥混凝土路面施工及验收规范》的规定。

4. 站房

站房宜为一层平顶砖混结构。站房中的办公室、营业室、控制室宜安装空调（北方地区宜安装冷热空调）、宽带等。

站房的外观设计应满足国家及行业的相关标准规范，并符合当地规划及城建主管部门要求。

5. 卫生间

加气站和合建站应设置单独的男、女卫生间，卫生间可对外开放。其外观设计应满足国家及行业的相关标准规范，并符合当地规划及城建主管部门要求。

6. 罩棚

加气岛及汽车加气场地应设置罩棚，罩棚应采用非燃烧材料制作，其有效高度不应小于 5 m，带有降声罩的压缩机、储气井等工艺设备区域应设置罩棚。如场地及空间允许，标准罩棚的规格应为 24 m×24 m。

罩棚的设计与施工、装饰应满足国家及行业的相关标准规范，并符合当地规划及城建主管部门要求。

7. 加气岛

（1）加气岛应高出停车场的地坪 0.2 m；

（2）加气岛的长度应为 2.5 m；

（3）加气岛的宽度应为 1.4 m；

（4）加气岛上的罩棚支柱距离岛端部，应为 1.0 m；

（5）一台加气机应设置一个单独的加气岛。

8. 压缩机房

压缩机房的设置应符合如下规定：

工艺区域应设置压缩机房，压缩机、脱水装置、废液回收罐等含有油水的设备设施，应放置在具有防爆、防震、保温功能（非霜冻区域不需要此功能）的压缩机房里，压缩机房中各设备之间的距离应符合表 4-2-8 中的规定。

非霜冻区域的工艺设备、设施（包括压缩机、储气井、脱水干燥器等）可放置在坡型轻钢结构的罩棚下或压缩机房中，规格根据设备设施的实际尺寸而定。

9. 冷却塔

水冷式压缩冷却塔宜安装在压缩机房控制室的上方，无压缩机房的加气站，冷却塔也可以单独设置。自来水应经过软水处理装置后再进入冷却塔进行循环。

10. 储气设施

一般情况下，应采用储气井的方式作为储气设施。

11. 配电设施

加气站的配电设施宜采用箱式变压器，并设置独立的计量装置及浪涌保护器。

12. 站内间距

加气站内各种设施之间的防火间距，应符合表 4-2-8 的规定；压缩天然气加气子站储气瓶拖车和压缩天然气加气母站充装车在站内应设置有固定的停放区，储气瓶拖车与站内建、构筑物的防火距离应符合表 4-2-8 中压缩天然气储气瓶组（储气井）的防火距离的规定。

表 4-2-8　站内设施之间的防火间距

（单位：m）

设施名称	汽、柴油罐 埋地油罐	汽、柴油罐 通气管管口	压缩天然气储气瓶组（储气井）	压缩天然气放散管管口	密闭卸油点	天然气压缩机间	天然气调压器间	天然气脱硫脱水装置	加油机	加气机	站房	消防泵房和消防水池取水口	其他建、构筑物	燃煤锅炉房、燃煤厨房	燃气（油）热水炉间、燃气厨房	变配电间	道路	站区围墙
汽、柴油罐 埋地油罐	0.5	—	6	6	—	6	6	5	—	4	4	10	5	18.5	8	5	—	3
汽、柴油罐 通气管管口			8	6	3	6	6	5	—	8	4	10	7	18.5	8	5	3	3
压缩天然气储气瓶组（储气井）			1.5(1)	—	6	3	3	5	6	6	5	6	10	25	14	6	4	3
压缩天然气放散管管口					6	—	—	—	6	6	5	6	10	15	14	6	4	3
密闭卸油点					—	6	6	5	—	4	5	10	10	15	8	6	—	—
天然气压缩机间						—	4	—	4	4	5	8	10	25	12	6	2	2
天然气调压器间							—	5	6	6	5	8	10	25	12	6	2	2
天然气脱硫脱水装置								—	5	5	5	15	10	25	12	6	2	3
加油机									—	4	5	6	8	15	8	6	—	—
加气机										—	5	6	8	18	12	6	—	—
站房											—	*	6	—	—	6	—	—
消防泵房和消防水池取水口													6	12	—	—	—	—
其他建、构筑物													—	6	5	—	—	—
燃煤锅炉房、燃煤厨房															—	5	—	—
燃气（油）热水炉间、燃气厨房																5	—	—
变配电间																	—	—
道路																		—
站区围墙																		

注：1）括号内数值为储气井与储气井的距离。2）加油机、加气机与非实体围墙的距离。3）压缩天然气加气站与站内其他设施的防火距离不应小于 5m。3）压缩天然气加气站与站内其他设施的防火距离，可采用防火隔墙，防火间距可不限；防火隔墙的设置应满足 GB50156—2002（2006 年版）第 11.2.6 条的规定。5）站房、变配电间的起算点应为门窗；其他建、构筑物系根据需要独立设置的汽车洗车房、润滑油储存及加注间、小商品便利店、厕所等。6）表中"—"表示无防火间距要求，"*"表示该类设施不应合建。

13. 墙体

汽车子站车载储气瓶的卸气端应设置钢筋混凝土实体墙，其高度为 3.5 m，长度为 8 m。该墙可作为站区围墙的一部分。

14. 加气标准站总平面布置

标准站的占地面积约 2 200 m²（3.3 亩），其总平面布置如图 4-2-10 所示。

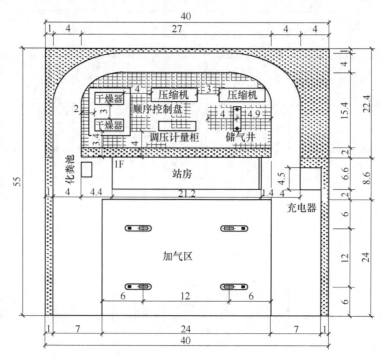

图 4-2-10　标准站总平面布置

15. 加气子站总平面布置

加气子站的占地面积约 2 800 m²（4.2 亩），其总平面布置如图 4-2-11 所示。

16. 加气母站总平面布置

加气母站的占地面积约 2 904 m²（4.4 亩），其总平面布置如图 4-2-12 所示。

三、工艺流程

CNG 加气站有 CNG 加气母站、CNG 子站、标准站，现分别阐述这三种 CNG 加气站的工艺流程。

（一）CNG 加气母站工艺流程

CNG 加气母站为除自身具有给天然气汽车加气功能外，可通过车载储气瓶运输系统为子站供应压缩天然气的加气站。规模一般有 5×10^4 m³/d、10×10^4 m³/d、15×10^4 m³/d、20×10^4 m³/d 等。

工艺流程为：原料天然气进站后，先经过滤、计量，经调压装置稳定压力后进入缓冲罐，再进入前置脱水装置进行深度脱水，使露点不高于 −54℃（常压下），脱水后的天然气进入压缩机，经四级增压，达到 25 MPa。经压缩机压缩后的高压天然气有以下几个

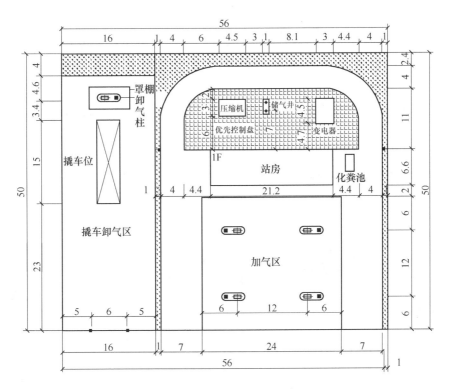

图 4-2-11　加气子站总平面布置

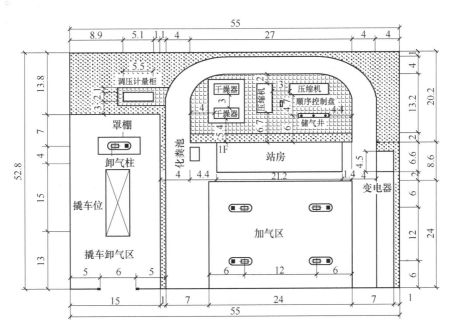

图 4-2-12　加气母站总平面布置

去向：

（1）如果站内有拖车及普通汽车加气，天然气直接经加气柱及加气机进入拖车上的集气管束，或普通汽车上的车载气瓶，当瓶内的压力达到 20 MPa 时，自动关闭充气阀门，再将站内储气井压力升高到 25 MPa，然后自动停机。

（2）如果站内无拖车加气，而仅有普通汽车加气，则可直接向汽车加气。当车载储气瓶内的压力达到 20 MPa 时，自动关闭充气阀门，将站内储气井压力升到 25 MPa，然后自动停机。

（3）如果站内无拖车及普通汽车加气，可将站内储气井压力升高到 25 MPa，然后自动停机。普通汽车加气时，首先使用储气井内的储存天然气给汽车加气，如果储气井内的压力过低，则启动压缩机给汽车直接加气。

CNG 加气母站流程如图 4-2-13 所示。

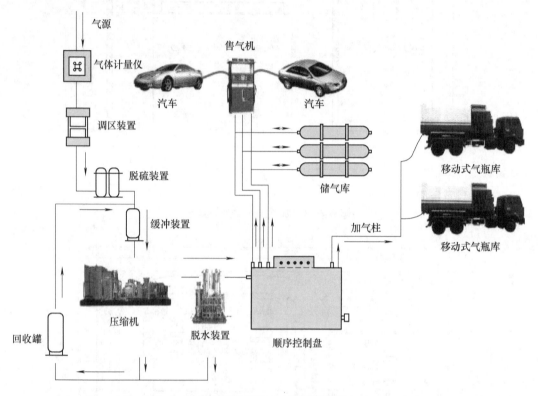

图 4-2-13　CNG 加气母站流程图

（二）CNG 加气子站工艺流程

CNG 加气子站为依靠车载储气瓶运进天然气进行加气作业的加气站。规模一般有 0.8×10^4 m³/d、1.0×10^4 m³/d、1.2×10^4 m³/d 等。

工艺流程为：进站的天然气，经过除尘、脱硫、脱水净化处理后，经压缩机增压至 25 MPa，通过顺序控制盘控制并分别进入高、中、低压储气瓶，当高、中、低压储气瓶内的压力全部达到 25 MPa 时，压缩机自动停机。高、中、低压储气瓶中的天然气由售气机控制并自动给 CNG 汽车加气。当储气瓶的压力接近 20 MPa 时，压缩机自动启动向储气瓶补气。在补气过程中，如遇车辆加气，顺序控制盘自动切换，优先向车辆加气。

CNG 加气子站流程如图 4-2-14 所示。

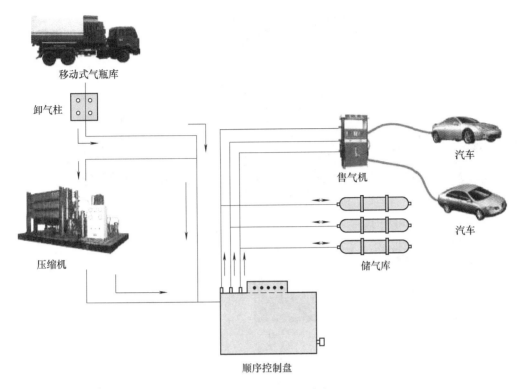

图 4-2-14 CNG 加气子站流程

（三）CNG 加气标准站工艺流程

CNG 加气标准站为从市区管网直接取气，经干燥、压缩后进行加气作业的加气站。规模一般有 $1.5 \times 10^4 \ m^3/d$、$2 \times 10^4 \ m^3/d$ 等。

工艺流程为：加气站从市区中压管网取气，经过滤、计量、干燥等处理工序，使天然气符合车用压缩天然气的标准，经压缩后由优先顺序盘控制向储气井储气或由加气机向汽车加气。需要加气的汽车进站后，首先由低压储气井对其加气；当低压储气井不能够充满汽车时，则切换到中压储气井对其加气；当中压储气井也不能够充满汽车时，则切换到高压储气井对其加气；当高压储气井还不能够充满汽车时，则由压缩机直接对汽车加气。

CNG 加气标准站流程如图 4-2-15 所示。

四、主要设备

CNG 加气站工艺设施主要包括脱水装置、压缩机、储气设施、售气系统等。

（一）脱水装置

脱水装置主要是对天然气进行深度脱水，使天然气的水露点在 25 MPa 时满足最低环境温度的要求。国内外脱水装置生产厂家一般是根据用户提供的气源组分、处理气量、工作压力、处理后天然气水露点等要求进行设计。脱水装置通常为撬装式，分为高压和低压两种，低压脱水装置应设在天然气压缩前，高压脱水装置设在天然气压缩后。

设备采用双塔结构，如图 4-2-16 所示，其中一个塔吸附时，天然气中的水分被吸附到干燥剂（硅胶或分子筛）表面，同时另一个塔进行解吸再生，吸附与解吸以循环的方式交

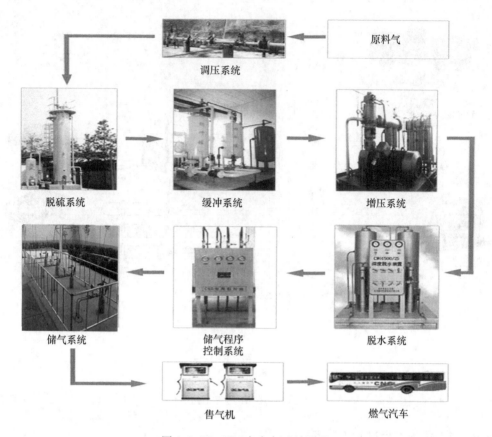

图 4-2-15　CNG 加气标准站流程

替进行。因此本装置可以连续输出洁净干燥的气体。干燥剂解吸采用闭式循环电加热再生方式，最大程度减少了再生气消耗量。

天然气脱水装置，其工作原理是依据吸附原理利用多孔性固体干燥剂对气体混合物中极性水分子的选择，将水分从气体中分离出，从而达到脱水目的，获得低露点的干燥天然气。其工作流程如下：

（1）吸附。来自管道的潮湿天然气，经前置过滤器分离掉游离态水分后，进入干燥塔被干燥到了所要求的露点。然后，已经过净化的气体从塔顶出来经后置过滤器输出洁净干燥的气体。

（2）减压。A 干燥塔吸附一定时间后达到饱和，此时打开 B 塔湿气进气阀和干气体排气阀，让已完成再生的 B 塔干燥塔开始工作，同时关闭 A 塔湿气进气阀和干气排气阀。将泄放阀全部打开，然后微微开启 A 塔再生气排气阀，让 A 干燥干塔压力降至 0.1 MPa，最后关闭泄放阀并全部打开 A 塔再生气进气阀和排气阀，接通再生系统对 A 干燥塔吸附剂进行再生。

（3）加热。起动控制器，循环风机开始工作。A 干燥塔残留的余气，依靠循环风机作为动力源。通过加热器将温度提高到所要求的再生温度。被加热的再生气体从 A 干燥塔底部导入容器，将水分从干燥剂中蒸发出来。潮湿的再生气经冷却器冷却，冷凝液在分离器中被分离掉，气体再次通过循环风机，经加热后导入容器。当干燥剂中的水分逐步蒸发后，再生气体出口的温度随之升高，再生气体出口温度达到设定值时，控制器自动发出指令，加热

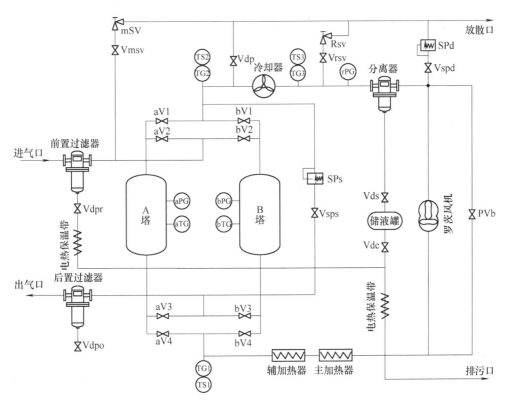

图 4-2-16　CNG 加气站脱水装置

aV1—A 塔再生气排气阀	aV2—A 塔湿气进气阀
aV3—A 塔干气排气阀	aV4—A 塔再生气进气阀
bV1—B 塔再生气排气阀	bV2—B 塔湿气进气阀
bV3—B 塔干气排气阀	bV4—B 塔再生气进气阀
mSV—吸附回路安全阀	Rsv—再生回路安全阀
Vmsv—吸附回路安全阀前球阀	Vrsv—再生回路安全阀前球阀
Vdp—放散阀	PVb—循环风机流量调节阀
Vds—分离器排污阀	Vdc—储液罐排污阀
Vdpr—前置过滤器排污阀	Vdpo—后置过滤器排污阀
SPs—再生补压阀	SPd—再生泄压阀
Vsps—再生补压阀前球阀	Vspd—再生泄压阀前球阀
aPG、bPG—A、B 塔压力表	aTG、bTG—A、B 塔温度表
TG1～TG3—再生管系温度表	TS1～TS3—再生管系温度传感器
rPG—再生管系压力表	

器停止加热。

（4）冷却。加热器停止工作后，循环风机、冷却风机、分离器继续工作，通过不断降低温度的再生气体循环，使 A 干燥塔内的干燥剂温度逐渐降低，当再生气体出口温度降低到设定值时，控制器自动发出指令，循环风机、冷却风机、分离器停止工作，终止冷却过程。

（5）加压、待机。冷却过程完成后，控制器发出声光报警信号，操作人员应手动完成加压过程。先关闭 A 塔的再生气进气阀和排气阀，然后缓慢打开 A 塔湿气进气阀，给 A 干燥塔加压，当 A 干燥塔压力升至工作压力后，关闭 A 塔湿气进气阀，让 A 干燥塔待机，等待下一次切换。

干燥塔工作过程和 A 干燥塔完全一样，参照以上程序即可。

（二）CNG 压缩机

压缩机是 CNG 加气站的核心设备，其性能好坏直接影响全站的运行。CNG 压缩机的排气表压力均为 25 MPa。根据 CNG 加气站生产能力不大、气体压力变化大的特点，CNG 加气站一般采用往复式压缩机。

1. CNG 压缩机的分类

（1）按冷却方式。CNG 压缩机可分为水冷、风冷或混合冷却型。

（2）按结构形式。天然气压缩机结构形式多为 W 形、L 形。

（3）按润滑方式。有油润滑和无油润滑型。

2. CNG 压缩机的结构

天然气加气站压缩机的结构类型较多，不论何种类型都由气缸、气阀、活塞、活塞杆、电机联轴器、机壳等组成。

本书以诺威尔（天津）燃气设备有限公司生产的 CFA 系列压缩机为例进行介绍。该压缩机采用百年品牌卡麦隆·库伯公司压缩机组 CFA 系列主机成套组装。主机采用国际专利技术——Couple-Free（无扭振设计），该设计为"活塞完全水平对称"结构，能够彻底消除水平扭振，可消除机组震动，节约能耗；并消除曲轴扰矩惯量从而减少曲轴疲劳，增加寿命。CFA32 型主机，采用两列水平对称结构，可多段多级压缩，传动结构强制润滑，气缸采用少油润滑方式。最高负荷马力 200 kW，气量可达 2 000 Nm³/h，适用于多规格标准站压缩机组；CFA34 型主机，采用四列完全水平对称结构，可设置多段多级压缩，传动结构强制润滑，气缸采用少油润滑结构，最高负荷 400 kW，排气量可达 9 500 Nm³/h，适用于多规格母站压缩机组；CFA32-P 型主机，传动部分采用两列完全水平对称结构，气缸单侧布置、两级压缩，气缸采用少油润滑结构，传动结构强制润滑，最高负荷马力 90 kW，平均气量可达 1 750 Nm³/h，适用于日产 2 万 ~3 万方子站压缩机组。压缩机的结构如图 4-2-17 和图 4-2-18 所示。

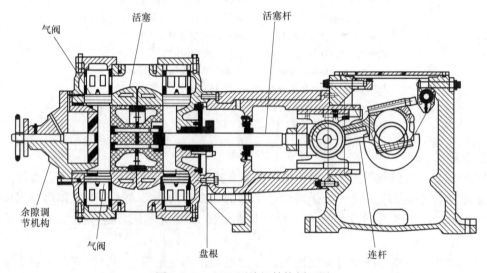

图 4-2-17 CNG 压缩机结构剖面图

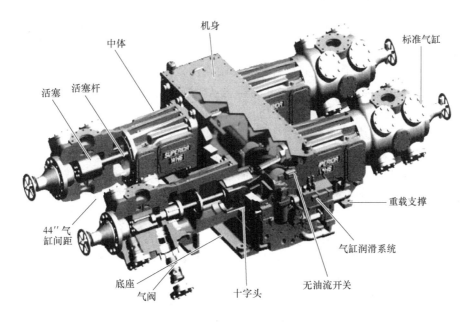

图 4-2-18　CNG 压缩机结构示意图

3．CNG 压缩机的选型

（1）压缩机的安全性是选择的首要条件，务必考核其填料漏气率。

（2）压缩机的额定吸气压力应和进站天然气管网压力相匹配，切忌人为减压吸气，尤其是大幅度减压吸气。某些天然气汽车加气站大流量、大幅度减压吸气而造成能源巨大浪费的极不合理现象。

（3）压缩机运行时的供气量与对站加气能力的需求基本匹配，不宜过大或过小。

（4）结合压缩机个体的具体状况，客观、科学地对待压缩机的冷却方式。既不能认为水冷式压缩机一定安全可靠、排气温度低，也不能认为风冷式压缩机排温一定高。至于闹市区加气站用风冷机需配隔声罩而由此引起的成本增高，也要具体分析：风冷机免除了冷却水系统后，冷却系统占地费、设备购置费、运行费的降低幅度，改水冷却间接换热为风冷直接换热后，换热效率的提高幅度等。

（5）客观地看待压缩机的结构形式，其优劣不是绝对的，而需紧密结合其性能参数来分析。对称平衡型 CNG 压缩机，当其设计、制造不良时，振动可能大于其他结构形式；而在技术处理优秀时，不但振动最小，其占地面积也可能小于其他结构形式。高水准的角度式 CNG 压缩机，将兼具振动小和制造成本低的优点。立式 CNG 压缩机气缸、活塞、填料、活塞杆工作条件的优势，又是其他结构形式不易实现的。

（6）对 CNG 压缩机气缸润滑方式的选择，必须与加气站工艺系统设计一并考虑。应力求避免压缩机润滑油对气的污染。仅仅气缸不注油而不采用双间隔室结构（气缸与机身之间的中间接筒处），是不能杜绝油对气的污染的。单间隔室的气缸不注油 CNG 压缩机，应和少油润滑（或润滑型）CNG 压缩机一样，在末级排气后配置高效除油器，如此一来，除油器的负荷比前者稍轻。

（7）对 CNG 压缩机各级排气温度限值的要求，应以出自安全性规定的 180℃ 为限。要求排温极低，既不经济又无科学道理。不能以为排温低于 180℃ 就一定安全。如若气缸注油量过多，或各级液气分离器未及时排污，或气路系统实际气流速度过高，仍不能排除事故隐患。

（8）选购 CNG 压缩机时，务必审查其专用附属设备是否有必要的配置以及其技术功能是否合乎要求。各级气体冷却器、液气分离器和吸排气缓冲器，对 CNG 压缩机的必要性胜过一般工艺流程用压缩机。

（9）当 CNG 压缩机由天然气发动机驱动时，二者应实现转速匹配（直联）、功率匹配和转向一致。力求避免天然气发动机降速直联或以传动带减速驱动 CNG 压缩机等欠佳技术状况。

建成的 CNG 加气站采用的压缩机有进口和国产两种。美国、意大利、加拿大等国的产品，在各大城市的 CNG 加气站中使用较多。但也有一些 CNG 加气站采用了国产压缩机，用户反映良好。

在压缩机系统的设计中，应避免产生由压缩机进、出口管道引起的压缩机房共振。控制管道流速（如压缩机前进气总管道天然气流速不大于 20 m/s，出气总管道天然气流速不大于 5 m/s）是减小管道振动的一项有效措施。

（三）储气设施

国内外储气方式有两种：一种是地上储气瓶储气，另一种是地下储气井储气。两种储气方式各有利弊，应根据不同地区和具体工程，综合比较，选择一种较好的储气方式。两种储气方式的特点如下：

（1）地上储气瓶储气的特点是易制造，投资少，维修方便。目前 CNG 加气站大多采用这种储气方式，如图 4-2-19 所示。但是在设计时要做好安全防范工作，储气瓶间应通风好、防火防爆，特别是要做好夏季储气瓶的降温工作。在具体工程设计中应优先选用大容积的储气瓶，因为，大容积储气瓶具有占地面积小（总储气量相等时），瓶阀少，管道接口少，施工安装简单，检修方便，压力容器年检简单等优点。缺点是大容积储气瓶组安全性中等、综合费用较高。

图 4-2-19　储气瓶储气

（2）地下储气井储气　是利用钻井套管制作的深80～200 m的地下储气装置，在四川、上海等地采用较多，其结构如图4-2-20所示。其特点是占地面积少，地上管道连接简单，但是施工制作较困难，投资大，并且储气井的钢材及其外防腐问题尚未解决，一旦漏气，不易维修，且高压气易窜入地层。

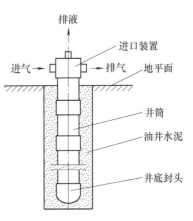

图4-2-20　地下储气井储气

（四）加气机

1. 加气机的分类

加气机按加气枪的数量、用途可分为：CNG单、双枪加气机；CNG单、双枪触摸屏加气机，CNG单、双枪加气机（加气柱），CNG单、双枪加气机（卸气柱）。

2. 加气机的结构

加气机的结构如图4-2-21所示。

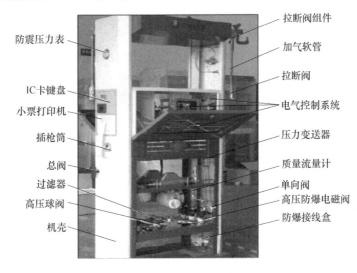

图4-2-21　加气机结构

3. 加气机的安装与调试

（1）按照基础技术要求，安装加气机基脚，并安全接地（接地电阻＜4 Ω）。

（2）吹扫干净工艺管道，然后连接加气机，其连接部位应安全可靠。

（3）整机通电，检查电源系统是否符合加气机技术要求。

（4）调试（整机在工厂已调试合格，现场进行检查调试）：

1）按照天然气气质报告书分析的天然气密度，设置当量，完毕，打上铅封；

2）调试流量计零点，以符合加气机技术要求；

3）IC卡、小票打印、金属键盘单项调试，应符合加气机技术要求。

（5）试加气调试正常，符合加气机技术要求，具备加气条件，可以进试加气。重复2次以上试加气，符合加气机安全技术条件，调试与安装结束。

（五）阀门及管道

阀门是设备与管道、管道与管道连接的主要配件。CNG 加气站常用的阀门为球阀和截止阀。对于压缩后管道上的高压球阀最好采用密封性能好，安全可靠，由国外进口的专用高压球阀，工作压力应为 25 MPa。

由于压缩后的天然气管道具有压力高、管径小的特点，管道焊接比较困难，并且每道焊缝均须射线探伤，因此设计中，高压管道的连接应采用卡套式连接方式。增压前天然气管道应选用 20#钢或具有同等性能以上的无缝钢管，增压后的天然气管道应采用不锈钢管（0Cr18Ni9）。阀门及附件的设计压力应比最大工作压力高 10%，并且不应低于安全阀的起始工作压力。

第七节　L-CNG 汽车加气站

一、站址的选择

加气站、加油加气合建站的站址选择，应符合城市规划、区域交通规划、环境保护和防火安全的要求，并应选在交通便利的地方。城市建成区内的加气站，宜靠近城市道路，不宜选在城市干道的交叉路口附近。

加气站的 LNG 储罐、放散管管口、LNG 卸车点与站外建、构筑物的防火距离，不应小于相关规范的规定。加气站内的 CNG 储存装置与站外建、构筑物的防火距离，应符合 GB 50156—2002《汽车加油加气站设计与施工规范》的有关规定。站址的选择应结合 GB 50156—2002《汽车加油加气站设计与施工规范》，如在深圳、内蒙古等地区，还应结合当地的正在编制的《液化天然气汽车加气站技术规范》。

二、工艺流程

加气站的工艺流程主要有卸车、加气等工艺流程。如图 4-2-22 所示。

（一）卸车工艺流程

由 LNG 槽车运送来的液化天然气，一部分先通过卸车增压器进行气化，体积膨胀、压力升高后为槽车增压，槽车的压力增加到 0.65 MPa 左右，而储罐中的压力为 0.4 MPa 左右，利用压差将槽车中的 LNG 卸到站区内的 LNG 储罐中，LNG 储罐的温度 −145℃ 左右，使用时储罐内的压力 0.4~0.5 MPa，LNG 槽车内的 LNG 卸完后，槽车中的 BOG 经 BOG 汽化器复热后，进入城市天然气管网。

（二）L-CNG 加气工艺流程

如图 4-2-23 所示，储罐内的 LNG 通过低温高压泵把 LNG 送到高压空温式汽化器。在空温式汽化器中，液态天然气经过与空气换热，发生相变，转化为气态，并升高温度，高压汽化器采用一用一备，汽化器出口温度应超过 5℃ 以上，两组空温式汽化器的入口处均设有手动和气动切断阀，正常工作时两组空温式汽化器通过手动或自动切断阀进行切换，切换周期时间根据环境温度和用气量的不同而定。当温度出口低于 5℃ 时，低温报警，自动切换空温式汽化器，同时除掉汽化器上的结霜，保证汽化器达到换热的最佳效果，出口压力为20 MPa，冬季当高压空温式汽化器出口的天然气温度达不到 5℃ 以上时，通过水浴式复热器使其温度达到5℃以上。经顺序控制盘进入储气瓶，再经储气瓶到CNG加气机给汽车加气。

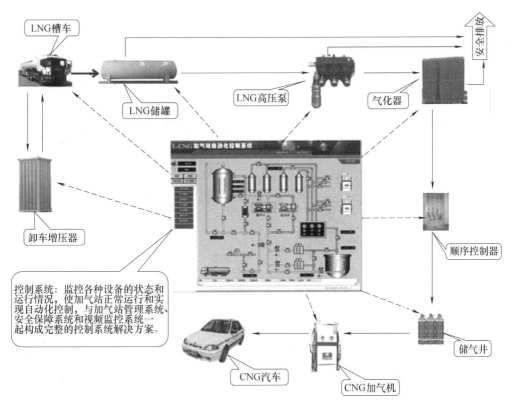

图4-2-22 L-CNG加气站工艺流程

三、主要设备

（一）LNG低温泵

LNG低温泵是整个L-CNG加气站的动力装置，其性能要求最主要是能耐低温且绝热效果好，以及承受高压（出口压力高于25 MPa）。其次是气密性和电气方面的安全性能要求比普通泵高很多。

L-CNG加气站一般使用非潜液式的立式无轴封电动泵，它有单级与多级之分。其特点是将泵体与电动机的机壳通过密封结构连在一起，即叶轮直接安装在电动机的主轴上，从而成为一个整体而无需轴封，因此不存在LNG的泄漏问题。由于两者是静密封，使得泵对工作环境的适应性大为增强，很适合输送LNG这类的低温可燃液体。

图4-2-23为立式LNG低温泵的结构。在泵的LNG排出口引出少量低温流体来对电机进行冷却，然后从回气管流回泵内。设置翅片和气/液迷宫是为了避免由于导热引起电动机温度过低，同时使底部轴承在适宜的温度范围内工作。

（二）高压空温式气化器

高压空温式气化器的外形如图4-2-24所示。

空温式气化器的工作压力为 25 MPa，设计压力为 32 MPa，工作温度为 - 162℃，设计温度为 - 196℃。

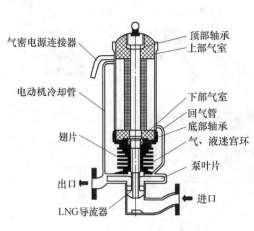

图 4-2-23　立式 LNG 低温泵图　　　　　图 4-2-24　高压空温式气化器

（三）CNG 加气机

本节中的 CNG 加气机与压缩天然气加气站的加气机相同。

国内外一些公司如重庆耐德能源装备集成有限公司就已经研发出了成套的撬装 L-CNG 汽车加气站。这类加气站将 CNG 加气机和 LNG 储存及高压气化等设备高度集成，具有维修维护量小，建设周期短，对站址环境依赖性小，搬迁移动性好，整体性价比高等优点，有良好的市场应用空间。

第三章 液化石油气（LPG）供应

第一节 LPG 的性质及特点

一、LPG 的性质

LPG（Liquefied Petroleum Gas），即液化石油气，又称液化气。其主要是由丙烷（C_3H_8）、丁烷（C_4H_{10}）组成的，有些 LPG 还含有丙烯（C_3H_6）和丁烯（C_3H_8）。

1. 密度

LPG 的气态密度是空气的 1.5～2 倍，易在大气中自然扩散，并向低洼区流动，聚积在不通风的低洼地点。LPG 液态的密度约为水的密度的一半。在 15℃ 时，液态丙烷的密度为 0.51 kg/L，气态丙烷在标准状态下的密度为 2.01 kg/m³；液态丁烷的密度为 0.58 kg/L，气态丁烷在标准状态下的密度为 2.70 kg/m³。LPG 在 $C_3:C_4=5:5$ 时，液态 LPG 的密度为 0.545 kg/L，气态 LPG 在标准状态下的密度为 2.35 kg/m³。

2. 饱和蒸气压

LPG 在平衡状态时的饱和蒸气压随温度的升高而增大。丙烷和丁烷的饱和蒸气压与温度的关系见表 4-3-1。

表 4-3-1 丙烷和丁烷的饱和蒸气压与温度的关系表

温度 名称	-40℃	-15℃	0℃	15℃	30℃	40℃	50℃
丙烷的饱和蒸气压/ MPa	0.11	0.28	0.46	0.71	1.06	1.36	1.71
丁烷的饱和蒸气压/ MPa	0.02	0.05	0.10	0.17	0.27	0.37	0.48

由于 LPG 有这种性质，故能用低温、大容量、常压储存，丙烷和丁烷可分别储存。运输时可以用低温海上运输，也可以常温处理后带压运输。

3. 膨胀性

LPG 液态时膨胀性较强，体积膨胀系数比汽油、煤油和水的大，约为水的 16 倍。所以，国家规定 LPG 储罐、火车槽车、汽车槽车、气瓶的充装量必须小于 85%，严禁超装。

4. 热值和导热系数

LPG 的热值一般用低热值计算，在 25℃，101 325 Pa（1 大气压）下的低热值见表 4-3-2。

LPG 的导热系数与温度有关。气态的导热系数随温度的升高而增大，而液态的导热系数随温度的升高而减少，见表 4-3-3。

表4-3-2 LPG 热值表

名　　　称	气态的热值/(kJ/m³)	液态的热值/(kJ/kg)
丙烷	91 120	45 930
丁烷	118 450	45 300

表4-3-3 丙烷、丁烷的导热系数表

温　　度	气态导热系数/[W/(m·K)]		液态导热系数/[W/(m·K)]	
	丙烷	丁烷	丙烷	丁烷
273.15 K	5.225	4.682	37.62	45.56
293.15 K	5.936	5.225	32.40	40.96
313.15 K	6.897	6.061	27.17	36.78

5. 比热容

LPG 的比热容随温度的上升而增加。比热容有比定压（恒压）热容和比定容（恒容）热容两种。LPG 的蒸发潜热随温度上升而减少，见表4-3-4。

表4-3-4 丙烷、丁烷在不同温度下的比定压热容和蒸发潜热

名　　　称	比定压热容/[J/(kg·K)]		蒸发潜热/(J/g)	
温度	0℃	100℃	4.4℃	60℃
丙烷	68.22	92.38	372.3	261.3
丁烷	88.37	117.63	380.4	320.3

6. 黏度

LPG 液态的黏度随分子量的增加而增加，随温度的上升而减少，不同温度下不同分子量的液态单位烃的运动黏度见表4-3-5。

表4-3-5 丙烷、丁烷在不同温度下的运动黏度表

名　　　称	−40℃	−10℃	5℃	25℃	50℃
丙烷的运动黏度/(m²/s)	198	150	123	100	73
丁烷的运动黏度/(m²/s)	299	230	201	167	134

7. 沸点和露点

LPG 液体的饱和蒸气压与一定的外界压力相等时，液体开始沸腾，这个温度即为 LPG 混合物的沸点。沸点随外界压力的上升而增大。如丙烷在 $1.013\ 25 \times 10^5$ Pa（1 大气压）下的沸点是 $-42.05℃$，而在 8.106×10^5 Pa（8 大气压）下的沸点是 $-20℃$。

LPG 饱和碳氢化合物气体，在冷却或加压时凝结成露的温度即为露点或液化点。露点随压力的升高而增大，如丙烷在 $3.749\ 03 \times 10^5$ Pa（3.7 大气压）下露点为 $-10℃$，而在 8.106×10^5 Pa（8 大气压）下的露点为 20℃。

8. 着火温度

LPG 着火温度比其他燃料低，一般在 430~460℃。LPG 可以完全燃烧，其反应方程式如下（以丙烷为例）：

$$C_3H_8 + 5O_2 = 3CO_2 \uparrow + 4H_2O$$

LPG 燃烧时需要空气量很大，需 23~30 倍的空气量，而一般城市煤气只需 3~5 倍的空气量。

9. 闪燃和闪点

可燃液体表面的蒸气与空气混合，形成混合可燃气体，遇火源即发生燃烧。形成挥发性混合气体的最低燃烧温度称为闪点，在闪点时所发生的燃烧只出现瞬间火苗和火种现象称为闪燃。闪燃燃烧是不连续的。

液化石油气的闪点都非常低，见表 4-3-6。液体在闪点温度以上达到燃点时，因液体蒸发速度加快，可燃气体的数量增加，能够维持连续稳定的燃烧。因此，闪燃是液体发生火险的信号，闪点是评价液体火灾危险性的重要指标。

表 4-3-6　液化石油气主要成分闪点

成　分	丙　烷	丙　烯	丁　烷	丁　烯
闪点/℃	-104	-108	-82.78	-80

10. 爆炸极限

LPG 爆炸极限较窄，为 1.5%~9.5%，而且爆炸下限比其他燃气低，所以危险性大，一点点火花都会引起燃烧爆炸。

11. LPG 的典型性质

LPG 的典型性质见表 4-3-7。

表 4-3-7　LPG 的典型性质

项　目	丙　烷	丁　烷
液态密度/(kg/L)	0.50~0.51	0.57~0.58
气态密度/空气密度	1.40~1.55	1.90~2.10
气态体积/液态体积	274 倍	233 倍
沸点/℃	-45	-2
气化潜热/(J/g)	358	372
含硫量（%）	0~0.02	0~0.02
可燃度极限（%）	2.2~10.0	1.8~9.0
热值/(MJ/kg)	50.4 (2 500 英国热量单位/ft3 21 500 英国热量单位/lb 11 900 kcal/kg)	49.5 (3 270 英国热量单位/ft3 21 200 英国热量单位/lb 11 800 kcal/kg)
最低着火温度/℃	450	365

二、LPG 的特点

LPG 主要用作燃料，其与传统的燃料相比，具有以下特点：

（1）污染少。LPG 是由 C_3、C_4 组成的碳氢化合物，可全部燃烧，无粉尘。在现代化城市中应用，可大大减少过去以煤、柴为燃料造成的污染。

（2）发热量高。同样重量 LPG 的发热量相当于煤的 2 倍。

（3）易于运输。LPG 在常温常压下是气体，在一定的压力下或冷冻到一定温度可以液化为液体，可用火车（或汽车）槽车、LPG 船在陆上和水上运输。[根据液化方法的不同，可以将 LPG 分为冷冻货（常压低温）和压力货]

（4）压力稳定。LPG 管道用户灶前压力不变，用户使用方便。

（5）储存设备简单，供应方式灵活。与城市煤气的生产、储存、供应情况相比，LPG 的储存设备比较简单，气站用 LPG 储罐储存，又可装在气瓶里供用户使用，也可通过配气站和供应管网，实行管道供气；甚至可用小瓶装上丁烷气，用作餐桌上的火锅燃料，使用方便。

第二节　液化石油气运输

液化石油气运输过程按照运输方式的不同可以分为管道运输、公路运输、铁路运输和水路运输四种。

一、公路运输

公路运输以汽车槽车为运输工具。用于液化石油气运输的汽车槽车称液化气运输槽车，如图 4-3-1 所示。大型运输槽车或者液化气运输半挂车的罐容有 35 m³、60 m³ 等，以 35 m³ 为常见（其主要参数见表 4-3-8），小型的液化气槽车的罐容有 5 m³ 等。槽车的罐体上设有入孔、安全阀、液位计、梯子和平台，罐体内部装有防波隔板。阀门箱内设有压力表、温度计、流量计、液相和气相阀门。液相管和气相管的出口安装过流阀和紧急切断阀。车架后部装有缓冲装置，以防碰撞。液化气槽车储气罐底部装有防静电用的接地链，液化气槽车上配有干粉灭火器并标有严禁烟火的标志。

图 4-3-1　LPG 汽车槽车

二、水路运输

水路运输以专用的海洋运输船和内河近海驳船为运输工具。如图 4-3-2 所示为 LPG 运输船。船上安装一组或几组圆筒形或球形储气罐，以及装卸用的泵和压缩机。大型海洋运输船采用双层壁结构的低温储气槽，以船体作为储气槽外壁，低温薄钢板作为内壁，中间为绝热层。海洋运输船装载量一般为 $1.5 \sim 6.5 \times 10^4$ t，还有更大些的，多用于国际间远洋运输；内河近海驳船装载量通常为 $500 \sim 1\,000$ t，多用于国内水路运输。

表 4-3-8　LPG 槽车的主要参数

型号 参数	东风天龙液化气体运输车	解放液化气体运输车
制造单位	东风康明斯发动机有限公司	中国第一汽车集团公司
车辆种类	半挂车	半挂车
整车重量/t	15.895	15.895
满载总重量/t	31.000	31.000
设计压力/MPa	1.77	1.77
设计温度/℃	50	50
罐体材料	16MnR	16MnR
几何容积/m³	34.50	35.5
外形尺寸：长×宽×高/mm	11 700 × 2 500 × 3 720	11 700 × 2 490 × 3 690

图 4-3-2　LPG 运输船

三、管道运输

管道运输系统由起点液化气储罐、起点泵站、计量站、中间泵站、管道及终点液化气储罐组成。如输送距离较近，可不设中间泵站。在设计和运输时，必须注意液化石油气易于气化的特性，使管道内的压力高于液化石油气的饱和蒸气压，保持液相输送。管道运输在运输费用和安全可靠性方面优于其他运输方式。

四、铁路运输

铁路运输以铁路槽车（也称列车槽车）为运输工具。铁路槽车通常是将圆筒形卧式储气罐安装在列车底盘上，罐体上设有入孔、安全阀、液相管、气相管、液位计和压力表等附件，车上还设有操作平台、罐内外直梯、防冻蒸汽夹套等。大型铁路槽车的罐容为 $25 \sim 55$ t，小型铁路槽车的罐容为 $15 \sim 25$ t。在运量不大、运距较近、接铁路支线方便的地方，常采用这种运输方式。

第三节　液化石油气气化站和混气站

一、站址的选择

液化石油气气化站和混气站的站址宜选择在所在地区全年最小频率风向的上风侧，且应是地势平坦、开阔、不易积存液化石油气的地段。同时，应避开地震带、地基沉陷和废弃矿井等地段。

液化石油气气化站和混气站的站址与站外建、构筑物的防火间距应符合规范要求。

二、总平面布置

（1）气化站和混气站的液化石油气储罐与站外建、构筑物的防火间距应符合下列要求：

1）总容积等于或小于 50 m³ 且单罐容积等于或小于 20 m³ 的储罐与站外建、构筑物的防火间距不应小于表4-3-9 的规定。

表 4-3-9　气化站和混气站的液化石油气储罐与站外建、构筑物的防火间距　　（单位：m）

总容积/m³ 单个容积/m³ 项目	≤10 — —	10～30 — —	30～50 ≤20
居住区、村镇和学校、影剧院、体育馆等到重要公共建筑，一类高层民用建筑（最外侧建、构筑物外墙）	30	35	45
工业企业（最外侧建、构筑物外墙）	22	25	27
明火、散发火花地点和室外变、配电站	30	35	45
民用建筑，甲、乙类液体储罐，甲、乙类生产厂房，甲、乙类物品库，稻草等易燃材料堆场	27	32	40
丙类液体储罐，可燃气体储罐、丙丁类生产厂房、丙丁类物品库房	25	27	32
助燃气体储罐、木材等可燃材料堆场	22	25	27
其他建筑　耐火等级　一、二级	12	15	18
其他建筑　耐火等级　三级	18	20	22
其他建筑　耐火等级　四级	22	25	27
铁路（中心线）　国家线	40	50	60
铁路（中心线）　企业专用线	25		
公路、道路（路边）　高速，Ⅰ、Ⅱ级，城市快速	20		
公路、道路（路边）　其他	15		
架空电力线（中心线）	1.5 倍杆高		
架空通信线（中心线）	1.5 倍杆高		

注：1. 防火间距应按本表总容积或单罐容积较大者确定，间距计算应以储罐外壁为准；

　　2. 居住区、村镇系指 1 000 人或 300 户以上者，以下者按本表民用建筑执行；

　　3. 当采用地下储罐时，其防火间距可按本表减少50%；

　　4. 与本表规定以外的其他建、构筑物的防火间距应按现行国家标准 GB 50016—2006《建筑设计防火规范》执行。

2）总容积大于 50 m³ 或单罐容积大于 20 m³ 的储罐与站外建、构筑物的防火间距不应小于表 4-3-10 的规定。

表 4-3-10　液化石油气供应基地的全压力式储罐与基地外建、构筑物、堆场的防火间距

（单位：m）

项目＼总容积/m³		≤50	50～200	200～500	500～1 000	1 000～2 500	2 500～5 000	>5 000
单罐容积/m³		≤20	≤50	≤100	≤200	≤400	≤1 000	—
居住区、村镇和学校、影剧院、体育馆等到重要公共建筑（最外侧建、构筑物外墙）		45	50	70	90	110	130	150
工业企业（最外侧建、构筑物外墙）		27	30	35	40	50	60	75
明火、散发火花地点和室外变、配电站		45	50	55	60	70	80	120
民用建筑，甲、乙类液体储罐。甲、乙类生产厂房，甲、乙类物品仓库，稻草及易燃材料堆场		40	45	50	55	65	75	100
丙类液体储罐，可燃气体罐、丙丁类生产厂房、丙丁类物品仓库		32	35	40	45	55	65	80
助燃气体储罐、木材等可燃材料堆场		27	30	35	40	50	60	70
其他建筑 耐火等级	一、二级	18	20	22	25	30	40	50
	三级	22	25	27	30	40	50	60
	四级	27	30	35	40	50	60	75
铁路（中心线）	国家线	60	70		80		100	
	企业专用线	25	30		35		40	
公路、道路（路边）	高速，Ⅰ、Ⅱ级城市快速	20	25					30
	其他	15	20					25
架空电力线（中心线）		1.5 倍杆高				1.5 倍杆高。但 30 kV 以上的架空电力线不应小于 40		
架空通信线（中心线）	Ⅰ、Ⅱ级	30	40					
	其他	1.5 倍杆高						

注：1. 防火间距应按本表储罐总容积或单罐容积较大者确定，间距的计算应以储罐外壁为准；
　　2. 居住区、村镇系指 1 000 人或 300 户以上者，以下者按本表民用建筑执行；
　　3. 当地下储罐单罐容积小于或等于 50 m³，且总容积小于或等于 400 m³ 时。其防火间距可按本表减少 50%；
　　4. 与本表规定以外的其他建、构筑物的防火间距，应按现行国家标准 GB 50016—2006《建筑设计防火规范》执行。

（2）气化站和混气站的液化石油气储罐与站内建、构筑物的防火间距不应小于表 4-3-11 的规定。

表4-3-11　气化站和混气站的液化石油气储罐与站内建、构筑物的防火间距　（单位：m）

项目 \ 总容积/m³ 单个容积/m³	≤10	10~30	30~50 ≤20	50~200 ≤50	200~500 ≤100	500~1 000 ≤200	>1 000 —
明火、散发火花地点	30	35	45	50	55	60	70
办公、生活建筑	18	20	25	30	35	40	50
气化间、混气间、压缩机室、仪表间、值班室	12	15	18	20	22	25	30
汽车槽车库、汽车槽车装卸台柱（装卸口）、汽车衡及其计量室、门卫		15	18	20	22	25	30
铁路槽车装卸线（中心线）				20			
燃气热水炉间、空压机室、变配电室、柴油发电机房、库房		15	18	20	22	25	30
汽车库、机修间			25		30	35	40
消防泵房、消防水池（罐）取水口		30			40		50
站内道路（中心线）　主要			10			15	
站内道路（中心线）　次要			5			10	
围墙			15			20	

注：1. 防火间距应按本表总容积或单罐容积较大者确定，间距的计算应以储罐外壁为准；
　　2. 地下储罐单罐容积小于或等于 50 m³，且总容积小于或等于 400 m³ 时，其防火间距可按本表减少 50%；
　　3. 与本表规定以外的其他建、构筑物的防火间距应按现行国家标准 GB 50016—2006《建筑设计防火规范》执行；
　　4. 燃气热水炉间是指室内设置微正压室燃式燃气热水炉的建筑，当设置其他燃烧方式的燃气热水炉时，其防火间距不应小于 30 m；
　　5. 与空温式气化器的防火间距，从地上储罐区的防护墙或地下储罐室外侧算起不应小于 4 m。

（3）液化石油气气化站和混气站总平面应按功能分区进行布置，即分为生产区（储罐区、气化、混气区）和辅助区。生产区宜布置在站区全年最小频率风向的上风侧或上侧风侧。

（4）液化石油气气化站和混气站的生产区应设置高度不低于 2 m 的不燃烧体实体围墙。辅助区可设置不燃烧体非实体围墙。储罐总容积等于或小于 50 m³ 的气化站和混气站，其生产区与辅助区之间可不设置分区隔墙。

（5）液化石油气气化站和混气站内消防车道、对外出入口的设置应符合以下两点：

1）生产区应设置环形消防车道。消防车道宽度不应小于 4 m。当储罐总容积小于 500 m³ 时，可设置尽头式消防车道和面积不应小于 12 m×12 m 的回车场。

2）液化石油气供应基地的生产区和辅助区至少应各设置 1 个对外出入口。当液化石油气储罐总容积超过 1 000 m³ 时，生产区应设置 2 个对外出入口，其间距不应小于 50 m，对外出入口宽度不应小于 4 m。

（6）气化间、混气间与站外建、构筑物的防火间距。重要公共建筑之间的防火间距不应小于 50.0 m，与明火或散发火花地点之间的防火间距不应小于 30.0 m，与架空电力线的最小水平距离不应小于电杆（塔）高度的 1.5 倍。

（7）气化间、混气间与站内建、构筑物的防火间距不应小于表 4-3-12 的规定。

表 4-3-12 气化间、混气间与站内建、构筑物的防火间距

项　目		防火间距/m
明火、散发火花地点		25
办公、生活建筑		18
铁路槽车装卸线（中心线）		20
汽车槽车库、汽车槽车装卸台柱（装卸口）、汽车衡及其计量室、门卫		15
压缩机室、仪表间、值班室		12
空压机室、燃气热水炉间、变配电室、柴油发电机房、库房		15
汽车库、机修间		20
消防泵房、消防水池（罐）取水口		25
站内道路（路边）	主要	10
	次要	5
围墙		10

注：1. 空温式气化器的防火间距可按本表规定执行；

2. 压缩机室可与气化间、混气间合建成一幢建筑物，但其间应采用无门、窗洞口的防火墙隔开；

3. 燃气热水炉间的门不得面向气化间、混气间，柴油发电机伸向室外的排烟管管口不得面向具有火灾爆炸危险的建、构筑物一侧；

4. 燃气热水炉间是指室内设置微正压室燃式燃气热水炉的建筑，当采用其他燃烧方式的热水炉时，其防火间距不应小于 25 m。

三、工艺流程

（一）气化站工艺流程

汽车槽车将液化石油气运入站内，利用压缩机将槽车内的液化石油气卸入液化气储罐，利用液化石油气烃泵将储罐内的液化石油气输入气化器，在气化器内液化石油气被加热汽化变成为气态，然后经调压器调压力后降至 0.07 MPa 左右，经计量后再进入城市中压管网。工艺流程如图 4-3-3 所示。

（二）混气站工艺流程

液化石油气由汽车槽车运至液化石油气混气站装卸台，通过压缩机卸入储罐中，然后用稳压泵送入气化器内（当储罐压力满足工艺要求时可不启用稳压泵），经空温式气化器汽化，汽化后的气相经调压进入混气机，混气机内的引射器利用高压液化石油气在通过喷嘴时造成的真空使周围空气被吸入，形成一定比例的混合气，如混合气温度低于 5℃，再经水浴式 LPG 加热器加热，达到 5℃ 以上后经计量后，送入城市燃气输配管网。水浴式 LPG 加热器所需的热水，由燃气热水炉和热水循环泵供应，并设有全自动温度控制系统。混合气的热值和组分由快速热值仪和含氧量分析仪监控，使其保持稳定，并通过中央控制系统对运行过程进行监控。简单工艺流程图如图 4-3-4 所示。

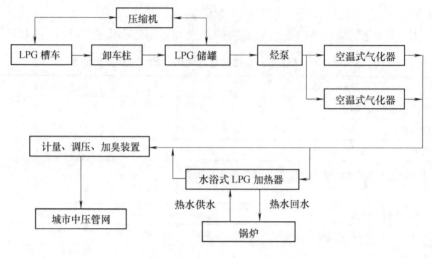

图 4-3-3　LPG 气化站工艺流程

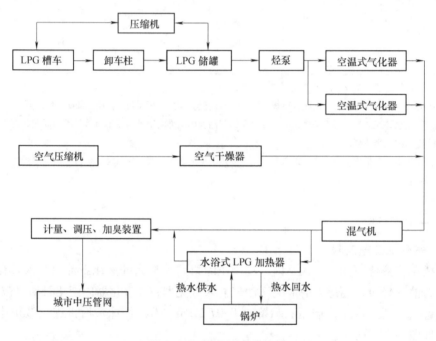

图 4-3-4　混气站工艺流程

四、主要设备

(一) 液化气储罐

液化石油气储罐为常温压力储罐，操作介质易燃、易爆，按照压力容器类别划分，通常将其划为第三类压力容器。

1. 液化气储罐主体结构

一般采用双标准椭圆封头，双鞍座支承的卧式圆筒形固定式储罐，由筒体、封头、入孔、支座、液位计及接管等部件组成（见图4-3-5），接管包括：液相进出口（a、c），气相进出口（b、d），放空管（m），排污口（n），压力表接口（f），温度计接口（g）及安全阀接口（r）等。

筒体采用钢板卷焊，各对接焊缝必须采用全焊透的形式。支座选用双鞍式支座，一端固定，另一端为活动式。各接管与容器的连接必须采用全焊透的连接形式，容器接管法兰、垫片、紧固件应选取高于设计压力的压力等级，采用凹凸面高颈对焊法兰，金属缠绕垫片（带内环）和高强度螺栓、螺母组合。液化气储罐的实物如图4-3-6所示。

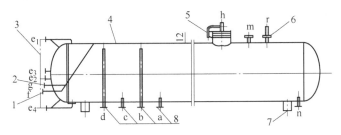

图4-3-5 液化气储罐主体结构

1—压力表口 2—温度计口 3—液位计 4—筒体 5—人孔
6—安全阀 7—支座 8—管口

图4-3-6 液化气储罐

2. 液化气储罐设计温度与设计压力

设计压力系指在相应设计温度下用以确定容器壳体壁厚的压力。根据《压力容器安全技术监察规程》（以下简称《容规》）第34条第2款之规定，固定式液化石油气储罐的设计压力应按不低于50℃时混合液化石油气组分的实际饱和蒸气压来确定，因此取50℃作为其设计温度，按50℃时混合液化石油气饱和蒸气压的大小，《容规》将介质分为三类，设计压力应不低于表4-3-13规定的压力。

表4-3-13 液化石油气介质种类及对应设计压力

介质种类（混合液化石油气）	设计压力/MPa	
	无保冷设施	有可靠保冷设施
50℃时的饱和蒸气压力≤异丁烷50℃时的饱和蒸气压力	等于50℃异丁烷的饱和蒸气压力（0.58）	可能达到的最高工作温度下异丁烷的饱和蒸气压力
异丁烷50℃时的饱和蒸气压力<50℃时的饱和蒸气压力≤丙烷50℃时的饱和蒸气压力	等于50℃丙烷的饱和蒸气压力（1.62）	可能达到的最高工作温度下丙烷的饱和蒸气压力
50℃时的饱和蒸气压力>丙烷50℃时的饱和蒸气压力	等于50℃丙烯的饱和蒸气压力（1.97）	可能达到的最高工作温度下丙烷的饱和蒸气压力

表中的设计压力是按混合液化石油气无实际组分数据或不做组分分析规定的。若知道确切的组分数据，设计单位应在图样上注明限定的组分和对应的压力，按其实际饱和蒸气压来确定设计压力。

3. 液化气储罐的材质

根据液化石油气储罐设计参数及 HG/T 20581—2011《钢制化工容器材料选用规定》，简体、封头、补强圈材料通常选用 20 R 或 16 MnR（视材料供货情况定）；接管材料选用20#无缝钢管；接管法兰材料选用 20#锻件；密封垫片材料为：0Cr18Ni9 + 柔性石墨 + 低碳钢（内环）；螺栓材料分别选用 35 CrMoA 及 30 CrMo。

（二）液化气泵

液化石油气站应用的泵为单作用滑片式转子泵。其泵的断面如图 4-3-7 所示。

内套与转子之间有偏心距，滑片安放在转子槽内，可沿槽滑动，当转子回转时，滑片靠自身的离心力紧贴内套内壁，由内套内表面、转子外表面、滑片及两侧板端面之间形成若干个封闭工作室，当转子逆时针回转时，右边的滑片逐渐伸出，相邻两滑片间容积逐渐增大，形成局部真空，液体由吸入口进入工作室，这是泵的吸入过程。左边的滑片被内套逐渐压入槽内，相邻两滑片间封闭容积逐渐减小，将液体压出排除口，这是泵的压出过程。转子转一周，完成一次吸入压出。在泵的吸入腔和压出腔之间，有一段封油区，把吸入腔和压出腔隔开。泵的排量与偏心距、泵的转速成正比，因此可采用改变偏心距和转速的办法调节排量或制成系列产品，满足不同工况的需要。

全封闭液化石油气泵（带电机）如图 4-3-8 所示。

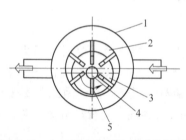

图 4-3-7　全封闭液化石油气泵的断面图
1—内套　2—转子　3—轴
4—滑片　5—侧板

图 4-3-8　全封闭液化石油气泵（带电机）

（三）液化气压缩机

液化气压缩机采用的为往复式活塞压缩机，下面就只介绍活塞压缩机的分类。

1. 活塞压缩机的分类

活塞式压缩机分类的方法很多，名称也各不相同，通常有如下几种分类方法：

（1）按压缩机的气缸位置（气缸中心线）可分为：

1）卧式压缩机。气缸均为横卧的（气缸中心线成水平方向）。

2）立式压缩机。气缸均为竖立布置的（直立压缩机）。

3）角式压缩机。气缸布置成 L 形、V 形、W 形和星形等不同角度的。

（2）按压缩机气缸段数（级数）可分为：

1）单段压缩机（单级）。气体在气缸内进行一次压缩。

2）双段压缩机（两级）。气体在气缸内进行两次压缩。

3）多段压缩机（多级）。气体在气缸内进行多次压缩。

（3）按气缸的排列方法可分为：

1）串联式压缩机。几个气缸依次排列于同一根轴上的多段压缩机，又称单列压缩机。

2）并列式压缩机。几个气缸平行排列于数根轴上的多级压缩机，又称双列压缩机或多列压缩机。

3）复式压缩机。由串联和并联式共同组成多段压缩机。

4）对称平衡式压缩机。气缸横卧排列在曲轴轴颈互成 180 度的曲轴两侧，布置成 H 形，其惯性力基本能平衡。（大型压缩机都朝这方向发展）。

（4）按活塞的压缩动作可分为：

1）单作用压缩机。气体只在活塞的一侧进行压缩又称单动压缩机。

2）双作用压缩机。气体在活塞的两侧均能进行压缩又称复动或多动压缩机。

3）多缸单作用压缩机。利用活塞的一面进行压缩，而有多个气缸的压缩机。

4）多缸双作用压缩机。利用活塞的两面进行压缩，而有多个气缸的压缩机。

（5）按压缩机的排气终压力可分为：

1）低压压缩机。排气终了压力在 0.3 ~ 1.0MPa。

2）中压压缩机。排气终了压力在 1.0 ~ 10MPa。

3）高压压缩机。排气终了压力在 10 ~ 100MPa。

4）超高压压缩机。排气终了压力在 100MPa 以上。

（6）按压缩机排气量的大小可分为：

1）微型压缩机。输气量在 1 m^3/min 以下。

2）小型压缩机。输气量在 1 ~ 10 m^3/min 以下。

3）中型压缩机。输气量在 10 ~ 100 m^3/min。

4）大型压缩机。输气量在 100 m^3/min。

（7）按压缩机的转速可分为：

1）低转数压缩机。在 200 r/min 以下。

2）中转数压缩机。在 200 ~ 450 r/min。

3）高转数压缩机。在 450 ~ 1 000 r/min。

（8）按传动种类可分为：

1）电动压缩机。以电动机为动力的压缩机。

2）气动压缩机。以蒸汽机为动力的压缩机。

3）以内燃机为动力的压缩机。

4）以汽轮机为动力的压缩机。

（9）按冷却方式可分为：

1）水冷式压缩机。利用冷却水的循环流动而导走压缩过程中的热量。

2）风冷式压缩机。利用自身风力通过散热片而导走压缩过程中的热量。

（10）按动力机与压缩机之间传动方法可分为：

1）装置刚体联轴节直接传动压缩机（或称紧贴接合压缩机）。

2）装置挠性联轴节直接传动压缩机。

3）减速齿轮传动压缩机。

4）皮带（平皮带或 V 带）传动压缩机。

5）无曲轴-连杆机构的自由活塞式压缩机。

6）整体构造压缩机，即摩托压缩机动力机气缸与压缩机座整体制成，并用共同的曲轴的压缩机。

此外，压缩机还有固定式和移动式之分。

2. 液化气压缩机结构与工作原理

液化气压缩机结构一般为立式、单作用、带气缸、活塞杆无油润滑型，传动机构为飞溅润滑。其结构如图 4-3-9 所示。

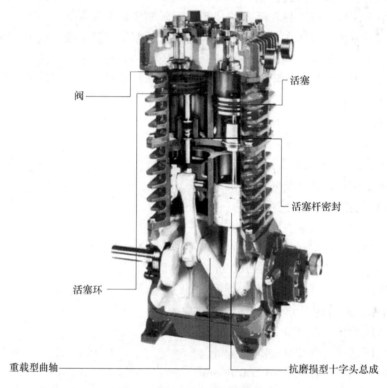

图 4-3-9　液化气压缩机的结构

隔爆型电机经 V 带驱动压缩机的曲轴转动，通过曲轴连杆机构，使曲轴的回转运动变为十字头往复运动，而十字头则通过活塞杆带动活塞在气缸内作往复运动，从而达到周而复始压缩气体的目的。压缩后的气体送入使用装置。曲轴、活塞杆、连杆的材质为锻钢，缸体、机身、缸盖材质为灰铸铁。蚌埠市永胜压缩机厂 ZW1.6/10-15 液化气压缩机（带电机）如图 4-3-10 所示。

3. 液化气压缩机的型号编制方法

液化气压缩机由大写汉语拼音字母和阿拉伯数字组成，表示方法如下：

图 4-3-10 液化气压缩机（带电机）

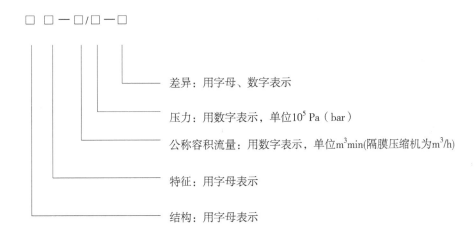

□ □ — □/□ — □

差异：用字母、数字表示

压力：用数字表示，单位 10^5 Pa（bar）

公称容积流量：用数字表示，单位 m^3min（隔膜压缩机为 m^3/h）

特征：用字母表示

结构：用字母表示

结构代号按表 4-3-14 的规定，特征代号按表 4-3-15 的规定。

表 4-3-14 液化气压缩机的结构代号

结 构 代 号	结构代号的含义	代 号 来 源
V	V 形	V—V
W	W 形	W—W
L	L 形	L—L
S	扇形	S—SHAN（扇）
X	星形	X—XING（星）
Z	立式（气缸中心线与水平面垂直）	Z—ZHI（直）
P	卧式（气缸中心线与水平面平行，且气缸位于曲轴同侧）	P—PING（平）

表 4-3-15　液化气压缩机的特征代号

特征代号	代号的含义	代号来源
W	无润滑	W—WU（无）
WJ	无基础	W—WU（无）、J—JI（基）
D	低噪声罩式	D—DI（低）
B	直联便携式	B—BIAN（便）

压力的表示：吸、排气压力之间以符号"—"隔开

例如，蚌埠市永胜压缩机厂 ZW1.6/10—15 液化气压缩机，其含义为：立式、无油润滑，公称容积流量为 1.6 m^3/min，进气压力为 1.0 MPa，排气压力为 1.5 MPa。

第四节　LPG 汽车加气站

一、站址的选择

加气站、加油加气合建站的站址选择，应符合城市规划、区域交通规划、环境保护和防火安全的要求，并应选在交通便利的地方。在城市建成区内不应建一级 LPG 加气站、一级加油加气合建站。在城市建成区内的加气站，宜靠近城市道路，不宜选在城市干道的交叉路口附近。

液化石油气加气站、加油加气合建站的液化石油气罐与站外建、构筑物的防火距离，不应小于表 4-3-16 的规定。

表 4-3-16　液化石油气罐与站外建、构筑物的防火距离　（单位：m）

项目＼级别		地上液化石油气罐			埋地液化石油气罐		
		一级站	二级站	三级站	一级站	二级站	三级站
重要公共建筑物		100	100	100	100	100	100
明火或散发火花地点		45	38	33	30	25	18
民用建筑物保护类别	一类保护物	45	38	33	30	25	18
	二类保护物	35	28	22	20	16	14
	三类保护物	25	22	18	15	13	11
甲、乙类物品生产厂房、库房和甲、乙类液体储罐		45	45	40	25	22	18
其他类物品生产厂房、库房和丙类液体储罐以及容积不大于 50 m^3 的埋地甲、乙类液体储罐		32	32	28	18	16	15
室外变配电站		45	45	40	25	22	18
铁路		45	45	45	22	22	22
电缆沟、暖气管沟、下水道		10	8	8	6	5	5
城市道路	快速路、主干路	15	13	11	10	8	8
	次干路、支路	12	11	10	8	6	6

（续）

项目\级别		地上液化石油气罐			埋地液化石油气罐		
		一级站	二级站	三级站	一级站	二级站	三级站
架空通信线和通信发射塔	国家一、二级	1.5倍杆高	1.5倍杆高	1.5倍杆高	1.5倍杆高	1倍杆高	1倍杆高
	一般	1.5倍杆（或塔高）	1倍杆（或塔）高	1倍杆（或塔）高	1倍杆（或塔）高	0.75倍杆（或塔）高	0.75倍杆（或塔）高
架空电力线路	无绝缘层	1.5倍杆高	1.5倍杆高		1.5倍杆高	1倍杆高	
	有绝缘层		1倍杆高			0.75倍杆高	

注：1. 液化石油气罐与站外一、二、三类保护物地下室的出入口、门窗的距离应按本表一、二、三类保护物的防火距离增加50%；

2. 如果民用建筑物面向加气站一侧的墙为一、二级耐火等级的无门窗洞口实体墙，则液化石油气罐与该民用建筑物的防火距离可按本表规定的距离减少30%；

3. 容量小于或等于10 m³的地上液化石油气罐整体装配式的加气站，其罐与站外建、构筑物的防火距离，可按本表三级站的地上罐减少20%；

4. 液化石油气罐与站外建筑面积不超过200 m²的独立民用建筑物，其防火距离可按本表的三类保护物减少20%，但不应小于三级站的规定；

5. 液化石油气罐与站外小于或等于1 000 kVA箱式变压器、杆装变压器的防火距离，可按本表室外变配电站的防火距离减少20%；

6. 液化石油气罐与郊区公路的防火距离按城市道路确定。其中，高速公路、Ⅰ级和Ⅱ级公路按城市快速路、主干路确定，Ⅲ级和Ⅳ级公路按照城市次干路、支路确定；

7. 架空通信线和架空电力线路均不应跨越加气站。

液化石油气加气站、加油加气合建站的液化石油气卸车点、加气机、放散管管口与站外建、构筑物的防火距离，不应小于表4-3-17的规定。

表4-3-17 液化石油气卸车点、加气机、放散管管口与站外建、构筑物的防火距离

（单位：m）

名称\项目		液化石油气卸车点	放散管管口	加气机
重要公共建筑物		100	100	100
明火或散发火花地点		25	18	18
民用建筑物保护类别	一类保护物			
	二类保护物	16	14	14
	三类保护物	13	11	11
甲、乙类物品生产厂房、库房和甲、乙类液体储罐		22	20	20
其他类物品生产厂房、库房和丙类液体储罐以及容积不大于50 m³的埋地甲、乙类液体储罐		16	14	14
室外变配电站		22	20	20
铁路		22	22	22

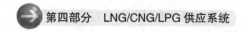

（续）

项 目	名 称	液化石油气卸车点	放散管管口	加 气 机
城市 道路	快速路、主干路	8	8	6
	次干路、支路	6	6	5
架空通信线和通信 发射塔	国家一、二级	1 倍杆（塔）高		
	一般	0.75 倍杆（塔）高		
架空电 力线路	无绝缘层	1 倍杆高		
	有绝缘层	0.75 倍杆高		

注：1. 液化石油气卸车点、加气机、放散管管口与站外一、二、三类保护物地下室的出入口、门窗的距离，应按本表一、二、三类保护物的防火距离增加 50%；

2. 如果民用建筑物面向加气站一侧的墙为一、二级耐火等级的无门窗洞口实体墙，则液化石油气卸车点、加气机、放散管管口与该民用建筑物的防火距离可按本表规定的距离减少 30%；

3. 液化石油气卸车点、加气机、放散管管口与站外建筑面积不超过 200 m 独立的民用建筑物，其防火距离可按本表的三类保护物减少 20%，但不应小于 11 m；

4. 液化石油气卸车点、加气机、放散管管口与站外小于或等于 1 000 kVA 箱式变压器、杆装变压器的防火距离，可按本表的室外变配电站防火距离减少 20%；

5. 郊区公路与液化石油气卸车点、加气机、放散管管口的防火距离按照城市道路确定。其中，高速公路、Ⅰ级和Ⅱ级公路按城市快速路、主干路确定，Ⅲ级和Ⅳ级公路按城市次干路、支路确定；

6. 架空通信线和架空电力线路均不应跨越加气站。

二、总平面布置

1. 液化石油气罐的布置

液化石油气罐的布置应符合下列规定：

（1）地上罐应集中单排布置，罐与罐之间的净距不应小于相邻较大罐的直径。

（2）地上罐组四周应设置高度为 1 m 的防火堤，防火堤内堤脚线至罐壁净距不应小于 2 m。

（3）埋地罐之间距离不应小于 2 m，罐与罐之间应采用防渗混凝土墙隔开。如需设罐池，其池内壁与罐壁之间的净距不应小于 1 m。

2. 加油加气站内设施之间的防火距离

加油加气站内设施之间的防火距离，不应小于表 4-3-18 的规定。

3. 罩棚的设计

汽车加油、加气场地宜设罩棚，罩棚的设计应符合下列规定：

（1）罩棚应采用非燃烧材料建造。

（2）进站口无限高措施时，罩棚的有效高度不应小于 4.5 m；进站口有限高措施时，罩棚的有效高度可小于 4.5 m，但不应小于限高高度。

4. 加油岛、加气岛的设计

加油岛、加气岛的设计应符合下列规定：

（1）加油岛、加气岛应高出停车位的地坪 0.15～0.2 m。

（2）加油岛、加气岛的宽度不应小于 1.2 m。

表4-3-18 站内设施之间的防火距离

（单位：m）

设施名称	汽、柴油罐 埋地油罐	汽、柴油罐 通气管管口	液化石油气储罐 地上罐 一级站	地上罐 二级站	地上罐 三级站	埋地罐 一级站	埋地罐 二级站	埋地罐 三级站	压缩天然气储气瓶组（储气井）	压缩天然气放散管管口	密闭卸油点	液化石油气卸车点	液化石油气经泵房、压缩机间	天然气压缩机间	天然气调压器间	天然气脱硫和脱硫设备	加油机	加气机	站房	消防泵房和消防水池取水口	其他建、构筑物	燃煤锅炉房	燃气（油）水炉间、燃气厨房	变配电间	道路	站区围墙
汽、柴油罐 埋地油罐	0.5																		4	10	5	18.5	8	5	—	3
汽、柴油罐 通气管管口	—	—																	4	10	7	18.5	8	5	3	3
液化石油气罐 地上罐 一级站	×	×	D																12/10	40/30	12	45	18/14	12	5	6
地上罐 二级站	×	×	D	D															10/8	30/20	12	38	16/12	10	4	5
地上罐 三级站	×	×		D	D														8	30/20	12	33	16/12	9	3	5
埋地罐 一级站	6	8	×	×	×	2													8	20	10	30	10	9	4	4
埋地罐 二级站	4	6	×	×	×		2												6	15	8	25	8	7	2	3
埋地罐 三级站	3	6	×	×	×			2											6	12	8	18	8	7	2	3
压缩天然气储气瓶组（储气井）	6	6	×	×	×	×	×	×	1.5（1）										5	6	10	25	14	6	4	3
压缩天然气放散管管口	6	4	×	×	×	×	×	×	—										—	—	—	—	—	—	—	—
密闭卸油点	—	3	12	10	8	5	3	3	6	—									5	6	10	15	14	6	4	3
液化石油气卸车点	5	8	12/10	10/8	8/6	5	3	3	6	—	6								—	—	—	—	—	—	—	—
液化石油气经泵房、压缩机	5	6	12/10	10/8	8/6	6	5	4	5	—	4	5							5	10	7	15	8	6	2	2
天然气压缩机间	6	6	×	×	×	×	×	×	3	—	6	×	×						6	8	12	25	12	7	2	2
天然气调压器间	6	6	×	×	×	×	×	×	3	—	6	×	×	4					6	8	10	25	12	7	2	2
天然气脱硫和脱硫设备	5	5	×	×	×	×	×	×	5	—	5	×	×	×	—				5	8	10	25	12	6	2	2
加油机	—	—	12/10	10/8	8/6	8	6	4	6	—	6	—	6	5	4	4			5	6	8	15	8	6	2	2
加气机	4	8	12/10	10/8	8/6	8	6	4	6	—	6	—	4	5	4	4	6	5	5	6	8	18	12	6	—	3

（续）

设施名称	汽、柴油罐		液化石油气储罐						压缩天然气储气瓶组（储气瓶、气井）	压缩天然气放散管口	密闭卸油气点	液化石油气卸车点	液化石油气泵房、压缩机间	天然气压缩机间	天然气调压器（间）	天然气脱硫和脱水设备	加油机	加气机	站房	消防泵房和消防防水池取水口	其他建、构筑物	燃煤锅炉房、燃煤厨房	燃气（油）热水炉间、燃气厨房	变配电间	道路	站区围墙
	埋地油罐	通气管管口	地上罐			埋地罐																				
			一级站	二级站	三级站	一级站	二级站	三级站																		
站房																	—	—	—	×	6	—	—	—	—	—
消防泵房和消防防水池取水口																				—	6	12	—	—	—	—
其他建、构筑物																					—	6	5	5	—	—
燃煤锅炉房、燃煤厨房																									—	—
燃气（油）热水炉间、燃气厨房																								5	—	—
变配电间																			5						—	—
道路																									—	—
站区围墙																										—

注：1. 分子为液化石油气储罐无固定喷淋装置的距离，分母为液化石油气储罐设有固定喷淋装置的距离。

2. D 为液化石油气地上罐相邻较大罐的直径。

3. 括号内数值为地下储气井与储气井的距离。

4. 加油机、加气机与非实体围墙的防火距离不应小于 5 m。

5. 液化石油气储罐放散管口与地上液化石油气储罐整体装置距离不限。

6. 采用小于或等于 10 m³ 的地上液化石油气储罐，与站内其他设施的防火距离可按本表中三级站的地上储罐确定。

7. 压缩天然气加气站与站内其他设施的防火距离，应按本表相应设备的防火距离确定。

8. 压缩天然气加气站内压缩机（间）、调压器（间）、变配电间与储气瓶组的距离不能满足本表的规定时，可采用防火隔墙，防火隔墙的设置应符合相关标准的规定。

9. 站房、变配电间的起算点应为门窗。其他建、构筑物是指根据需要独立设置的汽车洗车房、润滑油储存及加注间、小商品便利店、厕所等。

10. 表中："—"表示无防火距离要求，"×"表示该类设施不应合建。

（3）加油岛、加气岛上的罩棚支柱边缘距岛端部，不应小于 0.6 m。

5. 停车位和道路的设置

站区内停车位和道路应符合下列规定：

（1）单车道宽度不应小于 3.5 m，双车道宽度不应小于 6 m。

（2）站内的道路转弯半径按行驶车型确定，且不宜小于 9 m；道路坡度不应大于 6%，且宜坡向站外；站内停车位宜按平坡设计。

（3）加油加气作业区内的停车位和道路路面不应采用沥青路面。

6. 车辆入口和出口的设置

车辆入口和出口应分开设置。

三、工艺流程

（一）地下罐、潜液泵

采用地下罐、潜液泵的 LPG 加气站的工艺流程如图 4-3-11 所示。

图 4-3-11　采用地下罐、潜液泵的 LPG 加气站工艺流程

液化石油气由槽车运至本站，卸车泵将槽车内的液化石油气抽出经卸车柱压至储罐内，槽车与储罐之间通过气相连通管使卸车更加畅通迅速。加气时，操作人员在加气点启动设置在 LPG 储罐内的充装泵（潜液泵），向加气机输送液态石油气，液化气在加气机内经过滤、气液分离和计量后通过加气枪对汽车充气。加气机内的气态液化石油气经分离后回到储罐。

（二）地下罐、地面泵

采用地下罐、地面泵的 LPG 加气站的工艺流程如图 4-3-12 所示。

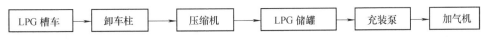

图 4-3-12　采用地下罐、地面泵的 LPG 加气站工艺流程

液化石油气由槽车运至本站，通过压缩机将储罐内气态液化石油气压入槽车，使槽车与储罐之间形成压差，将槽车内的液化石油气压入储罐。加气时，启动设置在储罐上面的充装泵，向加气机输送液态液化石油气，液化气在加气机内经过滤、气液分离和计量后通过加气枪对汽车充气。加气机内的气态液化石油气经分离后回到储罐。

本方案采用自吸式地面加气泵替代潜液泵。

四、主要设备

（一）加气机

加气机是加气站的主要设备之一，它有充装和计量功能。

1. 加气机的分类

依据流量计类型划分，加气机可分为容积式流量计加气机和质量流量计加气机。

依据加气枪数量划分，加气机可分为单枪加气机、双枪加气机和多枪加气机。

2. 加气机的结构

双枪加气机的外形如图 4-3-13 所示。其内部结构如图 4-3-14 所示。

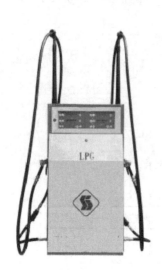

图 4-3-13　双枪加气机

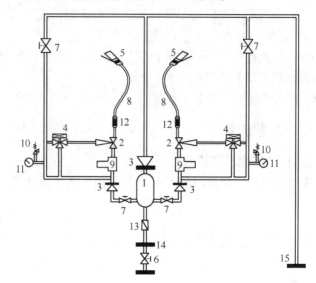

图 4-3-14　双枪加气机内部结构

1—气体分离器　2—差压阀　3—单向阀　4—三级电磁阀　5—液化
石油气喷嘴　6—液体管路主球阀　7—维修阀　8—液体软管
9—流量计　10—溢流阀　11—压力表　12—断开式偶联器
13—过滤器　14—蒸气管路凸缘　15—液体管路凸缘

3. 加气机的主要技术参数

（1）设计压力：2.4 MPa；

（2）加气速度：

1）额定压差下的单枪加气速度不应小于 30 L/min，双枪加气速度不应小于 50 L/min。

2）最小工作压差为 0.2 MPa 的单枪加气速度不宜小于 15 L/min，双枪加气速度不宜小于 25 L/min。

3）在最大工作压差为 0.8 MPa 时的单枪加气速度不应大于 60 L/min。

4）最小流速不宜低于 0.5 m/s，最大流速不宜大于 3.5 m/s。

5）额定流量是在一定条件下加气速度的流量反映，随不同机型有不同范围，一般在 40~45 L 为宜。

（3）过滤精度：应能避免 0.2 mm 的固定杂质通过。

（二）充装泵

1. 充装泵的分类

充装泵按用途划分，大致可分为三类：一类是国内外应用较普遍的潜液式充装泵，又分离心式和涡轮式两种；二类是地面涡轮泵或螺杆泵；三类是压缩机性质的充装泵。

按泵的运行工况及结构划分，又可分为多级离心泵、涡轮泵、屏蔽泵、滑片泵、双螺杆泵等多种，前三种属于叶片泵，后两种均属于容积泵。

2. 充装泵的结构

在 LPG 加气站常用的充装泵有潜液式充装泵和循环式涡轮泵，下面将介绍其结构及原理。

（1）潜液式充装泵。潜液式充装泵由电机、叶轮、泵头、支架和轴承等部件组成，如图 4-3-15 所示。

1）电机。潜液泵工作动力装置，作用是通电后驱使轴杆带动叶轮转动。电机具有良好的防爆安全性，电机线圈采用耐液化石油腐蚀，且性能稳定的专用材料，长期在压力环境下不破坏，绝缘性能不降低。潜液泵电机功率因泵的型号不同，有所差别。21 级叶片潜液泵是 2.2 kW，最大工作电流是 5.9 A；24 级叶片潜液泵功率是 2.9 kW，最大工作电流是 6.2 A。电压可根据情况选择 220 V 或 380 V。

图 4-3-15 潜液式充装泵

2）叶轮。由轻质非金属复合材料制造，耐液化石油气腐蚀。

3）轴承及支架。由硬化处理过的金属材料制造，泵的润滑冷却靠输送的介质流经冷却系统冷却，无需其他降温材料润滑。但不允许固体杂质进入，杂质超标，否则加大其磨损，使用寿命将会大大缩短。

4）泵头。由球墨铸铁机加工制成，泵外部为不锈钢板整体成型，除叶轮外，其他部件无需修复，一次性使用。

工作原理：该泵利用潜液泵的成熟技术，依据流体力学原理，针对液化石油气液态特性，设计出非常合理的转动叶轮，通过电机轴带动长轴由其推动叶轮与液化石油气做相对运动，在离心力作用下将液化石油气逐级增压，达到提升、增压、输送的目的。

（2）循环式涡轮泵。涡轮泵系由带有环形流道的泵壳及铣有一定数量叶片的涡轮组成。其结构如图 4-3-16 所示。

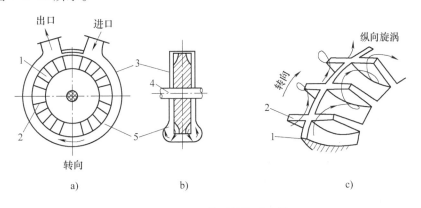

图 4-3-16 涡轮泵结构示意图
1—涡轮 2—叶片 3—泵壳 4—轴 5—流道

工作时，通过旋转的涡轮叶片对流道内液体进行三维流动的动量交换而输送液体。一般泵内液体流动分为两部分，即叶片间的液体和流道内的液体。当涡轮旋转时，轮内的液体受到的离心力大，而流道内的液体受到的离心力小，使液体产生径向旋转运动，同时又由于液体随着涡轮转动，使液体产生周向旋转运动，这两种旋转运动合成泵内液体产生与涡轮旋向相同的"纵向旋涡"。此纵向旋涡使流道中的液体逐次返回到涡轮叶片间，再受到离心力作用，且每经过一次离心力的作用，压力（扬程）就增加一些。所以涡轮泵具有其他叶片泵所不能达到的高扬程，无须多结构。

3. 充装泵的性能

离心式潜液泵竖向垂直安装于加气站液化石油气储罐中。泵入口在储罐底部，距罐底 70～120 mm，且正压吸入，有效防止液化石油气气蚀现象发生，保证液化石油气是在液态下工作；泵的电机与泵为一体制造，紧凑结构、体积相对较小、重量轻、便于安装、维护方便。它的电机功率小、耗电量小、运行平稳、噪声低。与其他类别潜液泵比较，离心式潜液泵价格便宜、经济性能好，因其综合优势明显，所以在国内外加气站大量使用。

涡轮泵可用作地面泵，也可经特殊结构及保护设计而用作潜液泵。该类泵体为锻钢，可经 7.0 MPa 的压力试验，所有钢管零部件都经过锡锌处理，耐 LPG 腐蚀，无火花，适宜 LPG 运营场所使用。该泵最大流量（压力 2.9 MPa）可达 130 L/min，最大压力差 1.375 MPa。

第五节　LPG 瓶组站

一、站址的选择

独立瓶组间与建、构筑物的防火间距应符合规范要求。瓶组气化站可设置在供气的小区内，应不影响小区的消防安全，并便于 LPG 钢瓶的运输。

二、总平面布置

当采用自然气化方式供气，且瓶组气化站配置气瓶的总容积小于 1 m³ 时，瓶组间可设置在与建筑物（住宅、重要公共建筑和高层民用建筑除外）外墙毗连的单层专用房间内，并应符合下列要求：

（1）建筑物耐火等级不应低于二级。

（2）应通风良好，并设有直通室外的门。

（3）与其他房间相邻的墙应为无门、无窗洞口的防火墙。

（4）应配置燃气浓度检测报警器。

（5）室温不应高于 45℃，且不应低于 0℃。

注意：当瓶组间独立设置，且面向相邻建筑的外墙为无门、无窗洞口的防火墙时，其防火间距不限。

当瓶组气化站配置气瓶的总容积超过 1 m³ 时，应将其设置在高度不低于 2.2 m 的独立瓶组间内。独立瓶组间与建、构筑物的防火间距不应小于表 4-3-19 的规定。

表 4-3-19   独立瓶组间与建、构筑物的防火间距   （单位：m）

项 目＼总瓶总容积/m³		≤2	2~4
明火、散发火花地点		25	30
民用建筑		8	10
重要公共建筑、一类高层民用建筑		15	20
道路（路边）	主要	10	
	次要	5	

注：1. 气瓶总容积应按配置气瓶个数与单瓶几何容积的乘积计算；
　　2. 当瓶组间的气瓶总容积大于 4 m³ 时，宜采用储罐；
　　3. 瓶组间、气化间与值班室的防火间距不限。当两者毗连时，应采用无门、无窗洞口的防火墙隔开。

瓶组气化站的瓶组间不得设置在地下室和半地下室内。瓶组气化站的气化间宜与瓶组间合建一幢建筑，两者间的隔墙不得开门窗洞口，且隔墙耐火极限不应低于 3 h。瓶组间、气化间与建、构筑物的防火间距应按本标准第 2 条的规定执行。

设置在露天的空温式气化器与瓶组间的防火间距不限，与明火、散发火花地点和其他建、构筑物的防火间距可按 GB 50028—2006《城镇燃气设计规范》第 8.5.3 条气瓶总容积小于或等于 2 m³ 一档的规定执行。

瓶组气化站的四周宜设置非实体围墙，其底部实体部分高度不应低于 0.6 m。围墙应采用不燃烧材料。

三、工艺流程

LPG 瓶组站的供气方式主要分两类，有自然气化和强制气化瓶组供应方式。

（一）自然气化方式

自然气化瓶组供应系统主要由两组 50 kg LPG 钢瓶组、调压系统组成。50 kg LPG 钢瓶内的 LPG 自然气化后经调压系统调压后（当输气距离较短时，通常采用高低压调压器，低压供气，如图 4-3-17 所示；当输气距离较长时，采用高中压调压器或自动切换调压器，中压供气，如图 4-3-18 所示）直接供应用户。

自然气化瓶组供应方式具有供应方便灵活、工艺简单、操作简便、投资额少等优点，当气瓶总容积小于 1 m³ 时（即 50 kgLPG 钢瓶数量小于等于 8 瓶）可将瓶组设置在建筑物毗连的房间内等优点。自然气化瓶组供应方式的缺点是瓶组内剩余残液较多、供应范围小，且寒冷地区一般供应用户数不宜超过 200 户。

（二）强制气化方式

强制气化瓶组供应系统主要由两组 50 kgLPG 钢瓶组、汽化系统、调压系统组成，如图 4-3-19 所示。50 kgLPG 钢瓶内的液相 LPG 进入气化器内换热后变成气相 LPG，经调压后直接供应用户。

强制气化瓶组供应方式具有供应方便灵活、工艺简单、操作简便、投资额少、建设速度快等优点，缺点是供应范围较小，供应用户楼层不能太高，LPG 钢瓶更换频繁，每个 LPG 钢瓶拆卸时有少量 LPG 泄漏，故 50 kgLPG 钢瓶不宜设置过多。

四、主要设备

LPG 瓶组气化站的主要设备有 LPG 钢瓶、气化器、调压装置等。

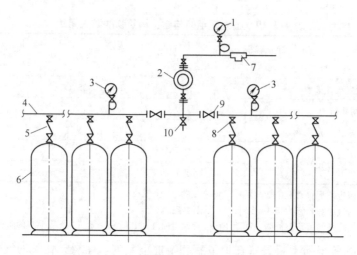

图 4-3-17 设置高低压调压器的系统

1—低压压力表 2—高低压调压器 3—高压压力表 4—集气管
5—高压软管 6—钢瓶 7—备用供给口
8—阀门 9—切换阀 10—泄液阀

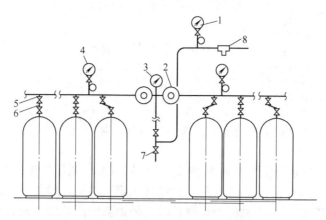

图 4-3-18 设置自动切换调压器的系统

1—中压压力表 2—自动切换调压器 3—压力指示器 4—高压压力表
5—阀门 6—高压软管 7—泄液阀 8—备用供给口

（一）LPG 钢瓶

LPG 瓶组气化一般选用规格为 50 kg 的钢瓶。

1. 钢瓶型号的表示方法

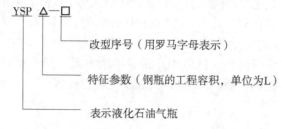

注：改型序号用来表示 YSP 系列中某一规格钢瓶的结构、瓶阀型号等发生了改变。如无改变，改型序号可不标注。

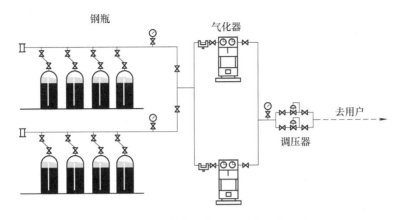

图 4-3-19　强制气化的 LPG 瓶组气化系统

50 kg 的钢瓶的型号为 YSP118，表示其公称容积为 118 L 的液化石油气钢瓶，最大充装量为 49.5 kg。

2. 钢瓶的结构

YSP118 液化石油气钢瓶结构如图 4-3-20 所示。

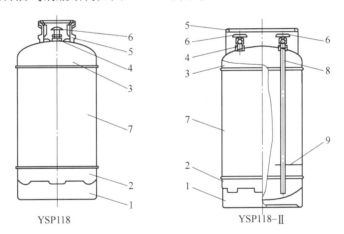

图 4-3-20　YSP118 液化石油气钢瓶结构

1—底座　2—下封头　3—上封头　4—阀座　5—护罩　6—瓶阀　7—筒体　8—液相管　9—支架

目前 50 kg 的钢瓶有气相钢瓶 YSP118 和气液二相钢瓶 YSP118- Ⅱ 两大类。

3. 钢瓶的参数

目前 YSP118 钢瓶的主要参数见表 4-3-20。

表 4-3-20　50 kg 的液化石油气钢瓶的主要参数

参数　钢瓶型号	YSP118	YSP118- Ⅱ
钢瓶内直径/mm	400	400
公称容积/L	118	118
最大充装量/kg	49.5	49.5

（续）

参数 \ 钢瓶型号	YSP118	YSP118-Ⅱ
水压试验压力/ MPa	3.2	3.2
公称工作压力	2.1	2.1
瓶体材料	HP325	HP295
工作温度/℃	−40 ~ 60	−40 ~ 60
气瓶出口形式	气相出口	气液二相出口

（二）LPG 气化器

LPG 瓶组站采用的气化器有电加热（热水）气化器、空温式气化器两种，下面以电加热（热水）气化器为例来说明。电加热（热水）气化器一般采用的规格为 50 kg/h、100 kg/h、150 kg/h、200 kg/h、300 kg/h、400 kg/h 电加热（热水）气化器，其结构如图 4-3-21 所示。

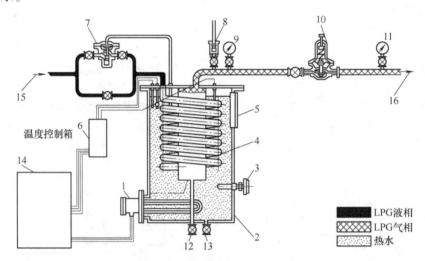

图 4-3-21 电加热（热水）气化器

1—加热器 2—热水容器 3—温度计 4—加热盘管 5—水位计 6—温度控制箱 7—控制阀 8—安全阀
9—压力表 10—调压器 11—供气压力指示计 12—液化石油气排液阀 13—水放空阀
14—控制盘 15—液相液化石油气入口 16—气相液化石油气出口

第六节　LPG 瓶装气供应

一、LPG 钢瓶的灌装

LPG 钢瓶的灌装主要包括充装和倒残液工艺。

充装的工艺流程为：LPG 储罐—液化气泵—LPG 钢瓶

倒残液的工艺流程为：LPG 储灌气相—倒置 LPG 钢瓶—LPG 残液灌

二、灌装的 LPG 钢瓶型号

灌装的 LPG 的钢瓶型号主要有 2 kg、5 kg、10 kg、15 kg、50 kg 系列，对应的国标分别为 YSP4.7、YSP12、YSP26.2、YSP35.5、YSP118。其主要参数见表 4-3-21。

表 4-3-21　灌装的液化石油气钢瓶的主要参数

型　号	参　数				备　注
	钢瓶内直径/mm	公称容积 /L	最大充装量 /kg	封头形状系数	
YSP4.7	200	4.7	1.9	$K = 1.0$	
YSP12	244	12.0	5.0	$K = 1.0$	
YSP26.2	294	26.2	11.0	$K = 1.0$	
YSP35.5	314	35.5	14.9	$K = 0.8$	
YSP118	400	118	49.5	$K = 1.0$	
YSP118-Ⅱ	400	118	49.5	$K = 1.0$	用于汽化装置的液化石油气储存设备

第五部分

燃气工程设计

第一章　燃气工程设计概述

第一节　城市燃气建设程序

城市燃气建设程序分为燃气规划和燃气建设两个阶段，并按这两个阶段分别进行管理。

一、燃气规划

城市燃气规划是在城市总体规划指导下，根据城市性质、规模、自然条件、历史情况、现状特点等因素，制定的城市燃气发展的专业规划，它包括城市燃气的气源、气量预测、输配系统、燃气应用等。燃气规划具有总体、全面、长远、指导的特征。燃气规划一般由城市规划主管部门委托设计单位编制，经专家评审，政府及有关部门批准后生效。

二、燃气建设

城市燃气规划是由一系列燃气工程分步实施而实现的。燃气工程建设由工程设计和工程施工两个阶段组成。根据《建设工程质量管理条例》的有关条文，从事建设工程活动，必须严格执行基本建设程序，坚持先勘察、后设计、再施工的原则。

（一）设计阶段

1. 设计前期工作

设计前期工作包括编制项目建议书和可行性研究报告等。项目建议书可由建设单位根据燃气规划和其他有关文件进行编制，也可委托有资格的设计单位、咨询机构编制。项目可行性研究报告由建设单位委托有资格的设计单位、咨询机构进行编制，政府有关部门组织评审，审查批准后，该项目才能正式立项。

2. 设计工作

设计工作分初步设计和施工图设计两个阶段。小型、简单的零星工程，可只进行施工图设计。

项目可行性研究报告批准后，建设单位根据可行性研究报告确定的方案编制工程项目设计任务书，并委托具有设计资格的设计单位进行设计。

在初步设计阶段，设计单位根据设计委托书，按可行性研究报告确定的方案进行技术设计，并进行工程概算。初步设计完成后，有关部门要对初步设计进行审查，审查工作还应有环保、消防、安全卫生、质检等部门参加，除对燃气工艺及配套设施、投资概算等进行审查外，还应审查有关环保、消防、安全卫生等方面的设计。初步设计审查合格后应取得主管部门的批复文件方可生效。

施工图设计是在初步设计基础上进行设计，施工图是工程施工的依据。在进行施工图设计时，应在初步设计概算基础上编制工程预算。

3. 设计后期工作

该阶段工作主要包括工程施工交底、施工配合、参加工程试运转、设计回访等。

（二）施工阶段

施工阶段是指由施工单位按照施工图设计进行施工。施工安装的质量是影响整个工程质量好坏的重要环节，要做好工程施工，保证工程质量，为今后的安全运行打下良好的基础。施工过程中，监理单位要对工程建设投资、工程质量、工期目标等进行全方位的监督管理。设计单位要积极配合施工单位进行现场施工处理。质监部门在施工过程中要做好监督检查工作。

工程施工完毕，经吹扫、试压、竣工验收合格后，即可投入运行。

第二节 城市燃气规划

一、规划的目的和编制原则

（一）规划目的

城市燃气是人民生活和工业生产的重要能源。发展城市燃气可以节约能源、减轻城市污染、提高生活水平、促进工业生产、提高产品质量、改善投资环境，社会效益十分显著。对社会经济的持续发展，提高城市综合竞争力具有重要的意义。

以城市总体规划为依据，从全局出发，统筹安排，满足城市总体布局的要求，使燃气工程成为城市有机整体的重要组成部分，成为燃气工程分期设计和建设的依据。

（二）编制原则

1）贯彻国家能源和环保政策，充分利用天然气资源，保障能源安全供应，优化城镇能源结构。

2）在城市总体规划指导下，严格遵守国家现行标准规范，总体规划，分步实施。近期目标可行，远期适当超前，力求做到：燃气供应系统近期能够满足实际需要，并为远期留有充分发展的余地。

3）实事求是、科学合理地预测市场，确定供气规模。

4）规划期限：近期为 5~10 年；远期为 20 年。

5）燃气主干管规划，应以远期设计规模确定输气干管的输送能力。

6）兼顾城市建设现状，适应市政工程逐步发展的规律，充分考虑规划方案的整体合理性和可实施性。

7）积极采用新技术、新材料、新设备，既要体现技术先进、经济合理，又要保证安全可靠，做到供应可靠，稳定发展。

8）要充分考虑现状，尽量利用和发挥现有设施的作用，使新规划的系统与原有系统有机结合。

二、设计文件组成

城市燃气规划设计文件包括规划文本、说明书和附图。

（一）说明书

1）总论；

2）城市概况；

3）气源规划；

4）规划用气量及储气量；

5）供气方案及供气系统组成；

6）天然气输配系统规划；

7）液化石油气供气系统规划；

8）汽车加气站规划；

9）安全保障专篇；

10）综合信息管理系统；

11）燃气设施的利用和改造；

12）天然气置换方案；

13）组织机构、劳动定员及后方设施；

14）规划实施进度；

15）环境保护；

16）规划实施效益；

17）主要工程量及投资估算；

18）实施措施与建议。

（二）图纸

1）区域位置图；

2）燃气管网近、远期平面布置图；

3）高压燃气管道布置图；

4）各场站总平面布置图；

5）各场站工艺流程图。

三、基础资料的收集

（一）规定类资料

（1）法律法规文件（省、市燃气管理的相关条例、文件、规定）——政府办、燃气办、建设局（城建局）。

（2）规划文件（总体规划、分区规划的文本、说明书、比例尺为 1∶10 000 或 1∶5 000 的图纸等电子版文件）——规划局、建设局（城建局）。

（3）最新的经济统计年鉴——统计局。

（4）土地征用的相关政策、法规、赔偿规定及办事程序——国土局。

（5）城市的水文、地质、气象、环境、供水、供电、通信等公用工程的基础资料——水利局、气象局、环保局、自来水公司、电业局、移动公司、电信公司。

（二）相关的基础资料

（1）城市道路现状及规划（包含道路等级和红线宽度，图纸比例为 1∶10 000 或 1∶5 000）——道桥处、交通局。

（2）城市各类燃料的用量、用途及供需现状——统计局、建设局。

（3）现有城市燃气气源、燃气设施及管网的现状——建设局、燃气办（处）。

（4）能源的种类、构成、用量及供求现状、消耗水平（总体情况、居民和工业情况），各类能源的进价、售价——能源局、燃料公司、燃气办。

（5）已有的城市燃气现状资料（气源、用气量、气价、管网资料、月抄表记录）——当地燃气企业。

（6）国家气源干线开口位置资料以及管线走向的意向性资料。

（三）城市燃气用户需求情况调查资料

1. 居民用户

统计城市现状用户总数量及将来规划的详细的人口分布（分区域的统计人口数量、户数及平均每户人口数、平均每户消耗能源情况）。

2. 商业用户（商业、学校、酒店）

统计其数目及其分布，含大的餐厅、旅馆（招待所）、医院、宾馆、大专院校、中小学、幼托等，并调查用户现在所用燃料及其可改为天然气的可能性。

3. 锅炉用户及采暖空调用户

城市锅炉数量、型号的调查，以及燃煤的价格调查。

4. 工业用户调查

工业用户数量、名称、所在位置（需在对应的图上标出）、现状燃料的用量、燃料的类型及购进价格，并调查厂家燃料可改为天然气的可能性。对于能源消耗量大的工业用户（折合日用气量 $\geq 100~\mathrm{Nm^3}$ 的），统计其数目及其分布，并调查现所用燃料及改为天然气的可能性。

5. 公交汽车、出租车的数量及规划目标

由于各地政府部门机构设置与管理职能划分有较大差异，所以在资料收集中还有可能需要与下列部门沟通协调以完成资料收集工作：发改局（委）、招商局（办）、开发区或工业区管委会、档案局（馆）、当地勘察规划设计院、工业局、贸易局、经委、城管局、人防办、信息产业局、房产局等。

部分不能直接从政府及相关部门取得的资料，应当通过现场调查的办法解决。

第三节 可行性研究报告

为逐步实现燃气规划，满足各类用户用气的需求，应根据规划要求，通过燃气项目的分期分批实施得以实现。为此，需编制工程项目建议书。项目建议书应根据城市燃气发展规划，充分考虑资源、建设、资金等条件，在调查研究基础上，提出工程建设的初步设想，包括：项目建设理由、建设规模、建设原则、场站选址、工艺流程、管网布置、设备选型、消防、环保、安全卫生、组织机构、工程进度、投资估算、资金来源等。项目建议书经政府有关部门批准后，即可编制项目可行性研究报告。

一、可行性研究的目的和编制原则

（一）目的

可行性研究是在建设前期对项目的一种考察和鉴定，即对拟建项目进行全面的、综合的调查研究，论证其技术经济是否可行，为投资决策提供依据，避免投资失误。

可行性研究是根据城市燃气发展规划的要求，对项目的技术、经济、资源、社会、环保等方面进行认真的调查研究，对建设和生产过程进行估算和预测，提出多个技术方案。通过对多方案的技术经济分析、比较、论证，从中优选出技术先进可靠、经济合理的最佳方案。通过可行性研究，要明确该项目是否值得投资建设，投资方案和建设进度如何。可行性研究为投资决策提供了科学的依据。

可行性研究报告要对所研究的项目明确以下问题：

1）技术上是否可行；

2）经济效益、环境效益、社会效益是否显著；

3）项目财务评价如何；

4）人力、物力需求；

5）建设时间；

6）工程投资；

7）资金筹措等。

（二）编制原则

1）贯彻国家能源和环保政策，充分利用天然气资源，保障能源安全供应，优化城市能源结构。

2）以国家政策、法规及城市总体规划、城市燃气规划为编制主要依据，结合城市的实际情况，通过技术经济比较，合理确定供气系统和供气方式等。

3）统筹兼顾、合理安排、分期实施、逐步完善，使燃气工程满足和适应城市不断发展的需要。

4）根据市场经济规律和政府相关政策，从实际出发，合理确定各类用户用气比例，科学地确定供气规模。

5）积极采用新技术、新材料、新设备，既要体现技术先进、经济合理，又要保证安全可靠，做到供应可靠，稳定发展。

6）充分进行多个技术方案的比较，尽可能降低工程投资，力争获得较好的经济效益、环保效益和社会效益。

二、可行性研究报告的组成

（一）说明书

1）总论；

2）气源；

3）供气规模及调峰量的计算；

4）燃气输配系统；

5）场站工程；

6）燃气管网输配工程；

7）综合信息管理系统；

8）环境保护；

9）节能；

10）消防；

11）劳动安全与工业卫生；

12）项目实施；

13）投资估算、资金筹措及经济评价；

14）结论及建议。

（二）附图

1）项目区域位置图；

2）城市燃气管网平面布置图；

3）城市燃气管网水力计算图；

4）高压燃气管道走向图；

5）各场站总平面布置图；

6）各场站工艺流程图；

7）计算机监控系统结构示意图。

三、基础资料的收集

参见城市燃气规划基础资料的收集。

第四节 初 步 设 计

项目可行性研究报告批准后，建设单位要编制设计任务书，设计任务书中应说明建设目的、气源情况、供气对象、输配系统方案、供需平衡、场站选址、辅助设施、管理机构、劳动定员、资金来源、工程进度安排等内容。设计单位接受委托后，根据建设单位要求进行初步设计。

一、初步设计编制的依据

初步设计编制的依据主要有：设计任务书；项目可行性研究报告；项目可行性研究报告的批复文件；建设资金来源及相关文件；环境评价报告；国家有关行业政策、设计规范、标准及规程等。

二、初步设计的组成

初步设计是控制项目投资的依据、项目建设准备工作的依据、购买土地的依据、管道路由的依据、主要设备及管道订货的依据、施工图设计的依据。项目初步设计包括：设计说明书、概算书、设备材料表和图纸。

（一）设计说明书

1）概述；

2）气源工程；

3）用气量计算及气量平衡；

4）输配系统设计；

5）各类场站设计；

6）燃气管网设计；

7）监控及数据采集系统；

8）环境保护专篇；

9）劳动安全与工业卫生专篇；

10）消防专篇；

11）节能专篇；

12）工程投资及技术经济指标；

13）对下阶段设计的要求。

（二）概算书（略）

（三）设备材料表（略）

（四）图纸

1）输配管网总平面图；

2）各类场站总平面布置图；

3）各类场站室外管线综合布置图；

4）各类场站工艺流程图；

5）场站内各专业主要设备平面布置图；

6）供配电系统图；

7）主要建筑物的平、立、剖面图；

8）燃气主干管平面图；

9）主要穿跨越管段平面图、纵断面图；

10）监控系统图纸。

三、基础资料的收集

1）场站选址意见书；

2）场站征地红线图及坐标（需规划部门盖章确认的原件图纸）；

3）场站给水方式，接口管径及位置，生活污水及雨水排水方向及位置；

4）场站供电方式，电源接口位置及电压等级；

5）站区供水、供电意向性协议；

6）供气气源协议；

7）环评报告；

8）安评报告；

9）消防意见；

10）其他相关部门的批复文件、资料等。

第五节 施工图设计

一、施工图设计的依据

施工图设计的依据主要有：项目初步设计；项目可行性研究报告；城市燃气规划；国家有关行业政策、设计规范、标准及规程等。

二、施工图设计的内容

（一）图纸目录

（二）设计说明书

1）施工图设计的依据及施工验收技术标准、规范；

2）工程内容简要说明；

3）施工技术要求；

4）施工中注意事项；

5）其他有关必要的论述。

（三）主要设备材料表

1）管材应标注种类、材质、管径、壁厚等；

2）设备及附件应标注规格、工称压力、性能参数（进出口压力、流量、功率等）。

（四）设计图纸

1. 燃气场站

（1）总图。

1）总平面图；

2）土方平衡和挡土墙图；

3）围墙大门图；

4）站区道路图；

5）站区室外管道综合平面图；

6）竖向排水及防洪图；

7）各专业站区室外管道平面图、管沟及构筑物断面图等。

（2）工艺专业设计图。

1）工艺流程图；

2）设备平面布置图；

3）工艺管道平面布置图、系统图、剖面图；

4）设备、管道安装连接详图。

（3）建筑专业设计图。

1）建筑物的平面图、立面图、剖面图；

2）各部构造详图；

3）室内地沟平面图。

（4）结构专业设计图。

1）基础平面图及基础详图；

2）各层结构平面布置图；

3）结构构件详图；

4）留孔和预埋件位置及做法图；

5）设备基础图。

（5）给水排水专业设计图。

1）水泵房、水池设备平面布置图及安装图；

2）管道平面布置图、剖面图；

3）用水设备、排水口安装图。

（6）动力、暖通专业设计图。

1）流程图或系统透视图；

2）锅炉房、空气压缩机房设备平面布置图；

3）管道平面布置图、剖面图；

4）设备安装图、保温结构、支吊架图。

（7）供配电专业设计图。

1）供电总平面图；

2）变配电室平面布置图、剖面图；

3）变配电室高低压接线图；

4）动力线路平面图；

5）照明系统及平面图；

6）防雷及接地系统平面图；

7）电气设备安装图。

（8）自控仪表及通信设计图。

1）带测控点的工艺流程图；

2）控制设备平面布置图；

3）电缆敷设平面布置图；

4）仪表安装、连接图；

5）通信及电视监控图；

6）其他。

2. 室外燃气管道

（1）管道平面布置图

（2）管道纵断面图

（3）穿跨越工程图

（4）局部安装详图

3. 室内燃气管道

（1）管道平面布置图

（2）管道系统图

（3）管道安装大样图

第六节　施工图设计文件审查

根据建设部令第 134 号《房屋建筑和市政基础设施工程施工图设计文件审查管理办法》有关条文，国家从 2004 年 8 月 23 日起实施施工图设计文件审查制度。

由建设主管部门认定的施工图审查机构，按照有关法律、法规，对施工图涉及公共利益、公众安全和工程建设强制性标准的内容进行审核。施工图未经审查合格的，不得使用。

第二章　燃气管道工程设计技术

由于长输管道、各类场站、城市高压管道的情况较复杂，因此燃气管道工程应根据单项工程具体特征和相关规范要求进行设计。本章节只对市政、庭院及户内燃气工程设计技术进行阐述。

第一节　常用技术标准

一、国家标准

1. GB50028—2006《城镇燃气设计规范》

本规范为燃气管道设计遵循的主要规范，应用的要点为第六章（燃气输配系统）和第十章（燃气的应用）。

在进行压力不大于4.0MPa（表压）的城市燃气（不包括液态燃气）室外输配工程的设计时，在确定管线的具体位置、管径及壁厚时应用第六章，其主要对燃气管道设计压力的分级、水力计算、管道埋深、地下燃气管道与建（构）筑物或相邻管道之间的安全净距、管材选用、门站及调压站的设计原则作出了明确的规定。

在进行城镇居民住宅、公共建筑和工业企业内部的燃气系统设计时，应用第十章，其主要对室内燃气管道的布线要求、水力计算、管材的选用、与室内电气设备或相邻管道之间的安全净距、燃气的计量、烟气的排除、燃气的监控设施及防雷防静电等作出了明确的规定。

2. GB50494—2009《城镇燃气技术规范》

本规范适用于城镇燃气设施的建设、运行维护和使用。其规定了城镇燃气设施的基本要求，对燃气设施基本性能、燃气质量、燃气厂站、燃气管道和调压设施、燃气汽车运输、燃具和用气设备提出了要求。

3. GB/T3091—2008《低压流体输送用焊接钢管》

本标准规定了低压流体输送用直缝焊接钢管的尺寸、外形、重量、技术要求、试验方法、检验规则、包装、标志和质量证明书，适用于水、污水、燃气、空气、采暖蒸汽等低压流体输送用和其他结构用的直缝焊接钢管。

在中、低压燃气管道设计过程中的焊接钢管、镀锌钢管的选用应用本标准。

4. GB/T8163—2008《输送流体用无缝钢管》

本标准规定了输送流体用无缝钢管的尺寸、外形、重量、技术要求、试验方法、检验规则、包装、标志和质量证明书，适用于输送流体用的一般无缝钢管。

在燃气管道设计过程中的无缝钢制管材选用上应用本标准。

5. GB15558.1—2003《燃气用埋地聚乙烯（PE）管道系统第1部分：管材》

本标准规定了以聚乙烯树脂为主要原料，经挤出成型的燃气用埋地聚乙烯管材的技术要求、试验方法、检验规则、标志、包装运输、贮存以及原料的主要性能要求。适用于工作温

度为 −20 ~ 40℃、最大工作压力不大于 0.4 MPa 的管材。

当设计中、低压燃气管道管材选用聚乙烯管时，应用本标准。

6. GB15558.2—2005《燃气用埋地聚乙烯（PE）管道系统第 2 部分：管件》

本标准规定了以聚乙烯树脂为主要原料，经注塑成型的燃气用埋地聚乙烯管件的技术要求、规格尺寸、试验方法、检验规则、标志、包装等，适用于工作温度为 −20 ~ 40℃、最大工作压力不大于 0.4 MPa 的埋地输送燃气的管件。

按本标准生产的管件适用于与按 GB15558.1—2003 标准要求生产的聚乙烯管材配套使用。

7. GB/T9711.1—1997《石油天然气工业输送钢管交货技术条件第 1 部分：A 级钢管》

本标准规定了石油天然气工业中用于输送可燃流体和非可燃流体（包括水）的非合金钢和合金钢（不包括不锈钢）无缝钢管和焊接钢管的交货技术条件。本标准包括的钢级为 L175、L210、L245、L290、L320 等多种。

8. GB/T9711.2—1999《石油天然气工业输送钢管交货技术条件第 2 部分：B 级钢管》

本标准规定了非合金钢及合金钢（不包括不锈钢）无缝钢管和焊接钢管的交货技术条件。本标准包括的质量和试验要求在总体上高于 GB/T9711.1 的规定。本标准一般适用于可燃流动体输送用钢管，不适用于铸铁管。

9. GB50235—2010《工业金属管道工程施工规范》

本标准为钢制燃气管道焊接、焊缝质量检验应遵循的标准，适用于设计压力不大于 42 MPa，设计温度不超过材料允许的使用温度的工业金属管道工程的施工及验收。应用要点为"管道检验、检查和试验"中的"射线照相检验和超声波检验"一节，此节对管道焊缝的内部质量的检验方法和适用标准、管道检验的数量等均做了具体规定。

10. GB50236—2011《现场设备、工业管道焊接工程施工规范》

本规范适用于碳素钢、合金钢、铝及铝合金、铜及铜合金、工业纯钛、镍及镍合金的手工电弧焊、氩弧焊、二氧化碳气体保护焊、埋弧焊和氧乙炔焊的焊接工程施工及验收。

11. GB50016—2006《建筑设计防火规范》

本规范的主要内容有：总则，建筑物的耐火等级，厂房，仓库，民用建筑，消防车道和进厂房的铁路线，建筑构造，消防给水和固定灭火装置，采暖、通风和空气调节，电气等。

在进行门站、储配站、瓶装供应站的总平面布置、厂房的设计时，执行本规范的建筑物的耐火等级和消防通道等的有关规定。调压计量间的用房也执行本规范的建筑物的耐火等级的有关规定。

12. GB50045—1995《高层民用建筑设计防火规范（2005 版）》

本规范的主要内容有：总则，术语，建筑分类和耐火等级，总平面布局和平面布置，防火，防烟分区和建筑构造，安全疏散和消防电梯，消防给水和灭火设备，防烟、排烟和通风、空气调节，电气。

在进行高层建筑燃气管道设计时，执行本规范的建筑分类和耐火等级等的有关规定。

13. GB16914—2003《燃气燃烧器具安全技术条件》

本标准为室内燃气管道设计遵循的标准，它规定了城市燃气燃烧器具（简称燃具）的安全技术要求，适用于民用和公共建筑使用的燃具。应用要点为燃具的选择和安装。

在设计时，对用户选用的燃具的性质要有清楚的了解，以确保该燃具符合设计条件。

介绍了燃具安装的处所及安装的具体要求、管道的连接、燃气泄漏报警器的安装要求。在设计时，针对不同类型的燃具，确定安装该燃具的房间或部位是否符合规定要求，以及需要采取的安全措施。

14. GB/T6968—2011《膜式煤气表》

本标准为进行室内燃气管道设计时选用膜式计量表所遵循的主要标准，它规定了膜式煤气表的术语、流量范围、结构、最大允许误差、密封性、压力损失、耐久性和检验规则等。

本标准适用于采用具有柔性薄壁测量室测量气体流量的容积式煤气表——膜式煤气表。本标准的应用要点为"流量范围"、"最大允许误差"、"压力损失"。

15. GB16410—2007《家用燃气灶具》

本标准为选用家用燃气灶具应遵循的主要标准，它规定了家庭用燃气灶具的技术要求、试验方法和验收规则等内容。

本标准适用于使用城市燃气的家用燃气灶具，其中包括：

1）单个燃烧器标准额定热流量小于5.23 kW（4 500 kcal/h）的灶；

2）标准额定热流量小于5.82 kW（5 000 kcal/h）的烤箱和烘烤器；

3）标准额定热流量符合1）、2）规定的烤箱灶；

4）每次焖饭的最大稻米量在4 L以下，标准额定热流量小于4.19 kW（3 600 kcal/h）的饭锅。

本标准的应用要点为"技术要求"，主要介绍了家用燃气灶具的基本设计参数、性能、结构等要求。

16. GB6932—2001《家用燃气快速热水器》

本标准为选用家用燃气快速热水器所遵循的主要标准，它规定了家用燃气快速热水器的术语、符号、分类及基本参数、技术要求、试验方法、检验规则和标志、包装、运输、贮存。

本标准不适用于容积式热水器和采暖用热水器。本标准的应用要点为"分类及基本参数"、"技术要求"，主要介绍了家用燃气快速热水器的基本参数和性能。

对于天然气钢管道焊缝内部质量的检验应用本标准。

17. GB50251—2003《输气管道工程设计规范》

本规范适用于陆上输气管道工程设计。它对输气管道工程的工艺设计、工艺计算、线路选择、地区等级划分、管道及附件的结构设计、输配站的设计、地下储气库地面设施的设计及焊接与检验等方面均做了明确的规定。

在进行长输管道工程及高压管道工程设计时应遵循本规范。

18. GB50423—2007《油气输送管道穿越工程设计规范》

本规范包括挖沟法穿越、水平定向钻穿越、隧道法穿越及铁路（公路）穿越设计，本规范适用于油气输送管道在陆上穿越人工或天然障碍的新建和扩建工程设计，穿越工程设计除应符合本规范外，尚应符合国家现行有关标准的规定。

19. GB50424—2007《油气输送管道穿越工程施工规范》

穿越工程施工方法可分为五类：定向钻穿越施工、顶管穿越施工、盾构穿越施工、大开挖穿越施工、矿山法隧道穿越施工。本规范适用于新建或改、扩建的输送原油、天然气、煤气、成品油等管道穿越河流、湖泊、山体、公路、铁路等准以通过的地上、地下障碍物工程

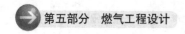

的施工。

本规范对跨越点的选择、管道跨越设计的技术要求及各种应力计算、施工要求都做了明确的规定。

二、行业标准

1. CJJ63—2008《聚乙烯燃气管道工程技术规程（附条文说明）》

本规程为管材选用聚乙烯管的燃气管道设计遵循的主要规范，它对聚乙烯燃气管道工程设计、施工和验收的技术要求做了明确规定。在进行聚乙烯燃气管道设计时，除了"材料验收、存放、搬运和运输"外，其余均为应用要点。

2. CJJ33—2005《城镇燃气输配工程施工及验收规范（附条文说明）》

本规范为室外燃气管道施工及验收遵循的主要规范，适用于压力不大于 4.0 MPa 的城市燃气（不包括液态输送的液化石油气）输配工程的新建、改建或扩建的施工及验收。在进行室外燃气管道设计时的应用要点为"管道及附属设备安装"和"试验与验收"。主要对钢管的焊接、焊缝的质量检验做出了具体要求；对燃气管道安装完毕后的吹扫、强度、气密性试验作了具体规定。

3. CJJ94—2009《城镇燃气室内工程施工与质量验收规范》

本规范为室内燃气管道施工及验收遵循的主要规范，适用于供气压力小于或等于 0.8 MPa（表压）的新建、扩建和改建的城镇居民住宅、商业用户、燃气锅炉房（不含锅炉本体）、实验室、工业企业（不含燃气设备）等用户室内燃气管道和用气设备安装的施工与质量验收。

4. CJ/T222—2006《家用燃气燃烧器具合格评定程序及检验规则》

本规程为室内燃气管道安装及验收遵循的规范，它的主要技术内容是：燃具给排气，燃具的安装间距及防火，燃具安装、验收。在进行室内燃气管道设计时的应用要点为前三项，应考虑燃具的给排气要求、燃具的安装部位及安全间距。

5. CJ/T112—2008《IC 卡膜式燃气表》

本标准为室内燃气管道设计选用 IC 卡燃气表时所遵循的主要标准，它规定了最大流量为 10 m³/h（含 10 m³/h）以下 IC 卡膜式燃气表的范围要求、试验方法、检验规则、标志包装、运输与贮存。

本标准适用于 IC 卡膜式燃气表的设计、生产、试验与验收。

本标准的应用要点为"燃气表流量范围"、"技术要求"。

6. CJ/T3030—1995《炊用燃气大锅灶》

本标准为商业用户选用大锅灶时遵循的主要标准，它规定了炊用燃气大锅灶的技术要求和检验规则。

本标准适用于单个灶眼额定热负荷不大于 80 kW 的金属组装式或砖砌式，锅的公称直径不小于 600 mm 的炊用燃气大锅灶。

本标准的应用要点为"类型及基本参数"、"技术要求"。

三、标准应用

在进行户内天然气管道工程设计时，常用的标准有 GB50028—2006《城镇燃气设计规范）；CJJ94—2009《城镇燃气室内工程施工与质量验收规范》；GB16914—2003《燃气燃烧器具安全技术条件》；CJJ12—1999《家用燃气燃烧器具安装及验收规程》；GB/T3091—2008《低压流体输送用焊接钢管》；GB3287—2011《可锻铸铁管路连接技术条件》。运用这些标准可对室内天然气管道进行合理定位，选择管材、管件及确定管径。

在进行室外天然气管道工程设计时，常用的标准有 GB50028—2006《城镇燃气设计规范》；CJJ63—2008《聚乙烯燃气管道工程技术规程（附条文说明）》；GB/T9119—2010《板式平焊钢制管法兰》；GB12459—2005《钢制对焊无缝管件》；GB/T3091—2008《低压流体输送用焊接钢管》；GB/T9711.1—1997《石油天然气工业输送钢管交货技术条件第 1 部分：A 级钢管》；GB/T9711.2—1999《石油天然气工业输送钢管交货技术条件第 2 部分：B 级钢管》；GB8163—2008《输送流体用无缝钢管》；GB15558.1—2003《燃气用埋地聚乙烯（PE）管道系统第 1 部分：管材》；GB15558.2—2005《燃气用埋地聚乙烯（PE）管道系统第 2 部分：管件》；GB50235—2010《工业金属管道工程施工规范》；GB/T12605—2008《无损检测　金属管道熔化焊环向对接接头射线照相检验方法》；GB50236—2011《现场设备、工业管道焊接工程施工规范》。运用这些标准可对室外天然气管道进行合理定位，选择管材、管件及确定管径，规定了焊缝的质量和检验标准，并对施工及验收要求作出了具体规定。

第二节　管材及附件

一、室内燃气管道的管材及管件选用

（一）管材的选用

（1）低压管道。当管径 $DN \leqslant 50$ mm 时，一般选用镀锌钢管（GB/T3091—2008《低压流体输送用焊接钢管》），连接方式为螺纹连接；当管径 $DN > 50$ mm 时，选用无缝钢管（GB/T8163—2008《输送流体用无缝钢管》），材质为 20 号钢，连接方式为焊接或法兰连接。

（2）中压管道。选用无缝钢管（GB/T8163—2008《输送流体用无缝钢管》或 GB/T3091—2008《低压流体输送用焊接钢管》），连接方式为焊接或法兰连接。

选用 GB/T3091—2008《低压流体输送用焊接钢管》中规定的焊接钢管，低压采用普通管，中压采用加厚钢管。选用无缝钢管其壁厚不得小于 3 mm，引入管不小于 3.5 mm。

在避雷保护范围以外的屋面燃气管道和高层建筑沿外墙架设的燃气管道，采用焊接钢管或无缝钢管时其壁厚不得小于 4 mm。

（二）管件的选用

当选用螺纹连接时，管件选用铸铁管件（GB/T3287—2011《可锻铸铁管路连接件》），材质为 KT；当选用焊接或法兰连接时，管件选用钢制管件（GB/T12459—2005《钢制对焊无缝管件》），材质为 20 号钢。

二、室外燃气管道的管材及管件选用

（一）管材的选用

1. 高压燃气管道

选用无缝钢管（GB/T8163—2008《输送流体用无缝钢管》），材质为 20 号钢；或焊接钢管（GB/T9711.1—1997《石油天然气工业输送钢管交货技术条件第1部分：A级钢管》，GB/T9711.2—1999《石油天然气工业输送钢管交货技术条件第2部分：B级钢管》）。

2. 中、低压管道

$DN \leqslant 300$ mm 的燃气管道推荐选用聚乙烯管（PE管）；PE管选用SDR17.6、SDR11［GB15558.1—2003《燃气用埋地聚乙烯（PE）管道系统第1部分：管材》］，材质为PE100。

$DN > 300$ mm 的燃气管道推荐从SY/T5037—2000《低压流体输送管道用螺旋缝埋弧焊钢管》中选用，材质为Q235B。

（二）管件的选用

钢制管件从GB/T12459—2005《钢制对焊无缝管件》中选用，材质为20号钢，钢制管件的壁厚选用与管材等壁厚或大1~2 mm；

聚乙烯管件从GB15558.2—2005《燃气用埋地聚乙烯（PE）管道系统第2部分：管件》中选用，材质为PE100。

三、聚乙烯管材、管件的使用规定

（一）聚乙烯管材的应用范围

聚乙烯（PE）燃气管道分SDR11和SDR17.6两个系列。当管径$DN \leqslant 75$ mm 或定向钻穿越，一般采PE100 SDR11系列，当管径$DN > 75$ mm 一般采用PE100 SDR17.6系列。

PE管材推荐使用DN315、DN250、DN200、DN160、DN110、DN90、DN63、DN40、DN32等规格管材。

输送不同种类燃气的最大允许工作压力应符合表5-2-1的规定。

表5-2-1　聚乙烯管道的最大允许工作压力　　　　　（单位：MPa）

城市燃气种类		PE80		PE100	
		SDR11	SDR17.6	SDR11	SDR17.6
天然气		0.50	0.30	0.70	0.40
液化石油气	混空气	0.40	0.20	0.50	0.30
	气态	0.20	0.10	0.30	0.20
人工煤气	干气	0.40	0.20	0.50	0.30
	其他	0.20	0.10	0.30	0.20

聚乙烯燃气管道最大允许工作压力，除应符合表5-2-1的规定外，还应按工作温度对管道工作压力的折减系数进行折减。压力折减系数应符合表5-2-2的规定。

表5-2-2　工作温度对管道工作压力的折减系数

工作温度 t	$-20℃ \leqslant t \leqslant 20℃$	$20℃ \leqslant t \leqslant 30℃$	$30℃ \leqslant t \leqslant 40℃$
压力折减系数	1.00	0.90	0.76

（二）管道的连接

当公称直径$DN < 90$ mm 时，宜采用电熔连接；当公称直径$DN \geqslant 90$ mm 时，宜采用热熔连接。

四、穿跨越工程管材的选用

(一) 穿越工程

穿越工程选用的国产钢管，应符合现行国家标准 GB/T9711.1—1997《石油天然气工业输送钢管交货技术条件第 1 部分：A 级钢管》、GB/T9711.2—1999《石油天然气工业输送钢管交货技术条件第 2 部分：B 级钢管》和 GB/T8163—2008《输送流体用无缝钢管》的规定，并应根据钢种等级与设计使用温度提出韧性要求。

穿越工程所用的其他钢材，应符合现行国家标准 GB/T700—2006《碳素结构钢》、GB/T714—2008《桥梁用结构钢》和 GB1499.2—2007《钢筋混凝土用钢第 2 部分热轧带肋钢筋》的规定。

穿越工程所用的水泥，应符合现行国家标准 GB200—2003《中热硅酸盐水泥低热矿渣硅酸盐水泥》的规定。

(二) 跨越工程

跨越工程选用的国产钢管，应符合现行国家标准 GB/T9711.1—1997《石油天然气工业输送钢管交货技术条件第 1 部分：A 级钢管》、GB/T9711.2—1999《石油天然气工业输送钢管交货技术条件第 2 部分：B 级钢管》和 GB/T8163—2008《输送流体用无缝钢管》的规定，燃气管道屈服强度与抗拉强度之比应不大于 0.85。

跨越工程所用的其他钢材，应符合现行国家标准 GB/T700—2006《碳素结构钢》、GB/T714—2008《桥梁用结构钢》和 GB1499.2—2007《钢筋混凝土用钢第 2 部分热轧带肋钢筋》的规定。

跨越工程所用的水泥，应符合现行国家标准 GB200—2003《中热硅酸盐水泥　低热硅酸盐水泥　低热矿渣硅酸盐水泥》的规定。

第三节　施　工　图

一、室内燃气管道工程施工图设计要点

(一) 管线位置

管线一般采用明装，不允许穿越卧室、密闭地下室、浴室、厕所、易燃易爆品仓库、有腐蚀性介质的房间、配电间和变电室等。当燃气管穿过其他非用气房间时，必须采用焊接的连接方式，并必须设置在套管中。

引入管有地上引入和地下引入两种形式，居民用户一般采用地上引入形式。引入管一般直接从厨房或燃气表房引入。引入管一般采用无缝钢管弯制，当输送湿燃气时，应有 0.01 的坡度坡向室外管道。

室内燃气管道应与其他管道及设施保持一定的安全距离：与上下水、暖气管道水平净距不应小于 100 mm；与水池边水平净距不应小于 200 mm；与电开关、电插座水平净距不应小于 150 mm；球阀、管接头严禁安装在电开关和电插座的正下方。

(二) 阀门位置

(1) 进户总阀门。进户总阀门设在总立管上，一般距地面 1.5 ~ 1.7 m。当引入管进入

室内与总立管之间需采用水平管连接时，总阀门可安装在连接用水平管上。也可将室内总阀门设置在室外。安装在室外的阀门必须采取保护措施。

（2）燃气表控制阀。燃气表前应安装阀门；$Q_n \geq 40\ m^3/h$ 的燃气表或连接灶具较多的燃气表，燃气表前后均应安装阀门。

（3）灶具控制阀。每台灶具前均应安装控制阀门。

（4）燃具控制阀。一台灶具上往往安装多个燃烧器，每个燃烧器前均应安装控制阀门。

（5）点火控制阀。每台公用灶具均应安装点火控制阀。

（三）活接头位置

为了安装和维修方便，必须在室内燃气管道的适当位置上设置活接头。一般情况下，所有螺纹连接的阀门后均应设置活接头。$DN \leq 50\ mm$ 的用户立管上，每隔一层楼安装一个活接头，安装高度应便于安装拆卸。水平干管过长时，也应在适当位置安装活接头。设置活接头的场所应具有良好的通风条件。

（四）套管的设置

引入管穿越建筑物外墙，立管穿越楼板，水平管穿越隔墙、卫生间时，其穿越段必须全部设在套管内，套管内不准有接头。套管规格和要求见表5-2-3。

表5-2-3 燃气管道的套管直径

燃气管直径/mm	DN15	DN20	DN25	DN32	DN40	DN50	DN65	DN80	DN100	DN150
套管直径/mm	DN32	DN40	DN50	DN65	DN65	DN80	DN100	DN100	DN150	DN200

（五）管卡或支架（托架）的设置

燃气管道安装时应在立管和水平管段的适当位置设置管卡或支架（托架）。每层立管、表前接户立管的水平管、表后接灶水平管上应各设置一个管卡，灶前立管阀门前应设置两个管卡。对于高层住宅，每隔六层加一个托架。

管卡或支架（托架）的做法可参照《05系列建筑标准设计图集——05S9 管道支架 吊架》及《05系列建筑标准设计图集——05N6 燃气工程》。

（六）燃气表的安装

燃气表的安装详见本章第四节。

（七）燃气燃烧器具的安装

1. 对安装燃气灶的厨房的要求

安装燃气灶的厨房净高不得低于2.2 m，应具有自然通风和自然采光，房顶必须采取防火措施；厨房内宜设排气装置和可燃气体报警装置。

2. 家用燃气灶的安装要求

家用燃气灶的安装位置应方便用户使用，采用硬管连接时，灶边距墙壁净距不应小于100 mm；采用软管连接时，其连接软管的长度不应超过2 m，并不应有接口，且软管不得穿墙、窗和门；与水池净距不应小于200 mm；距门框边不应小于200 mm；距外开门不应小于200 mm；距内开门，在门全开时，距门边不应小于200 mm；与可燃或难燃烧的墙壁之间应采取有效的防火隔热措施，燃气灶的灶面边缘和烤箱的侧壁距木质家具的净距不应小于200 mm，燃气灶与对面墙之间应有不小于1 m的通道。

3. 商业用气设备的安装要求

用气设备之间的净距应满足操作和检修的要求，燃具灶台之间的净距不宜小于 0.5 m，大锅灶之间净距不宜小于 0.8 m，烤炉与其他燃具、灶台之间的净距不宜小于 1.0 m；用气设备前宜有宽度不小于 1.5 m 的通道；燃具、风帽排气出口与可燃材料、难燃材料装修的建筑物部位的最小距离见 CJJ12—1999《家用燃气燃烧器具安装及验收规程》。

（八）燃具给排气设施和排烟设施的安装要求

1. 排气装置

灶具和热水器（或采暖炉）应分别采用竖向烟道进行排气；住宅采用自然换气时，排气装置应按现行国家标准 CJJ12—1999《家用燃气燃烧器具安装及验收规程》中的 A.0.1 的规定执行；住宅采用机械换气时，排气装置应按现行国家标准 CJJ12—1999《家用燃气燃烧器具安装及验收规程》中的 A.0.3 的规定执行。

2. 排烟设施

不得与使用固体燃料的设备共用一套排烟设施；每台用气设备宜采用单独烟道，当多台设备合用一个总烟道时，应保证排烟时互不影响；在容易积聚烟气的地方，应设置泄爆装置；应设有防止倒风的装置；从设备顶部排烟或设施排烟罩排烟时，其上部应有不小于 0.3 m 的垂直烟道方可接水平烟道；有防止倒风装置的用气设备不得设置烟道闸板，无防倒风排烟罩的用气设备，在至总烟道的每个支管上应设置闸板，闸板上应有直径大于 15 mm 的孔。

（九）商业用户、工业企业设计要点

（1）在用户提供用气场所的总体规划图、室内设备的总体布置图、安装设备的建筑平面图的前提下，了解用气设备的台数、类型以及压力和流量，尤其是压力和流量。

（2）商业用气设备的安装应符合下列规定：

用气设备之间的净距应满足操作和检修的要求，燃具灶台之间的净距不宜小于 0.5 m，大锅灶之间的净距不宜小于 0.8 m，烤炉与其他燃具、灶台之间的净距不宜小于 1.0 m。

（3）用气设备前宜有宽度不小于 1.5 m 的通道。

（4）工业企业用气车间、锅炉房及大中型用气设备的燃气管道上应设放散管。

（5）设备摆放位置不宜设在地下室、半地下室或通风不良的场所。特殊情况需要设置时，应有机械通风和相应的防火防爆安全措施。不符合建筑要求时应按规范向用户严格提出。

（6）工业企业内敷设燃气管道时，应符合现行国家标准 GB6222—2005《工业企业煤气安全规程》的规定。

（十）锅炉房（直燃机）燃气管道设计要点

（1）本条适用于下列范围内的工业、民用、区域锅炉房：

1）以水为介质的蒸汽锅炉房，其锅炉的额定蒸发量为 1~65 t/h、额定出口蒸汽压力为 0.1~3.82 MPa 表压、额定出口蒸汽温度小于或等于 450℃；

2）热水锅炉房，其锅炉的额定出力为 0.7~58 MW、额定出口水压为 0.1~2.5 MPa 表压、额定出口水温小于或等于 180℃；

（2）锅炉房燃气管道宜采用单母管，常年不间断供热时，宜采用双母管。采用双母管时，每一母管的流量宜按锅炉房最大计算耗气量的 75% 计算。

（3）锅炉房内燃气管道不应穿过易燃易爆品仓库、配电室、变电室、电缆沟、通风沟、风道、烟道和易使管道腐蚀的场所。

（4）锅炉房内燃气管道宜架空敷设。输送密度比空气小的燃气管道，应装设在空气流通的高处，输送密度比空气大的燃气管道，宜装在锅炉房外墙和便于检测的地点。

（5）在引入锅炉房的燃气母管上，应装设总关闭阀，并装设在安全和便于操作的地点。每台锅炉的燃气干管上，应装设关闭阀和快速切断阀。每个燃烧器前的燃气支管上，应装设关闭阀，阀后串联装设两个电磁阀（如燃气设备自带一个，则设计一个即可）。

（6）燃气管道上应装设放散管、取样口和吹扫口，其位置应能满足将管道内燃气或空气吹净的要求。放散管的位置应在用气设备的燃气总阀门和燃烧器阀门之间。

（7）燃气锅炉房和直燃机房必须设置下列安全设施：

1）燃气浓度报警器；

2）燃气引入管上设置手动快速切断阀和紧急自动切断阀；

3）自然或机械通风设施和事故排风设施。

燃气浓度报警器应与紧急自动切断阀和事故排风设备连锁。

（8）应设置必要的泄压设施，泄压设施宜采用轻质屋盖作为泄压面积，易于泄压的门、窗、轻质墙体也可作为泄压面积。作为泄压面积的轻质屋盖和轻质墙体的每平方米重量不宜超过 120 kg。泄压面积与厂房体积的比值（m^2/m^3）宜为 0.05 ~ 0.22。爆炸介质威力较强或爆炸压力上升速度较快的，应尽量加大此比值。

（9）燃气锅炉房和直燃机房必须设置下列情况的报警信号：

1）燃气锅炉的风机故障停运；

2）燃气锅炉熄火；

3）燃气锅炉燃烧器前燃气干管压力过低或过高。

（10）地下室、半地下室内设置的锅炉和直燃机严禁使用液化石油气。

（十一）对于高层建筑的室内燃气管道系统应考虑的问题

（1）补偿高层建筑的沉降。可在引入管处安装补偿器以消除建筑物沉降的影响。

（2）克服高程差引起的附加压头的影响。当高程差过大时，为了使建筑物上下各层的燃具都能在允许的压力波动范围内正常工作，可采取下列措施以克服附加压头的影响：

1）增加管道阻力，以降低附加压头的增值。例如在燃气总立管上每隔若干层增设一分段阀门，作调节用。

2）分开设置高层供气系统和低层供气系统，以分别满足不同高度的燃具工作压力的需要。

3）设用户调压器，各用户由各自的调压器将燃气降压，达到稳定的、燃具所需的压力值。

4）通过水力计算改变管径。

（3）高层建筑燃气立管的管道长、自重大，宜在立管底部设置支墩，并每隔几层设置中间承重支撑，来分担燃气立管的自重和推力。

（4）当管道两端被固定支撑约束时，为了消除管道因温差产生的热应力影响，必须要考虑管道的温度补偿，应在两个固定支撑之间设置伸缩补偿器。

（5）高层民用住宅用户宜安装家用报警器。

(十二) 特殊场所安装燃气设施的要求

特殊场所包括地上暗厨房、地上密闭房间、地下室、半地下室、设备层等。没有直通室外的门和窗的房间称为地上暗厨房或地上密闭房间；房间地面低于室外设计地面的平均高度、大于该房间平均净高 1/3 且小于等于 1/2 者为半地下室；房间地面低于室外设计地面的平均高度、大于该房间平均净高 1/2 者为地下室。

(1) 地上暗厨房、地上密闭房间、地下室、半地下室、设备层的用气安全设施应符合下列要求：

1) 引入管宜设快速切断阀和紧急自动切断阀，紧急自动切断阀停电时必须处于关闭状态；

2) 用气设备应有熄火保护装置；

3) 用气房间应设置燃气浓度检测报警器，并由管理室集中监视和控制；

4) 宜设置烟气一氧化碳检测报警器；

5) 燃气管道应选择无缝钢管（20 号钢）焊接或法兰连接，焊缝进行 100% 射线照相检验；

6) 应设独立的机械送排风系统，正常工作时，换气次数不应小于 6 次/h，事故通风时，换气次数不小于 12 次/h，不工作时不应小于 3 次/h；当燃烧所需的空气量由室内吸取时，应满足燃烧所需的空气量，同时还要满足排除房间热力设备散失的多余热量所需的空气量。

(2) 地下室、半地下室、设备层敷设人工煤气和天然气管道时，应符合下列要求：

1) 净高不应小于 2.2 m；

2) 应有良好的通风设施，地下室或地下设备层内应有机械通风和事故排风设施（防爆）；

3) 应设有固定的照明设备（防爆）；

4) 当燃气管道与其他管道一起敷设时，应敷设在其他管道的外侧；

5) 燃气管道应选择无缝钢管（20 号钢）焊接或法兰连接，焊缝进行 100% 射线照相检验；

6) 应用非燃烧体的实体墙将电话间、变电室、修理间和储配室隔开；

7) 地下室内燃气管道末端应设放散管，并应引出地上，放散管的出口位置应保证吹扫放散时的安全和卫生要求，当建筑物位于防雷区之外时，放散管的引线应接地，接地电阻应小于 10 Ω。

(3) 应安装燃气浓度检测报警器的场所：

1) 建筑物内专用的封闭式燃气调压间、计量间；

2) 地下室、半地下室和地上密闭的用气房间；

3) 燃气管道竖井。

(4) 宜设置燃气紧急自动切断阀的场所：

1) 一类高层民用建筑（装修标准高、有空气调节的高级住宅或 19 层及以上的普通住宅）；

2) 燃气用量大、人员密集、流动人口多的商业建筑；

3) 重要的公共建筑。

（十三）燃气管道及设备的防雷、防静电设计要求

（1）进出建筑物的燃气管道的进出口处，室外的屋面管、立管、放散管、引入管和燃气设备等处均应有防雷、防静电接地设施。

（2）对有避雷网的建筑在房顶上敷设的金属燃气管道：

1）当管道比房顶上的避雷网高时（即不在避雷网的保护范围内时），所选用的钢管壁厚不得小于 4 mm，且同避雷网或防雷引下线可靠联结；

2）当管道比房顶上的避雷网低时（即在避雷网的保护范围时），应就近接到避雷网上；

3）当管道同避雷网连接有困难时，也可采用独立的接地装置，其冲击电阻不宜大于 30 Ω。

（3）对没有避雷网的建筑在房顶上敷设的金属燃气管道：

1）金属管道应做好防雷接地，一般采用独立的接地装置，其冲击电阻不宜大于 30 Ω；

2）当管道比建筑物高时（即不在建筑物的覆盖范围内时），所选用的钢管壁厚不得小于 4 mm，且管道应做好防雷接地，防雷引下线可选用不小于 ϕ8 mm 镀锌圆钢；

3）当管道比建筑物低时（即在建筑物的覆盖范围内时），金属管道应做好防雷接地，接地点可选在距地点最近点或出地面处。

（4）对进出建筑物的架空燃气管道，在进出处就近接到防雷或电气设备的接地装置上，也可采用独立的接地装置，其冲击电阻不宜大于 30 Ω。

（5）对可能产生静电危害的输气管道通过房屋进出口处，在管道分支处及管道每间隔 50～80 m 处，均设有防静电接地；静电接地单独安装时，其电阻不宜大于 30 Ω。

（6）天然气管道上的法兰、法兰连接的阀门及非金属管两端连接处应有金属线或紫铜板跨接；法兰或阀门跨接处，跨接金属线截面不应小于 6 mm^2。

（7）放散管的防雷（二区爆炸危险环境）。

对装有阻火器的排放爆炸危险气体的放散管，应做好保护接地，其冲击电阻不宜大于 10 Ω；对排放物达不到爆炸浓度及发生事故时排放物才达到爆炸浓度的通风管、安全阀、放散管，应做好保护接地，其冲击电阻不宜大于 10 Ω。

（十四）室内燃气管道施工图需要注意的事项

（1）对本章第一节中提到的施工图设计需要收集的基础资料尽量收集齐全，同时要尽可能地到现场对资料的准确性进行核对。

（2）对于未成型的民用建筑、用户提供资料不全、提前设计的情况。应向用户或开发商详细询问墙体的结构、材质，门窗的样式。安装热水器、采暖炉时考虑烟道的伸出位置。尤其在安装采暖炉时必须考虑墙体的承重。以免考虑不当给施工和用户造成不必要的麻烦。根据厨房的具体情况，综合考虑燃气管道、计量表、灶具的位置，以安全为第一要素，同时考虑便于施工和燃气公司今后的管理（维护、维修）。尤其是与燃气表、灶具及其他管道的安全间距，一定要按规范执行，特殊情况可采取措施。管道不要从灶具的排烟罩处穿入。对特殊存在隐患的地方，如可能包裹之处，一定要将要害与用户说明，让其更改或是采取措施。并以文字说明让用户签字、认可。

（3）对于已成型的民用建筑。应了解用气设备类型、规格、具体尺寸，以图纸结合实际，现场仔细勘测，了解入户的给水管和排水管，周密考虑各项尺寸、确定合理用气方案。现场有不符合设计要求或执行规范困难较大、需要整改的地方应向用户提出。

室内明设或暗封形式敷设的燃气管道与装饰后墙面的净距需满足表5-2-4的要求，若为毛墙面应增加30 mm。对于高层建筑，在室外应设补偿器。

表5-2-4　室内燃气管道与装饰后墙面的净距

管子工程尺寸	< DN25	DN25 ~ DN40	DN50	> DN50
与墙净距/mm	≥30	≥50	≥70	≥90

二、室外燃气管道工程施工图设计要点

由于输配系统各级管网的输气压力不同。其设施和防火安全的要求也不同，而且各自的功能也有所区别，故应按各自的特点进行布置。管道位置采用相对位置控制。

（一）高、中压管线的平面布置原则

城市高、中压管线一般在《城市燃气利用初步设计》或《城市燃气专项规划》中作出整体考虑，设计时应以当地相关部门批准的正式文件为依据。有未涉及处则可按下述原则进行布置，在得到当地相关部门的正式批准后方可进行施工图设计。

（1）高压管道宜布置在城市边缘或市内有足够埋管安全距离的地带。

（2）中压管道应布置在城市用气区便于与低压环网连接的规划道路上，但应尽量避免沿车辆来往频繁或闹市区的主要交通干线敷设。

（3）中压管网应布置成环。

（4）高、中压管道的布置，应考虑对大型用户直接供气的可能性，并应使管道通过这些地区时尽量靠近这些用户；同时应考虑调压室的布点位置，尽量使管道靠近各调压室。

（5）高、中压管道应尽量避免穿越铁路或河流等大型障碍物，以减少工程量和投资。

（6）高、中压管道是城市输配系统输气和配气的主要干线，必须综合考虑近期建设与长期规划的关系，以延长已经敷设的管道的有效使用年限。

（7）当高、中压管网初期建设的实际条件只允许布置成半环形或支状管时，应根据发展规划使之与规划环网有机联系，防止日后出现不合理的管网布局。

（二）高压管道设计需注意的事项

（1）城镇高压燃气管道地区等级的划分。

（2）三级地区地下燃气管道与建筑物之间的水平净距不应小于表5-2-5的规定。

表5-2-5　三级地区地下燃气管道与建筑物之间的水平净距　　　　（单位：m）

燃气管道公称直径和壁厚 δ/mm	地下燃气管道压力/ MPa		
	1. 61	2. 50	4. 00
所有管径，$\delta < 9.5$	13. 5	15. 0	17. 0
所有管径，$9.5 \leqslant \delta < 11.9$	6. 5	7. 5	9. 0
所有管径，$\delta \geqslant 11.9$	3. 0	5. 0	8. 0

注：1. 如果对燃气管道采取行之有效的保护措施，$\delta < 9.5$mm 的燃气管道也可采用表中第二行的水平净距。

　　2. 水平净距是指管道外壁到建筑物出地面处外墙面的距离。

　　3. 当燃气管道压力与表中数不同时，可采用直线方程内插法确定水平净距。

（3）高压燃气管道的布置应符合下列要求：

1）高压燃气管道不宜进入城市四级地区；不宜从县城、卫星城、镇或居民居住区中间通过。

2）高压燃气管道不应通过军事设施、易燃易爆品仓库、国家重点文物保护单位的安全保护区，以及飞机场、火车站、海（河）港码头。当受条件限制管道必须在本款所列区域通过时，必须采取安全防护措施。

3）高压燃气管道宜采用埋地方式敷设。当个别地段需要采用架空敷设时，必须采取安全防护措施。

4）在高压燃气干管上，应设置分段阀门。分段阀门的最大间距：以四级地区为主的管段不应大于 8 km；以三级地区为主的管段不应大于 13 km；以二级地区为主的管段不应大于 24 km；以一级地区为主的管段不应大于 32 km。

5）在高压燃气支管的起点处，应设置阀门。

6）燃气管道阀门的选用应符合有关国家现行标准。应选择适用于燃气介质的阀门。

7）在防火区内关键部位使用的阀门，应具有耐火性能。需要通过清管器或电子检管器的阀门，应选用全通径阀门。

（三）中压管道设计需注意的事项

1. 地下燃气管道埋设的覆土厚度（地面至管顶）

一般要求车行道≥1.0 m，非车行道≥0.8 m，北方地区必须要埋深在土壤冰冻线以下。埋设在以后可能修路的土路上的燃气管道应按规划路面标高考虑或适当加大管道埋深。确定管道埋深时，设计人员应根据设计规范和现场实际情况综合考虑安全性、经济性和施工难易程度。

2. 管道防腐

新建的高压、次高压、公称直径大于或等于100 mm的中压管道和公称直径大于或等于200 mm的低压管道必须采用防腐层辅以阴极保护的腐蚀控制系统。管道运行期间阴极保护不应间断。执行 GB/T21448—2008《埋地钢制管道阴极保护技术规范》及 SY/T5919—2009《埋地钢制管道阴极保护技术管理规程》的规定。

防腐等级不低于加强级绝缘防腐。

3. 根据土壤性质、腐蚀性能确定管道的防腐材料和防腐等级

国内钢质燃气管道外防腐层的种类有环氧煤沥青、冷缠防腐胶带、热缠防腐胶带、聚乙烯防腐层和环氧粉末喷涂等。设计可根据当地土壤腐蚀情况、管材材质选取、当地施工习惯等多方面因素选择合理的防腐材料。

防腐技术执行现行国家标准 CJJ93—2003《城镇燃气埋地钢制管道腐蚀控制技术规程（附条方说明）》、SY/T0414—2007《钢制管道聚乙烯胶粘带防腐层技术标准》及 SY/T0447—1996《埋地钢制管道环氧煤沥青防腐层技术标准》的规定。

4. 阀门的设置

在中压燃气干管上，应设置分段阀门，一般直管段上每隔 2~3 km 设置一个分段阀门，并在阀门两侧设置放散管。在燃气支管的起点处，应设置阀门，在支管段设置放散管。阀门推荐选用球阀或燃气专用直埋闸阀。

5. 套管的设置

地下燃气管道从排水管沟、热力管沟、隧道及其他各种用途槽内穿过时，应将管道敷设

在套管内，且套管伸出构筑物外壁不应小于"地下燃气管道与建筑物、构筑物或相邻管道之间的水平净距"要求，如表 5-2-6 所示。

穿越铁路或高速公路的燃气管道应加套管，穿越电车轨道或城镇主要干道时宜敷设在套管或管沟内。套管内径应比燃气管道外径大 100 mm 以上。在重要地段套管端部要安装检漏管。套管两端应采用柔性的防腐、防水材料密封。

表 5-2-6　地下燃气管道与建筑物、构筑物或相邻管道之间的水平净距　　　（单位：m）

项　　目			地下燃气管道压力/ MPa				
			低压	中压		次高压	
			<0.01	B	A	B	A
				≤0.2	≤0.4	0.8	1.6
建筑物	基础		0.7	1.0	1.5	—	—
	外墙面（出地面处）		—	—	—	5.0	13.5
给水管			0.5	0.5	0.5	1.0	1.5
污水、雨水排水管			1.0	1.2	1.2	1.5	2.0
电力电缆含电车电缆	直埋		0.5	0.5	0.5	1.0	1.5
	在导管内		1.0	1.0	1.0	1.0	1.5
通信电缆	直埋		0.5	0.5	0.5	1.0	1.5
	在导管内		1.0	1.0	1.0	1.0	1.5
其他燃气管道	≤300 mm		0.4	0.4	0.4	0.4	0.4
	>300 mm		0.5	0.5	0.5	0.5	0.5
热力管	直埋		1.0	1.0	1.0	1.5	2.0
	在管沟内（至外壁）		1.0	1.5	1.5	2.0	4.0
电杆塔基础	≤35 kV		1.0	1.0	1.0	1.0	1.0
	>35 kV		2.0	2.0	2.0	5.0	5.0
通信照明电杆（至电杆中心）			1.0	1.0	1.0	1.0	1.0
铁路路堤坡脚			5.0	5.0	5.0	5.0	5.0
有轨电车钢轨			2.0	2.0	2.0	2.0	2.0
街树（至树中心）			0.75	0.75	0.75	1.2	1.2

6. 施工及验收执行

施工及验收执行需符合：CJJ63—2008《聚乙烯燃气管道工程技术规程（附条文说明）》；CJJ33—2005《城镇燃气输配工程施工及验收规范（附条文说明）》；GB50235—2010《工业金属管道工程施工规范》；GB50236—2011《现场设备、工业管道焊接工程施工规范》。

（四）低压管网的平面布置原则

（1）低压管道的输气压力低，沿程压力降的允许值也较低，故低压管网的成环边长一般宜控制在 300～600 m 之间。

（2）低压管道除以环状管网为主体布置外，也允许存在枝状管道。

（3）给低压管网供气的相邻调压室之间的连通管道的管径，应大于相邻管网的低压管道管径。

（4）对于城市的老区，低压管道宜沿大街小巷敷设；对于城市的新建区，低压管道宜敷设在街坊内，而只将主干管连接成环网。

（5）低压管道可以沿街道的一侧敷设，也可以双侧敷设。

（6）低压管道应按规划道路布线，并应与道路轴线或建筑物的前沿相平行，尽可能避免在高级路面的街道下敷设。

（五）中、低压庭院管网设计注意事项

（1）保证燃气管道与热力管、给排水管、电力电缆等相邻管道的安全净距，见表5-2-7。如果间距不能满足要求，应采取有效的安全防护措施。防护措施主要指：增加管壁厚度（聚乙烯管、球墨铸铁管和钢骨架聚乙烯管不采取此项措施）、提高防腐等级、减少接口数量、加强检验（100%无损探伤）等。

（2）若在中压管线上接线，选择接点位置时，在考虑方便施工的同时，还应考虑使调压箱之前的中压管线尽量短。

（3）管径的确定要合理，对以后工程的预留应统一规划，避免选择的管径过大。

（4）钢制管道和聚乙烯管道均设警示带，聚乙烯管道还要设置示踪线。

（5）管道埋深、管道防腐、施工与验收同中压管道要求。

表5-2-7 地下燃气管道与构筑物或相邻管道之间的垂直净距 （单位：m）

项　　目		地下燃气管道（有套管以套管计）
给水管、排水管或其他燃气管道		0.15
热力管、热力管的管沟底（或顶）		0.15
电缆	直埋	0.5
	在导管内	0.15
铁路（轨底）		1.20
有轨电车（轨底）		1.00

注：表5-2-6和表5-2-7的规定除地下燃气管道与热力管的净距不适用于聚乙烯燃气管道和钢骨架聚乙烯塑料复合管道外，其他规定均适用。聚乙烯燃气管道于热力管道的净距应按国家现行标准CJJ63—2008《聚乙烯燃气管道工程技术规程》执行。

（六）设计室外架空燃气管道注意事项

（1）中压和低压燃气管道，可沿建筑耐火等级不低于二级的住宅或公共建筑的外墙敷设；次高压、中压和低压燃气管道，可沿建筑耐火等级不低于二级的丁、戊类生产厂房的外墙敷设。

（2）沿建筑物外墙的燃气管道距住宅或公共建筑物中不应敷设燃气管道的房间门、窗洞口的净距：中压管道不应小于0.5 m，低压管道不应小于0.3 m，燃气管道距生产厂房建筑物门、窗洞口的净距不限。

（3）架空燃气管道与铁路、道路、其他管线交叉时的垂直净距不应小于表5-2-8的规定。架空燃气管道过铁路、道路时应设置明显的警示标志。

（4）应考虑架空直管段过长时采取补偿措施（自然补偿和补偿器补偿，并尽可能选用前者）。

（5）如燃气管道需要与其他管道共架敷设应考虑燃气管道与其他管道之间的间距。对特殊位置的架空管道（如空旷地带、高空放散管等）应考虑管道接地。

（6）架空燃气管道的固定件间距应适当缩小。

（7）工业企业内燃气管道沿支柱敷设时，应符合现行国家标准 GB6222—2005《工业企业煤气安全规程》。

表 5-2-8　架空燃气管道与铁路、道路、其他管线交叉时的垂直净距

建筑物和管线名称		最小垂直净距/m	
		燃气管道下	燃气管道上
铁路轨顶		6.0	—
城市道路路面		5.5	—
厂区道路路面		5.0	—
人行道路路面		2.2	—
架空电力线，电压	3 kV 以下	—	1.5
	3～10 kV	—	3.0
	35～66 kV	—	4.0
其他管道，管径	≤300 mm	同管道直径，但不小于 0.10	同左
	>300 mm	0.30	0.30

（七）管道的纵断面布置原则

输送湿燃气的管道，不论是干管还是支管，其坡度一般不小于 0.003。布线时，最好能使管道的坡度和地形相适应。凝水缸之间的间距一般不大于 500 m。在道路中间、交叉路口以及操作困难的地方，凝水缸应设置在附近合适的地点。输送干燃气的管道，没有坡度的要求。只有在特殊地段才考虑设置凝水缸。

燃气管道不得在地下穿过房屋或其他建筑物，不得平行敷设在有轨电车轨道之下，也不得与其他地下设施上下并置。在一般情况下，燃气管道不得穿过其他管道本身，如因特殊情况需要穿过其他大断面管道（污水干管、雨水干管、热力管沟等）时，需征得有关方面同意，同时燃气管道必须安装在钢套管内。

燃气管道与其他各种构筑物以及管道相交时，应保持安全的垂直净距。在距相交构筑物或管道外壁 2 m 以内的燃气管道上不应有接头、管件和附件。

三、调压室燃气管道施工图设计要点

（1）地上调压室的设置应尽可能避开城市繁华街道，可设在居民区的街坊内或广场、公园等地。调压室应力求布置在负荷中心或接近大用户处。

（2）根据用户类型选择不同方式的调压室。

（3）高压和次高压燃气调压站室外进、出口管道上必须设置阀门；中压燃气调压站室外进口管道上，应设置阀门。阀门距调压站室的距离要求为：

1）当为地上单独建筑时，不宜小于 10 m，当为毗连建筑物时，不宜小于 5 m；

2）当为调压柜时，不宜小于 5 m；

3）当为露天调压装置时，不宜小于 10 m；

4）当通向调压站的支管阀门距调压站小于 100 m 时，室外支管阀门与调压站进口阀门可合并为一个。

（4）调压室内部的布置，要便于管理和维修，设备布置要紧凑，管道及辅助管线力求简短。安全装置应选用安全切断阀。

（5）当调压室内、外燃气管道为绝缘连接时，调压器及其附属设备必须接地，接地电阻应小于 100 Ω。

（6）为了保证在调压器维修时不间断地供气，需在调压室内设置旁通管路或安装调压器的备用管路。旁通管的管径通常比调压器出口管的管径小 1~2 号。

（7）调压室的施工图设计注意事项：

1）对于管线安装尺寸要留有足够的维修空间；

2）方案要考虑方便、合理，根据房间的面积确定水平方向或是垂直方向安装；

3）对每个设备的尺寸要详细考虑，计算好。

第四节　主　要　设　备

一、燃气计量表

（一）燃气计量装置选型的基本原则

1. 居民用户

管网供气的居民用户户数多，使用压力低，流量范围小，一般选用最大流量 2.5 m^3/h 或 4.0 m^3/h 的 B 级膜式燃气表进行计量。

2. 商业用户和工业用户

（1）餐饮用户。这类用户拥有多台灶具，用气压力低，小时用气量在几立方米至几十立方米，当开单台灶具时，小时用气量有时仅有零点几立方米，这类用户应优先选用膜式燃气表或腰轮表。

（2）流量小，但流量变化幅度不太大的商业用户和小型燃气锅炉供暖用户。这类用户的最大小时耗气量在几十至一百多立方米，最小用气量也在腰轮表、涡轮表量程范围内。如果低压计量，应优先选用腰轮表、涡轮表。小流量时，也可选用最大流量为 50 m^3/h 以下的膜式燃气表。中压计量时，优先选用腰轮表、涡轮表。

（3）流量较大的商业用户和工业用户。容积式流量计体积较大，不适合大流量计量，所以这类用户应优先选用速度式流量计。

由于气体体积与温度、压力有关，我国是以 20℃，1.013 25 ×10^5 Pa 为基准条件进行气体体积计量的，所以进行中、高压气体体积计量时应选用带温压补偿的流量计。

（二）燃气计量表装置的设置要求

（1）由管道供应燃气的用户，均应单独设置燃气计量表，并应符合下列要求：

1）居民住宅应每户设一台燃气表，优先选用人工智能型；

2）商业用户和工业用户应按计量单位设置燃气表；

3）如同一燃气用户使用的燃气计费价格不同，则应分别设置燃气表。

（2）皮膜表、腰轮表一般在调压后安装，涡轮表一般选择在调压前安装。

（3）在进行燃气表连接管路设计时，是否设置备用表和旁通管应与燃气公司协商确定。一般常用燃气表在进行连接管路时可不考虑设置备用表和旁通管。对特殊型号或不常用的计量表或不能间断供气（如工业用户、特殊用户）的用户，管路设计时应考虑两台流量计并联的形式。

（三）燃气表安装位置确定

（1）燃气计量表的安装位置应考虑环境的影响：应便于读数、维护、检修；避免磕碰、震动；并应考虑环境温度、油烟、粉尘对燃气表使用寿命的影响。

（2）燃气表应安装在非燃烧结构内并通风良好的地方，根据气质（干、湿燃气）情况可安装在室内，也可安装在室外，用户室外安装的燃气计量表应装在防护箱内。

（3）家用燃气计量表的安装应符合下列规定：

1）高位安装时，表底距地面不宜小于 1.4 m；

2）低位安装时，表底距地面不宜小于 0.1 m；

3）高位安装时，燃气计量表与燃气灶的水平净距不得小于 300 mm，表后与墙面净距不得小于 10 mm；

4）燃气计量表安装后应横平竖直，不得倾斜；

5）采用高位安装，多块表挂在同一墙面上时，表之间净距不宜小于 150 mm；

6）燃气计量表与电开关、电插座的水平净距不应小于 200 mm，距砖砌烟囱水平净距不应小于 100 mm，距金属烟囱水平净距不应小于 300 mm，距暖气片边缘水平净距不应小于 300 mm，燃气计量表原则上不应安装在电表、电插座和电开关的下面；

7）燃气计量表应使用专用的表连接件安装。

（4）商业及工业企业燃气计量表安装应符合下列规定：

1）额定流量小于 50 m³/h 的燃气计量表，采用高位安装时，表底距室内地面不宜小于 1.4 m，表后距墙不宜小于 30 mm，并应加表托固定；采用低位安装时，应平正地安装在高度不小于 200 mm 的砖砌支墩或钢支架上，表后距墙净距不应小于 50 mm。

2）额定流量大于或等于 50 m³/h 的燃气计量表，应平正地安装在高度不小于 200 mm 的砖砌支墩或钢支架上，表后距墙净距不应小于 150 mm；涡轮式和罗茨式燃气表可与调压装置合并安装在落地式调压箱内。

3）对于公福用户而言，应根据其燃气总用量、灶具的使用特点选择合适的计量装置。与砖砌烟囱水平净距不应小于 0.8 m，与金属烟囱水平净距不应小于 1.0 m；与低压电气设备水平净距不应小于 0.3 m；与灶具边水平净距不应小于 0.8 m，与开水炉边水平净距不应小于 1.5 m。上述净距确实难以满足，采取有效措施后，可适当放宽。

（5）计量装置的工作环境温度宜高于 0℃，但不得高于 40℃。特殊情况时应根据气候条件、工作环境选择计量装置的类型、材质。

（四）燃气表的保护装置

（1）通常皮膜表前不设过滤器；腰轮表、涡轮表前应设置过滤器。

（2）特殊用户燃气表后应设止回阀或泄压装置，如富氧燃烧器，利用鼓风机向燃烧器供空气装置。

（3）当燃气中带有尘粒或管道中可能产生尘粒时，燃气表前应加设过滤器。

（4）当燃气表安装在室外时，应设置表箱加以保护。

（五）燃气表的安装场所

燃气表严禁安装在下列场所：

（1）卧室、更衣室和卫生间（厕所、浴室）以及通风不良的房间。

（2）有电源、电器开关及其他电器设备的管道井内极有可能滞留泄漏燃气的场所。有变、配电等高压电器设备的地方。

（3）环境温度高于45℃的地方。燃气表的工作温度应符合产品说明书中的要求；无特殊要求时，通常安装燃气表的地方，当介质为人工煤气和天然气时，应高于0℃；当使用液化石油气时，应高于其露点5℃以上。

（4）堆放易燃、易腐蚀物质和环境潮湿的地方。

（5）有明显震动的地方。

（6）高层建筑中作为避难层及安全疏散楼梯间内。

（7）妨碍工作的地方。

二、调压装置

（一）调压装置的选择原则

（1）设计人员应根据用户用气情况（燃气用量、燃气工作压力）选择调压器、调压器的通过能力和调压器的工作形式。

（2）调压器应能满足进口燃气的最大、最小压力的要求。

（3）调压器通过能力的计算：

1）当调压器生产厂的产品样本中提供有流量校正公式时，则利用样本中的公式进行流量校正计算。

2）调压器的压力差，应根据调压器前燃气管道的最低设计压力与调压器后燃气管道的设计压力之差值确定。

3）调压器的计算流量，应按该调压器所承担的管网小时最大输送量的1.2倍确定。

（二）调压装置的设置要求

严格按照国家现行版本 GB50028—2006《城镇燃气设计规范》中第6.6节要求执行。

（三）调压装置的工作环境

当输送干燃气而无采暖时环境温度应能保证调压器的活动部件能正常工作；当输送湿燃气时，无防冻措施的调压器的环境温度应大于0℃；当输送液化石油气时，其环境温度应大于液化石油气的露点。当达不到要求时，应采取保温措施。

（四）调压器的安装调试

调压器的安装调试应按照设备说明书和有关要求进行。

第五节　管道附属设备

一、阀门的选用

1. 室内燃气管道上阀门的选用

室内燃气管道上常用的有螺纹（内螺纹）球阀、法兰球阀。

2. 室外燃气管道上阀门的选用

常用外部燃气管道切断装置选用法兰连接的燃气专用闸阀、球阀。PE 管道上宜优先选用与管道材质相同的阀门。当采用金属阀门时为法兰连接；当采用 PE 材料的阀门时采用电熔连接或热熔连接。

二、补偿器的选用

推荐选用符合 GB/T12777—2008《金属波纹膨胀节通用技术条件》规定的补偿器。

三、凝水缸的选用

（1）输送湿燃气的管道，在管道的最低点处必须设置凝水缸。输送干燃气的管道，没有坡度的要求，只有在特殊地段才考虑设置凝水缸。

（2）根据所处地区的气候环境（冻结区和非冻结区）选择凝水缸的安装形式。

（3）根据管道材质的不同和燃气压力的不同选用高、中、低压钢制或中、低压 PE 材料凝水缸。

（4）钢制凝水缸采用焊接或法兰连接方式与管道连接。

（5）PE 管材凝水缸与相同材料的管道连接时采用热熔连接或电熔连接方式。

第三章 城市燃气需用量及供需平衡

第一节 城市燃气需用量

一、供气对象及供气原则

（一）供气对象

按照用户的特点，城市燃气供气对象一般有居民用户；公共建筑用户；工业、商业用户；采暖、制冷用户；燃气汽车用户。

（二）供气原则

燃气是一种优质燃料，热效率可高达 55% ~ 60%，应力求经济合理地充分发挥其使用效能。首先应该从提高热效率和节约能源方面考虑。

1. 民用用气供气原则

优先满足城市居民炊事和生活用热水用气，尽量满足公共建筑的用气。

2. 工业用气供气原则

优先供应在工艺上使用燃气后，可使产品产量及质量有很大提高的工业企业，使用燃气后能显著减轻污染的工业企业，作为缓冲用户的工业企业。

3. 工业与民用供气的比例

城市燃气在气量分配里应兼顾工业与民用。工业企业用气量在城市用气量中占有一定的比例将有利于平衡城市燃气使用的不均匀性，减少燃气的储存容量。为了平衡城市燃气供应的季节不均匀性及节日高峰负荷，可发展一定数量的工业用户作为缓冲用户。

4. 燃气汽车供气原则

汽车以燃气为燃料，可以有效改善城市中因汽车尾气排放导致的大气污染。在大部分地区发展燃气汽车可以减少交通成本。因此，应优先发展燃气汽车用户。

二、城市燃气需用量的计算

（一）各类用户的用气量指标（又称为用气定额）

1. 居民生活用气量指标

居民生活用气量指标，是指每人每年使用多少热量的燃气，用热量表示，单位为 MJ/（人·年）。影响居民生活用气量指标的因素很多：室内用气设备、公共生活服务网、生活水平和习惯、气象条件、燃气价格、有无集中供暖设备和热水供应设备等。

居民生活用气指标一般取 1 884 ~ 2 093 MJ/（人·年）。

2. 公共建筑用气量指标

各类公共建筑用气量指标是不相同的；其用气定额与居民用气定额不同，有不同的用气量指标。影响公共建筑用气量指标的因素有：用气设备的性能、热效率、使用方式和气候条件等。

我国几种公共建筑的用气量指标列于表5-3-1。

表5-3-1 几种公共建筑的用气量指标

类 别		单 位	用气量指标
职工食堂		MJ/（人·年）	1 884～2 303
饮食业		MJ/（座·年）	7 955～9 211
托儿所、幼儿园	全托	MJ/（人·年）	1 884～2 512
	半托	MJ/（人·年）	1 256～1 675
医院		MJ/（床位·年）	2 931～4 187
旅馆、招待所	有餐厅	MJ/（床位·年）	3 350～5 024
	无餐厅	MJ/（床位·年）	670～1 047
高级宾馆		MJ/（床位·年）	8 374～10 467
理发		MJ/（人·次）	3.35～4.19

（二）城市燃气年用气量计算

城市燃气年用气量就等于各类用户年用气量之和。

1. 居民生活年用气量

根据居民生活用气量指标、居民数、气化率即可按式（5-3-1）计算出居民生活年用气量。气化率是指市居民使用燃气的人口数占城市总人口的百分数。

$$Q_y = \frac{Nkq}{H_1} \tag{5-3-1}$$

式中　Q_y——居民生活年用气量（Nm^3/年）；

　　　N——居民人数（人）；

　　　k——气化率（%）；

　　　q——居民生活用气定额（kJ/人·年）；

　　　H_1——燃气低热值（kJ/Nm^3）。

2. 公共建筑年用气量

公共建筑年用气量可按式（5-3-2）计算：

$$Q_y = \frac{MNq}{H_1} \tag{5-3-2}$$

式中　Q_y——公共建筑年用气量（Nm^3/年）；

　　　N——居民人口数（人）；

　　　M——各类用气人数占总人口的比例数；

　　　q——各类公共建筑用气定额（kJ/人·年）；

　　　H_1——燃气低热值（kJ/Nm^3）

3. 工业企业年用气量

工业企业年用气量估算方法大致有以下两种。

（1）利用各种工业产品的用气定额及其年产量来计算。工业产品的用气定额，可根据有关设计资料或参照已用气企业的产品用气定额选取。

（2）在缺乏产品定额资料的情况下，通常是将工业企业其他燃料的年用量折算成用气量，折算公式为

$$Q_y = \frac{1\,000 G_y H'_i \eta'}{H_1 \eta} \tag{5-3-3}$$

式中　Q_y——年用气量（Nm³/年）；

G_y——其他燃料年用量（t/年）；

H'_i——其他燃料的低发热值（kJ/Nm³）；

H_1——燃气低发热值（kJ/Nm³）；

η'——其他燃料燃烧设备热效率（%）；

η——燃气燃烧设备热效率（kJ/Nm³）。

（三）建筑物供暖年用气量

$$Q_y = \frac{F q_f n}{H_1 \eta} \times 100 \tag{5-3-4}$$

式中　Q_y——年用气量（Nm³/年）；

F——使用燃气供暖的建筑面积（m²）；

q_f——民用建筑物的热指标（kW/m²）；

η——供暖系统的效率（%）；

H_1——燃气低发热值（kJ/Nm³）；

n——供暖最大负荷利用小时数（h）。

供暖最大负荷利用小时数可按式（5-3-5）计算：

$$n = n_1 \frac{t_1 - t_2}{t_1 - t_3} \tag{5-3-5}$$

式中　n——供暖最大负荷利用小时数（h）；

n_1——供暖期（h）；

t_1——供暖室内计算温度（℃）；

t_2——供暖期室外平均温度（℃）；

t_3——供暖室外计算温度（℃）。

（四）未预见量

未预见量包括管网的燃气漏损量和发展过程中未预见的供气量。一般未预见量按总用气量的5%计算。

第二节　燃气需用工况

城市各类用户的用气情况是不均匀的，是随月、日、时而变化的。这是城市燃气供应的一个特点。

用气不均匀性可以分为三种，即月不均匀性（或季节不均匀性）、日不均匀性和时不均匀性。

一、月用气工况

影响居民生活及公共建筑用气月不均匀性的主要因素是气候条件。工业企业用气的月不均匀规律主要取决于生产工艺的性质。

一年中各月的用气不均匀情况用月不均匀系数表示。月不均匀系数 K_1 的值应按式 (5-3-6) 确定:

$$K_1 = \frac{该月平均日用气量}{全年平均日用气量} \tag{5-3-6}$$

12 个月中平均日用气量最大的月,即月不均匀系数值最大的月,称为计算月。并将月最大不均匀系数 $K_{1,max}$ 称为月高峰系数。

二、日用气工况

一个月或一周中用气的波动主要由下列因素决定:居民生活习惯、工业企业的工作和休息制度、室外气温变化等。

居民生活及公共建筑用气工况主要取决于居民生活习惯。平日和节假日用气的规律各不相同。工业企业用气的日不均匀系数在平日波动较少,而在轮休日及节假日波动较大。

用日不均匀系数表示一个月(或一周)中日用气量的变化情况。日不均匀系数 K_2 值应按式 (5-3-7) 确定:

$$K_2 = \frac{该月中某日用气量}{该月平均日用气量} \tag{5-3-7}$$

该月中日最大不均匀系数 $K_{2,max}$ 称为该月的日高峰系数。

三、小时用气工况

城市燃气管网系统的管径及设备,均按计算月小时最大流量计算。一日之中小时用气工况的变化图对燃气管网的运行,以及计算平衡时不均匀性所需储气容积都很重要。

城市中各类用户的小时用气工况均不相同,居民生活和公共建筑用户的用气不均匀性最为显著。

通常用小时不均匀系数表示一日中小时用气量的变化情况。小时不均匀系数 K_3 值应按式 (5-3-8) 确定:

$$K_3 = \frac{该日某小时用气量}{该日平均小时用气量} \tag{5-3-8}$$

该日小时不均匀系数的最大值 $K_{3,max}$ 称为该日的小时高峰系数。

第三节 燃气输配系统的小时计算流量

城市燃气输配系统的管径及设备通过能力不能直接用燃气的年用气量确定,而应按燃气计算月的小时最大流量进行计算。小时计算流量的确定,关系着燃气输配的经济性和可靠性。

确定燃气小时计算流量的方法有两种:不均匀系数法和同时工作系数法。

一、城市燃气市政管道的计算流量

各种压力和用途的城市燃气管道的计算流量是按计算月的高峰小时最大用气量计算的，其小时最大流量由年用气量和用气不均匀系数求得，计算公式如下：

$$Q = \frac{Q_y}{365 \times 24} K_{1,\max} \cdot K_{2,\max} \cdot K_{3,\max} \tag{5-3-9}$$

式中　Q——计算流量（Nm^3/h）；

Q_y——年用气量（$Nm^3/$年）；

$K_{1,\max}$——月高峰系数；

$K_{2,\max}$——日高峰系数；

$K_{3,\max}$——小时高峰系数。

居民生活和公共建筑用气的高峰系数，当缺乏用气量实际统计资料时，结合当地具体情况，可按下列范围选用：

月高峰系数 = 1.1 ~ 1.3；

日高峰系数 = 1.05 ~ 1.2；

小时高峰系数 = 2.2 ~ 3.2。

二、室内和庭院燃气管道的计算流量

室内和庭院燃气管道的计算流量一般按燃气用具的额定耗气量和同时工作系数 K_0 确定。

$$Q = K_t \sum K_0 Q_n N \tag{5-3-10}$$

式中　Q——庭院及室内燃气管道的计算流量（Nm^3/h）

K_t——不同类型用户的同时工作系数，当缺乏资料时，可取 1；

K_0——相同燃具或相同组合燃具的同时工作系数；

N——相同燃具或相同组合燃具数；

Q_n——相同燃具或相同组合燃具的额定流量（Nm^3/h）。

同时工作系数 K_0 反映燃气用具集中使用的程度，燃具不可能都在同一时间内使用，所以实际的小时流量不会是所有燃具额定流量的总和。设计时同时工作系数的选取可参考相关规范。

第四节　燃气输配系统的储气调峰

城市燃气用气量是不均匀的。但一般燃气气源的供应量是均匀的，不可能完全随需用工况而变化。为了解决均匀供气和不均匀用气之间的矛盾，必须采取合适的方法使燃气输配系统供需平衡。

一、调峰方法

（一）改变气源的生产能力和设置机动气源

改变气源的生产能力和设置机动气源，必须考虑气源运转、停止难易、生产负荷变化的可能性和变化幅度。同时应考虑供气的安全可靠性和技术经济合理性。

干馏煤气（尤其是焦炉气）的生产，通常是不可能改变的；直立式连续炭化炉煤气的产量可以有少量的变化幅度；油制气、发生炉煤气、LPG 混空气等可用来调节月不均匀性、日不均匀性、甚至小时不均匀性，因为这些生产设备启动和停产比较方便，负荷调整范围较大。

（二）利用缓冲用户和发挥调度作用

缓冲用户指大型的工业企业用户。发挥调度作用就是制定调度计划，通过调度计划调整供气量，用来平衡季节不均匀用气，以及部分日不均匀用气。

（三）利用储气设施

1. 地下储存

地下储气库储气量大，造价和运行费用低，可用来平衡季节不均匀用气和一部分日不均匀用气，但不应该用来平衡全部日不均匀用气及小时不均匀用气。急剧增加采气强度，会使储库的投资和运行费用增加，很不经济。

2. 液态储存

天然气主要成分为甲烷，在 −161℃ 时即液化，可以液化后存在储罐中，用气高峰时，将天然气气化后供出，适于调节各种不均匀用气。国外设有液化天然气的"卫星站"和"调峰全能站"，是储存和再气化的合成装置。

3. 管道储气

高压燃气管束储气是将一组或几组钢管埋于地下，对管内燃气加压进行储气。长输干管储气是在夜间用气低峰时，将燃气储存在管道中，这里管内的压力增高，白天用气高峰时，再将管内储存的燃气送出。管道储气是平衡小时不均匀用气的有效办法。

4. 储气罐储气

用各种罐储气，有低压干式罐、低压湿式罐、高压罐。只能用来平衡日不均匀用气和小时不均匀用气。与其他储气方式相比金属耗量和投资都较大。

二、储气容积的计算

当气源产量能够根据需用量改变一周内各天的生产工况时，储气容积以计算月最大日燃气供需平衡要求确定，否则，按计算月平均周的燃气供需平衡要求确定。为了平衡一天中的不均匀用气设置的储气设备，制气设备可以按计算月最大日平均小时供气量均匀地供气。所需储气容积的计算方法举例如下。

【例 5-3-1】 计算月最大日用气量为 2 800 000 m³/d，气源在一日内连续均匀供气。每小时用气量与日用气量的百分数如表 5-3-2 所示，试确定所需的储气容积。

表 5-3-2 储气容积计算数据表

小时	0~1	1~2	2~3	3~4	4~5	5~6	6~7	7~8	8~9	9~10	10~11	11~12
供气量（%）	4.17	4.17	4.17	4.17	4.17	4.17	4.17	4.17	4.17	4.17	4.17	4.17
供气量累计（%）	4.17	8.33	12.50	16.67	20.84	25.00	29.17	33.34	37.50	41.67	45.83	50.00
用气量（%）	1.90	1.51	1.40	2.05	1.58	2.91	4.12	5.08	5.18	5.21	6.32	6.42
用气量累计（%）	1.90	3.41	4.81	6.86	8.44	11.35	15.47	20.55	25.73	30.94	37.26	43.68
燃气的储存量（%）	2.27	4.92	7.69	9.81	12.40	13.65	**13.70**	12.79	11.77	10.73	8.57	6.32

（续）

小时	12～13	13～14	14～15	15～16	16～17	17～18	18～19	19～20	20～21	21～22	22～23	23～24
供气量（%）	4.17	4.17	4.17	4.17	4.17	4.17	4.17	4.17	4.17	4.17	4.17	4.17
供气量累计（%）	54.17	58.33	62.50	66.67	70.84	75.00	79.17	83.34	87.50	91.67	95.83	100.00
用气量（%）	4.90	4.81	4.75	4.75	5.82	7.60	6.16	4.57	4.48	3.25	2.77	2.46
用气量累计（%）	48.58	53.39	58.14	62.89	68.71	76.31	82.47	87.04	91.52	94.77	97.54	100.00
燃气的储存量（%）	5.59	4.94	4.36	3.78	2.13	-1.31	-3.30	-3.70	**-4.02**	-3.10	-1.71	0.00

计算步骤：

1）设每日气源供应量为 100，一天 24 小时平均供气量为 100/24 = 4.17；

2）求出 24 小时燃气供应及消耗的累计量；

3）根据两个累计值的差，确定该小时需储存量；

4）从储存量中找出最大值 13.70，最小值 -4.02；

储气容积百分数（17.72）= Max（13.7）- Min（-4.02）。

5）所需的储气容积为 2 800 000 × 17.72% = 496 160（m³）

在图 5-3-1 上绘制了一天中各小时的用气量曲线和储气设备中的储气量曲线。

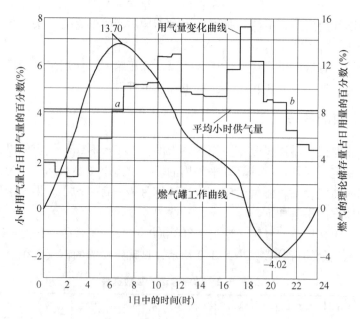

图 5-3-1 用气量变化曲线和储气罐工作曲线

a、b—用气量与供气量相等的瞬间

当没有用气量变化的具体数据时，储气容积可参照表 5-3-3 选取。

表 5-3-3 储气容积中计算月平均日供气量的百分数表

工业用气量占计算月 平均日供气量的百分比（%）	民用气量占计算月 平均日供气量的百分比（%）	储气量占计算月 平均日供气量的百分比（%）
50	50	40 ~ 50
>60	<40	30 ~ 40
<40	>60	50 ~ 60

第四章 燃气管网的水力计算

第一节 管道内燃气流动的基本方程式

管道内燃气流动的基本方程是不稳定流动方程式。

燃气是可压缩气体，一般情况下管道内燃气的流动都是不稳定流。在多数情况下，管道内燃气的流动可认为是等温的，其温度等于埋管周围土壤的温度。

决定燃气流动状态的参数为管内燃气压力、流速、密度。三个参数是距离和时间的函数，为了求得这三个参数，必须有三个方程，即运动方程；连续性方程；状态方程。

第二节 城市燃气管道水力计算公式及计算图表

燃气管道的水力计算通常有两种途径：将摩擦阻力系数值的公式代入基本公式，依据公式进行计算或者利用计算图表计算。

一、低压燃气管道摩擦阻力损失计算公式

（一）层流状态（Re < 2 100）

在层流区，摩擦阻力系数值仅与雷诺数有关，用式（5-4-1）表示：

$$\lambda = \frac{64}{Re} \qquad (5\text{-}4\text{-}1)$$

式中   Re——雷诺数，$Re = \dfrac{dW}{\nu}$；

d——管道内径（m）；

W——管道断面的燃气平均流速（m/s）；

ν——运动黏度（m²/s）。

$$\frac{\Delta p}{L} = 1.13 \times 10^{10} \frac{Q_0}{d^4} \nu \rho_0 \frac{T}{T_0} \qquad (5\text{-}4\text{-}2)$$

（二）临界状态（Re = 2 100 ~ 3 500）

$$\lambda = 0.03 + \frac{Re - 2\,100}{65Re - 10^5} \qquad (5\text{-}4\text{-}3)$$

$$\frac{\Delta p}{L} = 1.9 \times 10^6 \left(1 + \frac{11.8Q_0 - 7 \times 10^4 d\nu}{23Q_0 - 10^5 d\nu}\right) \frac{Q_0^2}{d^5} \rho_0 \frac{T}{T_0} \qquad (5\text{-}4\text{-}4)$$

（三）紊流区

当 Re > 3 500 时为紊流区，紊流区包括水力光滑区、过渡区（又称紊流过渡区）和阻力平方区。

1. 钢管

$$\lambda = 0.11 \left(\frac{\Delta}{d} + \frac{68}{Re} \right)^{0.25} \tag{5-4-5}$$

$$\frac{\Delta p}{L} = 6.9 \times 10^6 \left(\frac{\Delta}{d} + 192.2 \frac{d\nu}{Q_0} \right)^{0.25} \frac{Q_0^2}{d^5} \rho_0 \frac{T}{T_0} \tag{5-4-6}$$

式中　Δ——当量粗糙度（m）。

2. 铸铁管

$$\lambda = 0.102 \left(\frac{1}{d} + 5\,158 \frac{d\nu}{Q_0} \right)^{0.284} \tag{5-4-7}$$

$$\frac{\Delta p}{L} = 6.4 \times 10^6 \left(\frac{1}{d} + 5\,158 \frac{d\nu}{Q_0} \right)^{0.284} \frac{Q_0^2}{d^5} \rho_0 \frac{T}{T_0} \tag{5-4-8}$$

式（5-4-2）~式（5-4-8）中　Δp——燃气管道摩擦阻力损失（Pa）；

λ——燃气管道的摩阻系数；

L——燃气管道的计算长度（m）；

Q_0——燃气管道的计算流量（Nm³/h）；

d——管道内径（mm）；

ρ_0——燃气密度（kg/Nm³）；

ν——燃气运动黏度（m²/s）；

Δ——管道内壁的当量绝对粗糙度（mm）；钢管一般取 $\Delta = 0.1 \sim 0.2$ mm，聚乙烯管一般取 $\Delta = 0.01$ mm；

T——燃气绝对温度（K）；

T_0——标准状态绝对温度（273.15 K）。

二、高压和中压燃气管道摩擦阻力损失计算公式

（一）钢管

$$\lambda = 0.11 \left(\frac{\Delta}{d} + \frac{68}{Re} \right)^{0.25}$$

$$\frac{p_1^2 - p_2^2}{L} = 1.4 \times 10^9 \left(\frac{\Delta}{d} + 192.2 \frac{d\nu}{Q_0} \right)^{0.25} \frac{Q_0^2}{d^5} \rho_0 \frac{T}{T_0} \tag{5-4-9}$$

（二）铸铁管

$$\lambda = 0.102 \left(\frac{1}{d} + 5\,158 \frac{d\nu}{Q_0} \right)^{0.284}$$

$$\frac{p_1^2 - p_2^2}{L} = 1.3 \times 10^9 \left(\frac{1}{d} + 5\,158 \frac{d\nu}{Q_0} \right)^{0.284} \frac{Q_0^2}{d^5} \rho_0 \frac{T}{T_0} \tag{5-4-10}$$

（三）聚乙烯管

聚乙烯燃气管道输送不同种类燃气的最大允许工作压力应符合我国行业标准 CJJ63—2008《聚乙烯燃气管道工程技术规程（附条文说明）》，其中压燃气管道摩擦阻力损失计算公式为

$$\frac{p_1^2 - p_2^2}{L} = 1.4 \times 10^9 \left(\frac{\Delta}{d} + 192.2 \frac{d\nu}{Q_0} \right)^{0.25} \frac{Q_0^2}{d^5} \rho_0 \frac{T}{T_0} \tag{5-4-11}$$

式中 p_1——管道起点燃气的绝对压力（kPa）；

    p_2——管道终点燃气的绝对压力（kPa）；

    L——燃气管道的计算长度（km）；

    Q_0——燃气管道的计算流量（Nm^3/h）；

    d——管道内径（mm）。

三、燃气管道摩擦阻力损失计算图表

根据 GB50028——2006《城镇燃气设计规范》所推荐的摩擦阻力损失计算公式制成图5-4-1～图5-4-4。

计算图表的绘制条件为：

（1）燃气密度按 $\rho_0 = 1\ kg/Nm^3$ 计算，因此，在使用图表时应根据不同的燃气密度进行修正。

低压管道

$$\frac{\Delta p}{L} = \left(\frac{\Delta p}{L}\right)_{\rho_0=1} \cdot \rho_0 \tag{5-4-12}$$

高、中压管道

$$\left(\frac{p_1^2 - p_2^2}{L}\right) = \left(\frac{p_1^2 - p_2^2}{L}\right)_{\rho_0=1} \cdot \rho_0 \tag{5-4-13}$$

密度修正也可以利用图旁所附的密度校正尺进行。

（2）运动黏度。

人工煤气 $\nu = 25 \times 10^{-6}\ m^2/s$；天然气 $\nu = 15 \times 10^{-6} m^2/s$。

（3）取钢管的当量绝对粗糙度 $\Delta = 0.000\ 17\ m$。

四、计算示例

【例5-4-1】 已知燃气密度 $\rho_0 = 0.7\ kg/Nm^3$，运动黏度 $\nu = 25 \times 10^{-6} m^2/s$，有 $\phi 219 \times 7$ 中压燃气钢管，长 200 m，起点压力 $p_1 = 150\ kPa$，输送燃气流量 $Q_0 = 2\ 000\ Nm^3/h$，求0℃时该管段末端压力 p_2。

解法1 公式法

按式（5-4-9）计算：

$$\frac{p_1^2 - p_2^2}{L} = 1.4 \times 10^9 \left(\frac{\Delta}{d} + 192.2\frac{d\nu}{Q_0}\right)^{0.25} \frac{Q_0^2}{d^5}\rho_0\frac{T}{T_0}$$

$$\frac{150^2 - p_2^2}{0.2} = 1.4 \times 10^9 \left(\frac{0.17}{205} + 192.2 \times \frac{205 \times 25 \times 10^{-6}}{2\ 000}\right)^{0.25}\frac{2\ 000^2}{205^5} \times 0.7 \times \frac{273.15}{273.15}$$

得管段末端压力 $p_2 = 148.7\ kPa$。

解法2 图表法

按 $Q_0 = 2\ 000\ Nm^3/h$ 及 $d = 219 \times 7\ mm$，查图5-4-1，得密度 $\rho_0 = 1\ kg/Nm^3$ 时管段的压力平方差为

$$\left(\frac{p_1^2 - p_2^2}{L}\right)_{\rho_0=1} = 3.1\ (kPa)^2/m$$

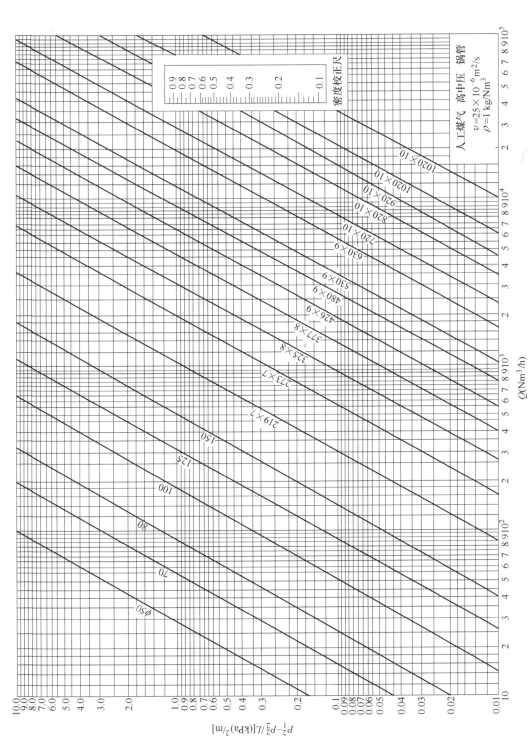

图 5-4-1　燃气管道水力计算图（一）

人工煤气　高中压　钢管
$v = 25 \times 10^{-6} \, \mathrm{m^2/s}$
$\rho = 1 \, \mathrm{kg/Nm^3}$

密度校正尺

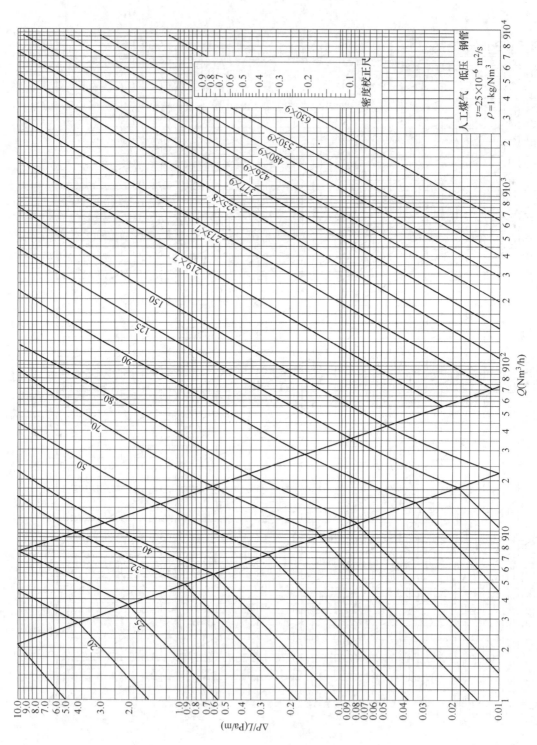

图 5-4-2　燃气管道水力计算图(二)

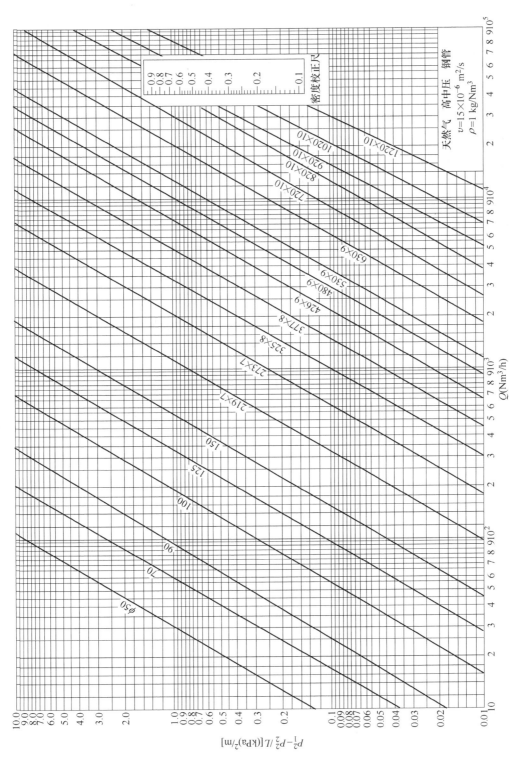

图 5-4-3 燃气管道水力计算图(三)

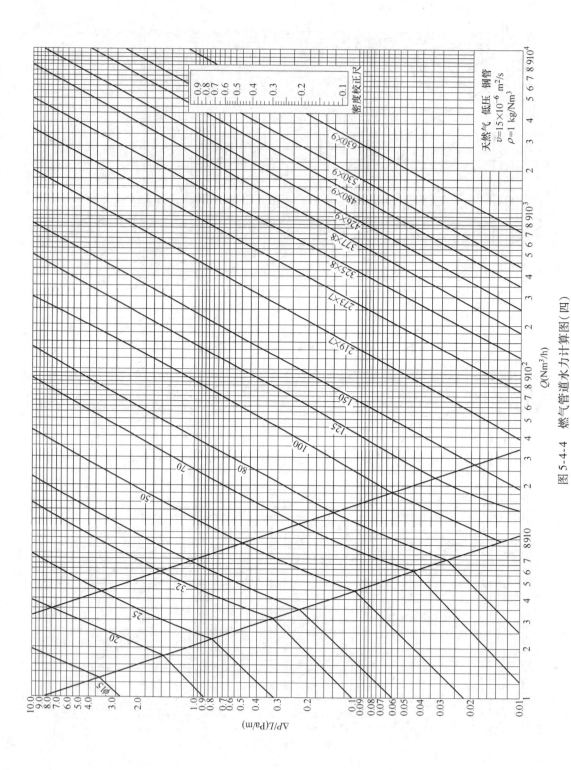

图 5-4-4　燃气管道水力计算图（四）

作密度修正后得

$$\left(\frac{p_1^2 - p_2^2}{L}\right)_{\rho_0 = 0.7} = 3.1 \times 0.7 = 2.17 \ (\text{kPa})^2/\text{m}$$

代入已知值

$$\frac{150^2 - p_2^2}{200} = 2.17$$

得管段末端压力 $p_2 = 148.7$ kPa。

五、燃气管道局部阻力损失和附加压头

（一）局部阻力损失

当燃气流经三通、弯头、变径管、阀门等管道附件时，由于几何边界的急剧改变，燃气流线的变化，必然产生额外的压力损失，称为局部阻力损失。

局部阻力损失，可用式（5-4-14）求得

$$\Delta p = \sum \zeta \frac{W^2}{2} \rho \tag{5-4-14}$$

式中　Δp——局部阻力的压力损失（Pa）；

$\sum \zeta$——计算管段中局部阻力系数的总和；

W——管道断面的燃气平均流速（m/s）；

ρ——燃气密度（kg/m³）。

局部阻力系数通常由实验测得，燃气管路中一些常用管件的局部阻力系数可参考表5-4-1。

表 5-4-1　局部阻力系数 ζ 值

名　　称	ζ	名　　称	不同直径（mm）的 ζ					
			15	20	25	32	40	≥50
变径管（管径相差一级）	0.35	直角弯头	2.2	2.2	2.0	1.8	1.6	1.1
三通直流	1.0	旋塞阀	4.0	2.0	2.0	2.0	2.0	2.0
三通分流	1.5	截止阀	11.0	7.0	6.0	6.0	6.0	5.0
四通直流	2.0	闸板阀	$d = 50 \sim 100$		$d = 175 \sim 300$		$d = 300$	

局部阻力损失也可用当量长度来计算，各种管件折合成相同管径管段的当量长度 L_2 可按式（5-4-15）确定：

$$\Delta p = \sum \zeta \frac{W^2}{2} \rho = \lambda \frac{L_2}{d} \frac{W^2}{2} \rho$$

$$L_2 = \frac{d}{\lambda} \sum \zeta \tag{5-4-15}$$

对于 $\zeta = 1$ 时各不同直径管段的当量长度可按下法求得：根据管段内径、燃气流速及运动黏度求出 Re，判别流态后采用不同的摩擦阻力系数 λ 的计算公式，求出 λ 值，而后可得

$$L_2 = \frac{d}{\lambda} \tag{5-4-16}$$

实际工程中通常根据式（5-4-16），对不同种类的燃气制成图表，查出不同管径不同流

· 229 ·

量时的当量长度。

管段的计算长度 L 可由下式求得

$$L = L_1 + L_2 = L_1 + \sum \zeta l_2 \qquad (5\text{-}4\text{-}17)$$

式中 L_1——管段的实际长度（m）；

L_2——当 $\zeta = 1$ 时管件的当量长度（m）。

（二）附加压头

由于燃气与空气的密度不同，当管段始末端存在标高差值时，在燃气管道中将产生附加压头，其值由式（5-4-18）确定：

$$\Delta p_{附} = g \left(\rho_a - \rho_g \right) \Delta H \qquad (5\text{-}4\text{-}18)$$

式中 $\Delta p_{附}$——附加压头（Pa）；

g——重力加速度（m/s^2）；

ρ_a——空气的密度（kg/Nm^3）；

ρ_g——燃气的密度（kg/Nm^3）；

ΔH——管段终端和始端的标高差值（m）。

计算室内燃气管道及地面标高变化相当大的室外或厂区的低压燃气管道，应考虑附加压头。

第三节 管网水力计算

一、枝状管网水力计算

管网情况如图 5-4-5 所示，则

$$Q_{3\text{-}4} = q_4 + q_5 + q_8 + q_9 + q_{10}$$

管段 4-8 的流量为

$$Q_{4\text{-}8} = q_8 + q_9 + q_{10}$$

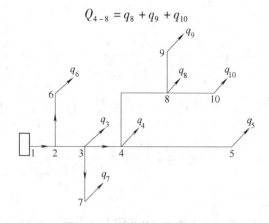

图 5-4-5 枝状管网流量分配

二、环状管网水力计算

【例 5-4-2】 试计算图 5-4-6 所示的低压管网，图上注有环网各边长度（m）及环内建

筑用地面积 F（公顷）。人口密度为每公顷 600 人，每人每小时的用气量为 0.03 Nm³，有一个工厂集中用户，用气量为 100 Nm³/h。气源是天然气，$\rho_0 = 0.75$ kg/Nm³，$\nu = 15 \times 10^{-6}$ m²/s。管网中的计算压力降取 $\Delta p = 1\,000$ Pa。

解 计算顺序如下。

（1）计算各环的单位长度途泄流量：

1）按管网布置将供气区域分成小区；

2）求出每环内的最大小时用气量（以面积、人口密度和每人的单位用气量相乘）；

3）计算供气环周边的总长；

4）求单位长度的途泄流量。

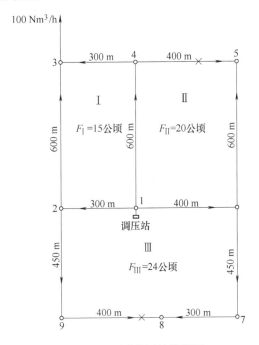

图 5-4-6 环形管网计算简图

上述计算结果列于表 5-4-2 中。

表 5-4-2 各环的单位长度途泄流量

环 号	面积/公顷	居民数/人	每人用气量/Nm³（人·h）	本环供气量/(Nm³/h)	环周边长/m	沿环周边的单位长度途泄流量/[Nm³/(m·h)]
I	15	9 000	0.03	270	1 800	0.150
II	20	12 000	0.03	360	2 000	0.180
III	24	14 400	0.03	432	2 300	0.188
$\sum Q = 1\,062$						

（2）根据计算简图，求出管网中每一管段的计算流量，计算结果列于表 5-4-3 中，其步骤如下：

1）将管网的各管段依次编号，在距供气点（调压站）最远处，假定为零点的位置（3、

5 和 8），同时决定气流方向。

2）计算各管段的途泄流量。

3）计算转输流量，计算由零点开始，与气流相反方向推算到供气点。如节点的集中负荷由两侧管段供气，则转输流量以各分担一半左右为宜。这些转输流量的分配，可在计算表的附注中加以说明。

4）求各管段的计算流量。

校验转输流量的总值，调压站由1—2、1—4 及 1—6 管段输出的燃气量为：

$$(101 + 300) + (198 + 167) + (147 + 249) = 1\ 162\ (\text{Nm}^3/\text{h})$$

由各环的供气量及集中负荷得

$$1\ 062 + 100 = 1\ 162\ (\text{Nm}^3/\text{h})$$

两值相符。

表 5-4-3 各管段的计算流量

环号	管段号	管段长度/m	单位长度途泄流量 Q /[Nm³/(m·h)]	流量/(Nm³/h)				附注
				途泄流量 Q_1	$0.55Q_1$	转输流量 Q_2	计算流量 Q	
I	1—2	300	0.150 + 0.188 = 0.338	101	56	300	356	集中负荷预定由 2—3 及 3—4 管段各供 50 Nm³/h
	2—3	600	0.150	90	50	50	100	
	1—4	600	0.150 + 0.180 = 0.330	198	109	167	276	
	4—3	300	0.150	45	25	50	75	
II	1—4	600	0.330	198	109	167	276	
	4—5	400	0.180	72	40	0	40	
	1—6	400	0.180 + 0.188 = 0.368	147	81	249	330	
	6—5	600	0.180	108	59	0	59	
III	1—6	400	0.368	147	81	249	330	
	6—7	450	0.188	85	47	56	103	
	7—8	300	0.188	56	31	0	31	
	1—2	300	0.338	101	56	300	356	
	2—9	450	0.188	85	47	75	122	
	9—8	400	0.188	75	41	0	41	

（3）根据初步流量分配及单位长度平均压力降选择各管段的管径。局部阻力损失取沿程摩擦阻力损失的 10%。由供气点至零点的平均距离为 1 017 m，即

$$\frac{\Delta p}{L} = \frac{1\ 000}{1\ 017 \times (1 + 0.1)} = 0.894\ (\text{Pa/m})$$

由于本题所用的天然气密度 $\rho = 0.75\ \text{kg/Nm}^3$，故在查水力计算图表时，需进行修正，即

$$\left(\frac{\Delta p}{L}\right)_{\rho=1} = \left(\frac{\Delta p}{L}\right)/0.75 = 0.894/0.75 = 1.192\ (\text{Pa/m})$$

选定管径后，由水力计算图查得管段的 $\left(\dfrac{\Delta p}{L}\right)_{\rho=1}$ 值，求出

$$\left(\frac{\Delta p}{L}\right) = \left(\frac{\Delta p}{L}\right)_{\rho=1} \times 0.75$$

全部计算结果列于表 5-4-4 中。

（4）从表 5-4-4 的初步计算可见，两个环的闭合差均大于 10%。一个环的闭合差小于 10%，也应对全部环网进行校正计算，否则由于邻环校正流量值的影响，反而会使该环的闭合差增大，有超过 10% 的可能。

先求各环的 $\Delta Q'$

$$\Delta Q'_{\mathrm{I}} = -\frac{\sum \Delta p}{1.75 \sum \frac{\Delta p}{Q}} = -\frac{6}{1.75 \times 10.73} = -0.32$$

$$\Delta Q'_{\mathrm{II}} = -\frac{224}{1.75 \times 8.63} = -14.83$$

$$\Delta Q'_{\mathrm{III}} = -\frac{-213.5}{1.75 \times 13.94} = 8.75$$

再求各环的 $\Delta Q''$

$$\Delta Q''_{\mathrm{I}} = \frac{\sum \Delta Q'_{\mathrm{nn}} \left(\frac{\Delta p}{Q}\right)_{\mathrm{ns}}}{\sum \frac{\Delta p}{Q}} = \frac{-14.83 \times 2 + 8.75 \times 0.35}{10.73} = -2.47$$

$$\Delta Q''_{\mathrm{II}} = \frac{-0.32 \times 2 + 8.75 \times 0.46}{8.63} = 0.39$$

$$\Delta Q''_{\mathrm{III}} = \frac{-0.32 \times 0.35 - 14.83 \times 0.46}{13.94} = -0.50$$

由此，各环的校正流量为

$$\Delta Q_{\mathrm{I}} = \Delta Q'_{\mathrm{I}} + \Delta Q''_{\mathrm{I}} = -0.32 - 2.47 = -2.79$$
$$\Delta Q_{\mathrm{II}} = \Delta Q'_{\mathrm{II}} + \Delta Q''_{\mathrm{II}} = -14.83 + 0.39 = -14.44$$
$$\Delta Q_{\mathrm{III}} = \Delta Q'_{\mathrm{III}} + \Delta Q''_{\mathrm{III}} = 8.75 - 0.50 = 8.25$$

共用管段的校正流量为本环的校正流量值减去相邻环的校正流量值。

在例题中经过一次校正计算，各环的误差值均在 10% 以内，因此计算合格。如一次计算后仍未达到允许误差范围以内，则应用同样方法再次进行校正计算。

（5）经过校正流量的计算，使管网中的燃气流量进行重新分配，因而集中负荷的预分配量有所调整，并使零点的位置有了移动。

点 3 的工厂集中负荷由 4—3 管段供气 52.79 Nm^3/h，由 2—3 管段供气 47.21 Nm^3/h。

管段 4—5 的计算流量由 40 Nm^3/h 减至 25.56 Nm^3/h，因而零点向点 4 方向移动了 ΔL_4。

$$\Delta L_4 = \frac{40 - 25.56}{0.55 q_{5-4}} = \frac{14.8}{0.55 \times 0.18} = 145.9 \ (\mathrm{m})$$

管段 9—8 的计算流量由 41 Nm^3/h 减至 32.79 Nm^3/h，因而零点向点 9 方向移动了 ΔL_9。

$$\Delta L_9 = \frac{41 - 32.75}{0.55 q_{9-8}} = \frac{8.25}{0.55 \times 0.188} = 79.8 \ (\mathrm{m})$$

新的零点位置用记号"×"表示在图 5-4-6 上，这些点是环网在计算工况下的压力最低点。

表 5-4-4　低压环网水力计算表

环号	管段号	邻环号	长度 L/m	管段流量 Q/(Nm³/h)	管径 d/mm	单位压力降 Δp/L/(Pa/m)	管段压力降 Δp/Pa	Δp/Q	ΔQ'	ΔQ''	ΔQ=ΔQ'+ΔQ''	管段校正流量 ΔQₙ	校正后管段流量 Q'	Δp'/L	管段压力降 Δp'	考虑局部阻力 1.1Δp' 后压力损失
I	1—2	Ⅲ	300	356	200	0.42	126	0.35				−11.05	344.95	0.41	123.00	135.3
	2—3	—	600	100	100	1.01	606	6.06				−2.79	97.21	0.98	588.00	646.8
	1—4	Ⅱ	600	−276	150	0.92	−552	2.00	−0.32	−2.47	−2.79	11.64	−264.36	0.9	−540.00	−594
	4—3	—	300	−75	100	0.58	−174	2.32				−2.79	−77.79	0.6	−180.00	−198
							6	10.73							−9.00	
						−0.41%									1%	
Ⅱ	1—4	I	600	276	150	0.92	552	2.00				−11.64	264.36	0.9	540.00	594
	4—5	—	400	40	100	0.19	76	1.90	−14.83	0.39	−14.44	−14.44	25.56	0.075	30.00	33
	1—6	Ⅲ	400	−330	200	0.38	−152	0.46				−22.69	−352.69	0.42	−168.00	−184.8
	6—5	—	600	−59	100	0.42	−252	4.27				−14.44	−73.44	0.6	−360.00	−396
							224	8.63							42.00	
						21.71%									4%	
Ⅲ	1—6	Ⅱ	400	330	200	0.38	152	0.46				22.69	352.69	0.42	168.00	184.8
	6—7	—	450	103	100	1.05	472.5	4.59				8.25	111.25	1.2	540.00	594
	7—8	—	300	31	100	0.12	36	1.16	8.75	−0.50	+8.25	8.25	39.25	0.18	54.00	59.4
	1—2	I	300	−356	200	0.42	−123	0.35				11.05	−344.95	0.41	−123.00	−135.3
	2—9	—	450	−122	100	1.5	−675	5.53				8.25	−113.75	1.22	−549.00	−603.9
	9—8	—	400	−41	100	0.19	−76	1.85				8.25	−32.75	0.12	−48.00	−52.8
							−213.5	13.94							42.04	
						13.91%									3%	

（6）校核从供气点至零点的压力降：

$$\Delta p_{1-2-3} = 135.3 + 646.8 = 782.1(Pa)$$

$$\Delta p_{1-6-5} = 184.8 + 396 = 580.8(Pa)$$

$$\Delta p_{1-2-9-8} = 135.3 + 603.9 + 52.8 = 792(Pa)$$

此压力降是否充分利用了计算压力降的数值，在一定程度上说明了计算是否达到了经济合理的效果。

三、室内燃气管道计算

在室内燃气管道计算之前，必须先选定和布置用户燃气用具，并画出管道系统图。

居民用户室内燃气管道的计算流量，应按同时工作系数法进行计算。自引入管到各燃具之间的压降，其最大值为系统的压力降。

【例5-4-3】 试做五层住宅楼的室内燃气管道水力计算。管道系统如图5-4-7所示，每家用户安装燃气双眼灶及燃气热水器各一台，额定用气量为 2.35 Nm^3/h，其中双眼灶额定用气量为 0.70 Nm^3/h，热水器额定用气量为 1.65 Nm^3/h，天然气密度为 $\rho = 0.75$ kg/Nm^3，运动黏度为 $\nu = 15 \times 10^{-6}$ m^2/s。

解 计算可按下述步骤进行：

（1）将各管段按顺序编号，凡是管径变化或流量变化处均应编号。编号详见图5-4-7。

（2）求出各管段的额定流量，根据各管段供气的用具数得同时工作系数值，从而求得各管段的计算流量。

以管段0—1为例，管段0—1所带的用气设备为1台燃气双眼灶，额定用气量 $Q_n = 0.70$ Nm^3/h，由 GB50028—2006《城镇燃气设计规范》查得1台燃气双眼灶的同时工作系数 $K_0 = 1.0$，则管段0—1的计算流量为

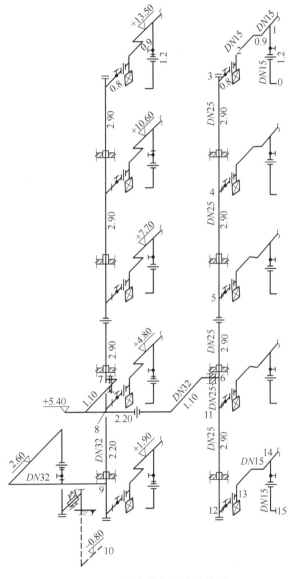

图5-4-7 室内燃气管道系统图

$$Q_{h,0-1} = K_t \sum K_0 Q_n N = 1.0 \times 1.0 \times 0.70 \times 1 = 0.70(Nm^3/h)$$

（3）由系统图求得各管段的长度，并根据计算流量预选各管段的管径，以管段0—1为例，管段长度 $L_1 = 1.2$ m，预选管径 $DN15$。

（4）算出各管段的局部阻力系数，根据公式求出其当量长度，可得各管段的计算长度。也可根据管段计算流量及已选定的管径，由当量长度计算图求得 $\zeta = 1$ 时的 l_2，即 $\dfrac{d}{\lambda}$，l_2 与 $\sum \zeta$ 的乘积即为该管段总的当量长度 L_2，从而求出燃气管道的计算长度 $L = L_1 + L_2$。

以管段 0—1 为例：管段 0—1 中燃气的流速

$$W = \frac{Q_{h,0-1}}{3\,600\frac{\pi d^2}{4}} = \frac{4 \times 0.70}{3\,600 \times 3.14 \times 0.015^2} = 1.10(\text{m/s})$$

则

$$\text{Re} = \frac{dW}{\nu} = \frac{0.015 \times 1.10}{15 \times 10^{-6}} = 1\,100$$

$\text{Re} < 2\,100$，处于层流状态，则根据公式求得燃气管道的摩擦阻力系数

$$\lambda = \frac{64}{\text{Re}} = 0.058$$

则

$$l_2 = \frac{d}{\lambda} = \frac{0.015}{0.058} = 0.258(\text{m})$$

各管件局部阻力系数可由表 5-4-1 查得。

管段 0—1 产生局部阻力的管件主要有 $DN15$ 直角弯头一个，$\zeta = 2.2$；$DN15$ 旋塞阀一个，$\zeta = 4.0$；三通分流一个，$\zeta = 1.5$。因此管段 0—1 的局部阻力系数为

$$\sum \zeta_{0-1} = 2.2 + 4.0 + 1.5 = 7.7$$

管段 0—1 局部阻力的当量长度为

$$L_2 = l_2 \sum \zeta_{0-1} = 0.258 \times 7.7 = 1.99(\text{m})$$

管段 0—1 的实际长度为 $L_1 = 1.2$ m，则管段 0—1 的计算长度为

$$L = L_1 + L_2 = 1.2 + 1.99 = 3.19 \ (\text{m})$$

（5）燃气管道单位长度压力降可通过公式求出，也可使用水力计算图查出，但需要进行修正，即

$$\frac{\Delta p}{L} = \left(\frac{\Delta p}{L}\right)_{\rho=1} \times 0.75$$

由计算法或图表法得到各管段的单位长度压降值后，乘以管段的计算长度，即得该管段的阻力损失。

以管段 0—1 为例，管内燃气温度以 15℃计，根据公式求得其单位长度压降为

$$\frac{\Delta p_{0-1}}{L} = 6.26 \times 10^7 \times \lambda \frac{Q_{h,0-1}^2}{d^5}\rho_0 \frac{T}{T_0} = 6.26 \times 10^7 \times 0.058 \times \frac{0.70^2}{15^5} \times 0.75 \times \frac{288.15}{273.15}$$

$$= 1.858(\text{Pa/m})$$

管段 0—1 的压力损失为：

$$\Delta p_{0-1} = \frac{\Delta p_{0-1}}{L} \times L = 1.858 \times 3.19 = 5.92(\text{Pa})$$

（6）计算各管段的附加压头。

以管段 0—1 为例，该管段沿燃气流动方向的终始端标高差 $\Delta H = -1.2$ m，根据公式求得

第四章 燃气管网的水力计算

表 5-4-5　室内燃气管道水力计算表

管段编号	额定流量 /(Nm³/h)	同时工作系数	计算流量 /(Nm³/h)	管段长度 L_1/m	管径 d/mm	局部阻力系数 $\Sigma\zeta$	l_z/m	当量长度 L_z/m	计算长度 L/m	单位长度压力损失 $\Delta p/L$/(Pa/m)	Δp/Pa	管段终始端标高差 ΔH/m	附加压头 /Pa	管段实际压力损失 /Pa	管段局部阻力系数说明 计算及其他说明
0—1	0.70	1.00	0.70	1.2	15	7.7	0.258	1.99	3.19	1.858	5.92	-1.2	-6.39	12.31	90°直角弯头 $\zeta=2.2$，三通分流 $\zeta=1.5$，旋塞 $\zeta=4.0$
1—2	2.35	1.00	2.35	0.9	15	6.6	0.343	2.26	3.16	15.765	49.85	0	0.00	49.85	90°直角弯头 $\zeta=2.2\times3$
2—3	2.35	1.00	2.35	0.8	15	8.4	0.343	2.88	3.68	15.765	58.00	0	0.00	58.00	90°直角弯头 $\zeta=2.2\times2$，旋塞 $\zeta=4.0$
3—4	2.35	1.00	2.35	2.9	25	1.0	0.587	0.59	3.49	1.192	4.16	2.9	15.45	-11.29	三通直流 $\zeta=1.0$
4—5	4.70	0.56	2.63	2.9	25	1.0	0.601	0.60	3.50	1.461	5.12	2.9	15.45	-10.33	三通直流 $\zeta=1.0$
5—6	7.05	0.44	3.10	2.3	25	1.5	0.621	0.93	3.23	1.965	6.35	2.3	12.25	-5.90	三通分流 $\zeta=1.5$
6—7	11.75	0.35	4.11	4.4	32	8.7	0.851	7.41	11.81	0.938	11.08	0	0.00	11.08	90°直角弯头 $\zeta=1.8\times4$，三通分流 $\zeta=1.5$
7—8	18.80	0.27	5.08	0.6	32	1.0	0.886	0.89	1.49	1.374	2.04	0.6	3.20	-1.15	三通直流 $\zeta=1.0$
8—9	21.15	0.26	5.50	2.2	32	1.5	0.899	1.35	3.55	1.590	5.64	2.2	11.72	-6.08	三通分流 $\zeta=1.5$
9—10	23.50	0.25	5.88	11.0	32	11.0	0.909	10.0	21.00	1.793	37.66	3.4	18.11	19.55	90°直角弯头 $\zeta=1.8\times5$，旋塞 $\zeta=2.0$
管道 0—1—2—3—4—5—6—7—8—9—10 总压力降 $\Delta P_{实}=116.04$ Pa															
15—14	0.70	1	0.70	1.2	15	7.7	0.258	1.99	3.19	1.858	5.92	-1.2	-6.39	12.31	同 0—1 管段
14—13	2.35	1	2.35	0.9	15	6.6	0.343	2.26	3.16	15.765	49.85	0	0.00	49.85	同 1—2 管段
13—12	2.35	1	2.35	0.8	15	8.4	0.343	2.88	3.68	15.765	58.00	0	0.00	58.00	同 2—3 管段
12—11	2.35	1	2.35	2.9	25	1.0	0.587	0.59	3.49	1.192	4.16	-2.9	-15.45	19.60	同 3—4 管段
11—6	4.70	0.56	2.63	0.6	25	1.5	0.601	0.90	1.50	1.461	2.19	-0.6	-3.20	5.39	三通分流 $\zeta=1.5$

管道 15—14—13—12—11—6—7—8—9—10 总压力降 $\Delta P_{实}=168.55$ Pa

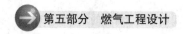

该管段的附加压头为

$$\Delta p_{附,0-1} = g\ (1.293 - \rho_0)\ \Delta H$$
$$= 9.81 \times (1.293 - 0.75) \times (-1.2)$$
$$= -6.39(Pa)$$

（7）求各管段的实际压力损失，为

$$\Delta p_{实} = \Delta p - \Delta p_{附}$$

则管段 0—1 的实际压力损失为

$$\Delta p_{实,0-1} = \Delta p_{0-1} - \Delta p_{附,0-1} = 5.92 - (-6.39) = 12.31(Pa)$$

（8）求室内燃气管道的计算总压力降，对于天然气计算压力降一般不超过 200 Pa（不包括燃气表的压力降）。

（9）以总压力降与允许的压力降相比较，如不合适，则可改变个别管段的管径。

其他管段的相应计算方法同管段 0—1。全部计算结果列于表 5-4-5 中。

由计算结果可见，系统最大压力降值是从用户引入管至一层用户灶具 15，最大压降值为 168.55 Pa，在压力降允许范围之内。

通过同样的计算，其他各管段的管径均可予以确定。

第四节　常用燃气管道规格的确定

一、中、低压钢质燃气管道（焊接连接）推荐使用的管道规格

表 5-4-6　中、低压燃气管道常用管道规格表

（0.01 MPa < P ≤ 0.4 MPa、P < 0.01 MPa）

序号	管道规格及壁厚	管道材质	标　准　号	备　注
1	$D323.9 \times 7(D325 \times 7)$	Q235B	SY/T5037—2000（GB/T3091—2008）	
2	$D273 \times 7(D273 \times 7)$	Q235B	SY/T5037—2000（GB/T3091—2008）	
3	$D219.1 \times 6.4(D219 \times 6)$	Q235B	SY/T5037—2000（GB/T3091—2008）	
4	$D159 \times 5$	20	GB/T8163—2008	
5	$D108 \times 4$	20	GB/T8163—2008	
6	$D89 \times 4$	20	GB/T8163—2008	
7	$D57 \times 3.5$	20	GB/T8163—2008	
8	$D45 \times 3.5$	20	GB/T8163—2008	

注：在实际应用过程中，上述管材的壁厚在满足要求的情况下可适当调整。

二、室外管道

在燃气管道工程设计中，不同的压力、不同的燃气流量应选取不同规格的管径，而同一管径的壁厚又分多个系列。

钢质燃气管道直管段计算壁厚应按式（5-4-19）计算：

$$\delta = \frac{PD}{2\sigma_s \varphi F} \tag{5-4-19}$$

式中　δ——钢管计算壁厚（mm）；

　　　P——设计压力（MPa）；

　　　D——钢管外径（mm）；

　　　σ_s——钢管的最低屈服强度（MPa）；

　　　F——强度设计系数（一级地区：0.72；二级地区：0.6；三级地区：0.4；

　　　　　四级地区：0.3）；

　　　φ——焊缝系数，取1.0。

计算所得到的厚度应按钢管标准规格向上选取钢管的公称壁厚。钢质燃气管道最小公称壁厚不得小于表5-4-7中的规定。

表 5-4-7　钢质燃气管道最小公称壁厚

钢管公称直径 DN/mm	公称壁厚/mm
DN100 ~ DN150	4.0
DN200 ~ DN300	4.8
DN350 ~ DN450	5.2
DN500 ~ DN550	6.4

对于采用经冷加工后又经加热处理的钢管，当加热温度高于320℃（焊接除外）时；或采用经过冷加工或热处理的管子煨弯成弯管时，则在计算该钢管或弯管壁厚时，其屈服强度应取该管材最低屈服强度（σ_s）的75%。

三、室内立管管径的确定（输送介质为天然气）

室内燃气管道的水力计算采用的是同时工作系数法，燃具额定用气量分别为：燃气灶取1.0 Nm³/h·台；家用燃气热水器取1.1 Nm³/h·台。当管道的允许压力降不大于150 Pa，最小管径取 DN25 时，管径计算结果见表5-4-8和表5-4-9。如果燃具的额定用气量发生改变，则需要重新进行计算来确定室内立管的管径。

当管道的允许压力降大于150 Pa，楼层高超过20层以上时，按前章节方法进行水力计算，按实际情况确定立管管径。

表 5-4-8　民用灶具与热水器室内立管管径

立管 ＼ 引入管	1 层楼	2 层楼	3 层楼	4 层楼	5 层楼	6 层楼	7 层楼	8 层楼	9 层楼	10 层楼
	DN25	DN25	DN25	DN25	DN25	DN25	DN32	DN32	DN32	DN32
1 层	DN25	DN25	DN25	DN25	DN25	DN25	DN25	DN32	DN32	DN32
2 层	—	DN25	DN25	DN25	DN25	DN25	DN25	DN25	DN25	DN32
3 层	—	—	DN25	DN25	DN25	DN25	DN25	DN25	DN25	DN25
4 层	—	—	—	DN25	DN25	DN25	DN25	DN25	DN25	DN25
5 层	—	—	—	—	DN25	DN25	DN25	DN25	DN25	DN25
6 层	—	—	—	—	—	DN25	DN25	DN25	DN25	DN25

（续）

引入管 立管	1层楼 DN25	2层楼 DN25	3层楼 DN25	4层楼 DN25	5层楼 DN25	6层楼 DN25	7层楼 DN32	8层楼 DN32	9层楼 DN32	10层楼 DN32
7层	—	—	—	—	—	—	DN25	DN25	DN25	DN25
8层	—	—	—	—	—	—	—	DN25	DN25	DN25
9层	—	—	—	—	—	—	—	—	DN25	DN25
10层	—	—	—	—	—	—	—	—	—	DN25

表5-4-9　民用灶具与热水器室内立管管径

引入管 立管	11层楼 DN40	12层楼 DN40	13层楼 DN40	14层楼 DN40	15层楼 DN40	16层楼 DN40	17层楼 DN40	18层楼 DN40	19层楼 DN40	20层楼 DN40
1层	DN32	DN32	DN32	DN40	DN40	DN40	DN40	DN40	DN40	DN40
2层	DN32	DN32	DN32	DN32	DN32	DN32	DN32	DN32	DN32	DN32
3层	DN32	DN32	DN32	DN32	DN32	DN32	DN32	DN32	DN32	DN32
4层	DN25	DN25	DN32	DN32	DN32	DN32	DN32	DN32	DN32	DN32
5层	DN25	DN25	DN25	DN32	DN32	DN32	DN32	DN32	DN32	DN32
6层	DN25	DN25	DN25	DN25	DN32	DN32	DN32	DN32	DN32	DN32
7层	DN25 加阀门	DN25 加阀门	DN25 加阀门	DN25 加阀门	DN25 加阀门	DN32 加阀门	DN32 加阀门	DN32 加阀门	DN32 加阀门	DN32 加阀门
8层	DN25	DN25	DN25	DN25	DN25	DN25	DN32	DN32	DN32	DN32
9层	DN25	DN25	DN25	DN25	DN25	DN25	DN25	DN32	DN32	DN32
10层	DN25	DN25	DN25	DN25	DN25	DN25	DN25	DN25	DN32	DN32
11层	DN25	DN25	DN25	DN25	DN25	DN25	DN25	DN25	DN25	DN32
12层	—	DN25	DN25	DN25	DN25	DN25	DN25	DN25	DN25	DN25
13层	—	—	DN25	DN25	DN25 加阀门	DN25 加阀门	DN25 加阀门	DN25 加阀门	DN25 加阀门	DN25 加阀门
14层	—	—	—	DN25	DN25	DN25	DN25	DN25	DN25	DN25
15层	—	—	—	—	DN25	DN25	DN25	DN25	DN25	DN25
16层	—	—	—	—	—	DN25	DN25	DN25	DN25	DN25
17层	—	—	—	—	—	—	DN25	DN25	DN25	DN25
18层	—	—	—	—	—	—	—	DN25	DN25	DN25
19层	—	—	—	—	—	—	—	—	DN25	DN25
20层	—	—	—	—	—	—	—	—	—	DN25

第五章 压力管道

第一节 压力管道的基本概念

一、压力管道的定义

《压力管道安全管理与监察规定》中明确：压力管道是指在生产、生活中使用的可能引起燃烧或中毒等危险性较大的特种设备。

《特种设备安全监察条例》中明确：压力管道是指利用一定的压力，用于输送气体或者液体的管状设备，其范围规定为最高工作压力大于或等于 0.1 MPa（表压）的气体、液化气体、蒸汽介质或者可燃、易爆、有毒、有腐蚀性、最高工作温度高于或者等于标准沸点的液体介质，且公称直径大于 25 mm 的管道。

二、不适用于按《压力管道安全管理与监察规定》要求管理的管道

1）设备本体所属管道；

2）军事装备、交通工具上和核装置中的管道；

3）输送无毒、不可燃、无腐蚀性气体，其管道公称直径小于 150 mm，且其最小工作压力小于 1.6 MPa 的管道；

4）入户（居民楼、庭院）前的最后一道阀门之后的生活用燃气管道及热力点（不含热力点）之后的热力管道。

三、压力管道的类别

《压力容器压力管道设计许可规则》将压力管道分为以下 4 个类别：

（1）长输管道 GA。产地、储存库、使用单位间用于输送商品介质的压力管道。

（2）公用管道 GB。城市或乡镇范围内的用于公用事业或民用的燃气管道和热力管道。

（3）工业管道 GC。企业、事业单位所属的用于输送工艺介质的工艺管道、公用工程管道及其他辅助管道。包括延伸出工厂边界线，但归属企、事业管辖的管道。

（4）动力管道 GD。火力发电厂用于输送蒸汽、汽水两相介质的管道。

四、长输管道分级

《压力容器压力管道设计许可规则》将长输管道 GA 类级别划分为 GA1 级和 GA2 级。

（1）符合下列条件之一的长输管道为 GA1 级：

1）输送有毒、可燃、易爆气体介质，最高工作压力大于 4.0 MPa 的长输管道；

2）输送有毒、可燃、易爆液体介质，最高工作压力大于或者等于 6.4 MPa，并且输送距离大于或者等于 200 km 的长输管道。

（2）GA1 级以外的长输（油气）管道为 GA2 级。

五、公用管道分级

《压力容器压力管道设计许可规则》将公用管道 GB 类级别划分为城镇燃气管道 GB1；城镇热力管道 GB2。

六、工业管道分级

《压力容器压力管道设计许可规则》将工业管道 GC 类级别划分为 GC1 级、GC2 级和 GC3 级。

（1）符合下列条件之一的工业管道为 GC1 级：

1）输送毒性程度为极度危害介质、高度危害气体介质和工作温度高于标准沸点的高度危害液体介质的管道。

2）输送 GB50160—2008《石油化工企业设计防火规范》及 GB50016—2006《建筑设计防火规范》中规定的火灾危险性为甲、乙类可燃气体或甲类可燃液体（包括液化烃），并且设计压力大于或者等于 4.0 MPa 的管道。

3）输送液体介质并且设计压力大于或者等于 10.0 MPa；或者设计压力大于或者等于 4.0 MPa，并且设计温度大于或等于 400℃的管道。

（2）符合下列条件的工业管道为 GC2 级：

除 GC3 级管道外，介质毒性危害程度、火灾危险性（可燃性）、设计压力和设计温度小于第（1）条规定（GC1 级）的管道。

（3）符合下列条件的工业管道为 GC3 级：

输送无毒、非可燃流体介质，设计压力小于或者等于 1.0 MPa，并且设计温度大于 -20℃但是小于 185℃的管道。

七、动力管道分级

《压力容器压力管道设计许可规则》将动力管道 GD 类级别划分为 GD1 级和 GD2 级。

（1）符合下列条件的动力管道为 GD1 级：

设计压力大于等于 6.3 MPa，或者设计温度大于等于 400℃的管道。

（2）符合下列条件的动力管道为 GD2 级：

设计压力小于 6.3 MPa，且设计温度小于 400℃的管道。

第二节　设计资格认证

一、资格证颁发

设计单位的压力管道《设计许可证》由国家质检总局和省质量技术监督部门负责批准、颁发。有效期为 4 年。

压力管道评审机构对压力管道设计审批人员进行培训和考核合格的，将名单报国家质检总局特种设备安全监察机构备案，由评审机构发证。有效期为 4 年。

压力管道设计资格审查机构的职责为：

1）根据委托，具体负责压力管道设计单位设计资格许可的审查工作；

2）负责组织设计审批人员的培训与考核工作；

3）协助国家或省级安全监察机构完成对设计单位的抽查工作和有关人员的管理工作；

4）接受安全监察机构委托的其他工作。

二、压力管道设计单位相关人员应具备的条件

1. 压力管道设计审定人员应具备的条件

1）从事本专业工作，且具有较全面的压力管道相应设计专业技术知识；

2）能正确运用有关法规、安全技术规范、标准，并能组织、指导各级设计人员正确贯彻执行；

3）熟知压力管道设计工作和国内外有关技术发展情况，具有综合分析和判断能力，在关键技术问题上能作出正确决断；

4）具有 3 年以上压力管道设计审核经历；

5）具有高级技术职称；

6）具有《设计审批员资格证书》。

2. 压力管道设计审核人员应具备的条件

1）能够认真贯彻执行国家的有关技术方针、政策，工作责任心强，具有较全面的相应设计专业技术知识，能保证设计质量；

2）能够指导设计、校核人员正确执行有关法规、安全技术规范、标准，能解决设计、安装和生产中的技术问题；

3）具有 3 年以上相应设计校核经历；

4）具有中级以上（含中级）技术职称；

5）具有压力管道设计审批人员资格证书。

3. 压力管道设计校核人员应具备的条件

1）能够运用有关法规、安全技术规范、标准，指导设计人员的设计工作；

2）具有相应设计专业知识，有相应的压力管道设计成果并且已投入制造、使用；

3）具有 3 年以上相应设计经历；

4）具有初级以上（含初级）技术职称。

4. 压力管道设计人员应具备的条件

1）具有一定的相应设计专业知识；

2）贯彻执行有关规程、安全技术规范、标准；

3）能够在审核人员的指导下独立完成设计工作；

4）具有初级（含初级）以上技术职称和一年以上的设计经历。

第三节 压力管道设计管理

一、必须四级签署的压力管道设计文件

GA、GC1、GD1 级管道的下列设计文件和图纸必须经设计、校核、审核、审定四级

签署：

　　1）工艺流程图；

　　2）总平面布置图；

　　3）设备布置图；

　　4）管道材料等级规定；

　　5）管道应力分析计算书。

二、需要加盖"压力管道设计资格印章"的设计文件

压力管道施工图设计中下列设计文件和图纸应加盖"压力管道设计资格印章"：

1）施工图设计总封面；

2）施工图设计总目录；

3）工艺流程图；

4）管道、设备总平面布置图。

三、压力管道设计单位将受到质量技术监督行政部门的处理或处分的情况

　　设计单位有以下情况之一的，许可实施机构将根据情节轻重，按照有关规定对其做出通报批评或取消设计许可资格的处理，对于负有相应责任的人员，设计单位应作出相应的处理。

　　1）设计文件超出设计许可证批准的类别、品种或者级别范围；

　　2）主要设计文件没有特种设备设计许可印章，或者加盖的特种设备设计许可印章已作废；

　　3）设计文件由外单位设计审批人员签字，或者标题栏内没有按有关规定履行签字手续；

　　4）在外单位的图样上签字或者加盖特种设备设计许可印章；

　　5）因设计违反现行法规、安全技术规范、标准等规定，导致重大经济损失或事故；

　　6）涂改、转让或者变相转让设计许可证。

第六部分

燃气管道工程施工

第一章 燃气管道工程建设管理

第一节 建设工程项目管理概论

一、项目管理概论

（一）项目、工程项目与项目管理

项目是指一系列独特的、复杂的并相互关联的活动，这些活动有着一个明确的目标或目的，必须在特定的时间、预算、资源限定内，依据规范完成。项目参数包括项目范围、质量、成本、时间、资源。

工程项目是以工程建设为载体的项目，是作为被管理对象的一次性工程建设任务。它以建筑物或构筑物为目标产出物，需要支付一定的费用、按照一定的程序、在一定的时间内完成，并应符合质量要求。

项目管理（简称 PM），就是项目的管理者，在有限的资源约束下，运用系统的观点、方法和理论，对项目涉及的全部工作进行有效地管理。即从项目的投资决策开始到项目结束的全过程进行计划、组织、指挥、协调、控制和评价，以实现项目的目标。

（二）项目管理的背景

现代项目管理概念起源于美国，如著名的阿波罗登月计划、曼哈顿计划、北极星导弹计划等。他们在采用"关键路径法"管理的基础上，对项目进行计划编排，结果提前完成了预定的研制任务，之后被总结为"计划评审技术"。现代项目管理科学便是 20 世纪 50 年代末从这两项技术的基础上发展起来的一门关于项目资金、时间、人力等资源控制的管理科学。

20 世纪 60 年代初期，华罗庚教授引进和推广了网络计划技术，并结合我国"统筹兼顾，全面安排"的指导思想，将这一技术称为"统筹法"。当时华罗庚组织并带领小分队深入重点工程项目中进行推广应用，取得了良好的经济效益。我国项目管理学科的发展就是起源于华罗庚推广"统筹法"的结果，中国项目管理学科体系也是由于统筹法的应用而逐渐形成的。

1982 年，在我国利用世界银行贷款建设的鲁布格水电站引水导流工程中，日本建筑企业运用项目管理方法对这一工程的施工进行了有效的管理，取得了很好的效果。这给当时我国的整个投资建设领域带来了很大的冲击，人们确实看到了项目管理技术的作用。基于鲁布格工程的经验，1987 年国家计委、建设部等有关部门联合发出通知在一批试点企业和建设单位要求采用项目管理施工法，并开始建立中国的项目经理认证制度。1991 年建设部进一步提出把试点工作转变为全行业推进的综合改革，全面推广项目管理和项目经理负责制。

（三）建设工程项目管理

建设工程项目管理的内涵是：自项目开始至项目完成，通过项目策划和项目控制，以使项目的费用目标、进度目标和质量目标得以实现。"自项目开始至项目完成"指的是项目的

实施期;"项目策划"指的是目标控制前的一系列筹划和准备工作;"费用目标"对业主而言是投资目标,对施工方而言是成本目标。项目决策期管理工作的主要任务是确定项目的定义,而项目实施期管理的主要任务是通过管理使项目的目标得以实现。

由于项目管理的核心任务是项目的目标控制,因此按项目管理学的基本理论,没有明确目标的建设工程不是项目管理的对象。在工程实践意义上,如果一个建设项目没有明确的投资目标、没有明确的进度目标和没有明确的质量目标,就没有必要进行管理,也无法进行定量的目标控制。

一个建设工程项目往往由许多参与单位承担不同的建设任务和管理任务(勘察、设计、施工、设备安装、工程监理、建设物资供应、业主方管理、政府主管部门的管理和监督等),各参与单位的工作性质、工作任务和利益不尽相同,因此就形成了代表不同利益方的项目管理。由于业主方是建设工程项目实施过程(生产过程)的总集成者——人力资源、物质资源和知识的集成,业主方也是建设工程项目生产过程的总组织者,因此对于一个建设工程项目而言,业主方的项目管理往往是该项目的项目管理的核心。

按建设工程项目不同参与方的工作性质和组织特征划分,项目管理可分为业主方的项目管理;设计方的项目管理;施工方的项目管理;供货方的项目管理;建设项目总承包方的项目管理等。

投资方、开发方和由咨询公司提供的代表业主方利益的项目管理服务都属于业主方的项目管理。施工总承包方和分包方的项目管理都属于施工方的项目管理。材料和设备供应方的项目管理都属于供货方的项目管理。建设项目总承包有多种形式,如设计和施工任务综合的承包,设计、采购和施工任务综合的承包(简称 EPC 承包)等,它们的项目管理都属于建设项目总承包方的项目管理。

建设工程项目的全寿命周期包括项目的决策阶段、实施阶段、使用阶段。决策阶段管理工作的主要任务是确定项目的定义。项目实施阶段包括:设计前准备阶段、设计阶段、施工阶段、动用前准备阶段、保修阶段。招投标工作分散在设计前的准备阶段、设计阶段和施工阶段中进行,因此可以不单独划分招投标阶段,如图6-1-1所示。

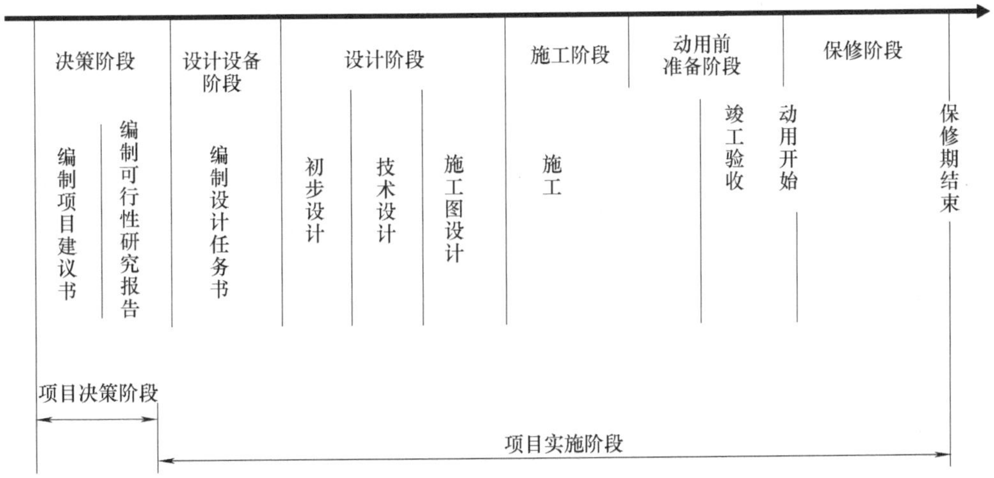

图 6-1-1　建设工程项目的全寿命周期

二、建设工程中的一些基本概念

(一) 建设工程与建筑工程

建设工程是最广义的概念，《建设工程质量管理条例》第二条规定，本条例所称建设工程是指土木工程、建筑工程、线路管道和设备安装工程及装修工程。

根据《中华人民共和国建筑法》第二条第二款规定"本法所称建筑活动，是指各类房屋建筑及其附属设施的建造和与其配套的线路、管道、设备的安装活动"。建筑工程，指通过对各类房屋建筑及其附属设施的建造和与其配套的线路、管道、设备的安装活动所形成的工程实体。其中"房屋建筑"指有顶盖、梁柱、墙壁、基础以及能够形成内部空间，满足人们生产、居住、学习、公共活动等需要的建筑，包括厂房、剧院、旅馆、商店、学校、医院和住宅等；"附属设施"指与房屋建筑配套的水塔、自行车棚、水池等。"线路、管道、设备的安装"指与房屋建筑及其附属设施相配套的电气、给排水、燃气、通信、电梯等线路、管道、设备的安装活动。

可见，建筑工程为建设工程的一部分，与建设工程的范围相比，建筑工程的范围相对更窄，其专指各类房屋建筑及其附属设施和与其配套的线路、管道、设备的安装工程，因此也被称为房屋建筑工程。因此，桥梁、水利枢纽、铁路、港口、道路工程以及不是与房屋建筑相配套的地下隧道等工程均不属于建筑工程范畴。

(二) 建设单位

建设单位也称为业主单位或项目业主，指建设工程项目的投资主体或投资者，它也是建设项目管理的主体。参与一项建设工程的单位发起人首先是建设单位，其次才会有勘察单位、设计单位、施工单位、监理单位。

(三) 建设项目、单项工程、单位工程、分部工程、分项工程、子目

1. 建设项目

建设项目是指在一个总体设计或初步设计范围内，由一个或几个单项工程所组成的经济上实行统一核算、行政上实行统一管理的建设工程实体。一般以一个工厂、事业单位（学校、医院）为一个建设项目。

2. 单项工程

单项工程是指具有独立设计文件，建成后可以独立发挥生产能力或工程效益并有独立存在意义的工程。它是建设项目的组成部分，如一个工厂是建设项目，而厂内各个车间、办公楼及其他辅助工程均为单项工程，非工业建设项目中各独立工程，如学校中的综合办公楼、教学楼、图书馆、实验楼、学生公寓、家属楼、礼堂、食堂、体育馆及室外运动场、电子计算中心、学术中心、培训中心以及辅助项目（锅炉房、汽车库、变电所、垃圾处理设施）等。一个单项工程，可以是一个独立工程（如一幢宿舍）。目前的施工招标多为单项工程。

3. 单位工程

单位工程是单项工程的组成部分。一般指有单独设计，不能独立发挥生产能力（效益）而能独立组织施工的工程。一个单项工程按其构成可分为建筑工程和设备安装两类单位工程，单项工程根据其中各个组成部分分为：一般土建工程、特殊建筑物工程、工业管道工程、电气工程等。单位工程是招标划分标段的最小单位。

4. 分部工程

分部工程是单位工程的组成部分，是单位工程分解出来的结构更小的工程。如一般土建工程按工程结构可分为基础、墙体、梁柱、楼板、地面、门窗、装饰、屋面等部分；又可按材料结构综合分为木结构工程、金属结构工程、楼地面工程、屋面工程、耐酸防腐工程、装饰工程、筑炉工程等单位工程。

5. 分项工程

分项工程与工程项目不同，一般来说，它的独立存在没有意义，只能是建筑和安装工程的一种基本的构成因素。分项工程指通过较为简单的施工过程就能完成的工程，并且可以采用适当的计量单位进行计算的建筑或设备安装工程。例如#50 砂浆砌外墙，一台某型号机床的安装。

6. 子目

子目是分项工程的组成部分，是构成建筑安装工程的最基本单位。分项工程进一步分为若干个子目，如人工挖沟槽是分项工程，它可分挖沟槽深度 1.5 m 以内，2.5 m 以内；砖砌外墙可分 1 砖以内、1 砖、1 砖半、2 砖等子目。

三、工程基本建设程序

基本建设这个词是 20 世纪 50 年代从原苏联学来的，一直沿用至今，西方国家一般都叫做资本投资。自 20 世纪 50 年代起，我国长期沿用的基本建设的定义是：基本建设是形成固定资产的综合性经济活动，它包括国民经济各部门的生产性和非生产性固定资产的更新、改建、扩建、新建、恢复建设，一句话概括，基本建设就是固定资产的再生产。

基本建设程序，是指基本建设项目从规划、设想、选择、评估、决策、设计、施工到竣工投产交付使用的整个建设过程中各项工作必须遵循的先后顺序。它是基本建设全过程及其客观规律的反映。

国家现行的基本建设程序是根据多年的实践经验总结出来的。早在 1951 年，中财委颁布了《基本建设工作程序暂行办法》，规定所有建设项目都必须按照基本建设程序管理规定进行。此后，随着各项建设事业的不断发展，管理体制的一系列改革、基本建设程序也不断变化，逐步完善和科学化。基本建设程序分为以下六个阶段。

（一）编制和报批项目建议书

项目建议书是由投资者（目前一般是项目主管部门或企、事业单位）对准备建设项目提出的大体轮廓性设想和建议。主要确定拟建项目的必要性和是否具备建设条件及拟建规模等，为进一步研究论证工作提供依据。

（二）编制和报批可行性研究报告

根据项目建议书的批复进行可行性研究工作。对项目在技术上、经济上和财务上进行全面论证、优化和推荐最佳方案，与这一阶段相联系的工作还有由工程咨询公司对可行性研究报告进行评估。另外，曾经有过编制项目设计任务书阶段，从 1992 年起国家取消设计任务书的名称，统称为可行性研究报告。可行性研究报告经过有关部门的项目评估和审批决策，获得批准后即为项目决策。

2004 年，国务院颁布国发〔2004〕20 号《国务院关于投资体制改革的决定》：改革项目审批制度，落实企业投资自主权；彻底改革现行不分投资主体、不分资金来源、不分项目性质,一律按投资规模大小分别由各级政府及有关部门审批的企业投资管理办法。对于企业不使用政府投资建设的项目,一律不再实行审批制,区别不同情况实行核准制和备案制。其中,政府仅对重大项目和限制类项目从维护社会公共利益角度进行核准,其他项目无论规模大小,均改为备案制。项目的市场前景、经济效益、资金来源和产品技术方案等均由企业自主决策、自担风险,并依法办理环境保护、土地使用、资源利用、安全生产、城市规划等许可手续和减免税确认手续。对于企业使用政府补助、转贷、贴息投资建设的项目,政府只审批资金申请报告。

(三) 编制和报批设计文件

项目决策后编制设计文件,由有资格的设计单位根据批准的可行性研究报告的内容,按照国家规定的技术经济政策和有关的设计规范、建设标准、定额进行编制。对于大型、复杂项目,可根据不同行业的特点和要求进行初步设计、技术设计和施工图设计的三段设计;一般工程项目可采用初步设计和施工图设计的二段设计,并相应编制初步设计总概算,修正总概算和施工图预算。初步设计文件要满足施工图设计、施工准备、土地征用、项目材料和设备订货的要求;施工图设计应能满足建筑材料、构配件及设备的购置和非标准构配件及非标准设备的加工。

(四) 建设准备工作

在项目初步设计文件获得批准后,开工建设之前,要切实做好各项施工前准备工作,主要包括:组建筹建机构,征地、拆迁和场地平整;落实和完成施工用水、电、路等工程和外协条件;组织设备和特殊材料订货,落实材料供应,准备必要的施工图纸;组织施工招标投标、择优选定施工单位、签订承包合同、确定合同价;报批开工报告等工作。开工报告获得批准后,建设项目方能开工建设,进行施工安装和生产准备工作。

(五) 建设实施工作:组织施工和生产准备

项目经批准开工建设,开工后按照施工图规定的内容和工程建设要求,进行土建工程施工、机械设备和仪器的安装,生产准备和试车运行等工作。施工承包单位应采取各项技术组织措施,确保工程按合同要求,按合同价如期保质完成施工任务,编制和审核工程结算。

生产准备应包括招收和培训必要的生产人员,并组织生产人员参加设备的安装调试工作,掌握好生产技术和工艺流程;做好生产组织的准备:组建生产管理机构、配备生产人员和制定必要规章制度;做好生产技术准备:收集生产技术资料、各种开车方案,编制岗位操作法,新技术的准备和生产样品等;做好生产物资的准备:落实原材料、协作产品、燃料、水、电、气等来源和其他协作配备条件,组织工器具、备品、备件的制造和订货。

(六) 项目竣工验收、投产经营和后评价

建设项目按照批准的设计文件所规定的内容全部建成,并符合验收标准,即生产运行合格,形成生产能力,能正常生产出合格产品;或项目符合设计要求能正常使用的,应按竣工验收报告规定的内容,及时组织竣工验收和投产使用,并办理固定资产移交手续和办理工程决算。

项目建成投产使用后,进入正常生产运营和使用过程一段时间(一般为2~3年)后,可以进行项目总结评价工作,编制项目后评价报告,其基本内容应包括:生产能力或使用效益实际发挥效用情况;产品的技术水平、质量和市场销售情况;投资回收、贷款偿还情况;

经济效益、社会效益和环境效益情况；其他需要总结的经验。在改革开放前，我国的基本建设程序中没有明确规定要求进行后评价，随着建设重点要求转到讲求投资效益的轨道，国家开始对一些重大建设项目，在竣工验收若干年后，要进行后评价工作，并正式列为基本建设的程序之一。这主要是为了总结项目建设成功和失败的经验教训，供以后项目决策借鉴。

四、燃气工程的基本建设程序

对于单独立项报批的燃气工程，如新建场站、长输高压管道、次高压管道、项目公司首期工程等，需办理上述"（一）～（六）"程序。

对于其他项目配套的燃气工程，如市政道路配套燃气管道、小区配套燃气管道、工商业用户燃气管道等，仅需办理上述"（三）～（六）"程序。

集团系统内的工程建设，还需办理集团系统有关工程建设的审批程序。

第二节　工程项目的质量控制

一、工程项目质量控制

（一）质量管理、质量控制的原理

工程项目质量是国家现行的有关法律、法规、技术标准、设计文件及工程合同中对工程的安全、使用、经济、美观等特性的综合要求。工程项目质量主要包含了功能和使用价值质量、工程实体质量。从功能和使用价值来看，工程项目质量体现在适用性、可靠性、耐久性、外观质量、环境协调性等方面，它是相对于业主的需要而言的，没有固定统一的标准；从工程实体质量来看，工程项目质量包含工序质量、分项工程质量、分部工程质量、单位工程质量。

建设工程项目质量的管理，应当贯彻"全方位质量管理、全过程质量管理、全员参与质量管理"的管理思想和方法。质量控制的基本原理是运用全面全过程质量管理的思想和动态控制的原理，进行质量的事前预控、事中控制和事后纠偏控制。

事前质量预控就是要求预先进行周密的质量计划，包括质量策划、管理体系、岗位设置，把各项质量职能活动，包括作业技术和管理活动建立在有充分能力、条件保证和运行机制的基础上。对于建设工程项目，尤其施工阶段的质量预控，就是通过施工质量计划或施工组织设计或施工项目管理实施规划的制定过程，运用目标管理的手段，实施工程质量事前预控，或称为质量的计划预控。

事中质量控制也称作业活动过程质量控制，是指质量活动主体的自我控制和他人监控的控制方式。自我控制是第一位的，即作业者在作业过程中对自己质量活动行为的约束和技术能力的发挥，以完成预定质量目标的作业任务；他人监控是指作业者的质量活动过程和结果，接受来自企业内部管理者和来自企业外部有关方面的检查检验，如工程监理机构、政府质量监督部门等的监控。事中质量控制的目标是确保工序质量合格，杜绝质量事故发生。

事后质量控制（事后纠偏控制）也称为事后质量把关，以使不合格的工序或产品不流入后道工序、不流入市场。事后质量控制的任务就对质量活动结果进行评价、认定；对工序质量偏差进行纠正；对不合格产品进行整改和处理。

建设工程项目质量的事后控制，具体体现在施工质量验收各个环节的控制方面。

（二）工程项目全过程的质量控制

我国多年来的工程建设实践和发达国家成功的建设项目管理经验都证明，工程项目质量是按照项目建设程序，经过工程建设系统各个阶段而逐步形成的。工程项目质量问题贯穿于建筑项目的整个寿命进程，从工程建设的可行性研究、投资决策、勘察设计、建筑施工、竣工验收直至使用维修阶段，任何一个环节出了问题，都会给工程质量留下隐患，影响工程项目功能和使用价值质量，甚至可能会酿成严重的工程质量事故。

1. 投资决策阶段的质量控制

工程项目质量是工程建设三大控制目标之一，应当受到工程建设各方的高度重视。当前，工程项目质量控制主要集中在项目建设实施阶段，主要重视对工程实体质量形成的控制，国家已颁布实施了大量的工程建设标准、法规、规范等，实行了监理制、招标投标制、项目经理负责制、质量监督制、检测制、质量保修制等制度，对工程实体质量的形成进行控制。这使得我国工程建设领域较为严重的质量现状正在得到逐渐的改善，工程实体质量正在不断提高。

然而，当前我国对投资决策阶段的质量控制却重视不足，对投资决策阶段质量控制的必要性认识不足。重视施工阶段的质量控制，认为质量控制主要是项目实施中的工作，忽视投资决策阶段的质量控制，主要体现在忽视对项目功能和使用价值质量的控制。大量的工程建设项目自决策开始就存在质量定位不准，质量目标难以满足业主的需要，质量目标与业主投资目标失衡，项目功能和使用价值不能适应社会经济发展，功能折旧快等现象，这给国家、给项目业主均带来了巨大的损失。

工程项目的投资决策阶段是进行可行性研究与投资决策，以决定项目是否投资建设，确定项目的质量目标与水平的阶段。项目投资决策阶段的质量控制的好坏直接关系到工程项目功能和使用价值是否能够满足业主的要求与实际情况。项目决策阶段是影响工程项目质量的关键阶段。

加强投资决策阶段的质量控制，就是要提高可行性研究深度以及投资决策的准确性与科学性，注重可行性研究报告中采用多方案进行论证；注重考察可行性研究报告是否符合项目建议书或业主的要求；是否符合国民经济长远规划、国家经济建设的方针政策；是否具有可靠的自然、经济、社会环境等基础资料和数据；是否达到了内容、深度、计算指标的相应要求。

此外，在投资决策阶段，进行可行性研究报告的审查，应借鉴发达国家的专家审查制度，由政府依法委托与工程建设无经济利益关系的有关专家组成论证委员会，对于不合理的方案专家委员会可以行使否决权，彻底摆脱项目决策立项过程中的长官意志和行政干预。这样，才能确保建设项目以最少的消耗取得最佳的效果，从建设前期就为工程质量奠定坚实的基础。

2. 设计阶段的质量控制

工程项目设计阶段，是根据项目决策阶段已确定的质量目标和水平，通过工程设计使其具体化的过程。设计在技术上是否可行、工艺是否先进、经济是否合理、设备是否配套、结构是否安全可靠等，均将决定工程项目建成后的功能和使用价值以及工程实体的质量。国内外的建设实践证明，由于设计失误而造成的项目质量目标决策失误、工程质量事故占有相当大的比例。应充分认识到，没有高质量的设计，就没有高质量的工程，精心设计是工程质量的重要保障。因此，设计阶段是影响工程项目质量的决定性环节。

加强对设计阶段质量的控制，除应健全与完善设计单位质量保证体系外，还应大力推行设计监理。建设单位应从设计阶段起委托监理单位介入设计质量监督。我国的建设监理主要是对项目施工阶段的监理，设计监理做的较少。为了进一步保证工程质量，应采取措施加大对设计监理的推广力度。在设计监理中，监理单位要加强对设计方案和图纸的审核、监督，在初步设计、技术设计阶段重点审核设计方案能否满足业主的功能和使用价值要求，以实现业主的投资意图。在施工图设计阶段，重点在于设计图纸能否正确反映设计方案，能否满足工程实体质量要求，如检查计算是否有误，选用材料和做法是否合理，标注的设计标高和尺寸是否有误，各专业设计之间是否有矛盾等。

为了加强对房屋建筑工程、市政基础设施工程施工图设计文件审查的管理，2004年8月23日国家建设部颁布了《房屋建筑和市政基础设施工程施工图设计文件审查管理办法》（建设部第134号令），规定：建设单位应当将施工图送审查机构审查；施工图未经审查合格的，不得使用；按规定应当进行审查的施工图，未经审查合格的，建设主管部门不得颁发施工许可证。

3. 施工阶段的质量控制

工程项目施工阶段，是根据设计文件和图纸的要求，通过施工形成工程实体的阶段。这一阶段直接影响工程项目最终质量，尤其是影响工程项目实体质量。而工程项目实体质量关系到人民生命财产安全，因此施工阶段是工程质量控制的关键阶段，仍然是当前进行质量控制的重点和核心阶段。当前，工程项目施工阶段的质量控制理论与实施措施较为完善，控制工作的重点应主要放在各项制度、措施的落实上，应进一步加强实施过程中的监督与控制力度。在这个阶段，应奉行以人为本、预防为主、坚持质量标准、严格监督检查的基本原则，确保施工质量符合国家有关的施工技术规范及合同规定的质量标准。施工阶段的质量控制主要围绕以下几个环节进行。

（1）承包单位自身的质量控制。

由于承包单位是工程项目形成工程实体的直接生产者，因此其自身的质量控制对于工程项目质量的形成具有最重要的作用。加强承包单位的自身质量控制，主要应建立健全施工企业的质量保证与管理体系。控制中重点应放在以下几个方面：

1）在落实人员岗位质量责任制的基础上，加强对施工人员的动态管理，把握人员进场的考核、使用中的监督与评定等。

2）通过严格、科学的试验和检查以及自身的施工经验来保证原材料、构配件的质量。合格的原材料、成品、半成品和设备，是保证工程项目质量的前提和基础。施工单位在人员配备，组织管理，检测程序、方法、手段等各个环节上加强材料的质量管理，明确工程所用材料的质量标准和质量要求。对水泥、钢筋等材料，除有出厂证明、技术性能资料外，还要进行材料抽样实验，经检验合格后，方可用于工程建设。对工程所用原材料、成品、半成品的质量层层把关，确保每道工序所用材料的质量。

3）积极开发和推广有利于工程质量的新技术、新材料、新设备和新工艺，对那些工程量大、技术含量高、质量要求严的分部分项工程，应集中精力组织技术公关，努力把质量上的可靠性、技术上的先进性合理地融合在一起。

4）采用"分级控制，分层管理"的模式。在施工单位总部设置质量保证部，负责工程质量总策划、工程创优计划的指定，最大限度地为项目部提供技术支持和管理支持；项目部负责创优计划的实施，确保分项工程优良率，实施对分承包方的管理、过程质量控制，并及时向总部反馈质量信息；分承包方负责工程的施工，严格按项目部的要求进行操作，干好每一道工序，以保证分项工程质量。

此外，为了充分调动承包单位自身进行质量控制，提高工程项目质量的积极性、主动性，将工程质量目标同承包企业的利益紧密挂钩，实施"按质论价"、"优质优价"是非常必要的。因此，建设单位在与承包单位签订工程承包合同时应明确，达到或超过质量目标时给予承包企业的奖励和价格补偿，以及达不到质量目标时应处以的罚款。而且无论是奖励、补偿或罚款均应该在量上达到一定的程度，以便能够真正起到对承包企业的奖惩作用。

（2）建设单位通过监理单位对工程项目进行的质量控制。

建设单位对工程项目进行的质量控制，对于准确实现工程项目的功能和使用价值质量、实体质量具有重要作用。随着社会经济的发展，工程项目管理中的科学性、复杂性、风险性越来越强，建设单位将对工程项目的控制与管理委托给专业化、社会化的监理单位进行已经成为必然。

建设工程监理的质量控制目的在于保证工程项目能够按照工程合同规定的质量要求达到业主的建设意图，取得良好的投资效益。应当注意的是，工程监理的质量控制不能仅仅满足于通俗意义上的旁站监督，而应进行全方位的质量监督管理，贯穿于施工准备、施工、竣工验收阶段。监理工程师应综合运用审核有关的文件、报表，现场质量监督与检查，现场质量的检验，利用指令控制权、支付控制权，规定质量监控工作程序等方法或手段进行质量控制。

质量控制的主要工作内容应包括：审查施工单位编制的施工组织设计；组织设计交底与图纸会审；审查分部分项工程的施工准备情况；检查原材料、构配件、设备的规格和质量；检查施工技术措施和安全防护措施的落实情况；协商、控制工程设计变更，检查工程进度和施工质量；验收分部分项工程质量；督促整理技术档案资料；督促履行承包合同；组织工程竣工验收等。

（3）正确处理质量与进度、投资的关系。

施工过程中，往往存在进度与质量的矛盾，即为赶工期而忽视质量，导致质量事故的发生。监理工程师应严格控制工程建设质量，处理好进度与质量的关系，在保证工程建设质量的前提下，采取有效措施，加快施工进度，决不能以牺牲工程质量为代价，盲目追赶进度。

4. 竣工验收阶段的质量控制

工程项目竣工验收阶段，就是对项目施工阶段的质量进行试车运转、检查评定，考核质量目标是否符合设计阶段的质量要求。这一阶段是工程项目由建设转入使用或投产的标志，是对工程质量进行检验的必要环节，是保证合同任务全面完成、提高工程质量水平的最后把关。做好竣工验收工作，对于全面确保工程质量具有重要意义。加强竣工验收阶段的质量控制，主要是要严格执行竣工验收制度和验收程序。主管部门应加大力度，纠正和查处项目法人将未竣工验收或竣工验收不合格的工程交付使用的违法行为，通过层层验收把关，确保工程建设质量的全面落实。

2000年1月30日中华人民共和国国务院令第279号公布的《建设工程质量管理条例》规定：建设单位收到建设工程竣工报告后，应当组织设计、施工、工程监理等有关单位进行竣工验收；建设工程经验收合格的，方可交付使用。建设单位应当自建设工程竣工验收合格之日起 15 日内，将建设工程竣工验收报告和规划、公安消防、环保等部门出具的认可文件或者准许使用文件报建设行政主管部门或者其他有关部门备案。

5. 使用阶段的质量控制

任何商品都有售后服务，建筑物也不应例外。在工程项目竣工验收交付使用后，在规定的保修期限内，因勘察设计、材料等原因造成的质量缺陷，应由施工单位负责维修，由责任单位负责承担维修费用。如因施工单位原因造成的质量缺陷，但施工单位超过期限不进行维修，建设单位应当及时委托其他单位进行维修，费用从保留金中扣除。

工程质量得到正当的保修，对于促进承包单位加强工程质量管理具有积极作用。

（三）政府监督机构的质量控制

根据 2000 年 1 月 30 日中华人民共和国国务院令第 279 号公布的《建设工程质量管理条例》：建设单位在领取施工许可证或者开工报告前，应当按照国家有关规定办理工程质量监督手续。

工程质量监督是建设行政主管部门或其委托的工程质量监督机构（统称监督机构）根据国家的法律、法规和工程建设强制性标准，对责任主体和有关机构履行质量责任的行为以及工程实体质量进行监督检查、维护公众利益的行政执法行为。

根据建设部 2003 年 8 月 5 日颁布的《工程质量监督导则》，工程质量监督机构（大多数地方是建设主管部门下属的质量监督站）的主要工作内容包括：

1）对责任主体和有关机构履行质量责任的行为的监督检查；

2）工程实体质量的监督检查；

3）对施工技术资料、监理资料以及检测报告等有关工程质量的文件和资料的监督检查；

4）对工程竣工验收的监督检查；

5）对混凝土预制构件及预拌混凝土质量的监督检查；

6）对责任主体和有关机构违法、违规行为的调查取证和核实，提出处罚建议或按委托权限实施行政处罚；

7）提交工程质量监督报告。

二、燃气工程质量控制的基本要点

根据质量管理、质量控制的原理和方法，对于燃气工程的建设，应当注意以下要点：

（1）重视对工程项目可行性研究报告的编制、评审。可行性研究报告阶段应当合理确定工程项目的功能和使用价值质量。对于燃气工程项目，主要体现在通过深入的市场调查和多种方案的比选，合理确定项目建设规模、燃气厂站选址、输配压力级制和储气调峰方案、高压主干管道的配置、管网系统的布局、主要设备选型与管道及防腐选材等。

（2）重视对工程设计基础资料的收集。建设单位应当重视收集管线规划路由方案、地形图、地质资料、地下管线布置、用户建筑图纸和用气数据等设计基础资料。设计基础资料的翔实、准确是设计图纸质量的基础。

（3）选择有资质、有业绩的设计单位。设计质量是工程质量的先决条件，如果设计质量存在问题，就会影响工程质量，因此要请有资质、有业绩的设计单位进行设计。

（4）做好设计方案的审核，提高施工图的设计质量。对于燃气工程特别是高压管道工程，设计单位应当认真踏勘现场，根据建设单位提供的地形图、地下管道资料、有关规划，考虑实际施工的可能性，在地形图上初定管道和附件的位置，并提出地质勘察要求；建设单位委托地质勘察单位根据设计单位的地质勘察要求进行现场勘察；设计单位根据地质勘察结果，对初定的管位进行修正，确定管位，出具施工图。合理选择管材及防腐方式，可在设计源头保证工程的质量。对于中、低压埋地管道，应当优先选用 PE 管道；对于高压管道或中、低压管道选用钢管时，应根据土壤的电腐蚀性合理选择防腐方式，在高腐蚀性区域应当选择高等级防腐层。

（5）重视按照相关法规的规定及时办理施工图纸审查、施工质量监督申报、压力管道监督检验告知、施工许可证等工作。

（6）重视组织图纸会审，使施工单位、监理单位充分理解设计思想。

（7）重视选择可靠的材料、设备的供应商，严把材料质量检验关口。质量合格的原材料、设备是保障工程质量的根本基础。不论管材、设备是否是甲方提供，建设单位、监理单位、施工单位均须重视从采购到投入使用中各环节的质量监督，重点进行设备材料的检查和验收工作。

（8）严格审查施工单位的资质，择优选择施工单位、人员。要重点审查施工单位是否具有管道燃气工程的施工能力，同时应综合考核施工企业的业绩、人员素质、管理水平、技术装备和企业信誉等，确保为工程质量打下良好的基础。

（9）制定工程质量奖罚制度或在签订施工合同时，将工程质量与造价挂钩。

（10）正确处理工程质量与进度、造价的关系。

（11）严格审查施工组织设计，并监督施工单位实际实施。

（12）严格审查监理单位的监理规划、监理细则，并督促监理单位实际实施。

（13）除要求监理单位加强施工阶段的监督、必要时实行旁站监理外，对于关键工序，如管材检验、焊口抽检、管道下沟前的防腐层电火花检测、沟槽回填后的防腐层破损检测、牺牲阳极电位检测、管道吹扫、强压试验、气密试验等，建设单位应当派人员亲自参加。

（14）利用经济手段正向引导监理单位加强对工序检查、工程预验收的工作。

（15）重视按照相关法规的规定及时办理防雷验收、消防验收、压力管道监督检验报告、质量监督报告等验收手续，及时组织工程验收并在验收合格后及时办理备案等工作。

第三节　工程项目的进度控制

一、工程项目进度控制

（一）建设工程项目总进度目标

建设工程项目的总进度目标指的是整个项目的进度目标，它是在项目决策阶段项目定义时确定的，项目管理的主要任务是在项目的实施阶段对项目的目标进行控制。建设工程项目总进度目标的控制是业主方项目管理的任务（若采用建设项目总承包的模式，协助业主进行项目总进度目标的控制也是总承包方项目管理的任务）。在进行建设工程项目总进度目标控制前，首先应分析和论证目标实现的可能性。若项目总进度目标不可能实现，则项目管理者应提出调整项目总进度目标的建议，提请项目决策者审议。

在项目的实施阶段，项目总进度包括：设计前准备阶段的工作进度；设计工作进度；招标工作进度；施工前准备工作进度；工程施工和设备安装进度；工程物资采购工作进度；项目动用前的准备工作进度等。建设工程项目总进度目标论证应分析和论证上述各项工作的进度，及上述各项工作进展的相互关系。

在建设工程项目总进度目标论证时，往往还没掌握比较详细的设计资料，也缺乏比较全面的有关工程发包的组织、施工组织和施工技术方面的资料，以及其他有关项目实施条件的资料。因此，总进度目标论证并不是单纯的总进度规划的编制工作，它涉及许多工程实施的条件分析和工程实施策划方面的问题。

大型建设工程项目总进度目标论证的核心工作是通过编制总进度纲要论证总进度目标实现的可能性。总进度纲要的主要内容包括：项目实施的总体部署；总进度规划；各子系统进度规划；确定里程碑事件的计划进度目标；总进度目标实现的条件和应采取的措施等。

建设工程项目总进度目标论证的工作步骤如下：

1）调查研究和收集资料；

2）进行项目结构分析；

3）进行进度计划系统的结构分析；

4）确定项目的工作编码；

5）编制各层进度计划；

6）协调各层进度计划的关系，编制总进度计划；

7）若所编制的总进度计划不符合项目的进度目标，则设法调整；

8）若经过多次调整，进度目标仍无法实现，则报告项目决策者。

（二）工程项目进度控制的含义、原理

工程项目的进度控制是指对工程项目各建设阶段的工作内容、工作程序、持续时间和逻辑关系编制计划，将该计划付诸实施，在实施过程中经常检查实际进度是否按计划要求进行，对出现的偏差分析原因，采取补救措施或调整、修改原计划，直至工程竣工，交付使用。

工程项目进度控制原理包括以下几点：

（1）动态控制原理。项目的进行是一个动态的过程。因此进度控制随着项目的进展而不断进行。项目管理人员需要在项目各阶段制定各种层次的进度计划，需要不断监控项目进度并根据实际情况及时进行调整。

（2）系统原理。项目各实施主体、各阶段、各部分、各层次的计划构成了项目的计划系统，它们之间相互联系、相互影响；每一计划的制订和执行过程也是一个完整的系统。因此必须用系统的理论和方法解决进度控制问题。

（3）封闭循环原理。项目进度控制的全过程是一种循环性的例行活动，其活动包括编制计划、实施计划、检查、比较与分析、确定调整措施、修改计划，形成了一个封闭的循环系统。进度控制过程就是这种封闭的循环系统不断运行的过程。

（4）信息原理。信息是项目进度控制的依据，因此必须建立信息系统，及时有效地进行信息的传递和反馈。

（5）弹性原理。工程项目工期长、体积庞大、影响因素多且复杂。因此要求编制计划时必须留有余地，使计划有一定的弹性。

（三）进度控制的措施

进度控制所采取的措施主要有组织措施、技术措施、合同措施、经济措施和管理措施等。

（1）组织措施就是建立进度控制的组织系统，落实各层次的控制人员及其职责分工，建立各种有关进度控制的制度和程序。

（2）技术措施就是采用先进的进度计划编制技术和控制方法、手段保证进度控制有效进行。

（3）合同措施就是采用有利于进度目标实现的合同模式，通过签订合同明确进度控制责任，加强合同管理，以合同管理为手段保证进度目标的实现。

（4）经济措施就是保证进度计划实现所需资金，采取对工期提前给予奖励、对工期延误给予惩罚等措施。

（5）管理措施就是通过内部管理提高进度控制水平，通过管理消除或减轻各种因素对进度的影响。

（四）进度计划的编制方法

进度计划是进度控制的依据，是实现工程项目工期目标的保证。因此进度控制首先要编制一个完备的进度计划。

1. 里程碑进度计划和编制

里程碑进度计划是以建设项目中某些关键性的重要事件的开始或完成时间点作为基准所形成的计划，是一种战略计划或建设项目进度框架，它规定了建设项目的可实现的中间结果。它是根据建设项目要达到最终目标所必须经历的工作环节确定的重大且关键的工作序列。每个里程碑代表一个关键事件，并表明其必须完成的时间界限。里程碑进度计划一般适用于工期较长、较为复杂的大型建设项目。

里程碑进度计划的关键性重要事件包括：主要工作环节的完成日期；保证建设项目完成的关键性决策工作的日期；建设项目的结束日期。

里程碑进度计划的特点是：把关键工作的完成时间截止在里程碑进度计划的关键事件处，不允许有任何推迟，也就是要采取一切措施确保在里程碑进度计划所标示的时间内完成各项预定的关键环节的任务。

对于工期长、技术复杂的大型建设项目，在确定建设项目目标时就明确了有关的里程碑进度，编制总进度计划时必须以该里程碑进度计划为依据，并在总进度计划上保证里程碑进度计划的实现。里程碑进度计划的编制从建设项目目标要求的最后一个里程碑，即建设项目的最终目标开始向反方向进行。在项目建设中有许多阶段，还有许多事件，要根据事件在项目建设进行中的位置及其对前后事件的作用和影响，参照同类建设项目的实施经验加以确定。

2. 横道图进度计划和编制

横道图，又称条线图或甘特图，这是一种传统的进度计划方法。

横道图是一个二维的平面图，横向表示进度并与时间相对应，纵向表示工作内容。每一水平横道线显示每项工作的开始和结束时间，每一横道的长度表示该项工作的持续时间。在表示时间的横向维上，根据项目计划的需要，度量项目进度的时间单位可以用月、旬、周或天表示。

横道图计划直观、简单、容易操作、便于理解，其适用范围为：

1）用横道图计划可使建设项目高层管理人员了解项目建设的各有关部位的进展情况，便于研究和决策；

2）在建设项目前期的工作报告中，用横道图计划可向建设项目的决策者提供以相对独立的工作环节为分块的进度计划，对于建设项目决策有一定参考作用；

3）在建设项目实施过程中，横道图计划可以将实际进度以同样的条形在同一个横道图的工作内容的横道上表示出来，可以十分直观地对比实际进度与计划进度间的偏离；

4）可用于资源的优化和编制资源及费用计划。

横道图进度计划存在以下问题：

1）建设项目所包含的工作之间的逻辑关系不易表达清楚；

2）横道图通常由手工编制，用于简单建设项目有其优点，很难用于大型项目；

3）难以进行严谨的进度计划时间参数计算，不能确定计划的关键工作、关键线路与时差；

4）横道图难以明确表达建设项目进度与资源消耗之间的内在联系和相互作用，因而就不能对进度计划进行优化和控制；

5）难以适应大的进度计划系统。

3. 工程网络计划和编制

我国《工程网络计划技术规程》（JGJ/T121—1999）推荐的常用的工程网络计划类型包括：双代号网络计划；双代号时标网络计划；单代号网络计划；单代号搭接网络计划。国际上，工程网络计划有许多名称，如 CPM、PERT、CPA、MPM 等。美国较多使用双代号网络计划，欧洲则较多使用单代号搭接网络计划。

（1）双代号网络计划。双代号网络图是以箭线及其两端节点的编号表示工作的网络图。如图 6-1-2 所示。

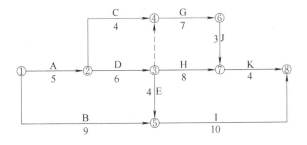

图 6-1-2　某工程双代号网络计划

双代号网络图中，每一条箭线表示一项工作。工作是泛指一项需要消耗人力、物力和时间的具体活动过程，也称工序、活动、作业。箭线的箭尾节点表示该工作的开始，箭线的箭头节点表示该工作的完成。工作名称可标注在箭线的上方，完成该项工作所需要的持续时间可标注在箭线的下方。由于一项工作需用一条箭线和其箭尾与箭头处两个圆圈中的号码来表示，故称为双代号网络计划。

在双代号网络图中，任意一条实箭线都要占用时间，并多数要消耗资源。在建设工程中，一条箭线表示项目中的一个施工过程，它可以是一道工序、一个分项工程、一个分部工程或一个单位工程，其粗细程度和工作范围的划分根据计划任务的需要确定。

在双代号网络图中，为了正确地表达图中工作之间的逻辑关系，往往需要应用虚箭线。虚箭线是实际工作中并不存在的一项虚设工作，故它们既不占用时间，也不消耗资源，一般起着工作之间的联系、区分和断路三个作用。联系作用是指应用虚箭线正确表达工作之间相互依存的关系；区分作用是指双代号网络图中每一项工作都必须用一条箭线和两个代号表示，若两项工作的代号相同，应使用虚工作加以区分；断路作用是用虚箭线断掉多余联系，即在网络图中把无联系的工作连接上时，应加上虚工作将其断开。

在无时间坐标的网络图中，箭线的长度原则上可以任意画，其占用的时间以下方标注的时间参数为准。箭线可以为直线、折线或斜线，但其行进方向均应从左向右。在有时间坐标的网络图中，箭线的长度必须根据完成该工作所需持续时间的长短按比例绘制。

在双代号网络图中；紧排在本工作之前的工作称为紧前工作；紧排在本工作之后的工作称为紧后工作；与之平行进行的工作称为平行工作。

节点是网络图中箭线之间的连接点。在时间上节点表示指向某节点的工作全部完成后该节点后面的工作才能开始的瞬间，它反映前后工作的交接点。网络图中有三个类型的节点：

1）起点节点，即网络图的第一个节点，它只有外向箭线（由节点向外指的箭线），一般表示一项任务或一个项目的开始。

2）终点节点，即网络图的最后一个节点，它只有内向箭线（指向节点的箭线），一般表示一项任务或一个项目的完成。

3）中间节点，即网络图中既有内向箭线，又有外向箭线的节点。

双代号网络图中，节点应用圆圈表示，并在圆圈内标注编号。一项工作应当只有唯一的一条箭线和相应的一对节点，且要求箭尾节点的编号小于其箭头节点的编号。网络图节点的编号顺序应从小到大，可不连续，但不允许重复。

网络图中从起始节点开始，沿箭头方向顺序通过一系列箭线与节点，最后达到终点节点的通路称为线路。在一个网络图中可能有很多条线路，线路中各项工作持续时间之和就是该线路的长度，即线路所需要的时间。一般网络图有多条线路，可依次用该线路上的节点代号来记述。

在各条线路中，有一条或几条线路的总时间最长，称为关键路线，一般用双线或粗线标注。其他线路长度均小于关键线路，称为非关键线路。

网络图中工作之间相互制约或相互依赖的关系称为逻辑关系，它包括工艺关系和组织关系，在网络中均应表现为工作之间的先后顺序。生产性工作之间由工艺过程决定的，非生产性工作之间由工作程序决定的先后顺序称为工艺关系；工作之间由于组织安排需要或资源（人力、材料、机械设备和资金等）调配需要而确定的先后顺序关系称为组织关系。

网络图必须正确地表达整个工程或任务的工艺流程和各工作开展的先后顺序，以及它们之间相互依赖和相互制约的逻辑关系。因此，绘制网络图时必须遵循一定的基本规则和要求：

1）双代号网络图必须正确表达已确定的逻辑关系。

2）双代号网络图中，不允许出现循环回路。所谓循环回路是指从网络图中的某一个节点出发，顺着箭线方向又回到了原来出发点的线路。

3）双代号网络图中，在节点之间不能出现带双向箭头或无箭头的连线。

4）双代号网络图中，不能出现没有箭头节点或没有箭尾节点的箭线。

5）当双代号网络图的某些节点有多条外向箭线或多条内向箭线时，为使图形简洁，可使用母线法绘制（但应满足一项工作用一条箭线和相应的一对节点表示）。

6）绘制网络图时，箭线不宜交叉。当交叉不可避免时，可用过桥法或指向法。

7）双代号网络图中应只有一个起点节点和一个终点节点（多目标网络计划除外），而其他所有节点均应是中间节点。

8）双代号网络图应条理清楚，布局合理。例如，网络图中的工作箭线不宜画成任意方向或曲线形状，尽可能用水平线或斜线；关键线路、关键工作尽可能安排在图面中心位置，其他工作分散在两边；避免倒回箭头等。

（2）双代号时标网络计划。双代号时标网络计划是以时间坐标为尺度编制的网络计划，时标网络计划中应以实箭线表示工作，以虚箭线表示虚工作，以波形线表示工作的自由时差。如图6-1-3所示。

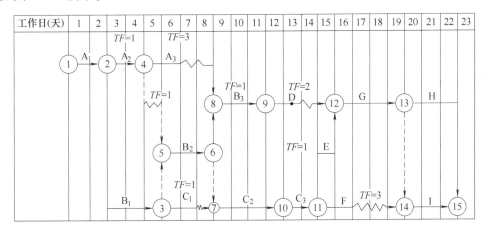

图6-1-3　双代号时标网络计划示例

双代号时标网络计划必须以水平时间坐标为尺度表示工作时间。时标的时间单位应根据需要在编制网络计划之前确定，可为时、天、周、月或季。

时标网络计划中所有符号在时间坐标上的水平投影位置，都必须与其时间参数相对应。节点中心必须对准相应的时标位置。

时标网络计划中虚工作必须以垂直方向的虚箭线表示，有自由时差时加波形线表示。

其主要特点为：①时标网络计划兼有网络计划与横道计划的优点，它能够清楚地表明计划的时间进程，使用方便；②时标网络计划能在图上直接显示出各项工作的开始与完成时间、工作的自由时差及关键线路；③在时标网络计划中可以统计每一个单位时间对资源的需要量，以便进行资源优化和调整；④由于箭线受到时间坐标的限制，当情况发生变化时，对网络计划的修改比较麻烦，往往要重新绘图。但在使用计算机以后，这一问题已较容易解决。

时标网络计划宜按各个工作的最早开始时间编制。在编制时标网络计划之前，应先按已确定的时间单位绘制出时标计划表。

1）间接法绘制。先绘制出标时网络计划，计算各工作的最早时间参数，再根据最早时间参数在时标计划表上确定节点位置，连线完成，某些工作箭线长度不足以到达该工作的完成节点时，用波形线补足。

2）直接法绘制。根据网络计划中各工作之间的逻辑关系及各工作的持续时间，直接在时标计划表上绘制时标网络计划。首先将起点节点定位在时标表的起始刻度线上，然后按工作持续时间在时标计划表上绘制起点节点的外向箭线，其他工作的开始节点必须在其所有紧前工作都绘出以后，定位在这些紧前工作最早完成时间最大值的时间刻度上，某些工作的箭线长度不足以到达该节点时，用波形线补足，箭头画在波形线与节点连接处。用上述方法从左至右依次确定其他节点位置，直至网络计划终点节点定位，绘图完成。

（3）单代号网络计划

单代号网络图是以节点及其编号表示工作，以箭线表示工作之间逻辑关系的网络图，并在节点中加注工作代号、名称和持续时间，以形成单代号网络计划。如图 6-1-4 所示。

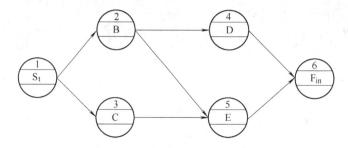

图 6-1-4　单代号网络图

单代号网络图中的每一个节点表示一项工作，节点宜用圆圈或矩形表示。节点所表示的工作名称、持续时间和工作代号等应标注在节点内。

单代号网络图中的节点必须编号，编号标注在节点内，其号码可间断，但严禁重复。箭线的箭尾节点编号应小于箭头节点的编号。一项工作必须有唯一的节点及相应的一个编号箭线。

单代号网络图中的箭线表示紧邻工作之间的逻辑关系，既不占用时间，也不消耗资源的箭线应画成水平直线、折线或斜线。箭线水平投影的方向应自左向右，表示工作的行进方向。工作之间的逻辑关系包括工艺关系和组织关系，在网络图中均表现为工作之间的先后顺序。

与双代号网络图相比，单代号网络图具有以下特点：

1）工作之间的逻辑关系容易表达，且不用虚箭线，故绘图较简单；

2）网络图便于检查和修改；

3）由于工作持续时间表示在节点之中，没有长度，故不够直观；

4）表示工作之间逻辑关系的箭线可能产生较多的纵横交叉现象。

单代号网络图的绘图规则为：

1）单代号网络图必须正确表达已确定的逻辑关系。

2）单代号网络图中，不允许出现循环回路。

3）单代号网络图中，不能出现双向箭头或无箭头的连线。

4）单代号网络图中，不能出现没有箭尾节点的箭线和没有箭头节点的箭线。

5）绘制网络图时，箭线不宜交叉，当交叉不可避免时，可采用过桥法或指向法绘制。

6）单代号网络图中只应有一个起点节点和一个终点节点。当网络图中有多项起点节点或多项终点节点时，应在网络图的两端分别设置下项虚工作，作为该网络图的起点节点（S_t）和终点节点（F_{in}）。

（4）单代号搭接网络计划

单代号搭接网络图中每一个节点表示一项工作，宜用圆圈或矩形表示。节点所表示的工作名称、持续时间和工作代号等应标注在节点内。如图6-1-5所示。

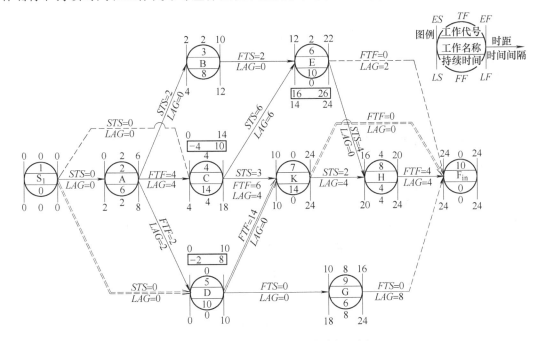

图6-1-5　单代号搭接网络计划示例

单代号搭接网络图中，箭线及其上面的时距符号表示相邻工作间的逻辑关系。箭线应画成水平直线、折线或斜线。箭线水平投影的方向应自左向右，表示工作的进行方向。

单代号网络图中的节点必须编号，编号标注在节点内，其号码可间断，但不允许重复。箭线的箭尾节点编号应小于箭头节点编号。一项工作必须有唯一的节点及相应的一个编号。

工作之间的逻辑关系包括工艺关系和组织关系，在网络图中均表现为工作之间的先后顺序。

单代号搭接网络图中，各条线路应用该线路上的节点编号自小到大依次表述，也可用工作名称依次表述。

单代号搭接网络计划中，工作名称和工作持续时间标注在节点圆圈内，工作的时间参数（ES，EF，LS，LF，TF，FF）标注在圆圈的上下；而工作之间的时间参数（如 STS，ETF，STF，FTS 和时间间隔 $LAG_{i,j}$）标注在联系箭线的上下方。

1）绘图规则

单代号搭接网络图的绘图规则为：

① 单代号搭接网络图必须正确表述已定的逻辑关系。

② 单代号搭接网络图中，不允许出现循环回路。

③ 单代号搭接网络图中，不能出现双向箭头或无箭头的连线。

④ 单代号搭接网络图中，不能出现没有箭尾节点的箭线和没有箭头节点的箭线。

⑤ 绘制网络图时，箭线不宜交叉。当交叉不可避免时，可采用过桥法和指向法绘制。

⑥ 单代号搭接网络图只应有一个起点节点和一个终点节点。当网络图中有多项起点节点或多项终点节点时，应在网络图的相应端分别设置一项虚工作，作为该网络图的起点节点和终点节点。

2）单代号搭接网络计划中的搭接关系

搭接网络计划中搭接关系在工程实践中的具体应用，简述如下：

① 完成到开始时距（FTS）的连接方法。

例如修一条堤坝的护坡时，一定要等土堤自然沉降后才能修护坡，这种等待的时间就是 FTS 时距。

当 $FTS = 0$ 时，即紧前工作 i 的完成时间等于紧后工作的开始时间，这时紧前工作与紧后工作紧密衔接，当计划所有相邻工作的 $FTS = 0$ 时，整个搭接网络计划就成为一般的单代号网络计划。因此，一般的依次顺序关系只是搭接关系的一种特殊表现形式。

② 完成到完成时距（FTF）的连接方法。

表示紧前工作 i 的完成时间与紧后工作 j 完成时间之间的时距和连接方法。

例如相邻两工作，当紧前工作的施工速度小于紧后工作时，则必须考虑为紧后工作留有充分的工作面，否则紧后工作就将因无工作面而无法进行。这种结束工作时间之间的间隔就是 FTF 时距。

③ 开始到开始时距（$STS_{i,j}$）的连接方法。

表示紧前工作 i 的开始时间与紧后工作 j 的开始时间之间的时距和连接方法。

例如道路工程中的铺设路基和浇筑路面，待路基开始工作一定时间为路面工程创造一定工作条件之后，路面工程即可开始进行，这种开始工作时间之间的间隔就是 STS 时距。

④ 开始到完成时距（$STF_{i,j}$）的连接方法。

例如要挖掘带有部分地下水的土壤，地下水位以上的土壤可以在降低地下水位工作完成之前开始，而在地下水位以下的土壤则必须要等降低地下水位之后才能开始。降低地下水位工作的完成与何时挖地下水位以下的土壤有关，至于降低地下水位何时开始，则与挖土没有直接联系。这种开始到结束的限制时间就是 STF 时距。

⑤ 混合时距的连接方法。

在搭接网络计划中，两项工作之间可同时由四种基本连接关系中两种以上来限制工作间的逻辑关系，例如 i、j 两项工作可能同时由 STS 与 FTF 时距限制，或 STF 与 FTS 时距限制等。

二、燃气工程进度控制的基本要点

对于燃气工程的进度控制，应当注意以下要点：

1）做好项目总进度的安排并积极跟进施工前期工作，避免在设计阶段、报建阶段延误进度，到施工阶段赶工抢进度。

2）对于新建市政道路、商住楼盘、酒店等建设项目的配套燃气管道工程，应配合主体工程做好"三同时"（同时设计、同时施工、同时验收），在源头上保障工程进度，避免在后续的施工阶段赶工。

例如，某地虽有"三同时"政策，但执行不到位，燃气公司的市场开发人员跟进也不积极，某商住楼盘的业主在收楼时发现无配套燃气管道到政府上访，政府组织协调要求开发商与燃气公司补签燃气报装合同，从维稳的角度要求1个月内完成施工，导致工程进度非常紧张，也增加了工程造价。

3）积极做好施工前期的报建、协调等工作，避免仓促开工后又窝工、停工，不但延误工期，施工单位还有可能索赔导致增加工程造价。

4）尽量避免在雨天、汛期等不利时期施工。

5）重视材料供应的进度、质量，避免停工、返工。

6）重视竣工资料的收集、编制，避免工程实体完成后因竣工资料的原因迟迟不能验收投入使用。

第四节　工程项目的投资控制

一、工程项目投资控制

工程项目投资一般是指进行某项工程建设所花费的全部费用，即该工程项目有计划地进行固定资产和形成相应无形资产和铺底流动资金的一次性费用总和。

工程项目的投资控制，就是在投资决策阶段、设计阶段、建设项目发包阶段和建设实施阶段，对所发生的成本费用的支出有组织、有系统地进行预测、规划、核算、对比、分析、控制等一系列的科学管理工作，把建设项目的投资控制在批准的投资限额内，随时纠正发生的偏差，以保证投资管理目标的实现，以求在建设项目中能合理地使用人力、物力、财力，取得较好的经济效益和社会效益。

（一）工程项目投资控制的原则、措施

1. 工程项目投资控制的原则

为了进行工程建设项目的有效投资控制，除要运用控制论的一般原理之外，还需坚持以下几项基本原则。

（1）动态控制。

由于建设项目建设周期长，在项目实施过程中受到的干扰因素多，如社会、经济、自然等方面的干扰，因而实际投资偏高于概（预）算投资的情况发生，这就需要不断地进行投资控制即动态控制。任何投资控制措施都不可能一劳永逸，原有的矛盾和问题解决了，还会出现新的矛盾和问题。因此投资控制人员应根据投资计划值与实际值比较的结果，分析其产生偏差的原因，采取针对性措施。

（2）主动控制与被动控制相结合。

在工程项目投资计划的实施过程中，应采取主动控制与被动控制相结合的控制方法，才能确保项目投资目标顺利实现。

主动控制即在事前确立项目的投资目标和编制投资计划时，就应对工程建设中环境的不确定性、风险因素等有超前的考虑和预测、分析各种因素对项目投资的影响，预测项目实施过程中目标和计划偏离的可能性，采取相应的预控措施输入目标和计划系统，对项目实施主

动控制。它可以解决传统控制过程中存在的"时滞影响"，将各类隐患消灭在萌芽状态，使控制效果更加有效。

被动控制是指在项目计划的实施过程中还应进行全过程、全方位的追踪监测，通过对项目实际输出工程信息的收集、加工、整理、分析，及时发现问题、找出偏差，采取相应的对策措施纠偏，再反馈给计划管理部门付诸实施，使工程中出现的问题及时得到处理，使目标和计划一旦出现偏离及时得到矫正。

主动控制与被动控制均为实现项目投资目标所必须采用的控制方式，有效的控制是将其紧密结合起来，两者缺一不可。即对项目投资目标的控制既要以预防为主，加大主动控制的力度，又要同时对项目的实施过程进行定期、连续的跟踪检查，通过信息反馈实行被动控制，两者有机地融合在一起，形成一个贯穿建设全过程的动态控制系统，方能确保项目投资目标的顺利实施。

（3）全过程控制。

建设项目的实施阶段，包括投资决策阶段、设计阶段、施工阶段、动用前准备阶段和保修阶段。在建设项目的实施过程中，一方面累计投资在投资决策阶段和设计阶段缓慢增加，进入施工阶段后则迅速增加，至施工后期，累计投资的增加又趋于平缓。另一方面，节约投资的可能性在设计准备阶段和设计阶段由100%迅速降低，至施工开始时已降至10%左右，其后的变化就相当平缓了。这表明虽然建设项目的实际投资主要发生在施工阶段，但节约投资的可能性却主要在施工以前的阶段。

因此，所谓全过程控制，要求从投资决策阶段开始就进行投资控制，并将投资控制工作贯穿于建设项目实施的全过程，直至项目结束。在明确全过程控制的前提下，还要特别强调早期控制的重要性，越早进行控制，投资控制的效果越好，节约投资的可能性越大。

（4）全方位控制。

工程建设项目的投资由地价、建安工程费、配套费、前期费等构成。全方位控制，就是对这些费用都要进行控制，既要分别进行控制，又要从项目整体出发进行综合控制。

2. 工程项目投资控制的措施

工程项目投资控制应从组织、技术、经济、合同等多方面采取措施。

（1）组织措施。

1）通过建立合理的项目组织结构，在项目管理班子中落实投资控制的人员、任务分工和职能分工。

2）委托或聘请有关咨询单位或有经验的工程经济人员做好工程造价控制及管理工作；

3）积极推行项目设计、施工、材料采购等的招投标制度。

（2）技术措施。

1）做好设计方案的技术经济论证，优选最佳设计方案；

2）积极推行限额设计；

3）做好施工图预算和工程招标标底的审查工作；

4）采用降低消耗、提高工效的新工艺、新技术、新材料。

（3）经济措施。

1）编制资金使用计划，确定、分解投资控制目标；

2）进行工程计量；

3）复核工程付款账单，签发付款证书；

4）在施工过程中进行投资跟踪控制，定期地进行投资实际支出值与计划目标值的比较，发现偏差，分析产生偏差的原因，采取纠偏措施。

（4）合同管理。

1）做好工程施工记录，保存各种文件图纸，特别是设计变更图纸。注意积累素材，为正确处理可能发生的索赔提供依据。

2）重视合同签订、修改、补充工作，着重考虑合同条款对投资控制的影响。

（二）工程项目全过程的投资控制

工程项目投资控制最首要的一点是全过程控制原则。这种全过程具体体现在投资决策、设计、招投标、施工和竣工决算等阶段，而且每一阶段都是缺一不可的。

长期以来，我国在工程建设项目上，普遍忽视工程项目建设前期工作阶段的投资目标控制，而倾向于重视竣工后结算。但事实证明，施工阶段对项目投资进行控制的影响程度在全过程控制中仅占很少的一部分，只有投资决策和设计阶段的控制才是关键的。实践证明：重施工、轻设计和决策阶段的思想及传统习惯必须克服，否则，必然是"亡羊补牢"，事倍功半。

1. 投资决策阶段的投资控制

众所周知，决策起核心作用。

（1）进行多方案的技术经济比较，择优确定最佳建设方案。

首先，其规模应合理，规模过小，使得资源得不到有效配置，单位产品成本较高，经济效益低下；规模过大，超过了项目产品市场的需求量，则会导致开工不足，产品积压或降价销售，致使项目经济效益也会低下。

其次，建设标准水平应从我国目前的经济发展水平出发，区别不同地区、不同规模、不同等级、不同功能合理确定。

再次，还要考虑建设地区及建设地点（厂址）的选择，不仅要符合国家工业布局总体规划和地方规划，而且要靠近原料、燃料和消费地，并要考虑工业基地的聚集规模适当的原则。

最后，生产工艺及设备的选型，既要先进适用，又要经济合理，从而优选出最佳方案，达到控制造价的目的。

（2）建立科学决策体系，合理确定投资估算。

投资估算是工程项目投资管理的龙头，只有抓好估算才能真正做到宏观控制，而搞好投资估算的前提是项目决策的科学化和合理的投资估算指标。决策科学化的关键在于科学的决策体系（含经济评价参数体系）和决策责任制。合理的投资估算主要取决于投资估算指标，因此，建立科学的决策体系，明确决策责任制，编制高质量的估算指标，是抓好投资估算这个龙头的关键。

（3）客观、认真地做好项目评价。

建设项目经济评价是在项目决策前的可行性研究和评估中，采用现代化经济分析方法，对拟建项目计算期（包括建设期和生产期）投入产出诸多因素进行调查、预测、研究、计算和论证，选择推荐最佳方案作为决策项目的重要依据。项目经济评价是项目可行性研究和评估的核心内容，目的在于最大限度地提高投资效益。

从具体方面看，由于经济评价分析和参数设立了一套比较科学严谨的分析计算指标和判别依据，使项目和方案经过"需要—可能—可行—最佳"这样步步深入地分析和比选，把项目和方案的决策建立在优化和最佳的基础上。这就有助于避免由于依据不足、方法不当、盲目决策造成的失误，以便把有限的资源真正用于经济效益好的建设项目。

（4）推行和完善项目法人责任制，从源头上控制工程项目投资。

项目法人责任制是国际上的通行做法，是从投资源头上有效地控制工程投资的制度。项目法人责任制是在国家政府宏观调控下，先有法人，后进行建设，法人对建设项目筹划、筹资、人事任免、招投标、建设直至生产经营管理、债务偿还以及资产保值增值实行全过程、全方位的负责制，按国家规定法人享有充分的自主权，并对法人进行严格管理和奖惩的制度。显然，实行法人制有利于建立法人投资主体，形成自我决策、自我约束、自担风险、自求发展的运行机制。由于法人对建设项目从决策到生产经营管理全过程承担了法律责任和风险，真正做到谁决策，谁负责，避免了只有向上争项目、争投资的积极性和动力，而没有科学决策，筹集资金，控制项目质量、工期、造价和提高效益的积极性和压力。同时，也有利于国家用法律、法规和经济手段来规范工程项目投资与建设的全部活动，从而促进建筑市场规范化管理。

2. 设计阶段的投资控制

一般情况下，项目投资的90%决定于设计阶段，在进行技术设计和施工图设计时，投资控制的主要目标是设计概算。根据施工图纸编制施工图预算，从而形成的工程合同价款是设计阶段投资控制的限额。

（1）积极运用价值工程原理。

价值工程是一种新兴的工程经济的方法，通过性能价格比，来体现研究对象的价值和对产品进行功能系统分析。一般可以通过五种基本途径来提高价值：

1）通过改进设计，保证功能不变，而使实现功能的成本降低；

2）通过改进设计，保持成本不变，即使功能有所提高；

3）通过改进设计，虽然成本有所上升，但换来功能大幅度的提高；

4）对于一些不重要的建筑物，在不严重影响使用要求的情况下，适当降低产品功能的某些非主要方面的指标，以换取成本较大幅度的降低；

5）通过改进设计，即提高功能的同时降低成本从而使价值大幅度提高。这是最理想的途径，也是对资源最有效的利用，这需要技术上有所突破，在管理上有所改善。

（2）推行工程设计招标。

工程项目设计推行招投标，有利于设计方案的选择和竞争。招标后，设计方案的选择范围扩大。投标单位为了在竞争中取胜，必须有自己的独创之处，并使自己的方案符合国家的有关方针、政策，节约用地，切合实际，安全适用，技术先进，造型新颖，选用新型材料的设备，并在建筑造型上有新意，打破千篇一律的呆板格调。设计招投标还有利于控制项目建设投资。中标项目一般所做出的投资估算能控制或接近在招标文件规定的投资范围内。最后设计招投标还有利于缩短设计周期，降低设计费。

（3）做好地质勘察工作，挖掘地基潜力，减少不必要投资。

地质勘察数据是进行项目设计的第一手资料。如果不把详细的地质调查报告提供给设计部门，将会使投资产生大量漏洞，而且极易造成工程事故。根据钻探地质报告，邀请专家会同设计人员对基础选型进行认真分析研究，做经济比较，充分挖掘地基潜力，选用最佳基础设计方案，减少不必要的投资。

（4）正确处理技术与经济的对立统一关系。

在设计阶段，正确处理技术与经济的对立统一关系，是控制项目投资的关键环节。既要反对片面强调节约，忽视技术上的合理要求，使建设项目达不到工程功能的倾向；又要反对重技术、轻经济，设计保守、浪费的倾向。

（5）严格进行限额设计。

在设计阶段实行限额设计，优化设计方案，在满足同等使用功能的前提下，采用技术先进、经济合理的优化设计方案，就能有效地控制项目投资。因此要使工程项目控制在预定的投资费用之内，就不要过分地强调提高设计标准，将"肥梁、胖柱、密钢筋、深基础"等不合理的现象消灭在设计阶段；只要根据其使用特点，满足建筑物的适用性、美观性、经济性、耐久性，就已经达到要求了。

一般情况下，要控制工程项目的投资总额，要坚持初步设计总概算不得超过可行性研究报告估算，施工图预算不得超过初步设计概算的"二限"原则，这是投资控制的关键之所在。

（6）加强设计标准和标准设计的制定和应用。

工程建设设计标准和标准设计来源于工程建设实践经验和科研成果，是工程建设必须遵循的科学依据。大量成熟的、行之有效的实践经验和科研成果纳入设计标准规范和标准设计加以实施，就能在工程建设活动中得到最普遍、最有效的推广使用。另一方面，工程建设标准规范又是衡量工程建设质量的尺度，在一切工程设计工作中都必须执行。标准设计一经颁发，建设单位和设计单位就要因地制宜积极采用，无特殊理由不得另行设计。

优秀的设计标准规范可以带来极佳的经济效益。如《工业与民用建筑地基基础设计规范》执行以来，得到了良好的技术经济效果。采用该规定的挡土墙计算公式，可节省挡土墙造价20%；对于单桩承载力，该设计规范结合我国国情，把安全系数定为2（日本取3，美国也在2以上），这在沿海软土地区可节约基础造价30%以上。

（7）加强设计变更的管理工作。

由于图纸本身不完善或设计深度不够，会导致在施工阶段的设计变更增加，从而引起了投资的增加。因此，在设计阶段，设计单位应认真做好图纸审查工作，尽量减少图纸中的错、漏现象，使设计阶段的施工图预算更为准确。另外，因工程项目的任务范围和设计准则变更而引起投资费用的变动问题，应在合同正式签订之前做出估算并进行评审，这样更有利于工程费用的控制。

（8）引入设计监理。

在设计阶段，监理工程师主要检查施工图是否根据已批准的初步设计进行了深化；检查工程设计是否符合有关的规定、规范、标准；检查在设计中采用的新材料、新技术、新工艺是否符合规范要求，并研究其可靠性、安全性、经济性，综合协调各专业，避免或减少图纸变更。

（9）加强对设计概算和设计预算的审查。

要做到使概算不超过可行性研究的项目投资估算费用，就必须从单位工程概算、单项工程综合概算、建设项目总概算中的工程量、定额单价、收费标准、"三废"投资和各项经济技术指标几个方面进行认真审核。其目的是力求投资的准确、完整，提高建设项目的经济效益，尤其是对重要的设计方案随时审查费用估算是否在投资额的范围内，如有超出，应对设计方案进行修改，力争科学、经济、合理。

在设计预算的审查中，重点是审查工程量、预算单价、取费标准、费用调整等是否真实正确、符合标准。项目的每一笔费用在签订合同之前，要对照项目预算进行比较，使其保持在能承担的合理金额范围之内。

3. 施工阶段的投资控制

建设项目投资控制的好与坏，直接关系到建筑项目的质量、建筑项目的进度，建设项目的成功与否。通常一个工程项目的投资主要是由项目的决策阶段和设计阶段所决定，施工阶段对工程项目投资的影响相对较小，但是施工阶段是建筑产品形成的阶段，也是投资支出最多的阶段，也是矛盾、问题频发的阶段。如何做好施工阶段的投资控制，从建设单位角度出发，应从以下几方面着手。

（1）严把设备、材料价格关。

设备费、材料费在工程建设项目投资中约占总投资的70%左右，是工程直接费的主要组成部分，其价格的高低将直接影响工程造价的大小。因此，必须把好设备、材料价格关，要引入竞争机制，创造竞争条件，开展设备、材料的招投标工作，在保证产品质量的同时，降低设备、材料的价格。

（2）通过招投标择优选择施工单位。

建设工程施工招标制度是建设单位控制工程造价的有效手段，通过招投标，引入充分竞争，形成由市场定价机制，选择综合实力强、市场口碑好、报价合理的施工单位，可合理降低工程造价。

编制招标文件时，要重视规范性和严谨性。招标文件如果出现前后矛盾的漏洞，则会在建设合同履行过程中发生纠纷，给承建商索赔的机会，给建设单位造成不必要的经济损失。招标文件中的工程量清单编制和合同中专用条款的编写非常重要，工程量清单项目划分及特征描述要科学，工程量的计算要准确。

建设单位组织招投标时，要避免为了减少建设资金，利用"僧多粥少"这一现象，任意压价，导致工程造价严重失真。但施工单位通过低价中标后，就会在施工过程中想方设法增加现场签证及技术变更，通过增加工程量以追求较高利润，导致工程造价失控。或干脆偷工减料，在材料上以次充好来蒙混过关，留下质量隐患。应在合理低价中标的基础上，充分考虑投标单位的社会信誉、资质情况、施工能力、设备状况、业绩等进行综合评定，以便选择一个既能降低工程造价成本，又能保证工程按质按时完成的中标单位。

（3）控制工程变更。

工程变更一般包括设计图纸、施工次序、施工时间的变更，工程数量的变动，技术规范的变更以及合同条件的修改。工程变更可由施工单位或设计单位提出，也可由业主、监理工程师提出。

工程变更是施工阶段影响工程造价最大的因素，任何工程项目都不可避免地会发生工程变更，但是严禁通过设计变更扩大建设规模，提高设计标准，增加建设内容。在施工中引起变更的原因很多，对必须发生的，尤其是涉及费用增减的工程变更，工程变更应尽量提前，变更发生得越早则损失越小。

首先，施工前应对施工图进行会审，及时发现设计中的错误。其次，对设计及承包商提出的每一项工程变更，都要进行经济核算，做出是否需要变更的决定。特别是变更价款很大时要从多方面通过分析论证决定。最后，严格审核变更价款，包括工程计量及价格审核，要坚持工程量属实、价格合理的原则。

（4）做好工程计量，防止超付工程进度款。

工程进度款是建设单位按工程承包合同有关条款规定，支付给施工单位的合格工程产品的价款，它是工程项目竣工结算前工程款支付的最主要方式。控制工程进度款，首先要对工程计量进行审核，只有质量合格的项目才允许计量，对不合格项目及由于施工单位原因造成的增加项目则不予计量。另外要注意抵扣的各种款项，如备料款、甲方供料款等。最后按合同规定的付款比例进行付款。

这一阶段的投资控制也是很重要的。比如，工程款超付工程进度，就会占用业主资金，降低投资效益；工程款给的不足或拖欠，就会影响工程的进度和质量，影响施工单位的效益。只有把握好工程进度付款，才能保证工程投资不失控，才能保证工程质量，也才能保证工程进度目标的实现。

（5）做好索赔管理。

索赔的种类很多，通常按索赔发生的原因分类，诸如工程变更引起的索赔；图纸错误引起的索赔；业主拖期付款引起的索赔等。在工程施工中，如果出现了合同内容之外的自然因素、社会因素、业主因素等，引起工程发生事故或拖延工期，就会有许多合同外的经济签证及费用索赔发生。处理这些索赔时，必须以承包合同、有关法律和法规为依据，站在客观公正的立场上认真审查索赔要求的正当性，然后审查其取费的合理性，准确地确定索赔费用。

建设单位应按合同要求，积极履行职责，防止索赔事件的发生。建设单位应积极主动搞好设计、材料、设备、土建、安装及其他外部协调与配合，不给施工单位造成索赔条件。凡涉及费用的各种签证均需手续完备。建设单位可依据合同，对施工单位的工期延误、施工缺陷等提出反索赔。

（6）控制合同外新增项目。

合同外新增工程项目是主体工程在功能上的一种补充，与合同内工程变更有着本质区别，其计价方式不定，可以采用重新招标的方式，也可以委托主体工程承包商进行施工，其计价原则按照变更工程计价原则计价。该部分工程一般有附属工程、配套工程，造价有时较高，不可疏忽该部分的投资控制。

（7）加强工程结算审核。

竣工结算是根据工程建设的全过程所收集的资料，对工程投资情况的汇总，涉及设备费、建安费、财务费、管理费、其他费用等为工程投入的一切费用，是全面反映项目实际造价和投资效果的文件，是在建工程转固定资产的财务依据。

通过竣工结算才能对项目全过程进行总结，对比投资—概算—施工图预算—招标合同价—结算价—财务结算的差异及可控程度，分析投资控制偏差或失控的原因。竣工结算必须以竣工图纸、签证变更、索赔报告、认价通知书等为依据，逐项审查。对于套用定额的结算来说，一是要核对数量，看看数量是否准确，二是要核对项目情况，看看项目是否有重复或套用的定额是否合理；对于采用清单结算的来说，就要完全履行合同，按照合同规定的办法来计算，审核工程量的增减，项目的变更。审查决算的过程既要求造价人员有高度的责任心，又要求有过硬的业务素质，这样才能保证工程造价的合理性。

二、燃气工程投资控制的基本要点

根据工程项目投资控制的原则和措施，对于燃气工程的投资控制，应当注意以下要点：

1）重视投资决策阶段的投资控制，择优确定项目的建设规模。

2）重视设计阶段的投资控制，正确处理技术与经济的对立统一关系。在设计阶段实行限额设计，优化设计方案，在满足同等使用功能的前提下，采用技术先进、经济合理的优化设计方案。

3）加强施工阶段的投资控制，通过招投标择优选择材料设备供应商、施工单位。

第五节　建设工程监理

一、建设工程监理在中国产生的背景

从新中国成立直至20世纪80年代，我国固定资产投资基本上是由国家统一安排计划，由国家统一财政拨款的。一般建设工程，由建设单位自己组成筹建机构，自行管理；重大建设工程，从相关单位抽调人员组成工程建设指挥部，由其进行管理。投资"三超"（概算超估算、预算超概算、决算超预算）、工期延长的现象较为普遍。

80年代我国进入了改革开放的新时期，国务院决定在基本建设和建筑业领域采取一些重大的改革措施，例如，投资有偿使用（即"拨改贷"）、投资包干责任制、投资主体多元化、工程招标投标制等。在这种情况下，改革传统的建设工程管理形式，已经势在必行。否则，难以适应我国经济发展和改革开放新形势的要求。

通过对我国几十年建设工程管理实践的反思和总结，并对国外工程管理制度与管理方法进行了考察，认识到建设单位的工程项目管理是一项专门的学问，需要一大批专门的机构和人才，建设单位的工程项目管理应当走专业化、社会化的道路。在此基础上，建设部于1988年发布了《关于开展建设监理工作的通知》，明确提出要建立建设监理制度。建设监理制作为工程建设领域的一项改革举措，旨在改变陈旧的工程管理模式，建立专业化、社会化的建设监理机构，协助建设单位做好项目管理工作，以提高建设水平和投资效益。建设工程监理制于1988年开始试点，5年后逐步推开，1997年《中华人民共和国建筑法》（以下简称《建筑法》）以法律制度的形式作出规定，国家推行建设工程监理制度，从而使建设工程监理在全国范围内进入全面推行阶段。

二、建设监理的概念

我国的建设工程监理属于国际上业主方项目管理的范畴。建设工程监理，是指具有相应资质的工程监理企业，接受建设单位的委托，承担其项目管理工作，并代表建设单位对承建单位的建设行为进行监控的专业化服务活动。其项目管理工作包括投资控制、进度控制、质量控制、合同管理、信息管理和组织协调工作——即"三控制、两管理、一协调"。

建设工程监理的行为主体是工程监理企业，这是我国建设工程监理制度的一项重要规定。建设工程监理不同于建设行政主管部门的监督管理。后者的行为主体是政府部门，它具有明显的强制性，是行政性的监督管理，它的任务、职责、内容不同于建设工程监理。同样，总承包单位对分包单位的监督管理也不能视为建设工程监理。

建设工程监理的实施需要建设单位的委托和授权。工程监理企业应根据委托监理合同和有关建设工程合同的规定实施监理。建设工程监理只有在建设单位委托的情况下才能进行。只有与建设单位订立书面委托监理合同，明确了监理的范围、内容、权利、义务、责任等，工程监理企业才能在规定的范围内行使管理权，合法地开展建设工程监理。工程监理企业在委托监理的工程中拥有一定的管理权限，能够开展管理活动，是建设单位授权的结果。

三、建设监理的范围

建设工程监理范围可以分为监理的工程范围和监理的建设阶段范围。

1. 工程范围

为了有效发挥建设工程监理的作用，加大推行监理的力度，根据《建筑法》，国务院公布的《建设工程质量管理条例》对实行强制性监理的工程范围作了原则性的规定，建设部又进一步在《建设工程监理范围和规模标准规定》中对实行强制性监理的工程范围作了具体规定。下列建设工程必须实行监理：

1）国家重点建设工程。依据《国家重点建设项目管理办法》所确定的对国民经济和社会发展有重大影响的骨干项目。

2）大中型公用事业工程。项目总投资额在3 000万元以上的供水、供电、供气、供热等市政工程项目；科技、教育、文化等项目；体育、旅游、商业等项目；卫生、社会福利等项目；其他公用事业项目。

3）成片开发建设的住宅小区工程。建筑面积在5万平方米以上的住宅建设工程。

4）利用外国政府或者国际组织贷款、援助资金的工程。包括使用世界银行、亚洲开发银行等国际组织贷款资金的项目；使用国外政府及其机构贷款资金的项目；使用国际组织或者国外政府援助资金的项目。

5）国家规定必须实行监理的其他工程。项目总投资额在3 000万元以上关系社会公共利益、公众安全的交通运输、水利建设、城市基础设施、生态环境保护、信息产业、能源等基础设施项目，以及学校、影剧院、体育场馆项目。

2. 建设阶段范围

建设工程监理可以适用于工程建设投资决策阶段和实施阶段，主要是建设工程施工阶段。

四、建设工程监理的工作方法

实施建筑工程监理前，建设单位应当将委托的工程监理单位、监理的内容及监理权限，书面通知被监理的建筑施工企业。（引自《中华人民共和国建筑法》）

工程建设监理一般应按下列程序进行：

1）编制工程建设监理规划；

2）按工程建设进度、分专业编制工程建设监理细则；

3）按照建设监理细则进行建设监理；

4）参与工程竣工预验收，签署建设监理意见；

5）建设监理业务完成后，向项目法人提交工程建设监理档案资料。（引自建设部和国

家计委《工程建设监理规定》，建监［1995］第 737 号文）

工程监理人员认为工程施工不符合工程设计要求、施工技术标准和合同约定的，有权要求建筑施工企业改正。工程监理人员发现工程设计不符合建筑工程质量标准或者合同约定的质量要求的，应当报告建设单位要求设计单位改正。（引自《中华人民共和国建筑法》）

旁站监理，监理人员在房屋建筑工程施工阶段监理中，对关键部位、关键工序的施工质量实施全过程现场跟班的监督活动。（引自建设部《房屋建筑工程施工旁站监理管理办法（试行）》，建市［2002］189 号）

旁站监理规定的房屋建筑工程的关键部位、关键工序，在基础工程方面包括土方回填，混凝土灌注桩浇筑，地下连续墙、土钉墙、后浇带及其他结构混凝土、防水混凝土浇筑，卷材防水层细部构造处理，钢结构安装；在主体结构工程方面包括梁柱节点钢筋隐蔽过程，混凝土浇筑，预应力张拉，装配式结构安装，钢结构安装，网架结构安装，索膜安装。（引自建设部《房屋建筑工程施工旁站监理管理办法（试行）》，建市［2002］189 号）

施工企业根据监理企业制定的旁站监理方案，在需要实施旁站监理的关键部位、关键工序进行施工前 24 小时，应当书面通知监理企业派驻工地的项目监理机构。项目监理机构应当安排旁站监理人员按照旁站监理方案实施旁站监理。（引自建设部《房屋建筑工程施工旁站监理管理办法（试行）》，建市［2002］189 号）

旁站监理人员的主要职责是：

1）检查施工企业现场质检人员到岗、特殊工种人员持证上岗以及施工机械、建筑材料准备情况；

2）在现场跟班监督关键部位、关键工序的施工执行施工方案以及工程建设强制性标准情况；

3）核查进场建筑材料、建筑构配件、设备和商品混凝土的质量检验报告等，并可在现场监督施工企业进行检验或者委托具有资格的第三方进行复验；

4）做好旁站监理记录和监理日记，保存旁站监理原始资料。（参阅建设部《房屋建筑工程施工旁站监理管理办法（试行）》，建市［2002］189 号）

旁站监理人员应当认真履行职责，对需要实施旁站监理的关键部位、关键工序在施工现场跟班监督，及时发现和处理旁站监理过程中出现的质量问题，如实准确地做好旁站监理记录。凡旁站监理人员和施工企业现场质检人员未在旁站监理记录上签字的，不得进行下一道工序施工。（引自建设部《房屋建筑工程施工旁站监理管理办法（试行）》，建市［2002］189 号）

旁站监理人员实施旁站监理时，发现施工企业有违反工程建设强制性标准行为的，有权责令施工企业立即整改；发现其施工活动已经或者可能危及工程质量的，应当及时向监理工程师或者总监理工程师报告，由总监理工程师下达局部暂停施工指令或者采取其他应急措施。（引自建设部《房屋建筑工程施工旁站监理管理办法（试行）》，建市［2002］189 号）

第二章 燃气工程常用的管材和管件

第一节 钢 管

钢管是燃气工程中应用最多的管材，在场站、高压管道、中压管道、室内管道中都可以应用。钢管具有强度高、韧性好、抗冲击性和严密性好，能承受很大的压力，便于焊接和热加工，比铸铁管节省金属等优点，但其耐腐蚀性较差，需要有妥善的防腐措施。

一、钢的定义

GB/T13304—2008《钢分类》描述钢的定义："以铁为主要元素、含碳量一般在2%以下，并含有其他元素的材料。"其中的一般是指除铬钢外的其他钢种，部分铬钢的含碳量允许大于2%。

含碳量大于2%的铁合金是铸铁。

二、钢的分类

按照钢的化学成分，可分为碳素钢和合金钢两大类。

碳素钢中除铁和碳以外，还含有在冶炼中难以除尽的少量硅、锰、磷、硫、氧和氮等。其中磷、硫、氧、氮等对钢材性能产生不利影响，为有害杂质。碳素钢根据含碳量可分为低碳钢（含碳量小于0.25%）、中碳钢（含碳量为0.25%～0.6%）和高碳钢（含碳量大于0.6%）。

合金钢中含有一种或多种特意加入或超过碳素钢限量的化学元素，如锰、硅、钒、钛等，这些元素称为合金元素。合金元素的作用是改善钢的性能，或者使钢获得某些特殊性能。合金钢按合金元素的总含量可分为低合金钢（合金元素总含量小于5%）、中合金钢（合金元素总含量为5%～10%）和高合金钢（合金元素总含量大于10%）。

根据钢中有害杂质的含量，工程上所用的钢可分为普通钢、优质钢和高级优质钢。

根据用途的不同，工程用钢常分为结构钢、工具钢和特殊性能钢。

三、钢管的分类

按照钢管的制造方法，钢管分为无缝钢管和焊接钢管。

1. 无缝钢管

无缝钢管是用优质碳素钢或低合金钢经热轧或冷拔加工而成，多用于输送较高压力的燃气，如图6-2-1所示。连接方式多采用焊接，当与阀件等连接时采用法兰连接。

热轧管最大的外径为630 mm，冷拔（轧）管的最大外径为219 mm。一般情况下，当外径大于57mm时常选用热轧管。

一般无缝钢管适用于各种压力级别的城市燃气管道和制气厂的工艺管道。对于具有高压、高温要求的制气厂设备，例如炉管、热交换器管，可根据不同的技术要求分别选用专用无缝钢管，如锅炉用无缝钢管、锅炉用高压无缝钢管。

图 6-2-1　无缝钢管

由于普通碳素钢管不适合在低温区域使用，燃气工程的 LNG 气化站的低温系统上，常选用不锈钢无缝钢管，如图 6-2-2 所示。GB50028—2006《城镇燃气设计规范》第 9.4.2 条规定"对于使用温度低于 −20℃ 的管道应采用奥氏体不锈钢无缝钢管，其技术性能应符合现行的国家标准 GB/T14976—2002《流体输送用不锈钢无缝钢管》的规定"。

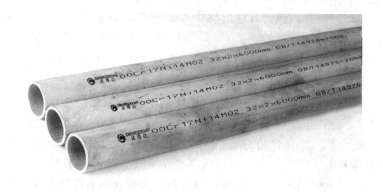

图 6-2-2　不锈钢无缝钢管

2. 焊接钢管

焊接钢管是指用钢带或钢板弯曲变形为圆形、方形等形状后再焊接成的、表面有接缝的钢管。

随着优质带钢连轧生产的迅速发展以及焊接和检验技术的进步，焊缝质量不断提高，焊接钢管的品种规格日益增多，并在越来越多的领域代替了无缝钢管。焊接钢管比无缝钢管成本低，生产效率高。

按焊接方法的不同，焊接钢管可分为电弧焊管、高频或低频电阻焊管、气焊管、炉焊管等。

按焊缝形状，焊接钢管可分为直缝焊管和螺旋焊管，如图 6-2-3、图 6-2-4、图 6-2-5 所示。直缝焊管的生产工艺简单，生产效率高，成本低；螺旋焊管的强度一般比直缝焊管高，能用较窄的坯料生产管径较大的焊管，还可以用同样宽度的坯料生产管径不同的焊管。但是与相同长度的直缝管相比，焊缝长度增加 30%～100%，而且生产速度较低。因此，较小口径的焊管大都采用直缝焊，大口径焊管则大多采用螺旋焊。

图 6-2-3 镀锌直缝焊管

图 6-2-4 未镀锌直缝焊管

图 6-2-5 螺旋缝电焊钢管

四、燃气工程常用的钢管标准

钢管的制造标准有很多种。

燃气工程上，中压和低压燃气管道采用钢管时，应符合 GB/T3091—2008《低压流体输送用焊接钢管》、GB/T8163—2008《输送流体用无缝钢管》（注意：不能选用结构用无缝钢管 GB/T8162—2008《结构用无缝钢管》）的规定。

燃气工程上，次高压、高压燃气管道应选用钢管，并应符合 GB/T9711.1—1997《石油天然气工业输送钢管交货技术条件 第 1 部分：A 级钢管》（L175 级钢管除外）、GB/T9711.1—1997《石油天然气工业输送钢管交货技术条件 第 2 部分：B 级钢管》和 GB/T8163—2008《输送流体用无缝钢管》的规定，或符合不低于上述三项标准相应技术要求的其他钢管标准。地下次高压 B 级燃气管道也可采用符合 GB/T3091—2008《低压流体输送用焊接钢管》规定的钢号为 Q235B 的焊接钢管。

第二节 聚乙烯燃气管道

聚乙烯（PE）是乙烯经聚合制得的一种热塑性树脂。聚乙烯无臭、无毒、手感似蜡，具有优良的耐低温性能，化学稳定性好，能耐大多数酸碱的侵蚀（不耐具有氧化性质的酸），常温下不溶于一般溶剂，吸水性小，电绝缘性能优良；但聚乙烯对于环境应力（化学与机械作用）是很敏感的，耐热老化性差。聚乙烯的性质因品种而异，主要取决于分子结构和密度。采用不同的生产方法可得不同密度（0.91～0.96g/cm^3）的产物。聚乙烯的用途十分广泛，主要用来制造薄膜、容器、管道、单丝、电线电缆、日用品等，并可作为电视、雷达等的高频绝缘材料。

聚乙烯管道，根据应用领域的不同，可分为 PE 燃气管道、PE 给水管、PE 通信管道等。不同领域的 PE 管道的原材料、制造标准相互有所区别。

一、聚乙烯燃气管的应用背景

第二次世界大战时期，由于铜材与钢材的短缺，国外开始研究使用塑料管，即"以塑代钢"。随着高分子材料科学技术的飞跃进步，塑料管材开发利用的深化，生产工艺的不断改进，塑料管道淋漓尽致地展示其卓越性能，塑料管材已不再被人们误认为是金属管材的"廉价代用品"，而广泛用于燃气输送、给水、排污、农业灌溉、矿山细颗粒固体输送，以及油田、化工和邮电通信等领域，特别在燃气输送上得到了普遍的应用。

燃气输配用塑料管的材料，先后研究使用过：醋酸-丁酸纤维素、硬聚氯乙烯、耐冲击聚氯乙烯、环氧玻璃钢、涤纶、尼龙、聚乙烯。经过淘汰，到 20 世纪 60 年代后期，只剩下聚氯乙烯管和聚乙烯管；到 20 世纪 80 年代，聚氯乙烯管被淘汰，只剩下聚乙烯管。

我国是从 20 世纪 80 年代初期开始聚乙烯燃气管的研究工作的。1982 年，在上海最早使用聚乙烯管输送城镇燃气。为使聚乙烯燃气管研究工作受到重视并顺利进行，国家科委1987 年把"聚乙烯燃气管专用料研制和加工应用技术开发"列为国家"七五"科技攻关项目，从专用原料—管材—管件加工—工程应用—标准规范制定进行系统研究，取得丰硕成果。1995 年，国家技术监督局、建设部分别颁发了 PE 燃气管材、管件的国家标准和工程技术的行业规程。如今，PE 燃气管在国内燃气行业得到了广泛使用。PE 燃气管道适用于中低压埋地管道，严禁用于室内地上燃气管道和室外明设燃气管道。

在中国燃气集团（中燃集团）内部，要求中低压埋地管道优先使用 PE 燃气管。

二、PE 管的优点

（1）耐腐蚀。聚乙烯为惰性材料，除少数强氧化剂外，可耐多种化学介质的侵蚀。无电化学腐蚀，不需要防腐层。

（2）不泄漏。聚乙烯管道主要采用熔接连接（热熔连接或电熔连接），本质上保证接口材质、结构与管体本身的同一性，实现了接头与管材的一体化。试验证实，其接口的抗拉强度及爆破强度均高于管材本体，可有效地抵抗内压力产生的环向应力及轴向的拉伸应力。因此与橡胶圈类接头或其他机械接头相比，不存在因接头扭曲造成泄漏的危险。

（3）高韧性。聚乙烯管是一种高韧性的管材，其断裂伸长率一般超过500%，对管基不均匀沉降的适应能力非常强。也是一种抗震性能优良的管道。在 1995 年日本的神户地震中，聚乙烯燃气管和供水管是唯一幸免的管道系统。正因为如此，日本震后大力推广 PE 管在燃气领域的使用。

（4）优良的挠性。聚乙烯的挠性是一个重要的性质，它极大地增强了该材料对于管线工程的价值。聚乙烯的挠性使聚乙烯管可以进行盘卷，并以较长的长度供应，不需要各种连接管件。用于不开槽施工，聚乙烯管道的走向容易依照施工方法的要求进行改变；聚乙烯材料的挠性，使其可在施工前改变管材的形状，插入旧管后恢复原来的大小和尺寸。

（5）良好的抵抗刮痕能力。采用不开槽施工技术，无论是铺设新管或旧管道的修复或更新，刮痕是无法避免的。刮痕造成材料的应力集中，引发管道的破坏。管材抵抗刮痕的能力，与管材的慢速裂纹增长（SCG）行为关系密切，研究证明，PE80 等级的聚乙烯管具有较好的抵抗 SCG 的能力和耐刮痕能力。PE100 聚乙烯管材料则具有更加出色的抵抗刮痕能力。

（6）良好的快速裂纹传递抵抗能力。管道的快速开裂是指在管道偶然发生开裂时，裂纹以几百米/秒的速度迅速增长，瞬间造成几十米甚至上千米管道破坏的大事故。快速开裂是一种偶发事故，但其后果是灾难性的。早在 20 世纪 50 年代，美国输气钢管曾发生几起快速开裂事故。聚氯乙烯气管和水管均曾发生过快速开裂事故。实际使用中尚未发现聚乙烯燃气管的快速开裂。国际上对塑料管道，特别聚乙烯燃气管的快速裂纹传递进行了大量卓有成效的研究工作。结果表明，在常用的塑料管材中，聚乙烯抵抗裂纹快速传递的能力名列前茅。温度越低，管径和壁厚越大，工作压力越高，塑料管道快速开裂的危险性越大。因此，聚乙烯管道，特别是 PE100 管更适宜做大口径管。

（7）聚乙烯管道使用寿命长，可达 50 年以上，这是国外根据聚乙烯管材环向抗拉强度的长期静水压设计基础值（HDB）确定的，已被国际标准确认。

（8）聚乙烯管道重量轻，运输施工方便，劳动强度低。

三、PE 管的分类

聚乙烯管按照密度分为低密度聚乙烯（LDPE，密度为 0.900～0.930g/cm³）管，中密度聚乙烯（MDPE，密度为 0.930～0.940g/cm³）管和高密度聚乙烯（HDPE，密度为 0.940～0.965g/cm³）管。

由于材料的不断进步，根据发展阶段和性能的不同，产生了材料的等级分化，密度不能反映聚乙烯作为管材的本质性能，因此国际上根据聚乙烯管的长期静压强度（MRS）对管材及其原料进行分类和命名。长期静压强度是指连续施加在该聚乙烯树脂制管管壁上 50 年时引起管材破坏时所计算的在管壁上的环向张应力，该值是管材结构设计的基础。聚乙烯管的工程设计概念与金属管不同，对于金属管的设计，广泛地使用环境温度下的屈服强度系数。而聚乙烯管与金属管不同，它受持续应力及温度变化的影响，因此聚乙烯管的设计应力应根据长期强度来决定，即通过绘制恒温下应力与破坏时间的曲线来确定。根据聚乙烯管的长期静液压强度（MRS），国际上将聚乙烯管材料分为 PE32、PE40、PE63、PE80 和 PE100 五个等级。燃气用 PE 管采用 PE80 和 PE100 等级。

根据壁厚不同，PE 燃气管分为 SDR11 系列和 SDR17.6 系列（SDR 是管道外径和壁厚的比值）。

在中燃集团内部，优先选用 PE100 SDR17.6 系列 PE 燃气管道；为避免壁厚太薄，*DN*75 以下的应使用 SDR11 系列。

四、PE 燃气管的制造标准

如图 6-2-6 所示为 PE 燃气管道，其现行的制造标准是 GB1588.1—2003《燃气用埋地聚乙烯管材》。

图 6-2-6　PE 燃气管道

第三节　铸　铁　管

20 世纪 90 年代之前，铸铁管在燃气管道工程中较常使用。与钢管相比，铸铁管的耐腐蚀性能好，但材料抗拉强度小，性质较脆，容易受外围环境变化影响，如土壤流失、埋深不足、建（构）筑物违章占压等，导致管道受损漏气，且受损裂口较长，漏气量大，容易导致安全事故。

燃气工程上如选用铸铁管，应选用球墨铸铁管，并应符合现行国家标准 GB/T13295—2008《水及燃气管道用球墨铸铁管、管件和附件》的规定。

目前，新建的燃气管道工程中已较少使用铸铁管；中燃集团内部在新建工程上已限制使用铸铁管。

第四节　铝塑复合管

铝塑复合管是指内层和外层为交联聚乙烯或聚乙烯、中间层为增强铝管、层间采用专用热熔胶，通过挤出成型方法复合成一体的管道，如图 6-2-7 所示。根据铝管焊接方法不同，分为搭接焊和对接焊两种形式。

GB50028—2006《城镇燃气设计规范》、中燃集团《燃气设计标准》规定：室内燃气管道可选用铝塑复合管。

（1）铝塑复合管的质量应符合现行国家标准 GB/T18997.1—2003《铝塑复合压力管第 1 部分：铝管搭接焊式铝塑管》或 GB/T18997.2—2003《铝塑复合压力管第 2 部分：铝管对接焊式铝塑管》的规定。

（2）铝塑复合管应采用卡套式管件或承插式管件机械连接，承插式管件应符合国家现行标准 CJ/T110—2000《承插式管接头》的规定，卡套式管件应符合国家现行标准 CJ/T111—2000《卡套式管接头》和 CJ/T190—2004《铝塑复合管用卡压式管件》的规定。

（3）铝塑复合管安装时必须对铝塑复合管材进行防机械损伤、防紫外线（UV）伤害及防热保护。并应符合下列规定：

1）环境温度不应高于60℃；

2）工作压力应小于10kPa；

3）在户内的计量装置（燃气表）后安装。

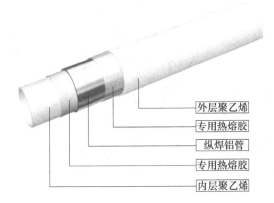

图 6-2-7 铝塑复合管

第五节 管 件

管件是管道安装中的连接配件，用于管道变径、引出分支、改变管道走向、管道末端封堵等。有的管件则是为了安装维修时拆卸方便，或为管道与设备的连接而设置，例如活接。

一、螺纹联接管件

室内燃气管道的管径不大于50mm时，一般应采用螺纹联接管件。常用螺纹连接管件如图 6-2-8 所示。

燃气工程上经常使用的螺纹联接管件的材质是可锻铸铁，现行的制造标准是 GB/T3287—2000《可锻铸铁管路连接件》。

常用的管件有管箍、活接头、外螺纹接头、弯头、三通、四通、螺塞等。

二、无缝钢制管件

把无缝管段放于特制的模型中，借助液压传动机将管段冲压或拔制成管件。由于管件内壁光滑，无接缝，所以介质流动阻力小，可承受较高的工作压力。

目前生产的无缝钢制管件有弯头、大小头和三通等。无缝弯头的规格为 $DN40 \sim DN400$，弯曲半径 $R = （1 \sim 1.5）DN$，弯曲角度有45°、60°、90°三种，工地使用时可切割成任意角度。无缝大小头有同心和偏心两种，因受冲压限制，大头和小头的公称直径相差不超过两个连续等级，例如 $DN200 \times DN150$，$DN200 \times DN125$，而难于制造成 $DN200 \times DN100$。三通的主管与支管的公称直径差也不超过两个连续等级。

钢制无缝管件的现行制造标准是 GBT12459—2005《钢制对焊无缝管件》。

图 6-2-8 镀锌螺纹联接管件

三、铸铁管管件

同铸铁管配套的管件，燃气工程上选用的铸铁管件应为球墨铸铁。

常用的铸铁管管件有双承套管、承盘短管、插盘短管、承插乙字管、承堵或插堵、三通、四通、弯头等。

四、PE 燃气管件

PE 燃气管件现行的制造标准是 GB15558.2—2005《燃气用埋地聚乙烯管道系统　第 2 部分：管件》。

根据管件的生产方式可分为注塑管件和焊接管件。大部分管件都可用注塑成形的方法制造；对于一些壁厚、体积、重量都较大的管件，可采用焊接的方法制造。

根据施工方法、用途可分为电热熔管件、热熔对接管件、钢塑转换接头。

五、波纹补偿器

波纹补偿器属于一种补偿元件，如图 6-2-9 所示。利用其工作主体波纹管的有效伸缩变形，以吸收管线、导管、容器等由热胀冷缩等原因而产生的尺寸变化，或补偿管线、导管、容器等的轴向、横向和角向位移。也可用于降噪减振。

燃气工程上，波纹补偿器主要用于埋地阀门后和楼栋立管。

图 6-2-9 波纹补偿器

第六节 阀门与法兰

阀门是燃气管道中重要的控制设备,用于切断和接通管线,调节燃气的压力和流量。燃气管道的阀门常用于管道的维修,减少放空时间,限制管道事故危害的后果。

一、质量需求

由于阀门经常处于备而不用的状态,又不便于检修,因此,对它的质量和可靠性有以下严格要求。

1. 密闭性好

阀门关闭后气体不泄漏。阀体无砂眼、气孔、裂纹及非致密性缺陷。切断性好即内密封要好,阀门关闭后如果漏气,不仅造成大量燃气泄漏,造成火灾、爆炸等,而且还可能引起自控系统的失灵和误动作。因此,阀门必须有出厂合格证,并在安装前逐个进行强度试验和密封性试验。阀门属于易损零部件,应有较长寿命,因为燃气管道投产后,只有待管道停输和排空时才能对阀门进行检修,而且时间有限。如在管道运行期间,密封处或易损件发生问题,燃气管道的生产安全则受到威胁,往往会导致停气。

2. 强度可靠

阀门除承受与管道相同的试验与工作压力外,还要承受安装条件下的温度、机械振动和自然灾害等各种复杂的应力。

3. 耐腐蚀

阀门中的金属材料和非金属材料应能长期经受燃气的腐蚀而不变质。阀门是大扭矩驱动装置,应开关迅速,动作灵活。当燃气干线的阀门全开时,阀孔通道的直径应与管道的内径相同且吻合,阀孔上的任何缩小或扩大都可能成为清管器的障碍,并会积存污物,导致清管器卡住和阀门的损伤。

二、阀门的分类

阀门的种类有很多,主要按工业管道压力级别、阀门的功用、阀门启闭零件的结构,以及阀门启闭时的传动方式来分类。随着材料应用的扩展,燃气阀门也出现了一些新的分类。

按工业管道的公称压力(PN,单位为 MPa)通常将阀门分为低压阀门($PN \leqslant 2.5\mathrm{MPa}$)、中压阀门($4\mathrm{MPa} \leqslant PN \leqslant 6.4\mathrm{MPa}$)、高压阀门($10\mathrm{MPa} \leqslant PN \leqslant 100\mathrm{MPa}$)和超高压阀门($PN > 100\mathrm{MPa}$)。

按阀门的功能,阀门可分为闭路阀、止回阀、安全阀和减压阀等。

按阀门启闭零件的结构,阀门可分为闸阀、截止阀、球阀、蝶阀和旋塞阀等。

按阀门启闭时的传动方式,阀门可分为人工控制阀、电动控制阀、电磁控制阀、气动控制阀和液压控制阀等。

按阀门的材料,阀门可分为铸铁阀、铸钢阀、锻钢阀、PE 塑料阀等。材料不同,阀门的结构、密封方式、操作方式也有所不同。

三、常用阀门介绍

1. 球阀

球阀是用带有圆形通道的球体作启闭件，球体随阀杆转动实现启闭动作的阀门。球阀的启闭件是一个有孔的球体，绕垂直于通道的轴线旋转，从而达到启闭通道的目的。球阀主要供开启和关闭管道和设备介质之用，不能用作节流。图 6-2-10 和图 6-2-11 所示分别为螺扣球阀和法兰球阀。

图 6-2-10　螺扣球阀

图 6-2-11　法兰球阀

2. 闸阀

闸阀是指关闭件（闸板）沿通路中心线的垂直方向移动的阀门，如图 6-2-12 所示。闸阀在管路中只能作全开和全关切断用，不能作调节和节流用。

图 6-2-12　闸阀

3. 截止阀

截止阀的启闭件是塞形的阀瓣，密封面呈平面或锥面，阀瓣沿流体的中心线作直线运动，如图 6-2-13 所示。

截止阀属于强制密封式阀门，所以在阀门关闭时，必须向阀瓣施加压力，以强制密封面不泄漏。当介质由阀瓣下方进入阀内时，操作力所需要克服的阻力是阀杆和填料的摩擦力与由介质的压力所产生的推力，关阀门的力比开阀门的力大，所以阀杆的直径要大，否则会发生阀杆顶弯的故障。近年来，从自密封的阀门出现后，截止阀的介质流向就改由阀瓣上方进入阀腔，这时在介质压力作用下，关阀门的力小，而开阀门的力大，阀杆的直径可以相应地减少。同时，在介质作用下，这种形式的阀门也较严密。我国阀门"三化式"曾规定，截止阀的流向，一律采用自上而下。截止阀开启时，阀瓣的开启高度，为公称直径的 25% ~ 30% 时，流量已达到最大，表示阀门已达全开位置。所以截止阀的全开位置，应由阀瓣的行程来决定。

4. 蝶阀

蝶阀是用随阀杆转动的圆形蝶板作启闭件，以实现启闭动作的阀门，如图 6-2-14 所示。蝶阀主要作为截断阀使用，亦可设计成具有调节或截断兼调节的功能。蝶阀的蝶板安装于管道的直径方向。在蝶阀阀体圆柱形通道内，圆盘形蝶板绕着轴线旋转，旋转角度为 0° ~ 90° 之间，旋转到 90° 时，阀门则为全开状态。

图 6-2-13　截止阀

图 6-2-14　蝶阀

5. 旋塞阀

旋塞阀是用带通孔的塞体作为启闭件，通过塞体与阀杆的转动实现启闭动作的阀门，如图 6-2-15 所示。

6. 止回阀

止回阀是指依靠介质本身流动而自动开、闭阀瓣，用来防止介质倒流的阀门，又称逆止阀、单向阀、逆流阀和背压阀，如图 6-2-16 所示。

止回阀属于一种自动阀门，其主要作用是防止介质倒流、防止泵及驱动电动机反转，以及容器介质的泄放。止回阀还可用于给其中的压力可能升至超过系统压的辅助系统提供补给的管路上。

止回阀根据其结构和安装方式可分为旋启式、升降式、碟式、管道式、压紧式。

图 6-2-15　旋塞阀　　　　　　　　　　　　　图 6-2-16　止回阀

7. 安全阀

安全阀属于一种安全保护用阀，它的启闭件受外力作用下处于常闭状态，如图 6-2-17 所示。安全阀属于自动阀类，主要用于锅炉、压力容器和管道上，安全阀类的作用是防止管路或装置中的介质压力超过规定数值，从而达到安全保护的目的。

安全阀的分类：按整体结构及加载机构的不同，可以分为弹簧式和重锤杠杆式；按照介质排放方式的不同，可以分为全封闭式、半封闭式和开放式；按照阀瓣开启的最大高度与安全阀流道直径之比来划分，可分为微启式（开启高度小于流道直径的 1/4，通常为流道直径的 1/40～1/20）和全启式（开启高度大于或等于流道直径的 1/4）。

四、阀门的产品型号

阀门型号通常应表示阀门类型、驱动方式、连接形式、结构特点、公称压力、密封面材料、阀体材料等要素。阀门型号的标准化对阀门的设计、选用、经销，提供了方便。阀门的产品型号的组成如图 6-2-18 所示。

图 6-2-17　安全阀

JB/T308—2004《阀门型号编制方法》规定了国产通用阀门的型号编制、类型代号、驱动方式代号、连接形式代号、结构形式代号、密封面材料代号、阀体材料代号和压力代号的表示方法。

五、法兰

法兰又叫做法兰盘或突缘。法兰是使管子与管子相互连接的零件，连接于管端，如图 6-2-19 所示。法兰上有孔眼，用螺栓使两法兰紧连，法兰间用衬垫密封。法兰连接或法兰

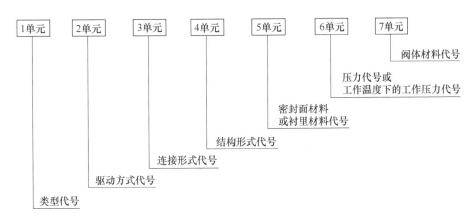

图 6-2-18 阀门型号

接头，是指由法兰、垫片及螺栓三者相互连接作为一组组合密封结构的可拆连接。

国内常用的法兰标准有以下四种：

（1）国家标准。国家标准 GB9112～9123—1998《钢制管法兰》是参照 ISO 7005/1—1992《金属法兰 第一部分 钢法兰》编制而成的，其公称直径范围、法兰结构及密封面形式等与 ISO 标准基本相同。

（2）石油化工标准。SH3406—1996《石油化工钢制管法兰》是根据石油化工生产的特点，参照美国国家标准 ANSI B16.5《钢制管法兰及法兰管件》及美国石油协会标准 API 605《大直径碳钢法兰》编制而成，标准属于美洲体系。

（3）化工部标准。HG20592～20635—2009《钢制管法兰、垫片、紧固件》。

（4）机械行业标准。JB/T74—1994《管路法兰及垫片》。

对燃气工程而言，一般情况下，上述标准具有互换性。

法兰的分类有很多种，在国家标准中，按法兰结构形式分为整体法兰、螺纹法兰、对焊法兰、带颈平焊法兰、带颈承插焊法兰、对焊环带颈松套法兰、板式平焊法兰、对焊环板式松套法兰、平焊环板式松套法兰、翻边环板式松套法兰。

图 6-2-19 法兰

第三章 燃气管道的安装

第一节 土 方 工 程

一、土的分类

土是由岩石经历物理、化学、生物风化作用以及剥蚀、搬运、沉积作用在交错复杂的自然环境中所生成的各类沉积物。土的固相主要是由大小不同、形状各异的多种矿物颗粒构成的，对有些土来讲，除矿物颗粒外还含有有机质。土的固体颗粒的大小和形状、矿物成分及组成情况对土的物理力学性质有很大的影响。

土的分类方法有很多种，工程上把土分为四类。

一类土：指砂、腐殖土等；用尖锹（少数用镐）即可开挖。

二类土：指黄土类、软盐渍土和碱土、松散而软的砾石、掺有碎石的砂和腐殖土等；用尖锹（少数用镐）即可开挖。

三类土：指黏土或冰碛黏土、重壤土、粗砾石、干黄土或掺有碎石的自然含水量黄土等；须用尖锹并同镐开挖。

四类土：指硬黏土、含碎石的重壤土、含巨砾的冰碛黏土、泥板岩等；开挖须用尖锹、镐和撬棍同时进行。

二、土方工程的基本规定

土方施工前，建设单位应组织有关单位向施工单位进行现场交桩。临时水准点、管道轴线控制桩、高程桩，应经过复核后方可使用，并应经常校核。

施工单位应会同建设等有关单位，核对管线路由、相关地下管线以及构筑物的资料，必要时局部开挖核实。

施工前，建设单位应对施工区域内有碍施工的已有地上、地下障碍物，与有关单位协商处理完毕。

在施工中，燃气管道穿越其他市政设施时，应对市政设施采取保护措施，必要时应征得产权单位的同意。

在地下水位较高的地区或雨季施工时，应采取降低水位或排水措施，及时清除沟内积水。

三、施工现场安全防护

在沿车行道、人行道施工时，应在管沟沿线设置安全护栏，并应设置明显的警示标志。在施工路段沿线，应设置夜间警示灯。

在繁华路段和城市主要道路施工时，宜采用封闭式施工方式。

在交通不可中断的道路上施工，应有保证车辆、行人安全通行的措施，并应设有负责安全的人员。

四、开挖沟槽

混凝土路面和沥青路面的开挖应使用切割机切割。管道沟槽应按设计规定的平面位置和标高开挖。当采用人工开挖且无地下水时，槽底预留值宜为 0.05 ~ 0.10 m；当采用机械开挖或有地下水时，槽底预留值不应小于 0.15 m；管道安装前应人工清底至设计标高。

管沟沟底宽度和工作坑尺寸，应根据现场实际情况和管道敷设方法确定，也可按下列要求确定。

（1）单管沟底组装按表 6-3-1 确定。

表 6-3-1　单管沟底组装的沟底宽度尺寸

管道公称管径/mm	50 ~ 80	100 ~ 200	250 ~ 350	400 ~ 450	500 ~ 600	700 ~ 800	900 ~ 1 000	1 100 ~ 1 200	1 300 ~ 1 400
沟底宽度/m	0.6	0.7	0.8	1.0	1.3	1.6	1.8	2.0	2.2

（2）单管沟边组装和双管同沟敷设可按式（6-3-1）计算

$$a = D_1 + D_2 + S + C \qquad (6-3-1)$$

式中　a——沟底宽度（m）；

D_1——第一条管道外径（m）；

D_2——第二条管道外径（m）；

S——两管道之间的设计净距（m）。

C——工作宽度，在沟底组装：$C = 0.6$ m；在沟边组装：$C = 0.3$ m。

在无地下水的天然湿度土壤中开挖沟槽时，如沟深不超过表 6-3-2 的规定，沟壁可不设边坡。

表 6-3-2　不设边坡沟槽深度

土 壤 名 称	沟槽深度/m	土 壤 名 称	沟槽深度/m
填实的砂土或砾石土	≤1.00	黏土	≤1.50
亚砂土或亚黏土	≤1.25	坚土	≤2.00

当土壤具有天然湿度、构造均匀、无地下水、水文地质条件良好、且挖深小于 5 m，不加支撑时，沟槽的最大边坡率可按表 6-3-3 确定。在无法达到以上要求时，应用支撑加固沟壁。对不坚实的土壤应及时做连续支撑，支撑物应有足够的强度。

沟槽一侧或两侧临时堆土位置和高度不得影响边坡的稳定性和管道安装。堆土前应对消防栓、雨水口等设施进行保护。

局部超挖部分应回填压实。当沟底无地下水时，超挖在 0.15 m 以内，可用原土回填；超挖在 0.15 m 以上，可用石灰土处理。当沟底有地下水或含水量较大时，应用级配砂石或天然砂回填至设计标高。超挖部分回填后应压实，其密实度应接近原地基天然土的密实度。

表 6-3-3　深度在 5 m 以内的沟槽最大边坡率（不加支撑）

土 壤 名 称	边坡率（1:n）		
	人工开挖并将土抛于沟边上	机 械 开 挖	
		在沟底挖土	在沟边上挖土
砂　土	1:1.00	1:0.75	1:1.00
亚砂土	1:0.67	1:0.50	1:0.75
亚黏土	1:0.50	1:0.33	1:0.75
黏　土	1:0.33	1:0.25	1:0.67
含砾土卵石土	1:0.67	1:0.50	1:0.75
泥炭岩白垩土	1:0.33	1:0.25	1:0.67
干黄土	1:0.25	1:0.10	1:0.33

注：1. 如人工挖土抛于沟槽上即时运走，可采用机械在沟底挖土的坡度值。

　　2. 临时堆土高度不宜超过 1.5 m，靠墙堆土时，其高度不得超过墙高的 1/3。

在湿陷性黄土地区，不宜在雨季施工，或在施工时切实排除沟内积水，开挖时应在槽底预留 0.03 ~ 0.06 m 厚的土层进行压实处理。

沟底遇有废弃构筑物、硬石、木头、垃圾等杂物时必须清除，然后铺一层厚度不小于 0.15 m 的砂土或素土，并整平压实至设计标高。

对软土地基及特殊性腐蚀土壤，应按设计要求处理。

当开挖难度较大时，应编制安全施工的技术措施，并向现场施工人员进行安全技术交底。

五、管沟回填与路面修复

管道主体安装检验合格后，沟槽应及时回填，但需留出未检验的安装接口。回填前，必须将槽底施工遗留的杂物清除干净。对特殊地段，应经监理（建设）单位认可，并采取有效的技术措施，方可在管道焊接、防腐检验合格后全部回填。

不得用冻土、垃圾、木材及软性物质回填。管道两侧及管顶以上 0.5 m 内的回填土，不得含有碎石、砖块等杂物，且不得用灰土回填。距管顶 0.5 m 以上的回填土中的石块不得多于 10%，直径不得大于 0.1 m，且均匀分布。

沟槽的支撑应在管道两侧及管顶以上 0.5 m 回填完毕并压实后，在保证安全的情况下进行拆除，并以细砂填实缝隙。沟槽回填时，应先回填管底局部悬空部位，然后回填管道两侧。回填土应分层压实，每层虚铺厚度 0.2 ~ 0.3 m，管道两侧及管顶以上 0.5 m 内的回填土必须采用人工压实，管顶 0.5 m 以上的回填土可采用小型机械压实，每层虚铺厚度宜为 0.25 ~ 0.4 m。

回填土压实后，应分层检查密实度，并做好回填记录。如图 6-3-1 所示，对 I、II 区部位，密实度不应小于 90%；对 III 区部位，密实度应符合相应地面对密实度的要求。

沥青路面和混凝土路面的恢复，应由具备专业施工资质的单位施工。回填路面的基础和修复路面材料的性

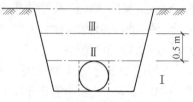

图 6-3-1　回填土断面图

能不应低于原基础和路面材料。

当地市政管理部门对路面恢复有其他要求时，应按当地市政管理部门的要求执行。

六、警示带敷设

埋设燃气管道的沿线应连续敷设警示带。警示带敷设前应对敷设面压实，并平整地敷设在管道的正上方，距管顶的距离宜为 0.3～0.5 m，但不得敷设于路基和路面里。

警示带宜采用黄色聚乙烯等不易分解的材料，并印有明显、牢固的警示语，字体不宜小于 100 mm×100 mm。

七、标志敷设

当燃气管道设计压力大于或等于 0.8 MPa 时，管道沿线宜设置路面标志。对混凝土和沥青路面，宜使用铸铁标志；对人行道和土路，宜使用混凝土方砖标志；对绿化带、荒地和耕地，宜使用钢筋混凝土桩标志。

路面标志应设置在燃气管道的正上方，并能正确、明显地指示管道的走向和地下设施。设置位置应为管道转弯处，三通、四通处，管道末端等，直线管段路面标志的设置间隔不宜大于 200 m。

铸铁标志和混凝土方砖标志的强度和结构应考虑汽车的荷载，使用后不松动或脱落；钢筋混凝土桩标志的强度和结构应满足不被人力折断或拔出。标志上的字体应端正、清晰，并凹进表面。

铸铁标志和混凝土方砖标志埋入后应与路面平齐；钢筋混凝土桩标志埋入的深度，应使回填后不遮挡字体。混凝土方砖标志和钢筋混凝土桩标志埋入后，应采用红漆将字体描红。

八、示踪线敷设

根据 CJJ33—2008《聚乙烯燃气管道技术规程》第 6.2.6 条规定，PE 管埋设时应随管埋设示踪线。参考对比国内多家燃气公司实际使用情况，示踪线宜采用铜芯或铝芯聚氯乙烯绝缘电线，本书推荐采用导体标称截面 4 mm² 塑铜线（BV 铜芯聚氯乙烯绝缘电线）为示踪线。

示踪线敷设时应紧贴聚乙烯燃气管道的正上方，并尽量呈直线状，略长于管道，以保证以后探测位置准确。为了保证示踪线信号强和分布均匀，施工中示踪线末端应尽量减小接地电阻，埋地端头采取比较良好的接地措施。金属示踪线互相反勾拧紧，接头用绝缘胶带缠紧包好。在阀门井处示踪线应该保持连续并预留出 1～2 m，必须中断的示踪线末端用绝缘胶带缠紧包好，以备今后探测施加信号所用；示踪线在管道进行钢塑转换时可以焊接在钢制法兰上，焊接点做好防腐处理。

工程验收时，由施工单位对每次连接完毕的导线进行导通性检测，并将检测结果记录在专用现场记录表上。应及时将各管道分段示踪线联通并将其与主网相连。

第二节　钢管的安装

钢管可以用螺纹连接、焊接连接和法兰连接等连接方式。

室内管道管径小，压力较低，一般采用螺纹连接。室外输配管道以焊接连接为主。燃气管道及其附属设备之间的连接，常用法兰连接。

室内管道广泛采用三通、四通、弯头、变径接头、活接头、补心和螺塞等螺纹连接管件，施工安装十分简便。为了防止漏气，管螺纹之间必须缠绕适量的填料（常用的填料是聚四氟乙烯，俗称生料带）。施工时应选用合适的管钳拧紧管子，拧紧后，以外露 1~2 扣螺纹为合格。

一、焊接概论

焊接是被焊工件的材质（同种或异种），通过加热或加压或两者并用，并且用或不用填充材料，使工件的材质达到原子间的建和而形成永久性连接的工艺过程。

金属的焊接，按其工艺过程的特点分有熔焊，压焊和钎焊三大类。

1. 熔焊

熔焊是在焊接过程中将工件接口加热至熔化状态，不加压力完成焊接的方法。熔焊时，热源将待焊两工件接口处迅速加热熔化，形成熔池。熔池随热源向前移动，冷却后形成连续焊缝而将两工件连接成为一体。

2. 压焊

压焊是在加压条件下，使两工件在固态下实现原子间结合，又称固态焊接。常用的压焊工艺是电阻对焊，当电流通过两工件的连接端时，该处因电阻很大而温度上升，当加热至塑性状态时，在轴向压力作用下连接成为一体。各种压焊方法的共同特点是在焊接过程中施加压力而不加填充材料。多数压焊方法如扩散焊、高频焊、冷压焊等都没有熔化过程，因而没有像熔焊那样的有益合金元素烧损和有害元素侵入焊缝的问题，从而简化了焊接过程，也改善了焊接安全卫生条件。同时由于加热温度比熔焊低、加热时间短，因而热影响区小。许多难以用熔化焊焊接的材料，往往可以用压焊焊成与母材同等强度的优质接头。

3. 钎焊

钎焊是使用比工件熔点低的金属材料作钎料，将工件和钎料加热到高于钎料熔点、低于工件熔点的温度，利用液态钎料润湿工件，填充接口间隙并与工件实现原子间的相互扩散，从而实现焊接的方法。

焊接时形成的连接两个被连接体的接缝称为焊缝。焊缝的两侧在焊接时会受到焊接热作用，而发生组织和性能变化，这一区域被称为热影响区。焊接时因工件材料、焊接材料、焊接电流等不同，焊后在焊缝和热影响区可能产生过热、脆化、淬硬或软化现象，也使焊件性能下降，恶化焊接性。这就需要调整焊接条件，焊前对焊件接口处预热、焊时保温和焊后热处理可以改善焊件的焊接质量。另外，焊接是一个局部的迅速加热和冷却过程，焊接区由于受到四周工件本体的拘束而不能自由膨胀和收缩，冷却后在焊件中便产生焊接应力和变形。重要产品焊后都需要消除焊接应力，矫正焊接变形。

二、焊接缺陷与焊接质量检验

（一）焊接缺陷

1. 焊接变形

工件焊后一般都会产生变形，如果变形量超过允许值，就会影响使用。焊接变形产生的主要原因是焊件不均匀地局部加热和冷却。因为焊接时，焊件仅在局部区域被加热到高温，离焊缝愈近，温度愈高，膨胀也愈大。但是，加热区域的金属因受到周围温度较低的金属阻止，却不能自由膨胀；而冷却时又由于周围金属的牵制不能自由地收缩。结果这部分加热的金属存在拉应力，而其他部分的金属则存在与之平衡的压应力。当这些应力超过金属的屈服极限时，则产生焊接变形；当超过金属的强度极限时，则会出现裂缝。

2. 焊缝的外部缺陷

（1）焊缝增强过高。当焊接坡口的角度开得太小或焊接电流过小时，均会出现这种现象。

（2）焊缝过凹。因焊缝工作截面的减小而使接头处的强度降低。

（3）焊缝咬边。在工件上沿焊缝边缘所形成的凹陷叫咬边，它不仅减少了接头工作截面，而且在咬边处造成严重的应力集中。

（4）焊瘤。熔化金属流到溶池边缘未熔化的工件上，堆积形成焊瘤，它与工件没有熔合。焊瘤对静载强度无影响，但会引起应力集中，使动载强度降低。

（5）烧穿。烧穿是指部分熔化金属从焊缝反面漏出，甚至烧穿成洞，它使接头强度下降。

以上五种缺陷存在于焊缝的外表，肉眼就能发现，并可及时补焊。如果操作熟练，一般是可以避免的。

3. 焊缝的内部缺陷

（1）未焊透。未焊透是指工件与焊缝金属或焊缝层间局部未熔合的一种缺陷。未焊透减弱了焊缝工作截面，造成严重的应力集中，大大降低接头强度，它往往成为焊缝开裂的根源。

（2）夹渣。焊缝中夹有非金属熔渣，即称夹渣。夹渣减少了焊缝工作截面，造成应力集中，会降低焊缝强度和冲击韧性。

（3）气孔。焊缝金属在高温时，吸收了过多的气体（如 H_2）或由于溶池内部冶金反应产生的气体（如 CO），在溶池冷却凝固时来不及排出，而在焊缝内部或表面形成孔穴，即为气孔。气孔的存在减小了焊缝有效工作截面，降低了接头的机械强度。若有穿透性或连续性气孔存在，会严重影响焊件的密封性。

（4）裂纹。焊接过程中或焊接以后，在焊接接头区域内所出现的金属局部破裂叫裂纹。裂纹可能产生在焊缝上，也可能产生在焊缝两侧的热影响区。有时产生在金属表面，有时产生在金属内部。通常按照裂纹产生的机理不同，可分为热裂纹和冷裂纹两类：

1）热裂纹是在焊缝金属中由液态到固态的结晶过程中产生的，大多产生在焊缝金属中。其产生原因主要是焊缝中存在低熔点物质（如 FeS，熔点 1 193℃），它削弱了晶粒间的联系，当受到较大的焊接应力作用时，就容易在晶粒之间引起破裂。焊件及焊条内含 S、Cu 等杂质多时，就容易产生热裂纹。

2）冷裂纹是在焊后冷却过程中产生的，大多产生在基体金属或基体金属与焊缝交界的熔合线上。其产生的主要原因是由于热影响区或焊缝内形成了淬火组织，在高应力作用下，引起晶粒内部的破裂，焊接含碳量较高或合金元素较多的易淬火钢材时，最易产生冷裂纹。焊缝中融入过多的氢，也会引起冷裂纹。

裂纹是最危险的一种缺陷，它除了减少承载截面之外，还会产生严重的应力集中，在使用中裂纹会逐渐扩大，最后可能导致构件的破坏。所以焊接结构中一般不允许存在这种缺陷，一经发现须铲去重焊。

（二）焊接的检验

对焊接接头进行必要的检验是保证焊接质量的重要措施。因此，工件焊完后应根据产品技术要求对焊缝进行相应的检验，凡不符合技术要求所允许的缺陷，需及时进行返修。焊接质量的检验包括外观检查、无损探伤和机械性能试验三个方面。这三者是互相补充的，以无损探伤为主。

1. 外观检查

外观检查一般以肉眼观察为主，有时用 5～20 倍的放大镜进行观察。通过外观检查，可发现焊缝表面缺陷，如咬边、焊瘤、表面裂纹、气孔、夹渣及焊穿等。焊缝的外形尺寸还可采用焊口检测器或样板进行测量。

2. 无损探伤

无损探伤用于对隐藏在焊缝内部的夹渣、气孔、裂纹等缺陷的检验。目前使用最普遍的是采用 X 射线检验，还有超声波探伤和磁力探伤。

X 射线检验是利用 X 射线对焊缝照相，根据底片影像来判断内部有无缺陷、缺陷多少以及缺陷类型。再根据产品技术要求评定焊缝是否合格。

超声波探伤的基本原理如图 6-3-2 所示。

超声波束由探头发出，传到金属中，当超声波束传到金属与空气交界面时，它就折射而通过焊缝。如果焊缝中有缺陷，超声波束就反射到探头而被接受，这时荧光屏上就出现了反射波。根据这些反射波与正常波比较、鉴别，就可以确定缺陷的大小及位置。超声波探伤比 X 光照相简便得多，因而得到

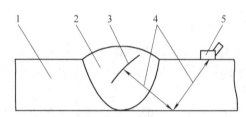

图 6-3-2 超声波探伤原理示意图
1—工件 2—焊缝 3—缺陷 4—超声波 5—探头

广泛应用。但超声波探伤往往只能凭操作经验作出判断，而且不能留下检验根据。

对于离焊缝表面不深的内部缺陷和表面极微小的裂纹，还可采用磁力探伤。

3. 水压试验和气压试验

对于要求密封性的受压容器，须进行水压试验和（或）进行气压试验，以检查焊缝的密封性和承压能力。其方法是向容器内注入 1.25～1.5 倍工作压力的清水或等于工作压力的气体（多数用空气），停留一定的时间，然后观察容器内的压力下降情况，并在外部观察有无渗漏现象，根据这些可评定焊缝是否合格。

4. 焊接试板的机械性能试验

无损探伤可以发现焊缝内在的缺陷，但不能说明焊缝热影响区的金属的机械性能如何，因此有时对焊接接头要作拉力、冲击、弯曲等试验。这些试验由试验板完成。所用试验板最好与圆筒纵缝一起焊成，以保证施工条件一致。然后将试板进行机械性能试验。实际生产中，一般只对新钢种的焊接接头进行这方面的试验。

三、焊接工艺评定

焊接工艺是指焊接过程中的一整套技术规定，包括焊接方法、焊前准备、焊接材料、焊

接设备、焊接顺序、焊接操作、工艺参数以及焊后热处理等。

焊接工艺评定是指为验证所拟定的焊接工艺的正确性而进行的试验过程及结果评价。焊接工艺评定是保证焊接质量的重要措施，它能确认为各种焊接接头编制的焊接工艺指导书的正确性和合理性。通过焊接工艺评定，检验按拟订的焊接工艺指导书焊制的焊接接头的使用性能是否符合设计要求，并为正式制定焊接工艺指导书或焊接工艺卡提供可靠的依据。通过焊接工艺评定，可以评定施焊单位是否有能力焊出符合相关国家或行业标准、技术规范所要求的焊接接头。

GB50236—2011《现场设备、工业管道焊接工程施工规范》第4.1.1条规定，"在确认了材料的焊接性后，应在工程焊接前对被焊材料进行焊接工艺评定"。

焊接工艺评定的一般过程：拟定焊接工艺指导书—施焊试件和制取试样—检验试件和试样—测定焊接接头是否具有所要求的使用性能—提出焊接工艺评定报告对拟定的焊接工艺指导书进行评定。

四、钢管的焊接流程

通用的燃气管道焊接的工艺流程如图 6-3-3 所示。

五、钢管的安装要求

（一）钢管的焊接及检验规定

（1）管道焊接应按现行国家标准 GB50235—2010《工业金属管道工程施工规范》和 GB50236—2011《现场设备、工业管道焊接工程施工规范》的有关规定执行。

（2）管道的切割及坡口加工宜采用机械方法，当采用气割等热加工方法时，必须除去坡口表面的氧化皮，并进行打磨。

（3）施焊环境应符合现行国家标准 GB50236—2011《现场设备、工业管道焊接工程施工规范》的有关规定。

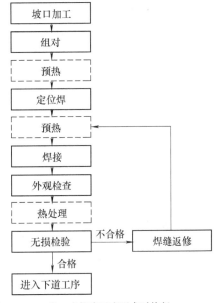

注：虚框表示有要求时执行。

图 6-3-3　通用燃气管道焊接工艺流程图

（4）氩弧焊时，焊口组对间隙宜为 2~4 mm。其他坡口尺寸应符合现行国家标准 GB50236—2011《现场设备、工业管道焊接工程施工规范》的规定。

（5）不应在管道焊缝上开孔。管道开孔边缘与管道焊缝的间距不应小于 100 mm。当无法避开时，应对以开孔中心为圆心，1.5 倍开孔直径为半径的圆中所包容的全部焊缝进行 100% 射线照相检测。

（6）管道焊接完成后，强度试验及严密性试验之前，必须对所有焊缝进行外观检查和对焊缝内部质量进行检验，外观检查应在内部质量检验前进行。

（7）设计文件规定焊缝系数为 1 的焊缝或设计要求进行 100% 内部质量检验的焊缝，其外观质量不得低于现行国家标准 GB50236—2011《现场设备、工业管道焊接工程施工规范》要求的 II 级质量要求；对内部质量进行抽检的焊缝，其外观质量不得低于现行国家标准

GB50236—2011《现场设备、工业管道焊接工程施工规范》要求的Ⅲ级质量要求。

（8）焊缝内部质量应符合下列要求：

1）设计文件规定焊缝系数为1的焊缝或设计要求进行100%内部质量检验的焊缝，焊缝内部质量射线照相检验不得低于现行国家标准GB/T12605—2008《无损检测金属管道熔化焊环向对接接头射线照相检测方法》中的Ⅱ级质量要求；超声波检验不得低于现行国家标准GB11345—1999《钢焊缝手工超声波探伤方法和探伤结果分级》中的Ⅰ级质量要求。当采用100%射线照相或超声波检测方法时，还应按设计的要求进行超声波或射线照相复查。

2）对内部质量进行抽检的焊缝，焊缝内部质量射线照相检验不得低于现行国家标准GB/T12605—2008《无损检测金属管道熔化焊环向对接接头射线照相检测方法》中的Ⅲ级质量要求；超声波检验不得低于现行国家标准GB11345—1999《钢焊缝手工超声波探伤方法和探伤结果分级》中的Ⅱ级质量要求。

（9）焊缝内部质量的抽样检验应符合下列要求：

1）管道内部质量的无损探伤数量，应按设计规定执行。当设计无规定时，抽查数量不应少于焊缝总数的15%，且每个焊工不应少于一个焊缝。抽查时，应侧重抽查固定焊口。

2）对穿越或跨越铁路、公路、河流、桥梁、有轨电车及敷设在套管内的管道环向焊缝，必须进行100%的射线照相检验。

3）当抽样检验的焊缝全部合格时，则此次抽样所代表的该批焊缝应为全部合格；当抽样检验出现不合格焊缝时，对不合格焊缝返修后，应按下列规定扩大检验。

① 每出现一道不合格焊缝，应再抽查两道该焊工所焊的同一批焊缝，按原探伤方法进行检验。

② 如第二次抽检仍出现不合格焊缝，则应对该焊工所焊全部同批的焊缝按原探伤方法进行检验。对出现的不合格焊缝必须进行返修，并应对返修的焊缝按原探伤方法进行检验。

③ 同一焊缝的返修次数不应超过两次。

（二）钢管法兰连接的规定

（1）法兰在安装前应进行外观检查，并应符合下列要求：

1）法兰的公称压力应符合设计要求。

2）法兰密封面应平整光洁，不得有毛刺及径向沟槽。法兰螺纹部分应完整，无损伤。凹凸面法兰应能自然嵌合，凸面的高度不得低于凹槽的深度。

3）螺栓及螺母的螺纹应完整，不得有伤痕、毛刺等缺陷；螺栓与螺母应配合良好，不得有松动或卡涩现象。

（2）设计压力大于或等于1.6 MPa的管道使用的高强度螺栓，螺母应按以下规定进行检查：

1）螺栓、螺母应每批各取2个进行硬度检查，若有不合格，需加倍检查，如仍有不合格则应逐个检查，不合格者不得使用。

2）硬度不合格的螺栓应取该批中硬度值最高、最低的螺栓各1只，校验其机械性能，若不合格，再取其硬度最接近的螺栓加倍校验，如仍不合格，则该批螺栓不得使用。

（3）法兰垫片应符合下列要求：

1）石棉橡胶垫，橡胶垫及软塑料等非金属垫片应质地柔韧，不得有老化变质或分层现象，表面不应有折损、皱纹等缺陷。

2）金属垫片的加工尺寸、精度、光洁度及硬度应符合要求，表面不得有裂纹、毛刺、凹槽、径向划痕及锈斑等缺陷。

3）包金属及缠绕式垫片不应有径向划痕、松散、翘曲等缺陷。

（4）法兰与管道组对应符合下列要求：

1）法兰端面应与管道中心线相垂直，其偏差值可用角尺和钢尺检查，当管道公称直径小于或等于300 mm时，允许偏差值为1 mm；当管道公称直径大于300 mm时，允许偏差值为2 mm。

2）管道和法兰的焊接结构应符合现行国家标准JB/T74—1994《管路法兰技术条件》中附录C的要求。

（5）法兰应在自由状态下安装连接，并应符合下列要求：

1）法兰连接时应保持平行，其偏差不得大于法兰外径的1.5‰，且不得大于2 mm，不得采用紧螺栓的方法消除偏斜。

2）法兰连接应保持同一轴线，其螺孔中心偏差一般不宜超过孔径的5%，并应保证螺栓自由穿入。

3）法兰垫片应符合标准，不得使用斜垫片或双层垫片。采用软垫片时，周边应整齐，垫片尺寸应与法兰密封面相符。

4）螺栓与螺孔的直径应配套，并使用同一规格螺栓，安装方向一致，紧固螺栓应对称均匀，紧固适度，紧固后螺栓外露长度不应大于1倍螺距，且不得低于螺母。

5）螺栓紧固后应与法兰紧贴，不得有楔缝。需要加垫片时，每个螺栓所加垫片每侧不应超过1个。

6）法兰与支架边缘或墙面距离不宜小于200 mm。

7）法兰直埋时，必须对法兰和紧固件按管道相同的防腐等级进行防腐。

（三）钢管敷设的规定

燃气管道应按照设计图纸的要求控制管道的平面位置、高程、坡度，与其他管道或设施的间距应符合现行国家标准GB50028—2006《城镇燃气设计规范》的相关规定。管道在保证与设计坡度一致且满足设计安全距离和埋深要求的前提下，管道高程和中心线允许偏差应控制在当地规划部门允许的范围内。

管道在套管内敷设时，套管内的燃气管道不宜有环向环缝。管道下沟前，应清除沟内的所有杂物，管沟内积水应抽净。管道下沟宜使用吊装机具，严禁采用抛、滚、撬等破坏防腐层的做法。吊装时应保护管口不受损伤。管道吊装时，吊装点间距不应大于8 m。吊装管道的最大长度不宜大于36 m。

管道在敷设时应在自由状态下安装连接，严禁强力组对。管道环焊缝间距不应小于管道的公称直径，且不得小于150 mm。管道对口前应将管道、管件内部清理干净，不得存有杂物。每次收工时，敞口管端应临时封堵。当管道的纵断、水平位置折角大于22.5°时，必须采用弯头。

管道下沟前必须对防腐层进行100%的外观检查和电火花检漏；回填前应进行100%电火花检漏，回填后必须对防腐层完整性进行全线检查，不合格必须返工处理直至合格。

第三节 PE 燃气管道的安装

一、PE 燃气管道的连接

（一）PE 燃气管道的连接方式

聚乙烯（PE）燃气管道的连接有热熔连接、电熔连接、法兰连接、钢塑转换接头连接四种连接方式。

为保证燃气管道的连接质量，CJJ63—2008《聚乙烯燃气管道工程技术规程》对 PE 燃气管道系统的连接明确规定：

1）聚乙烯管材、管件的连接应采用热熔对接或电熔连接（电熔承插连接、电熔鞍形连接）；

2）聚乙烯管道与金属管道或金属附件连接，应采用法兰连接或钢塑转换接头连接。法兰连接或钢塑转换接头连接是 PE 燃气管道连接的特殊情况。

（二）PE 燃气管道的热熔连接、电熔连接的原理和质量控制要点

1. PE 燃气管道的热熔连接、电熔连接的原理

热熔连接与电熔连接，其原理都是用加热的方法将连接部分的 PE 材料熔化并相互融合到一起，为了达到 PE 管道系统的有效连接。

2. 热熔连接、电熔连接质量控制的通用要求

为保证连接质量，无论是热熔连接还是电熔连接都有一些共同的要求，具体如下：

1）PE 管道连接宜在环境温度为 –5～45℃且风力不大于 5 级的干燥环境下进行，并避免阳光的强烈直射，低温或大风时要采取保温和防风措施，不能采取人为快速冷却措施。

2）准确输入焊接参数，当焊机没有温度自动补偿时要合理调整加热时间；焊接设备要经常检查维护，保证正常的工作状态；用于连接的管材、管件的温度应接近。

3）管道的切割应采用专用割刀或切管工具，切割端面应平整、光滑、无毛刺，端面应垂直于管道轴线。

4）管材、管件的位置要固定，焊接过程中不能出现位移，冷却过程不得移动连接件或在连接件上施加任何外力。

5）焊接时要保持电压稳定，电源与焊机的距离不能太远，电缆线不能太细。

3. 热熔连接质量控制的其他要求

对热熔连接的质量控制，还要注意以下方面：

1）加强对管材、管件原材料的检查，确保相互连接材料的熔体质量流动速率匹配。

2）确保铣削后管材、管件的端面洁净、不受污染；严格控制切换、调压时间，在规定的时间内完成切换、调压工作。

3）冷却过程中严格保持冷却压力不变。

4. 电熔连接质量控制的其他要求

对于电熔连接来说，质量控制的主要措施还有：

1）加强对管材、管件原材料的检查，确保两者的熔体质量流动速率不能相差太大，以免出现一种材料过热成流淌状态而另一种材料尚未完全熔化的情况。

2）检查管材、管件接合面的圆整度，确保配合均匀，避免局部过热或局部加热不够。

3）检查确保电熔管件的电热丝没有短路。

4）电熔管件焊接前不得拆封。

5）焊接前均匀适量刮除焊接部位管材表面的氧化皮，擦除表面脏物，使焊接部位保持干燥、洁净。

6）焊接时合理固定管材和管件，使两侧管材和管件保持轴线一致，配合间隙合适，不能太紧，也不能太松，严禁强力组装。

7）对电熔鞍形连接，采用机械装置固定鞍形管件时，一定要留出一定的间隙，避免熔融料从四周挤出。

5. 控制人为因素对 PE 管连接质量的影响

要想得到一个合格的连接接头，除了材料匹配、设备工作正常、环境合适等条件外，人的操作最关键，而人的操作又受施工场地环境的影响，使焊接质量的控制变得相当困难。因此，要加强操作人员的技术水平的审核、控制。

对于热熔连接，要求采用全自动焊机，可大幅减少人为因素的影响。

二、PE 管连接接头的质量检验

由于不能像钢管一样对连接质量进行无损检测，PE 燃气管道的连接质量更多取决于现场施工过程的质量控制和连接工艺的选择。

PE 管道连接接头的质量检验，目前只能用肉眼观察的方法进行外观检查。

对于热熔连接接头，主要检查接头翻边的对称性、接头对正性，并进行翻边切除检验。一般对于材料问题如熔体质量流动速率不匹配、受潮，操作问题如压力、温度、时间参数设置不当等基本能够发现。

对于电熔连接接头，接头的融合情况都包覆在电熔管件内，在熔融料没有大量溢出的情况下，质量检验只能从电熔管件上的观察孔来判断，对于材料本身及轴线不一致引起的质量问题往往无法发现。

三、PE 管的安装要求

CJJ33—2005《城镇燃气输配工程施工及验收规范》、CJJ63—2008《聚乙烯燃气管道工程技术规程》中规定了 PE 燃气管道的安装要求，具体如下。

（一）一般规定

（1）管道施工前应制定施工方案，确定连接方法、连接条件、焊接设备及工具、操作规范、焊接参数、操作者的技术水平要求和质量控制方法。

（2）管道连接前应对连接设备按说明书进行检查，在使用过程中应定期校核。

（3）管道连接前，应核对欲连接的管材、管件规格、压力等级；不宜有磕、碰、划伤，伤痕深度不应超过管材壁厚的 10%。

（4）管道连接应在环境温度 -5 ~ 45℃ 范围内进行。当环境温度低于 -5℃ 或在风力大于 5 级天气条件下施工时，应采取防风、保温措施等，并调整连接工艺。管道连接过程中，应避免强烈阳光直射而影响焊接温度。

（5）当管材、管件存放处与施工现场温差较大时，连接前应将管材、管件在施工现场搁置一定时间，使其温度和施工现场温度接近。

（6）连接完成后的接头应自然冷却，冷却过程中不得移动接头、拆卸加紧工具或对接头施加外力。

（7）管道连接完成后，应进行序号标记，并做好记录。

（8）管道应在沟底标高和管基质量检查合格后，方可下沟。

（9）管道安装时，管沟内积水应抽净，每次收工时，敞口管端应临时封堵。

（10）不得使用金属材料直接捆扎和吊运管道。管道下沟时应防止划伤、扭曲和强力拉伸。

（11）对穿越铁路、公路、河流、城市主要道路的管道，应减少接口，且穿越前应对连接好的管段进行强度和严密性试验。

（12）管材、管件从生产到使用的存放时间，黄色管道不宜超过1年，黑色管道不宜超过2年。超过上述期限时必须重新抽样检验，合格后方可使用。

（二）PE管的敷设要求

（1）直径在90 mm以上的聚乙烯燃气管材、管件连接可采用热熔对接连接或电熔连接；直径小于90 mm的管材及管件宜使用电熔连接。聚乙烯燃气管道和其他材质的管道、阀门、管路附件等连接应采用法兰或钢塑过渡接头连接。

（2）对不同级别、不同熔体流动速率的聚乙烯原料制造的管材或管件，不同标准尺寸比（SDR值）的聚乙烯燃气管道连接时，必须采用电熔连接。施工前应进行试验，判定试验连接质量合格后，方可进行电熔连接。

（3）热熔连接的焊接接头连接完成后，应进行100%外观检验及10%翻边切除检验，并应符合国家现行标准CJJ63—2008《聚乙烯燃气管道工程技术规程》的要求。

（4）电熔连接的焊接接头连接完成后，应进行外观检查，并应符合国家现行标准CJJ63—2008《聚乙烯燃气管道工程技术规程》的要求。

（5）电熔鞍形连接完成后，应进行外观检查，并应符合国家现行标准CJJ63—2008《聚乙烯燃气管道工程技术规程》的要求。

（6）钢塑过渡接头金属端与钢管焊接时，过渡接头金属端应采取降温措施，但不得影响焊接接头的力学性能。

（7）法兰或钢塑过渡连接完成后，其金属部分应按设计要求的防腐等级进行防腐，并检验合格。

（8）聚乙烯燃气管道利用柔性自然弯曲改变走向时，其弯曲半径不应小于25倍的管材外径。

（9）聚乙烯燃气管道敷设时，应在管顶同时随管道走向敷设示踪线，示踪线的接头应有良好的导电性。

（10）聚乙烯燃气管道敷设完毕后，应对外壁进行外观检查，不得有影响产品质量的划痕、磕碰等缺陷；检查合格后，方可对管沟进行回填，并做好记录。

（11）在旧管道内插入敷设聚乙烯管的施工，应符合国家现行标准CJJ63—2008《聚乙烯燃气管道工程技术规程》的要求。

第四节 铸铁管的安装

一、铸铁管的安装流程

铸铁管的安装流程如下：

清理承口插口—清理胶圈—上胶圈—下管（排管）—在插口外表和胶圈上刷润滑剂—顶推管子使之插入承口—检查。

（1）清理管口。将承口内的所有杂物清除擦洗干净。

（2）清理胶圈。将胶圈上的黏着物清擦干净。

（3）上胶圈。把胶圈弯为"梅花形"或"8"字形装入承口槽内，并用手沿整个胶圈按压一遍，或用橡皮锤砸实，确保胶圈各个部分不翘不扭，均匀地卡在槽内。

（4）下管（排管）。应按下管的要求将管子下到槽底，通常采用人工下管法或机械下管法。

（5）在插口外表面和胶圈上涂刷润滑剂。将润滑剂均匀地涂刷在承口安装好的胶圈内表面、在插口外表面涂刷润滑剂时要将插口线以外的插口部位全部刷匀。

（6）顶推管子使之插入承口。在安装时，为了将插口插入承口内较为省力、顺利。首先将插口放入承口内且插口压到承口内的胶圈上，接好钢丝绳和倒链，拉紧倒链；与此同时，让人可在管承口端用力左右摇晃管子，直到插口插入承口全部到位，承口与插口之间应留 2 mm 左右的间隙，并保证承口四周外沿至胶圈的距离一致。

（7）检查。检查承口插口的位置是否符合要求（用钢板尺伸入承插口间隙中检查胶圈位置是否正确到位）。

二、铸铁管的安装要求

CJJ33—2005《城镇燃气输配工程施工及验收规范》中规定了铸铁燃气管道的安装要求，具体如下。

（一）一般规定

（1）球墨铸铁管的安装应配备合适的工具、器械和设备。

（2）应使用起重机或其他合适的工具和设备将管道放入沟渠中，不得损坏管材和保护性涂层。当起吊或放下管子的时候，应使用钢丝绳或尼龙吊具。当使用钢丝绳的时候，必须使用衬垫或橡胶套。

（3）安装前应对球墨铸铁管及管件进行检查，并应符合下列要求：

1）管道及管件表面不得有裂纹及影响使用的凹凸不平的缺陷。

2）使用橡胶密封圈密封时，其性能必须符合燃气输送介质的使用要求。橡胶圈应光滑、轮廓清晰，不得有影响接口密封的缺陷。

3）管道及管件的尺寸公差应符合现行国家标准 GB13295—2008《水及燃气管道用球墨铸铁管、管件和附件》的要求。

（二）管道连接

（1）管道连接前，应将管道中的异物清理干净。

（2）清除管道承口和插口端工作面的团块状物、铸瘤和多余的涂料，并整修光滑，擦干净。

（3）在承口密封面、插口端和密封圈上涂一层润滑剂，将压兰套在管子的插口端，使其延长部分唇缘面向插口端方向，然后将密封圈套在管子的插口端，使胶圈的密封斜面也面向管子的插口方向。

（4）将管道的插口端插入到承口内，并紧密、均匀的将密封胶圈按进填密槽内，橡胶圈安装就位后不得扭曲。在连接过程中，承插接口环形间隙应均匀，其值及允许偏差应符合表6-3-4的规定。

表6-3-4　承插口环形间隙及允许偏差

管道公称直径/mm	环形间隙/mm	允许偏差/mm
80~200	10	+3 -2
250~450	11	+4 -2
500~900	12	
1 000~1 200	13	

（5）将压兰推向承口端，压兰的唇缘靠在密封胶圈上，插入螺栓。

（6）应使用扭力扳手拧紧螺栓。拧紧螺栓顺序：底部的螺栓——顶部的螺栓——两边的螺栓——其他对角线的螺栓。拧紧螺栓时应重复上述步骤分几次逐渐拧紧至其规定的扭矩。

（7）螺栓宜采用可锻铸铁，当采用钢制螺栓时，必须采取防腐措施。

（8）应使用扭力扳手来检查螺栓和螺母的紧固力矩。螺栓和螺母的紧固扭矩应符合表6-3-5的规定。

表6-3-5　螺栓和螺母的紧固扭矩

管道公称直径/mm	螺栓规格	扭矩/kgf·m（1kgf·m=9.80665N·m）
80	M16	6
100~600	M20	10

（三）铸铁管敷设

（1）管道安装就位前，应采用测量工具检查管段的坡度，并应符合设计要求。

（2）管道或管件安装就位时，生产厂的标记宜朝上。

（3）已安装的管道暂停施工时应临时封口。

（4）管道最大允许借转角度及距离不应大于表6-3-6的规定。

表6-3-6　管道最大允许借转角度及距离

管道公称管径/mm	80~100	150~200	250~300	350~600
平面借转角度/(°)	3	2.5	2	1.5
竖直借转角度/(°)	1.5	1.25	1	0.75
平面借转距离/mm	310	260	210	160
竖向借转距离/mm	150	130	100	80

注：本表适用于6m长规格的球墨铸铁管，采用其他规格的球墨铸铁管时，可按产品说明书的要求执行。

（5）采用2根相同角度的弯管相接时，借转距离应符合表6-3-7的规定。

表6-3-7　弯管借转距离

管道公称直径/mm	借转距离/mm				
	90°	45°	22°30′	11°15′	1根乙字管
80	592	405	195	124	200
100	592	405	195	124	200
150	742	465	226	124	250
200	943	524	258	162	250
250	995	525	259	162	300
300	1 297	585	311	162	300
400	1 400	704	343	202	400
500	1 604	822	418	242	400
600	1 855	941	478	242	—
700	2 057	1 060	539	243	—

（6）管道敷设时，弯头、三通和固定盲板处均应砌筑永久性支墩。

（7）临时盲板应采用足够的支撑，除设置端墙外，应采用两倍于盲板承压的千斤顶支撑。

第四章　钢管的防腐

第一节　钢管腐蚀的原因

一、化学腐蚀

金属的化学腐蚀是金属在干燥气体（如氧、氯、硫化氢等）和非电解质溶液中进行化学反应的结果。化学反应作用引起腐蚀，在腐蚀过程中不产生电流。金属的化学腐蚀只在特定的情况下发生，不具普遍性。

二、电化学腐蚀

电化学腐蚀是指金属或合金接触到电解质溶液发生原电池反应，比较活泼的金属被氧化而有电流伴生的腐蚀，叫做电化学腐蚀。

由于土壤各处物理化学性质不同、管道本身各部分的金相组织结构不同（如晶格的缺陷及含有杂质、金属受冷热加工而变形产生内部应力）等原因，使一部分金属容易电离，带正电的金属离子离开金属，而转移到土壤中，在这部分管段上，电子越来越过剩，电位越来越低（负）；而另一部分金属不容易电离，相对来说电位较高（正）。因此电子沿管道由容易电离的部分向不容易电离的部分流动，在这两部分金属之间的电子有得有失，发生氧化还原反应。失去电子的金属管段成为阳极区，得到电子的这段管段成为阴极区，腐蚀电流从阴极流向阳极，然后从阳极流离管道，经土壤又回到阴极，形成回路，在作为电解质溶液的土壤中发生离子迁移，带正电的阳离子（如 H^+）趋向阴极，带负电的阴离子（如 OH^-）趋向阳极，在阳极区带正电的金属离子与土壤中带负电的阴离子发生电化学作用，使阳极区的金属离子不断电离而受到腐蚀，使钢表面出现凹穴，以至穿孔，而阴极则保持完好。

三、杂散电流的腐蚀

由于外界各种电气设备的漏电与接地，在土壤中形成杂散电流，同样会和埋地钢管、土壤构成回路，在电流离开钢管流入土壤处，管壁产生腐蚀。

四、土壤细菌腐蚀

细菌对钢铁的腐蚀机理较为复杂，但主要在一些土壤中有以下三种细菌参加腐蚀过程：硫酸盐还原菌、硫氧化菌、铁菌。

第二节　地上钢管的防腐

地上钢管防腐主要采用涂漆防腐。涂漆防腐的质量控制点是钢管表面的处理和涂漆过程控制，涂层的质量直接影响到管道的使用寿命。

如管材用量大，可先集中防腐，刷好底漆，现场安装及检查、试压合格后补刷被损伤处的底漆，再涂刷面漆。

一、钢管的表面处理

现行规范 GB8923—1998《涂装前钢材表面锈蚀等级和除锈等级》规定了涂装前钢材表面锈蚀程度和除锈质量的目视评定。

（一）钢材表面的锈蚀等级

未涂装前的钢材表面原始锈蚀程度分为四个"锈蚀等级"，分别以 A、B、C 和 D 表示：

A 表示全面地覆盖着氧化皮而几乎没有铁锈的钢材表面；

B 表示已发生锈蚀，并且部分氧化皮已经剥落的钢材表面；

C 表示氧化皮已因锈蚀而剥落，或者可以刮除，并且有少量点蚀的钢材表面；

D 表示氧化皮已因锈蚀而全面剥离，并且已普遍发生点蚀的钢材表面。

（二）钢材表面的除锈方法和除锈等级

1. 喷射或抛射除锈

以字母"Sa"表示，有四个除锈等级：

（1）Sa1 级轻度的喷射或抛射除锈。钢材表面应无可见的油脂和污垢，并且没有附着不牢的氧化皮、铁锈和油漆涂层等附着物。

（2）Sa2 级彻底的喷射或抛射除锈。钢材表面应无可见的油脂和污垢，并且氧化皮、铁锈和油漆涂层等附着物已基本清除，其残留物应是牢固附着的。

（3）Sa21/2 级非常彻底的喷射或抛射除锈。钢材表面应无可见的油脂、污垢、氧化皮、铁锈和油漆涂层等附着物，任何残留的痕迹应仅是点状或条纹状的轻微色斑。

（4）Sa3 级使钢材表观洁净的喷射或抛射除锈。钢材表面应无可见的油脂、污垢、氧化皮、铁锈和油漆涂层等附着物，该表面应显示均匀的金属色泽。

2. 手工和动力工具除锈

用手工和动力工具，如用铲刀、手工或动力钢丝刷、动力砂纸盘或砂轮等工具除锈，以字母"St"表示，有两个除锈等级：

（1）St2 级彻底的手工和动力工具除锈。钢材表面应无可见的油脂和污垢，并且没有附着不牢的氧化皮、铁锈和油漆涂层等附着物。

（2）St3 级非常彻底的手工和动力工具除锈。钢材表面应无可见的油脂和污垢，并且没有附着不牢的氧化皮、铁锈和油漆涂层等附着物。除锈应比 St2 更为彻底，底材显露部分的表面应具有金属光泽。

3. 火焰除锈

火焰除锈以字母"FI"表示。火焰除锈前，厚的锈层应铲除，火焰除锈应包括在火焰加热作业后以动力钢丝刷清加热后附着在钢材表面的产物。火焰除锈后的除锈等级 FI：

钢材表面应无氧化皮、铁锈和油漆涂层等附着物，任何残留的痕迹应仅为表面变色（不同颜色的暗影）。

（三）地上钢燃气管道的除锈方法和除锈等级

CJJ94—2009《城镇燃气室内工程施工与质量验收规范》第 4.3.31 条规定：非镀锌钢

管、管件表面除锈应符合现行国家标准 GB8923—1988《涂装前钢材表面锈蚀等级和除锈等级》中不低于 St2 级的要求。

二、涂漆施工

(一)涂漆环境

环境温度宜在 15～35℃ 之间，相对湿度在 70% 以下，并有防火、防冻、防雨措施。涂漆的环境空气必须清洁，无煤烟、灰尘及水汽。室外涂漆遇雨、降雾时应停止施工。

(二)涂漆准备

选择合适的涂料品种，并考虑以下各项：

(1)在使用前，必须先熟悉涂料的性能、用途、技术条件等，再根据规定正确使用。所用涂料必须有合格证书。

(2)涂料不可乱混合，否则会产生不良现象。

(3)色漆开桶后必须搅拌才能使用。如不搅拌均匀，对色漆的遮盖力和漆膜性能都有影响。

(4)漆中如有漆皮和粒状物，要用 120 目钢丝网过滤后再使用。

(5)涂料有单包装，也有多包装，多包装在使用时应按技术规定的比例进行调配。

(6)根据选用的涂漆方式的要求，采用与涂料配套的稀释剂，调配到合适的施工黏度才能使用。

(三)涂漆施工

(1)管道涂漆种类、层数、颜色、标记等应符合设计要求，并参照涂料产品说明书进行施工。

(2)涂漆的方法应根据施工要求、涂料的性能、施工条件、设备情况进行选择。涂漆的方式有下述几种：

1)手工涂刷。手工涂刷应分层涂刷，每层应往复进行，纵横交错，并保持涂层均匀，不得漏涂；必须待前一层漆膜干透后，方可涂刷下一层。一般应用防锈漆打底，调和漆罩面。快干性漆不宜采用手工涂刷。

2)机械喷涂。采用的工具为喷枪，以压缩空气为动力。喷射的漆流应和喷漆面垂直。喷漆面为平面时，喷嘴与喷漆面应相距 250～350 mm；喷漆面如为圆弧面，喷嘴与喷漆面的距离应为 400 mm 左右。喷涂时，喷嘴的移动应均匀，速度宜保持在 10～18 m/min。喷漆使用的压缩空气压力为 0.2～0.4 MPa。

(3)涂漆施工程序如下：第一层底漆或防锈漆，直接涂在管道表面上，与工件表面紧密结合，起防锈、防腐、防水、层间结合的作用；第二层面漆（调和漆和磁漆等），涂刷应精细。

(4)一般底漆或防锈漆应涂刷两道；每层涂刷不宜过厚，以免起皱和影响干燥。如发现不干、皱皮、流挂、露底时，须进行修补或重新涂刷。

(5)表面涂调和漆或磁漆应涂刷两道，要尽量涂得薄且均匀。如果涂料的覆盖力较差，也不允许任意增加厚度，而应分几次涂覆。每涂一层漆后，应有一个充分干燥时间，待前一层真正干燥后才能涂下一层。

(6)架空管道如采用镀锌钢管，外壁不用涂刷防腐漆；但施工中镀锌层被损伤的部位、管件连接处的外露螺纹应刷防锈底漆和面漆。

第三节　埋地钢管的防腐

埋地钢管的防腐除采用防腐绝缘层外，还应同时采用阴极保护。

一、埋地钢管的防腐绝缘层施工

（一）埋地钢管的防腐绝缘层及施工验收标准

现行的燃气工程埋地钢管的防腐绝缘层有石油沥青、环氧煤沥青、煤焦油瓷漆、熔结环氧粉末、聚乙烯胶粘带、聚乙烯（分两层结构和三层结构，三层结构俗称 3PE）等，目前常用的是聚乙烯胶粘带和 3PE。

各种防腐材料的防腐施工及验收要求应符合下列国家现行标准的规定：

CJJ95—2003《城镇燃气埋地钢质管道腐蚀控制技术规程（附条文说明)》；

SY/T0420—1997《埋地钢质管道石油沥青防腐层技术标准》；

SY/T0447—1996《埋地钢质管道环氧煤沥青防腐层技术标准》；

SY/T0414—2007《埋地钢质管道聚乙烯胶粘带防腐层技术标准》；

SY/T0315—2005《钢质管道单层熔结环氧粉末外涂层技术标准》；

（二）聚乙烯胶粘带防腐层的施工和验收

1. 防腐层的施工环境

防腐层施工应在高于露点温度 3℃以上进行；在风沙较大时，没有可靠的防护措施不宜涂刷底漆和缠绕胶粘带。

2. 钢管表面预处理

表面预处理应按下列规定进行：

1）清除钢管表面的焊渣、毛刺、油脂和污垢等附着物；

2）钢管表面除锈宜采用喷（抛）射除锈方式。受现场施工条件限制时，经设计选定，可采用动力工具除锈方法。采用喷（抛）射除锈时，除锈等级应达到 GB8923—1988《涂装前钢材表面锈蚀等级和除锈等级》规定的 Sa21/2 级；采用电动工具除锈方法时，除锈等级达到 St3 级。

3）除锈后，对可能刺伤防腐层的尖锐部分应进行打磨。并将附着在金属表面的磨料和灰尘清除干净。

4）钢管表面预处理后至涂底漆前的时间间隔宜控制在 4 h 内，期间应防止钢管表面受潮和污染。涂底漆前，如出现返锈或表面污染时，必须重新进行表面预处理。

3. 涂底漆

1）钢管表面预处理后至涂刷底漆前的时间间隔宜控制在 4 h 之内，钢管表面必须干燥、无尘。

2）底漆应在容器中搅拌均匀。

3）当底漆较稠时，应加入与底漆配套的稀释剂，稀释到合适的黏度才能施工。

4）底漆应涂刷均匀，不得有漏涂、凝块和流挂等缺陷，厚度应大于或等于 30 μm。

5）待底漆表干后再缠绕胶粘带。

4. 胶粘带缠绕

1）胶粘带解卷时的温度宜在5℃以上。

2）在胶粘带缠绕时，如焊缝两侧产生空隙，可采用与底漆及胶粘带相容性较好的填料带或腻子填充焊缝两侧。

3）使用适当的机械或手动工具，在涂好底漆的管子上按搭接要求缠绕胶粘带，胶粘带始端与末端搭接长度应不少于1/4管子周长，且不少于100 mm。内带和外带的搭接缝处应相互错开。缠绕时胶粘带边缝应平行，不得扭曲皱折，带端应压贴，使其不翘起。

4）在工厂缠绕胶粘带时可采用冷缠或热缠施工。防腐管缠绕时管端应有150 mm ± 10 mm的焊接预留段。

5）缠绕异形管件时，应选用补口带，也可使用性能优于补口带的其他专用胶粘带。缠绕异形管件时的表面预处理和涂底漆要求与管本体相同。

6）预制的防腐管应检验合格后，向用户提供出厂合格证。

5. 预制防腐管的标志、堆放与搬运

1）合格的防腐管应作出标志，标明钢管的规格、材质，防腐层的类型、等级生产厂名称，生产日期和执行标准等。

2）防腐管的堆放层数以不损坏防腐层为原则，不同类型的成品管应分别堆放，并在防腐管层间及底部垫上软质物，避免损伤防腐层。

3）防腐管装卸搬运时，应使用宽尼龙带或专用吊具，严禁摔、碰、撬等有损于防腐层的操作方法。

6. 补伤

1）修补时应修整损伤部位，清理干净，涂上底漆。

2）使用与管本体相同的胶粘带或补口带时，应采用缠绕法修补；也可以使用专用胶粘带，采用贴补法修补。缠绕和贴补宽度应超出损伤边缘50 mm以上。

3）使用与管本体相同胶粘带进行补伤时，补伤处的防腐层等级、结构与管本体相同。使用补口带或专用胶粘带补伤时，补伤处的防腐层性能应不低于管本体。

7. 补口

1）补口时，应除去管端防腐层的松散部分，除去焊缝区的焊瘤、毛刺和其他污物，补口处应保持干燥。表面预处理质量应达到GB/T8923—1998中规定的St3级。

2）连接部位和焊缝处应使用补口带，按标准规定进行缠带补口，补口层与原防腐层搭接宽度应不小于100 mm。

3）补口胶粘带的宽度宜采用本体防腐胶带的规格。

4）补口处的防腐层性能应不低于管本体。

8. 质量检验

不管是工厂预制，还是现场涂敷施工，都应进行质量检测。

（1）表面预处理质量检验。

预处理后的钢管表面应进行表面预处理质量检验。用GB/T8923—1998《涂装前钢材表面锈蚀等级和除锈等级》中相应的照片进行100%目视比较。

（2）防腐层外观检验。

应对防腐层进行100%目测检查，防腐层表面应平整、搭接均匀、无永久性气泡、无皱褶和破损。

（3）厚度检验。

按照 SY/T0066—1999《钢管防腐层厚度无损测量方法（磁性法）》SY/T0066 进行测量。每 20 根防腐管随机抽查一根，每根测 3 个部位，每个部位测量沿圆周方向均匀分布的四点的防腐层厚度。每个补口、补伤随机抽查一个部位。厚度不合格时，应加倍抽查，仍不合格，则判为不合格。不合格的部分应进行修复。

（4）电火花检漏。

根据 SY/T0414—2007《钢质管道聚乙烯胶粘带防腐层技术标准》，工厂预制防腐层，应逐根进行电火花检漏；现场涂敷的防腐层应进行全线电火花检漏，补口、补伤逐个检查。发现漏点及时修补。检漏时，探头移动速度不大于 0.3 m/s。检漏电压按下列公式计算确定：

当 $T_c < 1$ mm 时，$V = 3\,294\sqrt{T_c}$

当 $T_c \geqslant 1$ mm 时，$V = 7\,843\sqrt{T_c}$

式中　　　V——检漏电压（V）；

　　　　　T_c——防腐层厚度（mm）；

$3\,294$，$7\,843$——经验系数，实际工作中可直接运用。

（5）剥离强度检验

用刀环向划开 10 mm 宽、长度大于 100 mm 的胶粘带层，直至管体。然后用弹簧秤与管壁成 90°角拉开，如图 6-4-1 所示，拉开速度应不大于 300 mm/min。

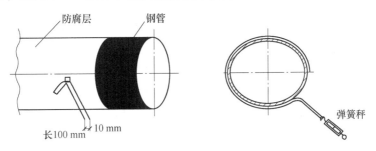

图 6-4-1　现场剥离强度示意图

剥离强度测试应在缠好胶粘带 24 h 后进行。测试时的温度宜为 20～30℃。现场涂敷时，每千米防腐管至少应测试三处；工程量不足一千米的工厂预制时，每日抽查生产总量的 3%，且不少于三根，每根测一处；补口、补伤抽查 1%。剥离强度值应不低于 20 N/cm。若一处不合格，应加倍抽查，仍不合格，全部返修。

9. 防腐管的下沟回填

1）下沟前，防腐管露天存放时间不应超过 3 个月。

2）防腐管下沟前应进行 100% 电火花检漏。

3）管沟的清理、下沟和回填应符合相关标准规定，应防止防腐管撞击沟壁及硬物。

4）管道回填后应对防腐层进行相应的地面检测。

（三）聚乙烯防腐层的施工和验收

批量钢管的聚乙烯防腐层，基本上由专业涂敷厂家根据《根据国家相关标准》在生产线上进行施工、检验、标志。

管道现场施工时，应做好补口、补伤、下沟回填工作。

1. 补口

（1）补口材料。

补口采用辐射交联聚乙烯热收缩套（带），也可采用环氧树脂/辐射交联聚乙烯热收缩套（带）三层结构。辐射交联聚乙烯热收缩套（带）应按管径选用配套的规格，产品的基材边缘应平直，表面应平整、清洁，无气泡、疵点、裂口及分解、变色。

（2）补口施工。

补口前，必须对补口部位进行表面预处理，表面预处理的质量宜达到《涂装前钢材表面锈蚀等级和除锈等级》中规定的 Sa21/2 级。经设计选定，也可用电动工具除锈处理至 St3 级。焊缝处的焊渣、毛刺等应清除干净。

补口搭接部位的聚乙烯层应打磨至表面粗糙，然后用火焰加热器对补口部位进行预热，应按热收缩套（带）产品说明书的要求控制预热温度，并进行补口施工。

热收缩套（带）与聚乙烯层的搭接宽度不应小于 100 mm。采用热收缩带时，应用固定片固定，周向搭接宽度不应小于 80 mm。

（3）补口质量检验。

同一牌号的热收缩套（带）首批使用时，应按标准规定的项目进行一次全面检验。

补口质量应检验外观、漏点及粘结力等内容。补口的外观应逐个检查，热收缩套（带）的表面应平整，无皱折、气泡及烧焦炭化等现象，热收缩套（带）周向及固定片四周应有胶粘剂均匀溢出。

每一个补口均应用电火花检漏仪进行漏点检查，检漏电压为 15 kV。若有漏点，应重新补口并检漏，直至合格。

补口后热收缩套（带）的粘结力应按标准规定的方法进行检验，管体温度为 25 ± 5℃时的剥离强度不应小于 50 N/cm。每 100 个补口应至少抽测一个。如不合格，应加倍抽测；若加倍抽测时仍有一个口不合格，则该段管线的补口应全部返修。

2. 补伤

对小于或等于 30 mm 的损伤，用聚乙烯补伤片进行修补。先除去损伤部位的污物，并将该处的聚乙烯层打毛，然后在损伤处用直径 30 mm 的空心冲头冲缓冲孔，冲透聚乙烯层，边缘应倒成钝角。在孔内填满与补伤片配套的胶粘剂，然后贴上补伤片，补伤片的大小应保证其边缘距聚乙烯层的孔洞边缘不小于 100 mm。贴补时应边加热边用辊子滚压或戴耐热手套用手挤压，排出空气，直至补伤片四周胶粘剂均匀溢出。

对大于 30 mm 的损伤，应先除去损伤部位的污物，然后将该处的聚乙烯层打毛，并将损伤处的聚乙烯层修切成圆形，边缘应倒成钝角。在孔洞部位填满与补伤片配套的胶粘剂，再按上条的要求贴补补伤片。最后在修补处包覆一条热收缩带，包覆宽度应比补伤片的两边至少各大 50 mm。

补伤质量应检验外观、漏点及粘结力等三项内容。补伤后的外观应逐个检查，表面应平整，无皱折、气泡及烧焦炭化等现象。补伤片四周应有胶粘剂均匀溢出。不合格的应重补。

每一个补伤处均应用电火花检漏仪进行漏点检查，检漏电压为 15 kV。若不合格，应重新补伤检漏，直至合格。

补伤后的粘结力应按标准规定的方法进行检验。常温下剥离强度不应低于 35 N/cm，每

100 个补伤处均应抽查一处，如不合格，应加倍抽查；若加倍抽测时仍有一处不合格，则该段管线的补伤处应全部返修。检验后应立即按标准的要求重新进行修补并检漏。

3. 下沟回填

铺设聚乙烯防腐管道的管沟尺寸应符合设计要求，沟底应平整，无碎石、砖块等硬物。沟底为硬层时，应铺垫细软土，垫层厚度应符合有关管道施工行业标准的规定。

防腐管下沟前，应用电火花检漏仪对管线全部检漏，电压为 15 kV，并填写检查记录。

防腐管下沟时，应采用尼龙吊带，并应防止管道撞击沟壁及硬物。

防腐管下沟后，应先用软土回填，软土厚度应符合有关管道施工行业标准的规定，然后才能进行二次回填。

防腐回填后，应全线进行地面检漏，发现漏点应进行修补。

二、埋地管道的阴极保护

阴极保护是将被保护金属作为阴极，施加外部电流进行阴极极化，或用电化序低的易蚀金属做牺牲阳极，以减少或防止金属腐蚀的方法。阴极保护的原理是向被腐蚀金属结构物表面施加一个外加电流，被保护结构物成为阴极，从而使得金属腐蚀发生的电子迁移得到抑制，避免或减弱腐蚀的发生。

阴极保护技术有两种：牺牲阳极阴极保护和强制电流（外加电流）阴极保护。

（一）牺牲阳极阴极保护

牺牲阳极阴极保护技术是用一种电位比所要保护的金属还要低的金属或合金与被保护的金属电性连接在一起，依靠电位比较低的金属不断地腐蚀溶解所产生的电流来保护其他金属。

在被保护金属与牺牲阳极所形成的大地电池中，被保护金属体为阴极，牺牲阳极的电位往往低于被保护金属体的电位，在保护电池中是阳极，被腐蚀消耗，故此称之为"牺牲"阳极。通常用作牺牲阳极的材料有镁和镁合金、锌合金、铝合金等。

1. 牺牲阳极阴极保护的优点

1）一次投资费用偏低，且在运行过程中基本上不需要支付维护费用；

2）保护电流的利用率较高，不会产生过保护；

3）对邻近的地下金属设施无干扰影响，适用于厂区和无电源的长输管道，以及小规模的分散管道保护；

4）具有接地和保护兼顾的作用；

5）施工技术简单，平时不需要特殊专业维护管理。

2. 牺牲阳极阴极保护的缺点

1）驱动电位低，保护电流调节范围窄，保护范围小；

2）使用范围受土壤电阻率的限制，即土壤电阻率大于 50 Ω/m 时，一般不宜选用牺牲阳极保护法；

3）在存在强烈杂散电流干扰区，尤其受交流干扰时，阳极性能有可能发生逆转；

4）有效阴极保护年限受牺牲阳极寿命的限制，需要定期更换。

GB50028—2006《城镇燃气设计规范》规定：市区内埋地敷设的燃气干管的阴极保护，宜采用牺牲阳极法。

（二）强制电流阴极保护

强制电流阴极保护技术是在回路中串入一个直流电源，借助辅助阳极，将直流电通向被保护的金属，进而使被保护金属变成阴极，实施保护。

外部电源通过埋地的辅助阳极将保护电流引入地下，通过土壤提供给被保护金属，被保护金属在大地电池中仍为阴极，其表面只发生还原反应，不会再发生金属离子的氧化反应，使腐蚀受到抑制。强制电流保护法的主要设备有：恒电位仪、辅助阳极、参比电极。

1. 外加电流阴极保护的优点

1）驱动电压高，能够灵活地在较宽的范围内控制阴极保护电流输出量，适用于保护范围较大的场合；

2）在恶劣的腐蚀条件下或高电阻率的环境中也适用；

3）选用不溶性或微溶性辅助阳极时，可进行长期的阴极保护；

4）每个辅助阳极床的保护范围大，当管道防腐层质量良好时，一个阴极保护站的保护范围可达数十千米；

5）对裸露或防腐层质量较差的管道也能达到完全的阴极保护。

2. 外加电流阴极保护的缺点

1）一次性投资费用偏高，而且运行过程中需要支付电费；

2）阴极保护系统运行过程中，需要严格的专业维护管理；

3）离不开外部电源，需常年外供电；

4）对邻近的地下金属构筑物可能会产生干扰作用。

GB50028—2006《城镇燃气设计规范》规定：市区外埋地敷设的燃气干管的阴极保护，宜采用强制电流方式。

第五章　燃气管道的防雷

对于城市燃气设施，如果防雷技术措施不完善，那么雷击极有可能导致城市燃气设施发生爆炸、火灾等重大安全事故，造成人民生命财产的巨大损失。经总结分析以往发生的问题，中国气象局发布了国家行业技术标准 QX/T109—2009《城镇燃气防雷技术规范》。

一、燃气场站及设施的防雷

（一）储气罐和压缩机室、调压剂量室

储气罐和压缩机室、调压剂量室等是处于燃烧爆炸危险环境中的生产用房，其防雷设计应符合现行的国家标准 GB50057—2010《建筑物防雷设计规范》的"第二类防雷建筑物"的规定；生产管理、后勤服务及生活用建筑物，其防雷设计应符合现行的国家标准 GB50057—2010《建筑物防雷设计规范》的"第三类防雷建筑物"的规定。

（二）门站和储配站室

门站和储配站室内电气防爆等级应符合现行的国家标准 GB50058—1992《爆炸和火灾危险环境电力装置设计规范》的"Ⅰ区"设计的规定；站区内可能产生静电危害的设备、管道以及管道分支处均应采取防静电接地措施。

（三）站区内设施

站区内储气罐、罐区、露天工艺装置及建构筑物之间，以及与站外建构筑物之间的防火间距应符合现行国家标准 GB50016—2006《建筑设计防火规范》和 GB50028—2006《城镇燃气设计规范》的有关规定。

（四）储罐区

独立避雷针、架空避雷线（网）的保护范围，应包括整个储罐区。

当储罐顶板厚度等于或大于 4 mm 时，可以用顶板作为接闪器；若储罐顶板厚度小于 4 mm，则须装设防直击雷装置。但在雷击区，即使储罐顶板厚度大于 4 mm，仍需装设防直击雷装置。

浮顶罐、内浮顶罐不应直接在罐体上安装避雷针（线），但应将浮顶与罐体用两根导线作电气连接。浮顶罐连接导线应选用截面积不小于 25 mm^2 的软铜复绞线。对于内浮顶罐，钢质浮盘的连接导线应选用截面积不小于 16 mm^2 的软铜复绞线；铝质浮盘的连接导线应选用直径不小于 1.8 mm 的不锈钢钢丝绳。

钢储罐防雷接地引下线不应少于 2 根，并应沿罐周均匀或对称布置，其间距不宜大于 30 m。

防雷接地装置冲击接地电阻不应大于 10 Ω，当钢储罐仅做防感应雷接地时，冲击接地电阻不应大于 30 Ω。

罐区内储罐顶法兰盘等金属构件应与罐体可靠电气连接，放散塔顶的金属构件亦应与放散塔可靠电气连接。

(五) 调压计量区

设于空旷地带的调压站及采用高架遥测天线的调压站应单独设置避雷装置,其接地电阻值应小于 10 Ω。

当调压站内、外燃气金属管道为绝缘连接时,调压器及其附属设备必须接地,接地电阻应小于 10 Ω。

(六) 其他

站区内所有正常不带电的金属物体,均应就近接地,且接地的设备、管道等均应设接地端头,接地端头与接地线之间,可采用螺栓紧固连接。对有振动、位移的设备和管道,其连接处应加挠性连接线过渡。

进出站区的金属管道、电缆的金属外皮、所穿钢管或架空电缆金属槽,在站区外侧应做一处接地,接地装置应与保护接地装置及避雷带(网)接地装置合用。如存在远端至站区的金属管道、轨道等长金属物,则应在进入站区前端每隔 25 m 接地一次,以防止雷电感应电流沿输气管道进入配气站。

电绝缘装置应埋地设置于站场防雷防静电接地区域外,使配管区(设备撬)及进出站管道能够置于同一防雷防静电接地网中。

站区内处于燃烧爆炸危险环境的生产用房应采用 40×4 镀锌扁钢或同等规格的其他金属材料构成避雷网格,并敷设明式避雷带。其引下线不应少于 2 根,并应沿建筑物四周均匀对称布置,间距不应大于 18 m,网格不应大于 10 m×10 m 或 12 m×8 m。

除独立防直击雷装置外,该项目的防雷接地、防静电接地、电气设备的工作接地、保护接地等可共用同一接地系统,其接地电阻不大于 4 Ω,宜小于 1 Ω。如各类接地不共用,则各类接地之间的距离应符合规范要求。

二、燃气金属管道及附件的防雷

(一) 一般规定

平行敷设于地上或管沟的燃气金属管道,其净距小于 100 mm 时,应用金属线跨接,跨接点的间距不应大于 30 m。管道交叉点净距小于 100 mm 时,其交叉点应用金属线跨接。

架空或埋地敷设的燃气金属管道的始端、末端、分支处以及直线段每隔 200~300 m 处,应设置接地装置,其接地电阻不应大于 30 Ω,接地点应设置在固定管墩(架)处。距离建筑物 100 m 内的管道,应每隔 25 m 左右接地一次,其冲击接地电阻不应大于 10 Ω。

燃气金属管道在进出建筑物处,应与防雷电感应的接地装置相连,并宜利用金属支架或钢筋混凝土支架的焊接、绑扎钢筋网作为引下线,其钢筋混凝土基础宜作为接地装置。

(二) 屋面燃气金属管道

屋面燃气金属管道、放散管、排烟管、锅炉等燃气设施宜设置在建筑物防雷保护范围之内。应尽量远离建筑物的屋角、檐角、女儿墙的上方、屋脊等雷击率较高的部位。

屋面工业燃气金属管道在最高处应设放散管和放散阀。屋面燃气金属管道末端和放散管应分别与楼顶防雷网相连接,并应在放散管或排烟管处加装阻火器或燃气金属管道防雷绝缘接头,对燃气金属管道防雷绝缘接头两端的金属管道做好接地处理。

屋面燃气金属管道与避雷网（带）至少应有两处采用金属线跨接，且跨接点的间距不应大于 30 m。当屋面燃气金属管道与避雷网（带）的水平、垂直净距小于 100 mm 时，也应跨接。

　　屋面燃气管与避雷网之间的金属跨接线可采用圆钢或扁钢，圆钢直径不应小于 8 mm，扁钢截面积不应小于 48 mm^2，其厚度不应小于 4 mm，应优先选用圆钢。

第六章　燃气管道的穿跨越施工

第一节　顶 管 施 工

一、顶管施工简介

非开挖技术，是指不开挖地表或以最小的地表开挖量进行各种地下管道/管线探测、检查、铺设、更换或修复的施工技术。非开挖技术是近几年才开始频繁使用的一个术语，它涉及的是利用少开挖（即工作井与接收井要开挖）以及不开挖（即管道不开挖）技术来进行地下管线的铺设或更换。非开挖工程技术彻底解决了管道埋设施工中对城市建筑物的破坏和道路交通的堵塞等难题，在稳定土层和环境保护方面凸显其优势。这对交通繁忙、人口密集、地面建筑物众多、地下管线复杂的城市是非常重要的，它将为城市创造一个洁净、舒适和美好的环境。

顶管施工是非开挖技术中的一种，是指在不开挖地表的情况下，利用液压顶进工作站从顶进工作坑将待铺设的管道顶入，从而在顶管机之后直接铺设管道的非开挖地下管道施工技术。

目前顶管技术已经发展到了十分成熟的阶段，出现了各种各样的顶管方式方法。但是，万变不离其宗，顶管施工技术的原理都是一样的。一般都是垂直地面做工作井，然后用高压液压千斤顶，将水泥或者钢制管道顶入地下，各种技术的差别就在于运输管道内挖掘出来的泥土、石头等渣子的方法，有人工的，有水抽式的，先进的还有遥控的。根据顶进方式的不同，可分为人工挖土顶管、机械挖土顶管、水力机械顶管、挤压法顶管。图 6-6-1 所示为人工挖土顶管工程示意图。

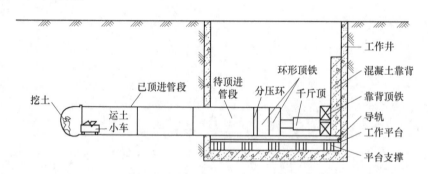

图 6-6-1　人工挖土顶管工程示意图

二、燃气管道顶管施工的相关要求

燃气工程顶管施工一般先顶进钢筋混凝土套管，然后将工作管燃气管道穿入套管内，两端进行有效封堵，同时安装检漏管，最后将已穿入的管道两端与开挖直埋段管道对接即完成顶管作业施工。图 6-6-2 为某顶管工程剖面图。

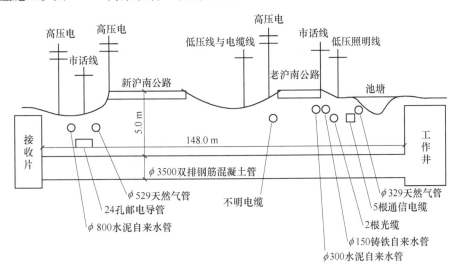

图 6-6-2　某顶管工程剖面图

CJJ33—2005《城镇燃气输配工程施工及验收规范》规定，燃气管道顶管施工宜参照国家现行标准 GB50268—2008《给水排水管道工程施工及验收规范》第 6 章的有关规定执行。

燃气管道的安装应符合下列要求：

1）采用钢管时，燃气钢管的焊缝应进行 100% 的射线照相检验。

2）采用 PE 管时，要先做相同人员、相同工况条件下的焊接试验。

3）接口宜采用电熔连接；当采用热熔对接时，应切除所有焊口的翻边，并应进行检查。

4）燃气管道穿入套管前，管道的防腐已验收合格。

5）在燃气管道穿入过程中，应采取措施防止管体或防腐层损伤。

第二节　水下敷设

一、施工前应做好的工作

在江（河、湖）水下敷设管道，施工方案及设计文件应报河道管理或水利管理部门审查批准，施工组织设计应征得上述部门同意。

主管部门批准的对江（河、湖）的断流、断航、航管等措施，应预先公告。

工程开工时，应在敷设管道位置的两侧水体各 50 m 距离处设置警戒标志。

施工时应严格遵守国家及行业现行的水上水下作业安全操作规程。

二、测量放线应符合的要求

管槽开挖前，应测出管道轴线，并在两岸管道轴线上设置固定醒目的岸标。施工时岸上设专人用测量仪器观测，校正管道施工位置，检测沟槽超挖、欠挖情况。

水面管道轴线上以每隔 50 m 左右抛设一个浮标标示位置。

两岸应各设置水尺一把，水尺零点标高应经常检测。

三、沟槽开挖应符合的要求

沟槽宽度及边坡坡度应按设计规定执行；当设计无规定时，由施工单位根据水底泥土流动性和挖沟方法在施工组织设计中确定，但最小沟底宽度应大于管道外径 1 m。

当两岸没有泥土堆放场地时，应使用驳船装载泥土并将其运走。在水流较大的江中施工，且没有特别环保要求时，开挖泥土可排至河道中，任水流冲走。

水下沟槽挖好后，应做沟底标高测量。宜按 3 m 间距测量，当标高符合设计要求后即可下管。若挖深不够应补挖，若超挖应采用砂或小块卵石补到设计标高。

四、管道组装应符合的要求

在岸上将管道组装成管段，管段长度宜控制在 50 ~ 80 m。

组装完成后，焊缝质量应符合规范要求，并应按规范进行试验，合格后按设计要求加焊加强钢箍套。

焊口应进行防腐（补口），并应进行质量检查。

组装后的管段应采用下水滑道牵引下水，置于浮箱平台，并调整至管道设计轴线水面上，将管段组装成整管。焊口应进行射线照相探伤和防腐补口，并应在管道下沟前对整条管道的防腐层做电火花绝缘检查。

五、沉管与稳管应符合的要求

沉管时，应谨慎操作牵引起重设备，松缆与起吊均应逐点分步分别进行；各定位船舶须严格执行统一指令。在管道各吊点的位置与管槽设计轴线一致时，管道方可下沉入沟槽内。

管道入槽后，应由潜水员下水检查、调平。

稳管措施按设计要求执行。当使用平衡重块时，重块与钢管之间应加橡胶隔垫；当采用复壁管时，应在管线过江（河、湖）后，再向复壁管环形空间灌水泥浆。

六、其他要求

应对管道进行整体吹扫和试验。管道试验合格后即采用砂卵石回填。回填时先填管道拐弯处使之固定，然后再均匀回填沟槽。

第三节 定 向 钻

一、定向钻施工简介

定向钻施工也是非开挖技术中的一种，是指利用水平定向钻机进行钻进、扩孔、回拖，将管道埋入地下的施工方法。定向钻施工一般分为两个阶段：第一阶段是按照设计曲线尽可能准确地钻一条导向孔；第二阶段是将导向孔进行扩孔，并将管道沿着扩大了的导向孔回拖到钻孔中，完成管线穿越工作，如图 6-6-3 所示。

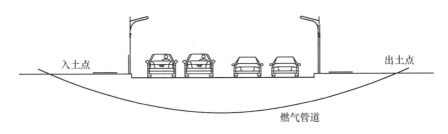

图 6-6-3　定向钻施工示意图

各种规格的水平定向钻机都是由钻机系统、动力系统、控向系统、泥浆系统、钻具及辅助机具组成，它们的结构及功能介绍如下：

1. 钻机系统

钻机系统是穿越设备钻进作业及回拖作业的主体，它由钻机主机、转盘等组成，钻机主机放置在钻机架上，用以完成钻进作业和回拖作业。转盘装在钻机主机前端，连接钻杆，并通过改变转盘转向和输出转速及扭矩大小，达到不同作业状态的要求。

2. 动力系统

动力系统由液压动力源和发电机组成动力源为钻机系统提供高压液压油作为钻机的动力，发电机为配套的电气设备及施工现场照明提供电力。

3. 控向系统

控向系统是通过计算机监测和控制钻头在地下的具体位置和其他参数，引导钻头正确钻进的方向性工具，由于有该系统的控制，钻头才能按设计曲线钻进，经常采用的有手提无线式和有线式两种形式的控向系统。

4. 泥浆系统

泥浆系统由泥浆混合搅拌罐和泥浆泵及泥浆管路组成，为钻机系统提供适合钻进工况的泥浆。

5. 钻具及辅助机具

钻具及辅助机具是钻机钻进中钻孔和扩孔时所使用的各种机具。钻具主要有适合各种地质的钻杆、钻头、泥浆发动机、扩孔器，切割刀等机具。辅助机具包括卡环、旋转活接头和各种管径的拖拉头。

二、燃气管道定向钻施工的相关要求

（1）应收集施工现场资料，制订施工方案，并应符合下列要求：

1）现场交通、水源、电源、施工运输道路、施工场地等资料的收集；

2）各类地上设施（铁路、房屋等）的位置、用途、产权单位等的查询；

3）与其他部门（通信、电力电缆、供水、排水等）核对地下管线，并用探测仪或局部开挖的方法定确定定向钻施工路由位置的其他管线的种类、结构、位置走向和埋深；

4）用地质勘探取样或局部开挖的方法，取得定向钻施工路由位置的地下土层分布、地下水位及土壤、水分的酸碱度等资料。

（2）定向钻施工穿越铁路等重要设施处，必须征求相关主管部门的意见。当与其他地下设施的净距不能满足设计规范要求时，应报设计单位，采取防护措施，并应取得相关单位的同意。

（3）定向钻施工宜按国家现行标准 SY4207—2007《石油天然气建设工程施工质量验收规范 管道穿跨越工程》执行。

（4）燃气管道安装应符合下列要求：

1）燃气管道的焊缝应进行 100% 的射线照相检查；

2）在目标井工作坑应按要求放置燃气钢管，用导向钻回拖敷设，回拖过程中应根据需要不停注入配制的泥浆；

3）燃气钢管的防腐应为特加强级；

4）燃气钢管敷设的曲率半径应满足管道强度要求，且不得小于钢管外径的 1 500 倍。

第四节 跨 越 施 工

管道跨越是指管道从天然或人工障碍物上部架空通过的建设工程。根据结构形式的不同，可分为梁式直跨、桁架式跨越、悬索式跨越、斜拉索跨越、Ⅱ形刚架跨越、轻型托架式跨越、单管拱跨越、组合管拱跨越、悬缆式跨越、随桥跨越等。

管道跨越工程划分为甲类和乙类：甲类为通航河流、电气化铁路和高速公路跨越，乙类为非通航河流及其他障碍跨越。

管道跨越工程等级应按表 6-6-1 划分。

表 6-6-1 管道跨越工程等级划分

工 程 等 级	总跨长度 L_1/m	主跨长度 L_2/m
大型	$\geqslant 300$	$\geqslant 150$
中型	$100 \leqslant L_1 < 300$	$50 \leqslant L_2 < 150$
小型	< 100	< 50

CJJ33—2005《城镇燃气输配工程施工及验收规范》规定，燃气管道跨越施工宜按国家现行标准 SY4207—2007《石油天然气建设工程施工质量验收规范 管道穿跨越工程》执行。

第七章　燃气工程的竣工验收

一、工程竣工验收的依据

工程竣工验收应以批准的设计文件、国家现行有关标准和规范、施工承包合同、工程施工许可文件为依据。

二、工程竣工验收的基本条件

工程竣工验收的基本条件应符合下列要求：
1）完成工程设计和合同约定的各项内容；
2）施工单位在工程完工后对工程质量自检合格，并提出《工程竣工报告》；
3）工程资料齐全；
4）有施工单位签署的工程质量保修书；
5）监理单位对施工单位的工程质量自检结果予以确认，并提出《工程质量评估报告》；
6）工程施工中，工程质量检验合格，检验记录完整。

三、竣工资料内容

竣工资料的收集、整理工作应与工程建设过程同步，工程完工后应及时作好整理和移交工作。

（一）工程依据文件

1）工程项目建议书、申请报告及审批文件、批准的设计任务书、初步设计、技术设计文件、施工图和其他建设文件；
2）工程项目建设合同文件、招投标文件、设计变更通知单、工程量清单等；
3）建设工程规划许可证、施工许可证、质量监督注册文件、报建审核书、报建图、竣工测量验收合格证、工程质量评估报告。

（二）交工技术文件

1）施工资质证书；
2）图纸会审记录、技术交底记录、工程变更单（图）、施工组织设计等；
3）开工报告、工程竣工报告、工程保修书等；
4）重大质量事故分析、处理报告；
5）材料、设备、仪表等的出厂的合格证明，材质书或检验报告；
6）施工记录：隐蔽工程记录、焊接记录、管道吹扫记录、强度和严密性试验记录、阀门试验记录、电气仪表工程的安装调试记录等；
7）竣工图纸：竣工图应反映隐蔽工程、实际安装定位、设计中未包含的项目、燃气管道与其他市政设施特殊处理的位置等。

（三）检验合格记录

1）测量记录；

2）隐蔽工程验收记录；

3）沟槽及回填合格记录；

4）防腐绝缘合格记录；

5）焊接外观检查记录和无损探伤检查记录；

6）管道清扫合格记录；

7）强度和气密性试验合格记录；

8）设备安装合格记录；

9）储配与调压各项工程的程序验收及整体验收合格记录；

10）电气、仪表安装测试合格记录；

11）在施工中受检的其他合格记录。

四、工程竣工验收程序

工程竣工验收应由建设单位主持，可按下列程序进行：

1）工程完工后，施工单位完成验收准备工作后，向监理部门提出验收申请。

2）监理部门对施工单位提交的《工程竣工报告》、竣工资料及其他材料进行初审，合格后提出《工程质量评估报告》，并向建设单位提出验收申请。

3）建设单位组织勘探、设计、监理及施工单位对工程进行验收。

4）验收合格后，各部门签署验收纪要。建设单位及时将竣工资料、文件归档，然后办理工程移交手续。

5）验收不合格应提出书面意见和整改内容，签发整改通知，限期完成。整改完成后重新验收。整改书面意见、整改内容和整改通知编入竣工资料文件中。

五、工程验收的要求

1）审阅验收材料内容应完整、准确、有效。

2）按照设计、竣工图纸对工程进行现场检查。竣工图应真实、准确，路面标志符合要求。

3）工程量符合合同的规定。

4）设施和设备的安装符合设计的要求，无明显的外观质量缺陷，操作可靠，保养完善。

5）对工程质量有争议、投诉和检验多次才合格的项目，应重点验收，必要时可开挖检验、复查。

第七部分

燃气运行及安全管理

第一章　燃气运行及安全管理的一般规定

城市燃气设施运行、维护和抢修单位及部门应逐级建立相应的安全目标责任制、安全生产管理制度、安全生产岗位操作责任制及安全事故应急预案。燃气经营者应当按照本单位燃气应急预案，配备应急人员和必要的应急装备、器材，并定期组织演练。

城市经营者应设立运行、维护和抢修的管理部门并应配备专职安全管理人员；应设置向社会公布24小时报修电话，抢修人员应24小时值班；运行、维修、抢修及专职安全管理人员必须经过专业技术培训，考试合格后方可上岗。

燃气经营者应当按照国家有关工程建设标准和安全生产管理的规定，必须对安全的燃气设施或重要部位设有识别标志，设置燃气设施防腐、绝缘、防雷、降压、隔离等保护装置和安全警示标志，定期进行巡查、检测、维修和维护，确保燃气设施的安全运行。

燃气经营者对燃气设施进行运行、维护和抢修时，必须设置安全警示标志和防护装置，以保证燃气设施的安全、日常维修、紧急抢修工作顺利进行。

国家对燃气经营实行许可制度。从事燃气经营活动的企业，应当具备下列条件：

1）符合燃气发展规划要求；

2）有符合国家标准的燃气气源和燃气设施；

3）有固定的经营场所、完善的安全管理制度和健全的经营方案；

4）企业的主要负责人、安全生产管理人员以及运行、维护和抢修人员经专业培训并考核合格；

5）法律、法规规定的其他条件。

符合前款规定条件的，由县级以上地方人民政府燃气管理部门核发燃气经营许可证。

石油天然气企业必须根据安全生产相关规定取得安全生产许可证。

燃气经营者因施工、检修等原因需要临时调整供气量或者暂停供气的，应当将作业时间和影响区域提前48小时予以公告或者书面通知燃气用户，并按照有关规定及时恢复正常供气；因突发事件影响供气的，应当采取紧急措施并及时通知燃气用户。

燃气输配系统的运行管理应符合国家现行有关强制性标准的规定。主要规定如下：《城镇燃气设施运行、维护和抢修安全技术规程》、《城市燃气管理条例》、《城镇燃气设计规范》、《城镇燃气输配工程施工及验收规范》、《聚乙烯燃气管道工程技术规程》、《城镇燃气室内工程施工与质量验收规范》。

管道燃气经营者对其供气范围内的市政燃气设施、建筑区划内业主专有部分以外的燃气设施，承担运行、维护、抢修和更新改造的责任。并应按照供气、用气合同的约定，对单位燃气用户的燃气设施承担相应的管理责任。

进入调压室、阀井等燃气设施场所作业，应符合下列规定：

1）进入前应先检查有无燃气泄漏，在确认安全后方可进入。

2）地下调压室、阀井内作业，必须穿戴防护用具，系好安全带；应设专人监护。作业人员应轮换操作。

第一章　燃气运行及安全管理的一般规定

3）维修电气设备，应切断电源。

4）进行维护检修，应采取防爆措施或使用防爆工具，严禁使用能产生火花的铁器等工具进行敲击作业。

在供气高峰时，燃气管网末端应选择用户，检测管网供气压力，分析管网的运行工况；对运行工况不良的管网应提出改造方案。

自控设备的资料保管、日常维护及检修要指定相应专门的责任人负责。自控设备资料包括控制程序安装光盘、监控程序安装光盘、系统说明书、操作手册、用户手册、使用说明书、合格证、电气原理图、电气接线图、控制原理图、设备厂家及厂家人员联系方式等。资料原件由负责档案管理的部门保管，自控设备责任人保存有关复印件。

自控设备责任人应熟练掌握所管理自控设备的动作及控制原理、结构、接线、协议等内容；负责对所管理自控设备自控系统的运行情况进行定期检查；保管自控设备有关资料，参与相关所管理自控设备事故的分析和考核；对所管理自控设备进行维护，根据工艺需要修改或增加相关控制、组态或部件；负责大检修时所管理的自控设备检修方案、校验内容的审核；跟踪同行业技术的发展状况，不断提高管理自控设备的技术水平。

· 325 ·

第二章 燃气设备管理

一、压缩天然气系统

（一）加气站

（1）对站内管道、阀门应定期进行巡查和维护，并应符合下列规定：

1）管道、阀门不得锈蚀。

2）站内管道、附件不应泄漏。

3）阀门和接头不得有泄漏、损坏现象。

4）定期对阀门进行启闭操作和维护保养，无法启闭或关闭不严的阀门，应及时维修或更换。

（2）对站内压力容器、安全阀、压力表等设备进行维护，并定期校验和检测。

（3）对瓶组供应站内配有伴热系统的调压装置，在瓶组卸气时应观察各级调压器热媒的进水和回水温度，不得超出正常范围。

（4）压缩机运行、维护应符合下列规定：

1）应检查压力、温度、密封、润滑、冷却和通风系统。

2）阀门启闭应灵活可靠，连接部件应紧固，运动部件应平稳、无异响、过热、泄漏及异常振动等。

3）指示仪表应正常，各运行参数应在规定范围内。

4）当有下列异常情况时应及时停车处理：自动连锁保护装置失灵；润滑、冷却、通风系统出现异常；压缩机运行压力高于规定压力；压缩机、电动机、发动机等有异声、异常振动、过热、泄漏等现象。

5）压缩机检修完毕，重新启动前应对设备进行置换，置换合格后方可开机。

6）压缩机的大、中、小修理，应按设备的修养维护的标准执行。

7）应定期对压缩机及其附属、配套设施进行排污，污物应集中处理不得随意排放。

8）压缩机撬装箱内不得堆放任何杂物。

（5）干燥器的运行、维护应符合下列规定：

1）系统内各部件运行按设定程序进行。

2）指示仪表应正常，运行参数应在规定范围内。

3）阀门切换、启闭应灵活，运动部件应平稳，无异响和泄漏。

4）根据运行情况对干燥器进行定期排污。

（6）加气设备的运行、维护应符合下列规定：

1）软管应根据使用工况定期更换。

2）应按国家现行有关标准的规定对流量计定期进行检定。

3）加气前应检查系统连接部位，确认密封良好，自动和连锁保护装置正常，接好地线。

（7）加压缩天然气在用气瓶内的应保持正压，加气压力不得超过气瓶的工作压力；严禁给无合格证或有故障的车辆加气。

（二）卸气站

1. 防火、防爆和防泄漏

建立健全防火安全责任制，落实专人管理，科学合理地制订适应站内的各岗位工作制度和操作规程。强化员工的安全教育，树立安全观念，增强安全意识。

2. 强化明火管理制度，严防火种进入

压缩天然气火灾蔓延和扩展速度极快，且难以扑灭，一旦发生，可能立即造成重大灾害。因此必须加强明火管理，严防火种的进入，设立警戒标语和标牌，采用防爆工具作业。

（三）卸（装）车

（1）在接好软管准备打开瓶组阀门时，操作人员不得面对阀门；加气时不得正对加气抢口；与作业无关人员不得在附近停留。

（2）凡有下列情况之一时，不得进行加气或卸气作业；

雷击天气、附近发生火灾、检查出有燃气泄漏、压力异常、其他不安全因素。

（3）压缩天然气卸（装）车停车后，作业前，接好接地装置。

（4）压缩天然气卸（装）车作业区准备垫车平板和车辆止滑工具。

（5）压缩天然气卸（装）车结束后，未卸下软管前不准发动汽车，以免拉断软管。

（四）卸车装置

（1）压缩天然气卸车装置经过一年的运行后，宜进行检修。

（2）检修后的系统必须经过不得少于 24 小时的正常运行后，才可能转入备用状态。

（3）应定期对高压或次高压调压装置的调压器、安全阀、快速切断阀及其他辅助设备进行检查，并使其在设定的数值内运行。

（4）应对高压或次高压调压器进出口压力、过滤器压差计进行现场检查，每周不得少于一次。

（5）高压或次高压设备的电动、气动以及其他动力系统，宜每半年检查一次。当气动系统由高压瓶装氮气供应时，应将检查次数增加到每周一次。

（6）对卸气装置站内配有伴热系统的调压装置，在瓶组卸气时应观察各级调压器热媒的进水和回水温度，不得超出正常范围。

（7）软管应根据使用工况定期更换。

（8）对高压和次高压设备进行维护时，必须有人监护。

（五）压缩天然气瓶组及车辆

气瓶组瓶体、安全阀、压力表、温度计、各类阀门、接头、连接管道等必须按规定进行定期检测或校验。运输时应遵守危险化学品运输的有关规定。运输车辆严禁携带其他易燃、易爆物品或搭乘无关人员。应按制定路线和规定时间行车，途中不得随意停车。运输途中因故障临时停车时，应避开其他危险品、火源和热源，宜停靠在阴凉、通风的地方，并应设置醒目的停车标志。

运输车辆加气、卸气或回厂后应在指定地点停放。气瓶组满载时不得长时间停放在露天暴晒，否则必须进行泄压或降温处理。运输车辆应配置有效的通信工具。

二、液化天然气系统

(一) 站内设备

储罐进出液时，应观察液位和压力变化情况，检查并记录储罐液位、压力和温度等参数。应定期检查空温式气化器结霜情况，储罐外壁结露情况，以及水浴式气化器水量和水温状况。

应每年对真空绝热储罐蒸发率进行检查，应至少对其每两年检测一次真空度。检查储罐外壁漆膜有无脱落，外壁有无凹陷；储罐基础应牢固，对立式罐应定期检查其垂直度。

检查低温管道保冷层及管托是否完好；检查各连接部位是否无泄漏情况。

储罐的充装量应符合国家现行《压力容器安全技术监察规程》中，充装系数的要求。储存液位宜控制在 20% ~90% 范围内。

储罐检修前后应采用干惰性气体进行置换，严禁采用充水置换的方法。

(二) 液化天然气卸车

卸车时操作人员不得离开现场，必须按规定穿戴防护用具，人体未受保护部位不得接触未经隔离装有液化天然气的管道和容器。

储罐进液前应先用干惰性气体对卸车软管进行吹扫；卸车完毕应将软管内余液回收。

在卸车与气化作业同时进行时，不宜使用同一储罐。卸车过程中，应严格按有关操作规程启闭阀门。卸车结束之后，应使拆卸下的低温软管处于自然状态，严禁强力弯曲，恢复常温后，应对其接口采取封堵措施；严禁液化天然气液体滞留在密闭管段内。

三、液化石油气系统

(一) 一般规定

液化石油气设施包括液化石油气储配站、灌瓶站、气化站、混气站、瓶装供应站和瓶组气化站，以及相应的储罐、管道及其附件以及压缩机、烃泵、灌装设备、气化设备、混气设备和仪器仪表等。

应根据各站的工艺设备系统的结构、性能、用途等，制定相应的管理制度和操作规程。

应确保液化石油气场站内工艺设备、管道的密封点无泄漏。密封点的泄漏检查每月不应少于一次。

在生产区内因检修而必须排放液化石油气时，应通过火炬放散。

液化石油气灌装、倒残等生产车间应通风良好。场站内重点部位应设置燃气浓度报警器，报警浓度应小于爆炸下限的 20%，浓度报警器应按规定进行标定。

(二) 站内设施

1. 储罐及附件

(1) 储罐及附件的运行、维护和保养，应根据站内设施的工艺特点及国家现行《压力容器安全技术监察规程》制定相应的规章制度。

(2) 站内值班操作人员必须定时、定线进行巡检，并记录储罐液位、压力和温度等参数。储罐进出液时，应观察液位和压力变化情况。

(3) 液化石油气储罐的充装量，应符合国家现行标准 GB50028—2006《城镇燃气设计规范》的有关规定。

（4）应根据在用储罐的设计压力、储罐检修结果及储存介质制定相应的降温喷淋措施。

（5）在寒冷地区的冬季，应对储罐的排污管、阀门、液位计、液相管及高压注水连接装置采取保温防冻措施；应按规定的程序定期对储罐进行排水、排污。

（6）在液化石油气储罐底部加装注胶卡具或高压注水连接装置时，罐区应备有高压注水设施，注水管道应与独立的消防水泵相连接。消防水泵的出口压力应大于储罐的最高工作压力。正常情况下，注水口的控制阀门保持关闭状态。

（7）储罐设有两道以上阀门时，靠近储罐的第一道阀门应为常开状态。阀门应经常维护，保持其启闭灵活。

（8）储罐检修前后的置换可采用抽真空、充惰性气体、充水等方法进行。采用充水置换方法时，环境温度不得低于5℃。

（9）地下储罐应定期检查储罐的防腐涂层腐蚀情况，设有电保护装置的应定期检测，每年不应少于2次。

（10）储罐区内水封井应保持正常的水位。

2. 压缩机、烃泵

（1）应检查压力、温度、密封、润滑、冷却和通风系统。

（2）阀门开关应灵活，连接部件应紧固，运动部件应平稳，无异响、过热、泄漏及异常振动等。

（3）指示仪表应正常、各运行参数应在规定范围内。

（4）各项自动、连锁保护装置应保证正常工作。

（5）当有下列异常情况时应及时停车处理：

自动、连锁保护装置失灵；润滑、冷却、通风系统出现异常；压缩机运行压力高于规定压力；压缩机、烃泵、电动机、发动机等有异声、异常振动、过热、泄漏等现象。

（6）压缩机检修完毕重新启动前应对设备进行置换，置换合格后方可开机。

3. 气化、混气装置

（1）气化、混气装置开机运行前，应检查工艺系统及设备的压力、温度、热媒等参数，确认各参数、工艺管道、阀门等处于正常状态后，方可开机。

（2）运行中应填写压力、温度、热媒运行记录。当发现泄漏或异常时，应立即进行处理。

（3）应保持气化、混气装置监控系统的正常工作，严禁超温、超压运行。

（4）电磁阀、过滤器等辅助设施应定期清洗维护，对排残液、排水装置应定期排放，排放的残液应统一收集处理。

（5）气化器、混合器发生故障时应立即停止使用，同时开启备用设备。备用的设备应定期启动，确保备用设备完好。

（6）以水为加热介质的气化装置应定期按照设备的规定要求加水和添加防锈剂。

4. 消防系统

消防设施和器材的管理、检查、维修和保养等应设专人负责。

消防水池的储水量应保持在规定的水位范围之内，并保持池水的清洁，消防水泵的吸水口应保持畅通。应定期检查并启动消防水泵、消火栓及喷淋装置。寒冷地区在冬季运转后，

应及时将水排净。

站内的消防器材、消防设备，应定期进行检查和补充。消防通道的地面上应有明显的警示标志，消防通道应保持畅通无阻，消防设施周围不得堆放杂物。

（三）运瓶车辆及运输

运输气瓶的车辆必须符合运输危险化学品机动车辆的要求；必须办理危险化学品运输准运证和化学危险品运输驾驶证。

车厢应固定并通风良好且随车应配备干粉灭火器。

气瓶运输过程中，在运输车辆上的气瓶，应直立码放，且不得超过两层。运输 50 kg 气瓶应单层码放，并应固定良好，不应滚动和碰撞。气瓶装卸不得摔、砸、滚、滑、碰。气瓶运输车辆严禁携带其他易燃、易爆物品，人员严禁吸烟。

（四）瓶装供应站和瓶组气化站

1. 瓶装供应站的安全管理

空瓶、实瓶应按指定区域分别存放，并设标志，漏气瓶或其他不合格气瓶应及时处理，不得在站内存放。

气瓶应直立码放且不得超过 2 层；50 kg 气瓶应单层码放，并应留有通道。气瓶应周转使用，实瓶存放不宜超过 1 个月。

站内灭火器每年应定期检查和补充。

2. 瓶组气化站

气瓶总容量不得超出设计的数量，存放数量及接口数不得随意更改。实瓶数量（含备用瓶、供气瓶）超过 30 瓶的瓶组站应设专人值守；对无人值守的瓶组站应每日定期巡查，站内管道及设备应运行正常，瓶组站周边环境应良好，并应作好巡查记录。

瓶组站的工艺管道应有明确的工艺流向标志，阀门开、关状态明晰，安全附件齐全，设备及附件应按国家有关规定定期检测。

四、其他设备

（一）湿式储气柜

（1）应定期对储气柜的运行状况进行检查，并应符合下列规定：

1）塔顶塔壁不得有裂缝损伤和漏气，水槽壁板与环型基础连接处不应漏水，气柜基础不得有异常沉降，并做好记录；

2）导轮与导轨的运动应正常；

3）放散阀门应启闭灵活；

4）寒冷地区在采暖期前应检查保温系统；

5）应定期、定点测量各塔环形水封水位。

（2）储气柜运行压力不得超出所规定的压力，储气柜升降上限与下限和升降速度应在规定范围内，当有大风影响时应适当降低气柜高度。

（3）导轮润滑油杯应定期加油，发现损坏应立即维修。当导轮与轴瓦之间发生磨损时，应及时修复。

（4）维修储气柜时，操作人员必须配戴安全帽、安全带等防护用具，所携带工具应严加保管，严禁以抛接方式传递用具。

（5）定期检测防雷防静电设施，电阻应不大于 10 Ω。

（6）定期检测气柜地基沉降情况。

（二）干式储气柜

进入储气柜作业前，应先检测柜内可燃或有毒气体浓度，按规定穿戴防护服或正确使用工具。

应定期对储气柜运行状况进行检查，并应符合下列规定：

1）气柜柜体应完好，不得有变形和裂缝损伤；

2）气柜活塞油槽油位、横向分隔板及密封装置应正常；

3）气柜活塞水平倾斜度、升降幅度和升降速度应在规定范围内，并做好测量记录。

气柜柜底油槽油位应保持在规定范围内，采暖期前应检查保温系统。气柜外部电梯及内部升降机（吊笼）的各种安全保护装置应可靠有效，电器控制部分动作灵敏，运行平稳，定期进行维修、检验，并做好记录。

定期化验分析密封油黏度和闪点，当其超过规定值时应及时进行更换。气柜油泵启动频繁或两台泵经常同时启动时，应分析原因并及时排除故障。应定期清洗油泵入口过滤网，并定期检查气柜防腐情况。

（三）高压球罐

应严格控制运行压力，严禁超压运行，并对温度、压力等各项参数定时观测。

定期对阀门做启闭性能测试，当阀门无法正常启闭或关闭不严时，应及时维修或更换；定期校验安全阀、压力表、温度计；定期校验防雷、防静电设施，接地电阻不大于 10 Ω；不定期对罐内气体进行排污；认真填写运行、维修记录。

（四）加臭设备

应定期检查储液罐内加臭剂的储量。控制系统及各项参数应正常，出站加臭剂浓度应符合现行国家标准 GB50028—2006《城镇燃气设计规范》的规定，并应定期抽样检测。

加臭剂的润滑油液位应符合运行规定；加臭装置不得泄漏燃气。

五、电子仪表自控设备

自控设备包括仪表、工控机、自动控制系统、带 PLC 控制系统的生产设备、监控设备等。它可以由传感器、检测器、控制器、输出装置、通信器件、电源等组成。

（一）常用的仪表

1. 压力变送器

压力变送器常用的有电容式压力变送器、谐振梁式压力变送器、扩撒硅式压力变送器等几种类型，如图 7-2-1 所示。

压力变送器的工作原理为：A/D 转换器将解调器的电流转换成数字信号，其值被微处理器用来判定输入压力值。微处理器控制变送器的工作，进行工程单位换算，阻尼、开方、传感器微调等运算，以及诊断和数字通信。微处理器同时还具有将传感器信号线性化，重置测量范围等功能。

数字通信线路为变送器提供一个与外部设备（如 275 型智能通信器或采用 HART 协议的控制系统）连接的接口。此线路检测叠加在 4～20 mA 信号的数字信号，并通过回路传送所需信息。通信的类型为移频键控 FSK 技术并依据 BeII202 标准。

压力变送器包括 gp 型（表压力）和 ap 型（绝对压力）两种类型。gp 和 ap 型与智能放大板结合，可构成智能型压力变送器，它可以通过符合 hart 协议的手操器相互通信，进行设定和监控 gp 型压力变送器的 δ 室，一侧接受被测压力信号，另一侧则与大气压力贯通，因此可用于测量表压力或负压。ap 型绝对压力变送器的 δ 室一侧接受被测绝对压力信号，另一侧被封闭成高真空基准室，它可以测量排气系统、储罐和管道的绝对压力。

压力变送器将管道和容器的压力值通过电路转换为电流或电压，供检测和控制之需。

两个压力引入口

图 7-2-1　压力变送器　　　　　图 7-2-2　差压变送器

2. 差压变送器

差压变送器如图 7-2-2 所示。差压变送器需要定时校验，可根据产品使用说明书或计量检测部门的相关要求安排校验。它与压力变送器的区别是要接入两根引压管。在中燃集团，它主要用在调压柜的过滤器上测量过滤器出入口的压差，用以判断过滤器是否通畅，是否需要清洗；另外就是用在 LNG 储罐的液位测量和孔板流量计的流量测量上。

差压变送器被测介质的两种压力通入高、低两压力室，作用在 δ 元件（即敏感元件）的两侧隔离膜片上，通过隔离片和元件内的填充液传送到测量膜片两侧，测量膜片与两侧绝缘片上的电极各组成一个电容器。当两侧压力不一致时，致使测量膜片产生位移，其位移量和压力差成正比，故两侧电容量就不等，最后通过振荡和解调环节，转换成与压力成正比的信号。

差压变送器与压力变送器和绝对压力变送器的工作原理相同，所不同的是压力；绝对压力变送器的低压室压力是大气压或真空，而差压变送器低压处是被检测的流体的压力。

3. 温度变送器

变送器由两个用来测量温差的传感器组成，输出信号与温差之间有一给定的连续函数关系，温度变送器是一种将温度变量转换为可传送的标准化输出信号的仪表。它主要用于温度参数的测量和控制，如图 7-2-3 所示。

带传感器的变送器通常由两部分组成：传感器和信号转换器。传感器主要是热电偶或热电阻；信号转换器主要由测量单元、信号处理和转换单元组成（由于工业用热电阻和热电偶分度表是标准化的，因此信号转换器作为独立产品时也称为变送器），随着技术的进步，有些变送器增加了显示单元，有些还具有现场总线功能。

热电偶或热电阻传感器将被测温度转换成电信号，再将该信号送入变送器的输入网络，该网络包含调零和热电偶补偿等相关电路。变送器输出信号与温度变量之间有一给定的连续函数关系（通常为线性函数），早期生产的变送器，其输出信号与温度传感器的电阻值（或电压值）之间呈线性函数关系。

经调零后的信号输入到运算放大器进行信号放大，放大的信号一路经 V/I 转换器计算处理后标准化输出信号主要为 0~10 mA 和 4~20 mA（或 1~5 V）的直流电信号。不排除具有特殊规定的其他标准化输出信号。

对热电阻传感器，用正反馈方式校正，对热电偶传感器，用多段折线逼近法进行校正。

4. 可燃气体报警器

可燃气体报警器就是气体泄露检测报警仪器。当环境中可燃或有毒气体泄露时，当气体报警器检测到气体浓度达到爆炸或中毒报警器设置的临界点时，可燃气体报警器就会发出报警信号，以提醒工作采取安全措施，并驱动排风、切断、喷淋系统，防止发生爆炸、火灾、中毒事故，从而保障安全生产。

可燃气体报警器（检测仪）分为固定式、手持式、车载式等很多种类。图 7-2-4 所示为固定式可燃气体报警器。

图 7-2-3　温度变送器

图 7-2-4　固定式可燃气体报警器

根据可燃气体报警器探头的不同分为半导体的、绝缘体的、电化学的（常用的催化燃烧式属于电化学的）等类型。

可燃气体报警器适用于有毒气、天然气、液化石油气等，不同的介质的适用范围不同，选用时应根据自己的需要进行选择。

现市场上出现的红外线可燃气体报警器，是利用甲烷分子对红外线选择性吸收的原理制成，价格较高，使用过程中还存在一些问题，有待完善。

可燃气体报警器需要定期校验，以保证它的灵敏可靠，校验周期可根据产品说明书及有关规定执行。

5. 可编程控制器（PLC）

可编程控制器是一种数字运算操作的电子系统，专为在工业环境下应用而设计，如图 7-2-5 所示。它采用可编程序的存储器，用来在其内部存贮执行逻辑运算、顺序控制、定时、计数和算术运算等操作的指令，并通过数字的、模拟的输入和输出，控制各种类型的机械或生产过程。

可编程序控制器及其有关设备，都应按易于与工业控制系统形成一个整体，易于扩充其功能的原则设计。

PLC 具有通用性强、使用方便、适应面广、可靠性高、抗干扰能力强、编程简单等特点。

中燃集团的可编程控制器主要用在 CNG 压缩机组的控制系统、LNG 场站的控制系统、CNG 控制系统和部分门站中，它的特点是体积小巧，控制可靠，运行维护简单。

6. 质量流量计（具有流量变送功能）

在 CNG 系统中较多地使用质量流量计，它装在加气机中，作为加气机的售气计量设备。它的主要特点是耐高压，精度高。

这种流量计现在有两家生产，一个是美国的 micromotion，一个是德国的 E + H。美国的 micromotion 流量计，如图 7-2-6 所示，由两根 U 形流量管组成，在没有流体流经流量管时，流量管由安装在流量管端部的电磁驱动线圈驱动，其振幅小于 1 mm，频率约为 80 Hz；流体流入流量管时被强制接受流量管的上下垂直运动，在流量管向上振动的半个周期内，流体反抗管子向上运动而对流量管施加一个向下的力。反之，流出流量管的流体对流量管施加一个向上的力以反抗管子向下运动而使其垂直动量减少，这便导致流量管产生扭曲。在振动的另外半个周期，流量管向下振动，扭曲方向则相反，这一扭曲现象被称为科里奥利（coriolis）现象，即科氏力。质量流量计就用这个力来测量流体的流量。

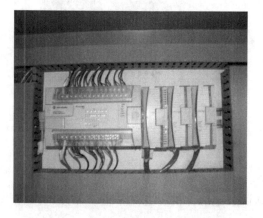

图 7-2-5 用在 IMW 上的 PLC 控制器

图 7-2-6 micromotion 质量流量计
（具有流量变送功能）

流量计与变送（传感）系统结合，就成了流量变送器，具有流量计量、数据传输的功能，是自控仪表设备的一部分。

（二）仪表及自动化系统的防护

仪表及自动化系统的防护主要工作是防爆、防雷与防静电。

1. 防爆

防爆是指控制事故发生时的点火能量即限能，隔断事故发生时对危险场所点火的可能即隔离。

防爆的过程控制有：防爆区域划分、分级分组、防爆标志；系统措施有：直流低压、隔离、限能、减小分布电容与电感；机械措施有：元件封胶、端子隔开、表壳加厚、细牙细纹；电路防爆措施有：安全栅、齐纳式、隔离式。

2. 防雷

随着信息化时代的到来，电气、自动化、计算机、微电子技术得到了飞跃的发展，现在它们已经成为现实社会的中枢神经。

然而随着技术的进步，设备集成度的提高，其耐受电涌过电压的能力却显著降低，导致因雷击放电、工业操作、静电放电产生的电涌过电压对电子设备的损害呈逐年上升的趋势。而且一旦一些不容许间断的设备出现问题，将对整个工业过程产生很大的影响，甚至导致整个企业运营的停止。

根据调查显示，在雷击中心点 3 km 范围内都可能感应出电涌过电压，过电压的能量是非常巨大的，在直击雷电流泄放的过程中，其周围将产生强烈的电磁场变化，使临近的金属线路感应出强大的电涌过电流和电涌过电压。这些电涌就会损坏电子电路，使其丧失功能。

防雷措施分为内部防雷和外部防雷。

内部防雷措施是屏蔽、等电位连接、综合布线、浪涌保护器、防静电接地、共用接地系统等，如图 7-2-7 所示。

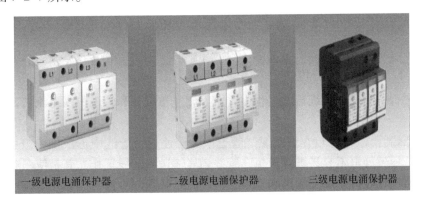

一级电源电涌保护器　　二级电源电涌保护器　　三级电源电涌保护器

图 7-2-7　装在控制室内的防浪涌保护器

外部防雷措施是接闪器（针网带线）、引下线、屏蔽、接地装置、共用接地系统等。共用接地系统与内部防雷措施的接地线是公用的，接地电阻测试必须小于 10 Ω，如图 7-2-8 所示。

绝大多数雷电的袭击是可以防护的，只要措施得当，防护严密，就可以使系统免受雷电的破坏。

3. 防静电

（1）静电形成的机理和常见情况：

管道燃气因其管线分布广，管线种类多，地下环境复杂等原因，静电的安全防护显得尤其重要。

静电是由两种以上不同的物质的接触，分离或相互摩擦而产生的（如燃气与燃气之间，燃气与管道之间）。当具备一定条件时，带有不同种静电电荷的物质之间就会发生放电，产生火花，即所谓的静电火花。

储罐置换进气过程中，由于压差的作用，燃气以较快的速度进罐，在入口处会发生喷射和喷溅现象，容易在内壁和气体中形成静电。尤其在储罐新投入使用时的置换过程中，必须

图 7-2-8　施工人员正在进行防雷施工（外部防雷）

用水或蒸汽把罐内的空气置换完，才能进气。否则，置换不完全容易发生因静电导致的燃烧爆炸事故。

生产工艺管线和长输管线输气过程中，由于燃气在设备和管道中高速流动，自然会因摩擦产生静电。

目前聚乙烯管（PE 管）在城市燃气管道中大量使用，管线中形成的静电由于 PE 管与地面的绝缘，导致静电不容易被泻放掉，管线燃气输送、管线置换尤其是使用液化石油气混合气情形时出现管线燃气爆炸的可能性更大。因此，必须在操作时严格控制流速和管道中空气的含量。

由于储罐、管线内部压力相对较高，一旦进行排残作业或发生泄漏，气体会从较小的管口、裂隙高速流出，因剧烈摩擦产生大量静电，而喷出的可燃气体和空气混合达到爆炸浓度范围时，极易发生燃烧爆炸事故。

在气库、加气站，因设备多，使用频繁，或多或少会出现燃气泄漏挥发，从而使工作区域弥散一定数量的可燃气体，身着化纤丝绸服装容易产生静电。尤其冬季少数操作人员不注意，会在现场脱换里面的衣物而产生高达数千伏甚至上万伏的高电位，导致静电火花引起燃烧或爆炸，这点容易被一线操作人员忽视，需要高度重视。

（2）防止静电危害的预防措施：

1）对生产、运输、维修人员等操作人员的着装应严格要求，一律穿着公司统一定做的防静电工作服、安全鞋、手套。严禁穿着化纤丝绸衣物和穿带钉子的鞋进入现场，以及在作业现场脱换衣服。

2）现场警示标志也很重要。随着燃气生产中工业计算机的广泛使用，静电对紧密仪表尤其是电子模块的损坏现象屡屡发生，根据这一特点，要在控制台等醒目位置粘贴防静电警示标签，工作人员在检查、维修内部电子元件时，必须佩带接地的腕带。同时规定，禁止使用化纤材料制作的抹布擦拭设备，以消除静电对设备的损害。

3）对生产和工作场所采取防护措施。燃气储罐区、制气车间地面要采用不发火花地面，计算机控制台周围地面铺设防静电活动地板，以减少人体带电对计算机控制系统的危害。

4）采用工艺控制法进行静电防护也是方法之一。由于燃气在设备、管道中的流速越快，静电积累越大；管线口径越大，静电累积也越大。采用控制流速和流量的方法可以实现减少静电累积的目的，因 $Q = 720\pi \sqrt{d^3}$（$\mathrm{m^3/h}$），例如输送管线的管径是 200 mm，按照上述公式计算其安全流量为 200 $\mathrm{m^3/h}$ 左右，从中可以看出控制燃气流速、流量对减少静电的产生、积累有很大的影响。为了尽可能减少静电带来的危险，在密闭管网的输气操作中，采用提高管网压力，降低流速、流量的方法（一般控制在 5 倍流量范围内），可尽可能地减少静电的积聚。规范要求进行燃气直接置换时，将压力控制在 5 kPa 以内，也是处于控制流速减少静电的考虑。

5）应用在设备本身方面，最基本的防静电做法是静电接地。储罐都设有防雷接地，且接地电阻都小于 10 Ω，可以不设单独的防静电接地装置。生产区的各个相对独立的设备、管线，则采用通过跨接或直接连接的方式，使设备各部分经过接地线与厂区的接地网做可靠的连接。如果无法和厂区的接地网连接，则可以设单独静电接地装置。其接地电阻只要小于 100 Ω 即可。考虑到厂区中并行排列的管线多且密集，容易出现静电感应现象，即其中一根管线出现高压静电，相邻的管线会出现感应电荷，对相邻的管线进行多处跨接，最后和接地线进行良好连接。控制室是整个厂区的调度中心，控制系统安装接地系统尤为重要，根据当地气候和环境特点，将接地装置和整个厂区的接地系统连为一体，从而确保控制系统的安全运行。并定期对接地装置的接地电阻进行测试检查。

当然，防治静电的方法还有很多，这里列举的只是燃气生产、储备、运输过程中最常见又容易实施的一些方法。总之，静电在燃气生产、储备、运输、销售过程中时时存在，需要引起高度重视。同时，只要严格遵守操作规程，像防爆、防雷电一样做好相关的防范措施，就完全可以预防和避免静电灾害的发生。

第三章　巡视和检查

第一节　管道及附属设施巡视

燃气管网系统在竣工验收后，运行管理部门应当取得全部工程竣工资料，用以指导运行管理。

运行管理工作有：定期巡检、管网施工监护、管网设备维护、管网检测及日常运行处理等内容。

一、燃气管道

（一）基本要求

最大限度地发挥管线的输气能力；尽可能地延长管线的使用年限；保证气质，减少输气损耗，供气稳定安全。

日常管网维护管理应做到：

1）输气管线的走向清楚，输气管线的埋地深度清楚，输气管线的管材和规格清楚，输气管线腐蚀现状清楚，管线周围的地形、地物、地貌清楚。

2）管线沿线不应有燃气异味，定期检查引入管腐蚀现象；发现管线有漏气现象及时报告上级派人修复。

3）检查明管跨越无腐蚀，燃气管线标志桩无缺损丢失，管线防护带无深根植物，护坡无土壤塌陷、滑坡下沉、人工取土等现象，管线无搭建构筑物、堆积垃圾或重物等。

4）检查和保养阀门、凝水缸、检漏管、调压柜（箱）有无泄漏现象。

5）检查管线上方有无施工、占压情况，对影响安全的施工现象进行监护，掌握工程进度及对燃气管道所造成的威胁，施工过程中造成燃气管道损坏、管道悬空等，通过协商或强制停工等手段与施工方共同采取有效的措施维护管网安全。

6）配合完成带气作业。

7）及时收集、分析、上报管网运行信息，核对管网资料。

（二）巡视周期

1. 正常情况下

正常情况下应定期巡视检查：

1）高压、次高压管道每年不得少于1次。

2）聚乙烯塑料管或没有阴极保护的中压钢管，每2年不得少于1次。

3）铸铁管道和未设阴极保护的中压钢管，每年不得少于2次。

4）新通气的管道应在24小时之内检查1次，并应在通气后的第一周进行1次复查。

2. 地下燃气管道

地下燃气管道的检查应符合下列规定：

（1）泄漏检查可采用仪器检测或地面钻孔检测，可沿管道方向和从管道附近的阀门井或地沟等地上（下）建（构）筑物检测。

（2）对燃气管道设置的阴极保护系统应定期检测，并应做好记录。检测周期及检测内容应符合下列规定：

1）牺牲阳极阴极保护系统、外加电流阴极保护系统检测每年不少于2次；电绝缘装置检测每年不少于1次；阴极保护电源检测每年不少于6次，且间隔时间不超过3个月；阴极保护电源输出电流、电压检测每日不少于5次。

2）强制电流阴极保护系统应对管道沿线土壤电阻率、管道自然腐蚀电位、辅助阳极接地电阻、辅助阳极埋设点的土壤电阻率、绝缘装置的绝缘性能、管道保护电位、管道保护电流、电源输出电流、电压等参数进行测试。

3）牺牲阳极阴极保护系统应对阳极开路电位、阳极闭路电位、管道保护电压、管道开路电位、单支阳极输出电流、组合阳极联合输出电流、单支阳极接地电阻、组合阳极接地电阻、埋设点的土壤电阻率等参数进行测试。

4）阴极保护失效区域应进行重点检测，出现管道与其他金属构筑物搭接、绝缘失效、阳极地床故障、管道防腐层漏点、套管绝缘失效等故障时应及时排除。

3. 管道防腐涂层

管道防腐涂层应定期检测，且应符合下列规定：

1）正常情况下高压、次高压管道每3年进行1次，中压管道每5年进行1次，低压管道每8年进行1次。

2）上述管道运行10年后，检测周期分别为2年、3年、5年。

3）已实施阴极保护的管道，当出现运行保护电流大于正常保护电流范围、运行保护电位超出正常保护电位范围、保护电位分布出现异常等情况时应检查管道防腐层。

4）可采用开挖探境或在检测孔处通过外观检测、粘结性检测及电火花检测评价管道防腐层状况。

5）管道防腐层发生损伤时，必须进行更换或修补，且应符合相应国家现行有关标准的规定。进行更换或修补的防腐层应与原防腐层有良好的相容性，且不应低于原防腐层性能。

二、阀门及阀门井

应定期检查阀门，确定无燃气泄漏、阀门损坏等现象，阀门井内应无积水、塌陷、清洁整齐。井内阀门定期进行启闭操作和维护保养。无法启闭或关闭不严的阀门，应及时维修或更换。阀门井识别标志清楚，部件齐全，井圈、井盖与道路四周环境和谐一致，牢固无损。

三、凝水缸

凝水缸应定期排放积水，排放时不得空放燃气；在道路上作业时应设作业警示标志。定期检查凝水缸本体及排水装置，不得有泄漏、腐蚀和堵塞的现象及妨碍排水作业的堆积物。定期检查凝水缸排水装置牢固程度和防腐状况，发现问题及时处理。凝水缸排出的污水应收集处理，不得随地排放。

四、调压设施

调压设施的巡检内容应包括调压器、过滤器、安全设施、仪器仪表等设备的运行工况，不得有泄漏等异常情况。寒冷地区在采暖期前应检查调压室的采暖状况或调压器的保温情况。

当发现有燃气泄漏及调压器有喘息、压力跳动等问题时，应及时处理。

应及时清除各部位油污、锈斑，不得有腐蚀、损伤和附件丢失现象；对停气后重新启用的调压器，应检查进出口压力及有关参数。

应定期检查过滤器前后压差，并应及时排污和清洗；应定期对切断阀、水封等安全装置进行可靠性检查。

应定期对仪器、仪表等进行可靠性检查。

第二节　用户设施的检查

一、基本要求

对商业用户、工业用户、采暖等非居民用户每年检查不得少于 1 次；对居民用户每两年不得少于 1 次。

在对用户设施进行检查时，应采用发泡液检漏或检漏仪器检漏。发现问题应及时采取有效的保护措施，应由专业人员进行处理。

燃气设施和用气设备的维护和检修工作，必须由具有国家相应资质的单位及专业人员进行。

二、入户检查

1）确认用户设施完好，并无人为碰撞、损坏。
2）不应有燃气泄漏。
3）用气设备前燃气压力应符合要求。
4）计量仪表应完好，点燃灶具燃气表应走字。
5）用气设备、燃气表应符合安装、使用规定。
6）管道不应私接、私改或作为其他电器设备的接地线使用，应无锈蚀、重物搭挂，连接软管应安装牢固，且不应超长及老化，阀门应完好有效。

三、维护检修

进入室内作业应首先检查有无燃气泄漏，当发现燃气泄漏时应采取如下措施：
1）打开门窗通风，尽快驱散泄漏燃气；
2）切断气源，防止发生事故；
3）应在安全地方切断电源，消除火种，严禁在现场拨打固定电话和手机；
4）在确认可燃气体浓度低于爆炸下限 20% 时，方可进行检修作业。

四、安全用气宣传

1）正确使用燃气设施和燃气用具；严禁使用不合格的或已达到报废年限的燃气设施和燃气用具。

2）不得擅自改动燃气管线和擅自拆除、改装、迁移、安装燃气设施和燃气用具。

3）在安装燃气计量仪表、阀门等设施的专用房内不得有人居住、堆放杂物等。

4）严禁使用明火检查泄漏。

5）为了防止软管老化龟裂泄漏，连接燃气用具的软管应 2~3 年更换，并应安装牢固，长度不得超过 2 m。

6）当发现室内燃气设施或燃气用具异常、燃气泄漏、意外停气时，应立即拨打报修电话，燃气供应单位应立即派人处理。

7）不使用燃气设施或燃气用具时，注意关严灶具阀门和灶前阀门。

8）用户宜使用可燃气体浓度报警器和气源切断装置。

第四章 燃气管道抢险维修技术

第一节 准 备 工 作

燃气供应单位应制定事故抢修制度和事故上报程序。城市燃气输配系统及燃气用户的抢修应制定应急事故抢修预案，在实践中不断调整和完善。应急事故抢修预案应报有关部门备案，并定期进行演习，每年不得少于 1 次。

燃气供应单位设立抢修机构，应配备必要的抢修车辆、设备、器材、通信设备、防护用具、消防器材、检测仪器等设备，并保证设备处于良好状态。

接到报警后应迅速赶赴现场，并根据事故情况联系有关部门协作抢修。抢修作业应统一指挥，严明纪律，并采取安全措施。

第二节 抢 修 现 场

抢修人员应佩戴标志，到达抢修现场后，应根据燃气泄漏程度确定警戒区并设置警戒标志；应随时监测周围环境的燃气浓度，在警戒区内应管制交通，严禁烟火，严禁无关人员入内。

抢修人员到达抢修现场后，控制事态发展同时，应积极救护受伤人员。操作人员应穿防静电工作服，不穿带铁钉鞋及防护用具，作业现场应有专人监护，严禁单独操作。

管道和设备修复后，应对夹层、窨井、烟道、地下管线和建筑物等场所进行全面检查有无燃气存在。当事故隐患未查清或隐患未消除时，操作人员不得撤离现场，应采取安全措施，直至消除隐患为止。

第三节 抢修作业程序

（1）抢修人员进入事故现场，应立即控制气源、消灭火种、切断电源、驱散积聚的燃气。在室内应打开门窗通风，严禁启闭电器开关及使用手机、电话。地下管道泄漏时应采取有效措施，排除聚积在地下和构筑物空间内的燃气。

（2）燃气设施的泄漏的抢修宜在降低燃气压力或切断气源后进行。但降低燃气压力必须严禁负压。

（3）抢修作业时，与作业相关的控制阀门必须有专人值守，并监视其压力。

（4）当泄漏处已发生燃烧时，应先采取措施控制火源，再降压或切断气源。

（5）当抢修中暂时无法消除漏气现象或不能切断气源时，应及时通知有关部门，并做好事故现场的安全防护工作，驱散燃气，降低燃气浓度，防止爆炸。

（6）处理地下管道泄露点开挖作业时，应符合下列规定：

1）抢修人员应根据地下管道敷设资料确定开挖点，并对周围建（构）筑物进行检测和监测；当发现露出的燃气已渗入周围建（构）筑物时，应根据事故情况及时疏散建（构）筑物内人员，并驱散聚积的燃气。

2）抢救现场当环境燃气浓度在爆炸和中毒范围内时，必须强制通风，降低燃气浓度后方可作业。

3）应根据地质情况和开挖深度确定作业坑的放坡系数和支撑方式，并设专人监护。

4）对钢制管道进行抢修作业后，应对防腐进行恢复，并达到原管道防腐层等级。

（7）抢修铸铁管泄漏时，应符合下列规定：

1）泄漏处开挖后，宜对泄漏点采取措施进行临时封堵。

2）当采取阻气袋阻断气源时，应将管线内燃气压力降至阻气袋有效阻断工作压力以下。阻气袋可采用惰性气体或专用设施进行充气。

3）应遵守抢修作业有关规定。

（8）当聚乙烯塑料管道发生断管、开裂、意外损坏时，抢修作业应符合下列规定：

1）采取关闭阀门、使用封堵机或使用夹管器等方法有效阻断气源后进行抢修，并应采取措施保证聚乙烯塑料管熔接面处不受压力。

2）抢修作业中应采取措施防止静电的产生和积聚。

3）抢修作业中环境温度低于-5℃或大风（大于5级）天气时，应采取防风保温措施，并应调整连接工艺。

（9）场站泄漏抢修作业应符合下列规定：

1）低压储气柜泄漏抢修时，抢修人员宜采用燃气浓度检测器、检漏发泡液、嗅觉、听觉等判断泄露点；应根据泄漏部位及泄漏量采用相应的方法堵漏；当发生大量泄漏造成储气柜快速下降时，应立即打开进口阀门、关闭出口阀门，用补充气量的方法减缓下降速度。

2）压缩机房燃气泄漏时，应立即切断气源、电源；开启室内防爆风机，故障排除后方可恢复供气。

3）管道及附件、调压器、计量仪等设施，燃气泄漏时应立即关闭上下游阀门，组织抢修泄漏部位。

4）站内需要动火补焊泄漏处时，应办理相关动火手续，并采取安全防护措施。

（10）调压站、调压柜（箱）抢修作业应符合下列规定：

1）当调压站、调压柜（箱）发生泄漏，应立即关闭泄漏点前后阀门，打开门窗或开启防爆风机、故障排除后，方可恢复供气。

2）当调压站、调压柜（箱）因调压设备、安全切断设施失灵等造成出口超压时，应立即关闭调压器进出口阀门，并在超压管道上放散降压，排除故障。当压力超过下游燃气设施的设计压力时，应对超压影响区内燃气设施进行全面检查，排除所有隐患后方可恢复供气。

（11）压缩天然气站抢修作业应符合下列规定：

1）压缩天然气站出现大量泄漏时，应迅速切断站内气源、电源、设置安全警戒线，采取有效措施控制和消除泄漏点。

2）当压缩天然气站因泄漏造成火灾时，除控制火势进行抢修作业外，还应对未着火的其他设备和容器进行隔热、降温处理。

（12）汽车载运气瓶组或拖挂气瓶车出现泄漏或着火事故时，除首先控制泄漏或火势外，事故车还应迅速离开加气、卸气现场，避开人群密集区域向空旷地区停靠。

（13）液化天然气气化站的抢修应符合下列规定：

1）液化天然气储罐进、出液管道（焊缝、法兰间）发生少量泄漏时，应关闭相关阀门，将管道内液化天然气放散（或火炬燃烧掉），待管道恢复至常温后，按相关规定进行维修，完毕后可利用干氮气进行试漏，合格后投入运行。

2）当大量液化天然气泄漏时，对泄漏出的液化天然气可使用泡沫发生设备，对其表面覆盖，使其与空气隔离。

3）液化天然气气站泄漏着火后，严禁用水灭火。在灭火的同时还应对未着火的储罐、设备和管道进行隔热、降温处理。

（14）用户室内燃气设施泄漏抢修作业应符合下列规定：

1）接到用户抢修电话后，应立即派人检修。

2）确认室内燃气设施泄漏后，首先打开门窗进行通风，降低燃气浓度，切断气源，消灭火种，在安全地方切断电源，严禁在事故处拨打手机或电话。

3）严禁明火查漏。应准确判断泄漏点，彻底清除隐患；当未查清泄露点时，抢修人员绝不能撤离现场。

4）漏气检修时应避免由于检修造成其他部位泄漏，应采取防爆措施，严禁使用能产生火花的工具进行作业。

5）恢复供气后，应进行复查，确认安全后，抢修人员方可撤离事故现场。

第四节　相关要求

一、一般规定

燃气设施的停气、降压、动火及通气等运行作业应建立分级审批制度。

1）一级：涉及全市性较大规模停气、降压、动火及通气作业，申报市建委审批，需要市政府出面协调有关部门。

2）二级：城市局部中低压管网及燃气设施停气、降压、动火及通气作业，报总经理审批。

3）三级：小区管网（庭院管网）局部停气、降压、动火及通气作业报主管副总经理审批。

作业单位应编制作业方案和填写动火作业报告，并逐级申请，经审批后严格按批准方案实施。紧急事故应在抢修完毕后补办手续。

燃气设施停气、降压、动火及通气等运行作业必须配置相应的通信设备、防护用具、消防器材、检测仪器等。

燃气设施停气、降压、动火及通气等运行作业，必须设专人负责现场指挥，并应设安全员。参加作业的操作人员应按规定穿戴防护用具。在作业中应对放散点进行监护。

各作业坑边应根据情况需要采取有利于操作人员上下及避险的措施。

二、停气和降压

停气和降压作业时间宜避开用气高峰和恶劣天气。除紧急事故外，影响用户用气的停气与降压作业应提前 24 小时以上通知用户，并做好宣传安全常识。

停气和降压作业应符合下列规定：

1）停气作业时应提前逐渐关闭阀门，管段内燃气尽量让用户消耗，减少放散能源损失。将作业管段或设备内的剩余燃气安全的排放或置换合格。

2）降压作业应有专人监控管道内燃气压力，降压过程中应控制降压速度，严禁管道内产生负压。

3）降压作业时应根据管内不同燃气种类，将压力控制在 300~800 Pa 范围内。

4）停气或降压作业时应采用自然扩散或防爆风机驱散在工作坑或作业区内聚积的燃气。

三、置换、通气

通气作业应严格按照作业方案执行。用户停气后的通气，应在及时通知用户后进行。尽量避免夜间通气。

燃气设施维护、检修或抢修作业完成后，应进行全面检查。合格后方可进行置换作业。

应根据各管线情况和现场条件确定放散点数量与位置，管道末端必须设置放散管并在放散管上安装取样管。置换放散管时，应有专人负责监控压力和取样检测。

放散管的安装应符合下列规定：

1）放散管应避开居民住宅、明火、高压架空电线等场所；当无法避开居民住宅等场所时，应采取有效的防护措施。

2）放散管应高出地面 2 m。

3）对聚乙烯塑料管道进行置换时，放散管应采用金属管道并可靠接地。

4）用燃气直接置换空气时，其置换时的燃气压力宜小于 5 kPa。

四、动火

运行中的燃气设施需动火作业时，应有城市燃气供应企业的技术、运营、安全等部门配合与监护。城镇燃气设施动火现场，应划出作业区，并应设置护栏和警示标志。燃气设施动火作业区内应保持空气流通。在通风不良的空间内作业时，应采用防爆风机进行强制通风。

动火作业前置换管道和设备内的燃气，采用直接置换法或间接置换法时，应取样检测混合气体中燃气浓度或氧的含量，应连续 3 次测定，每次间隔时间为 5 分钟，测定值均在爆炸下限的 20% 以下时（即空气直接置换燃气时，含氧量应为 20% 以上；当燃气直接置换空气时，含氧量为 1% 以下），方可动火作业。

动火操作过程中，应严密观测管段或设备内可燃气体浓度的变化。当有漏气或窜气等异常情况时，应立即停止作业，待消除异常情况后方可继续进行；当作业中断或连续作业时间较长时，应重新取样检测，测定值均符合要求时，方可继续作业。

燃气设施带气动火作业应符合下列规定：

1）燃气设施在动火作业前应严格检测作业区内可燃气体浓度及管道内压力的变化，动火作业区内可燃气体浓度应小于其操作爆炸下限的 20%。当确认操作环境不会发生燃气爆炸时，方可带气动火作业。

2）带气动火作业时，管道内必须保持正压，其压力宜控制在 300～800 Pa，应有人监控压力。

3）对新、旧钢管连接动火作业时，应先采取措施使新、旧管道电位平衡。

4）动火作业引燃火焰，必须有可靠、有效方法将其扑灭。如动火过程中对焊缝不断涂抹耐火泥。

5）动火作业中必须配备灭火器材。

五、带压开孔、封堵作业

（1）使用带压开孔、封堵设备在燃气管道上接支管或对燃气管道进行更换等作业时，应根据管道材质、输送介质、敷设工艺状况、运行参数等选择合适的开孔、封堵设备及不停输开孔封堵施工工艺，并制定作业方案。

（2）作业前应对施工用管材、管件、密封材料等做复核检查，对施工用机械设备进行测试。

（3）在不同管材、不同管径、不同运行压力的燃气管道上首次进行开孔、封堵作业时应进行模拟试验。

（4）带压开孔封堵作业的区域应设置护栏和警示标志，作业区内不得有火种。

（5）钢管管件的安装与焊接应符合下列要求：

1）管制管件允许带压施焊的压力不宜超过 1.0 MPa，且管道剩余壁厚应大于 5 mm。封堵管件焊接时应严格控制管道内气体或液体的流速。

2）用于管道开孔、封堵作业的特制三通或四通管件宜采用机制管件。

3）在大管径和较高压力管道上作业时，应做管道开孔补强，可采用等面积补强法。

4）开孔法兰、封堵管件必须保证与被切削管道垂直，应按焊接工艺指导卡施焊。其焊接工艺、焊接质量、焊接检测均应符合国家现行标准 SY/T6150.1《钢制管道封堵技术规程第 1 部分：塞式、筒式封堵》的要求。

5）开孔、封堵、下堵设备组装时应将各结合面擦拭干净，螺栓应均匀紧固；大型设备吊装时，吊装件下严禁站人。

（6）带压开孔、封堵作业必须遵守操作规程并符合下列规定：

1）开孔前应对焊接到管线上的管件和组装到管件上的阀门、开孔机等部件进行整体试压，试验压力不得超过作业时管内的压力。

2）拆卸夹板阀上部设备前，必须泄放掉其各腔内的气体压力。

3）夹板阀开启前，阀板两侧压力应平衡。

4）撤离封堵头前，封堵头两侧压力应平衡。

5）完成上述操作并确认管件无渗漏后，再对管道和管件做绝缘防腐，其防腐层等级不应低于原管道防腐层等级。

（7）在聚乙烯塑料管道进行开孔、封堵作业时，除遵守上述有关规定外，还应符合下列规定：

1）将组装好刀具的开孔机安装到机架上时，当开孔机与机架接口达到同心后方可旋刀；开孔机与机架连接后应进行气密性试验，检查开孔机及其连杆部件的密封性。

2）封堵作业下堵塞时应试操作一次。

3）安装机架、开孔机、下堵塞等过程中，不得使用油类润滑剂，对需要润滑部位可涂抹凡士林。

4）应将堵塞安装到位卡紧，确认严密不漏气后，方可拆除机架。

5）安装管件防护套时操作者的头部不得正对管件的上方。

6）每台封堵机操作人员不得少于2人。

7）接管作业时应将待作业管段有效接地。

六、中毒、火灾与爆炸

当发生中毒、火灾、爆炸等事故，危及燃气设施和周围环境的安全时，应协助公安、消防、安监等有关部门进行抢救和保护好现场。

当燃气设施发生火灾时，应采取切断气源或降低压力等方法控制火势，并防止管道产生负压。

燃气设施发生爆炸后，应迅速控制气源和火种，防止发生次生火灾。

火势得到控制后，进一步降低燃气管道内燃气压力，采取相应堵漏办法，消除隐患，恢复供气。

火灾与爆炸灾情消除后，应对事故范围内管道和设备进行全面的检查。

第五章 安全运行管理

第一节 安全概念

（一）安全

安全是指不发生导致死伤、职业病、设备或财产损失的工业企业的运行情况。

（二）事故

事故是人（个体或集体）在实现某种意图而进行的活动过程中，突然发生的、违反人的意志的、迫使活动暂时停止或永久停止的事件。事故具有因果性、偶然性和潜伏性。

（三）故障

故障是指产品、系统或部件不能完成其原定功能的临界点。

（四）系统安全工程

系统安全工程是系统工程在安全上的应用，在具备专业知识和技能的情况下，应用科学和工程原理、标准及技术知识，鉴别、消除或控制系统中的危险性。主要作用有以下方面：

1）发现、鉴别系统中的危险性或隐患；

2）预测风险及事故发生的可能性；

3）安全措施方案的设计、选择、调整、实施和评价；

4）事故原因的调查分析；

5）设计新型安全系统，采用更先进的安全技术，最大限度地防止事故发生；

6）与行为科学、管理科学相结合，实现安全现代化管理。

第二节 事故类型

一、爆炸

爆炸是一种由诸多因素引起的物理和化学现象。爆炸可引发激烈的声响、气体急剧膨胀、压力升高、高速燃烧等。它具有过程快速性，爆炸点附近压力急剧升高同时伴有温度升高，周围物质发生振动或邻近物质遭受破坏的特征。

（一）爆炸的形式

1. 化学爆炸

化学爆炸是物质以极快的反应速度发生放热的化学反应，并产生高温、高压引起的爆炸。如燃气爆炸、粉尘爆炸。

2. 物理爆炸

物理爆炸是指物质状态发生突变而形成的爆炸，它只发生物理变化，如锅炉爆炸。

（二）爆炸的危害

（1）直接损失。包括由爆炸带来的人员伤亡，机械设备、原材料、产品、建筑物的破坏损失。

（2）间接损失。包括设备修复、系统重新运行的费用、停运期间的经济损失以及赔偿金等。

（3）社会影响。包括对行业的安全性评价，对行业发展的支持程度和发展信心，企业信誉度等，以及由于上述损失导致的企业关停、员工失业等社会问题。

二、燃气泄漏

燃气泄漏是燃气供应系统中最典型的事故，多数火灾和爆炸都是由燃气泄漏引发。即便未造成人员伤亡或财产破坏，燃气泄漏也会造成资源浪费和环境污染。

按照泄漏的模式分为穿孔泄漏、开裂泄漏、渗透泄漏；按照泄漏的不同地点分为管道泄漏、调压器泄漏、阀门泄漏、计量装置泄漏、储气设备泄漏等。

三、中毒

燃气中的有害成分通常是 CO 和 H_2S 或 SO_2。

（一）CO 中毒

CO 是多种人工煤气的组成部分，同时也是燃气不完全燃烧的产物。CO 是无色、无味、剧毒的气体，它与人体内血红蛋白的结合能力是血红蛋白与氧结合能力的 $200 \sim 300$ 倍，因此会妨碍人体氧气的补给，造成人体缺氧，引发内脏出血、水肿及坏死。

CO 中毒按严重程度分为轻度、中度和重度。

轻度中毒表现为：头晕头痛、眼花、耳鸣、恶心呕吐、心悸、四肢无力或短暂昏厥。脱离中毒现场，吸入新鲜空气后症状迅速消失。中度中毒除轻度中毒症状外，可能出现多汗、烦躁、步态不稳，面部及前胸皮肤和黏膜呈樱桃红色，意识模糊，虚脱或昏迷。如及时抢救，能较快清醒，数日内恢复，一般无后遗症。重度中毒表现为昏倒、持续昏迷，伴发脑水肿、肺水肿、心肌损伤、心律紊乱、高热或惊厥，强直性全身痉挛，大小便失禁等。如不进行及时救治，则很快死亡。重症病人抢救苏醒后，仍有可能出现神经系统受损的症状。

（二）H₂S 或 SO₂ 中毒

经过处理的天然气和液化石油气，通常含有微量的 H_2S 或 SO_2。

（1）H_2S 是无色有臭鸡蛋气味的气体。慢性中毒一般为眼角膜损伤，如瘙痒、肿胀、疼痛或明显炎症；亚急性中毒症状为头痛，胸部压迫感，乏力及耳、眼、鼻、咽黏膜灼痛，以及呼吸困难，咳嗽，胸痛等；急性中毒症状为病人意识不清，过度呼吸转向呼吸麻痹并很快死亡。

（2）SO_2 是无色有刺激臭味的气体，引起中毒的主要途径是吸入或皮肤接触。慢性中毒症状是食欲减退，鼻炎、喉炎或气管炎；轻度中毒出现眼睛及咽喉部的刺激；中度中毒出现声音嘶哑，胸部压迫感及同感、吞咽障碍、呕吐、眼结膜炎、支气管炎等；重度中毒出现呼吸困难、知觉障碍、气管炎、肺水肿，甚至死亡。

四、窒息

窒息是因外界氧气不足、其他气体过多或呼吸系统发生障碍而导致的呼吸困难甚至停止呼吸的现象。多发生在地下阀门井、凝水井井下作业过程中。

窒息的发展可分为三个阶段：

1）因二氧化碳分压升高、引起短时间内呼吸中枢兴奋加强，继而呼吸困难，丧失意识；

2）全身痉挛，血管收缩，血压升高，心动徐缓，流涎，肠运动亢进；

3）痉挛突然消失，血压降低，呼吸逐渐变浅而徐缓，产生喘息，不久呼吸停止。

发生窒息现象时，若患者心脏微微搏动，应立即排除窒息原因并施行人工呼吸。丧失抢救时机必然使心脏停搏，瞳孔散大，全身反射消失，最后死亡。

第三节　事故控制技术

一、置换

城市燃气在置换过程中，达到了燃气爆炸的浓度条件（爆炸极限），在具备火源的条件下则会发生爆炸。

（一）置换技术

1. 直接置换

采用燃气置换燃气设施中的空气或者采用空气置换燃气设施中的燃气的过程称为直接置换。

2. 间接置换

采用惰性气体置换燃气设施中的空气或者采用惰性气体置换燃气设施中的燃气的过程称为间接置换。

（二）安全置换相关因素

安全置换应当考虑的因素有气体性质、惰性气体性质、气体排放位置、惰性气体进出位置、置换气体输入速度、采用升压置换时的升压速度。

（三）成分检测

1. 可燃气体检测仪

可燃气体检测仪通常用于燃气直接置换设施中的空气置换工作中，通过判断混合气体中燃气的体积百分比含量，确保置换安全。

2. 氧分析仪

氧分析仪通常用于空气直接置换设施中的燃气，或间接置换工作中，通过判断混合气体中氧气的体积百分比含量确保置换安全。

3. 色谱分析仪

色谱分析仪通常可以分析置换中混合气体中多种成分的含量，用以验证置换工作进行的程度，在平时的燃气置换过程中不常用。

（四）抽气和送风

通常燃气压缩机室、燃气调压室、液化石油气灌装间等站房，需要根据燃气气体性质，进行抽气或排风方面的设计。通过抽气或排风控制燃气在爆炸极限范围之外，以保证站房的安全。

二、超压预防

超压预防技术是通过安全阀、安全水封及安全回流设施等手段，防止设备、管路系统超压，高中压系统与低压系统连同而引发危险的控制技术。

1. 安全阀

安全阀是为防止压力设备、容器内部压力超过其使用极限而发生破裂的安全装置。属于常闭阀门，利用机械荷重的作用维持关闭状态，一旦内部压力达到安全阀排放压力时，阀门被打开，起到泄压目的。

一般说来，顶部操作压力大于 0.07 MPa 的压力容器、压缩机或泵的出口，以及可燃气体或液体受热膨胀可能超过设备使用压力的设备应当安装安全阀。

安全阀的安装及管理要求：直接相连并垂直安装、稳固并保证畅通、做好防腐及日常维护、定期进行检验。

2. 安全回流阀

安全回流阀通常安装在液化石油气工艺管线中，属正常状态常闭的阀门，目的在于管路超压时起到溢流的作用，从而防止管路超压。

3. 水封

水封是低压系统中采用的管路超压保护设施，利用水封内的水柱高度控制低压系统不超压，水封高度通常按照设计压力的 1.2 倍设计。

4. 超压切断阀

通过感应调压器出口压力状况，在出口压力超过管道运行压力的额定值时，利用管道内的燃气本身具有的压力，将燃气进行切断。管道压力正常时，阀门处于开启状态，当管道内介质压力升高到阀门的切断压力时，维持阀门开启状态的锁扣装置脱开，阀门关闭，切断燃气供应。通常情况下，确认系统或设备的故障排除后，采用人工复位，恢复供气。

5. 喷淋降温装置

除上述超压控制技术以外，带有液化石油气和液化天然气储罐的燃气供应场站，一般情况下还要设计消防水系统和喷淋降温装置。通过喷淋降温，控制罐体温度，防止罐内压力上升。

三、安全切断

燃气事故发生时，为保证事故现场管道设备不处于危险状态，或控制管道设备本身不致使事故扩大，通常采用安全切断的方法进行控制。

1. 事故紧急切断

应用较为广泛的紧急切断设备为电磁阀和电动阀。

2. 非事故状态安全切断

（1）低压关断装置。用于燃气压力低于某一数值时，对管道进行安全切断的装置。

（2）止回阀。用于防止介质倒流而引发事故的阀门。

（3）过流阀。用于保证流量超过规定值以上的一个范围时，阀门关断，从而防止介质大量泄漏的阀门。

四、防雷防静电

（一）防雷

防雷分为内部防雷和外部防雷。

（1）内部防雷措施采取屏蔽、等电位联结、综合布线、浪涌保护器、防静电接地、共用接地系统等方式。

（2）外部防雷措施采取接闪器（针网带线）、引下线、屏蔽、接地装置、共用接地系统等方式。共用接地系统与内部防雷措施的接地线是共用的，接地电阻测试必须小于 10 Ω。

（二）防静电

静电的产生是由于不同物质的接触和分离或相互摩擦而引起的。静电的防护方法分为两类。第一类是防止相互作用的物体的静电积累，如将设备的金属件和导电的非金属接地，或增加电介质表面电荷体积的电导率；第二类是事先预防静电产生和积累，如安装静电中和器，或让静电放电发生在非爆炸介质中。

1. 静电接地

静电接地就是用接地的方法提供一条静电荷泄漏的通道。防静电接地装置与保护接地装置通常连接在一起，实际生产中，工艺流程中的管道、设备、装置应当形成一条完整的接地线。

2. 静电中和

利用静电感应原理，通过带有接地设备的装置，实现电荷中和，消除静电影响。

3. 降低介质流度

通过控制介质在管道中的流速，保证介质在管道、过滤器、分离装置等工艺设备中安全流动，控制由于流动可能产生的静电。

第四节　安全风险控制与管理

一、安全风险识别

安全风险识别是要确定在工程建设和生产运行中存在哪些安全风险，这些安全风险可能会对工程建设和生产运行产生什么影响，并将这些风险及其特性归档。为此，就需要了解工程建设和生产运行中主要发生的安全事故有哪些以及引起这些事故的原因。下面将从直接和间接两个方面分析发生事故的原因。

（一）事故的直接原因

事故的直接原因是指施工机具、材料以及建筑产品（统称为物）或环境的不安全状态和人的不安全行为。

（1）物或环境的不安全状态具体包括以下方面：

1）安全防护、保险、信号等装置缺乏或有缺陷；

2）机械设备、设施、工具等有缺陷；

3）个人防护用品用具（包括安全帽、安全带、安全鞋、手套、护目镜及面罩、防护服等）缺乏或有缺陷；

4）施工场地环境不良，主要包括现场照明不足、通风不良、作业场所狭窄、作业场所混乱、交通线路配置不安全、操作工序设计或配置不安全和地面湿滑等；

5）恶劣的气象条件或现场条件，如暴雨、酷暑、严寒、台风、龙卷风、洪水、泥石流等易造成事故。

（2）人的不安全行为主要包括以下方面：

1）施工人员缺乏安全意识，操作错误，忽视警告；

2）造成安全装置失效；

3）使用不安全设备；

4）物体（指成品、半成品、材料和工具等）存放不当；

5）手代替工具操作；

6）冒险进入危险场所；

7）攀、坐不安全位置（如平台护栏、起重机吊钩等）；

8）在起吊物下作业、停留；

9）机器运转时进行加油、修理、调整、检查等工作；

10）有分散注意力行为；

11）在必须使用安全防护用品用具的作业或场合中，忽视其使用；

12）对易燃、易爆等危险物品处理错误等。

（二）事故的间接原因

属下列情况者为间接原因：

1）技术和设计上有缺陷，建筑物设计、施工和材料使用存在问题；

2）安全教育培训不够，缺乏或不懂安全操作技术知识；

3）劳动组织不合理；

4）对现场工作缺乏安全检查或指导错误；

5）没有安全操作规程或规程不健全，没有安全技术措施，安全生产责任制不落实；

6）没有或不认真实施事故防范措施，对事故隐患整改不力等。

工程建设和生产运行管理人员可参考有关检查标准或规范规程及上述发生事故的原因，对照本生产工艺的建设环境、设备特性、管理现状和操作规程等方面采用检查表法分析可能出现的主要安全风险。

二、安全风险分析与评估

燃气工程建设和生产运行安全风险分析与评估是安全管理中的必要环节，对于确定安全风险的相对重要程度并且获得关于它们的核心与外延信息很重要。而确定安全风险的相对重要性是确定安全风险控制的优先权的基础，包括确定安全风险发生的可能性和伤害的可能程度。

工程建设和生产运行管理者可以采用调查和专家打分法来确定安全风险的相对重要性：首先，识别出某一特定工程项目可能遇到的所有重要的安全风险，列出安全风险调

查表。

其次，利用专家经验，对所有安全风险发生的可能性和伤害的可能程度进行评价：

（1）确定每个安全风险造成伤害的可能程度，伤害程度可分为1级，2级，3级，1级为轻微事故（如所有损失工作日不到3日的事故，假设为1分），2级为严重事故（如使工人3天或者更长时间不能工作的事故，假设为2分），3级为重大事故（如死亡和重伤事故，假设为3分）。

（2）确定每个安全风险的等级值，按发生可能性很大、较大、中等、较小、很小5个等级，分别以0.9，0.7，0.5，0.3和0.1打分。

（3）将每项安全风险造成伤害的可能程度与等级值相乘，求出该项安全风险的得分，求出所有得分后进行比较，就可以得出各项安全风险的相对重要程度，即可确定哪些是需要更多资源投入的高风险领域，以方便选择合适的安全风险控制措施。

三、安全风险控制与管理决策

在对燃气工程建设和生产运行安全风险进行识别、分析与评估的基础上，工程建设和生产运行管理者所要做的是根据安全风险的性质及潜在影响，选择行之有效的安全风险防范措施，将安全风险所造成的负面效应降到最低程度以减少损失，增加收益。

通常情况下，燃气工程建设和生产运行中常用的安全风险控制措施可分为四类：风险回避、风险缓解、风险转移和风险自留。

（一）风险回避

风险回避是指当项目的安全风险发生可能性较大和损失严重时，主动放弃项目或变更项目计划，从而消除安全风险或安全风险产生的条件，以避免产生风险损失的方法。对潜在损失大、概率大的灾难性风险一般采取回避对策。风险回避可以在某安全风险发生之前，完全彻底地消除其可能造成的损失，而不仅仅是减少损失的影响程度。风险回避是一种最彻底的消除风险影响的控制技术，而其他控制技术只能减小风险发生的概率和损失的严重程度。

风险回避虽然能有效地消除风险源，彻底消除某些安全风险造成的损失和可能造成的恐惧心理，但不可否认它是一种消极的风险应对措施，因为在回避了风险的同时，也回避了可能的获利机会，从而影响建筑安装施工企业的生存和发展。

（二）风险缓解

风险缓解是指采取措施降低安全风险发生的概率或减少风险损失的严重性，或同时降低安全风险发生的概率和后果。风险缓解的措施主要有以下几种：

1. 降低风险发生的可能性

采取各种预防措施以降低风险发生的可能性是风险缓解的重要途径。在燃气工程建设和生产运行中常用的措施有工程法、程序法和教育法。

工程法以工程技术为手段，减弱甚至消除安全风险的威胁。例如：在高空作业下方设置安全网；对现场的各种施工机具、设备设置安全保护装置；按照规定在施工现场设置防护棚、安全通道、安全标志等；给施工人员配备安全帽、安全带等防护用品；在楼梯口、电梯井口、预留洞口、坑井口等设置围栏、盖板等均是工程法的具体应用。

程序法要求用制度化、规范化的方式从事工程施工以保证安全风险因素能及时处理，并发现随时可能出现的新的风险因素，降低损失发生的概率。在施工中就是要真正落实好各种安全管理制度，例如：安全生产责任制度、安全生产教育制度、安全会议管理制度、安全检查和事故隐患整改制度、安全生产考核和奖惩制度、特种作业和危险作业审批制度、安全技术措施管理制度、职工守则和工种安全操作规程等。

教育法是针对事故的人为风险因素为着眼点实施控制的方法。工程项目风险管理的实践表明，项目管理人员和操作人员的不安全行为构成项目的风险因素，因此要减轻安全风险，就必须对项目人员进行安全风险和安全风险管理教育。无论是管理人员还是普通员工，都要接受相应的安全教育，未经安全教育或考核不合格的人员不得上岗。

2. 减少风险损失

减少或控制风险损失是指在风险损失已发生的情况下，采取各种可能的措施以遏制损失继续扩大或限制其扩展的范围，使损失降到最低程度。例如：施工安全事故发生后对受伤人员立即采取紧急救护措施，同时加强作业环境的安全防护；制定各类安全事故的紧急处置预案，对员工进行安全事故处置训练，提高施工单位在安全事故发生后的应对能力，降低安全事故可能造成的损失。

3. 分散风险

分散风险是指通过增加风险承担者以减轻总体安全风险的压力，达到共同分摊安全风险的目的。例如：企业内部的扩张，增设实体以分散安全风险或通过企业兼并以加大风险承受的能力；企业通过推行安全生产责任制，明确职责，发动企业各下属单位、基层管理人员和全体员工参与安全管理，分担安全风险。

（三）风险转移

风险转移是指项目管理者设法将风险的结果连同对风险应对的权利和责任转移给其他经济单位以使自身免受风险损失。转移安全风险仅将安全风险管理的责任转移给他方，其并不能消除安全风险。一般分保险和非保险两种方式。安全保险是指被保险人向保险人缴纳一定的保险费，当所投保的安全风险发生并造成人身伤亡时，由保险人给予补偿的一种制度。1998年3月开始施行的《中华人民共和国建筑法》第48条规定："建筑企业必须为从事危险作业的职工办理意外伤害保险，支付保险费"。这对施工单位而言是强制保险。非保险风险转移方式主要有工程分包和利用合同条件的拟定或变更。例如：施工单位施工过程中遇到对自身而言具有较大安全风险的特殊施工（如水下施工作业）时，可将其分包，将安全风险转移给分包人。

（四）风险自留

风险自留，又称风险接受，是一种由施工单位自行承担安全风险后果的风险应对策略。风险自留是一种财务性技术，要求施工单位制定后备措施，一般需要准备一笔费用，作为安全风险发生时的损失补偿，若损失不发生则这笔费用即可节余。其主要用于处置残余风险，因为当其他的风险应对措施均无法实施或即使能实施，但成本很高且效果不佳时，只能选择风险自留。所以，风险自留是处理残余安全风险的技术措施，与其他风险管理技术是一种互补关系。

参 考 文 献

[1] 段常贵. 燃气输配 [M]. 3 版. 北京：中国建筑工业出版社，2001.

[2] 彭世尼. 燃气安全技术 [M]. 重庆：重庆大学出版社，2005.

[3] 同济大学，等. 燃气燃烧与应用 [M]. 北京：中国建筑工业出版社，2000.

[4] 潘旭海，蒋军成. 事故泄漏源模型研究与分析 [J]. 南京工业大学学报：自然科学版，2004，301（1）：56.

[5] K 纳伯尔特，G 雄恩. 可燃气体和蒸汽的安全技术手册 [M]. 北京：机械工业出版社，1983.

[6] 全国一级建造师执业资格考试用书编写委员会. 建设工程项目管理 [M]. 2 版. 北京：中国建筑工业出版社，2007.

[7] 中国石油天然气集团公司. GB50156—2002 汽车加油加气站设计与施工规范 [S]. 北京：中国计划出版社，2006.

[8] 北京市煤气热力工程设计院有限公司. CJJ94—2009 城镇燃气室内工程施工与质量验收规范 [S]. 北京：中国建筑工业出版社，2009.

[9] 建设部科技发展促进中心. CJJ63—2008 聚乙烯燃气管道工程技术规程 [S]. 北京：中国建筑工业出版社，2010.

[10] 中华人民共和国建设部. GB50028—2006 城镇燃气设计规范 [S]. 北京：中国建筑工业出版社，2009.

[11] 中国石油天然气集团公司. GB50423—2007 油气输送管道穿越工程设计规范 [S]. 北京：中国计划出版社，2008.

[12] 中国石油天然气集团公司. GB50424—2007 油气输送管道穿越工程施工规范 [S]. 北京：中国计划出版社，2008.

[13] 中国石油集团工程设计有限责任公司西南分公司（四川石油勘察设计研究民院）. GB50251—2003 输气管道工程设计规范 [S]. 北京：中国计划出版社，2008.

[14] 中国石油天然气集团公司. GB50459—2009 油气输送管道跨越工程设计规范 [S]. 北京：中国计划出版社，2009.

[15] 中国石油天然气集团公司. GB50460—2008 油气输送管道跨越工程施工规范 [S]. 北京：中国计划出版社，2009.

[16] 全国塑料制品标准化技术委员会. GB15558.1—2003 燃气用埋地聚乙烯（PE）管道系统 第1部分：管材 [S]. 北京：中国标准出版社，2004.

[17] 全国塑料制品标准化技术委员会. GB15558.1—2003 燃气用埋地聚乙烯（PE）管道系统 第2部分：管件 [S]. 北京：中国标准出版社，2005.

[18] 全国钢标准化技术委员会. GB/T3091—2008 低压流体输送用焊接钢管 [S]. 北京：中国标准出版社，2008.